Informationstechnik

N. Fliege
Multiraten-Signalverarbeitung

Informationstechnik

Herausgegeben von
Prof. Dr.-Ing. Norbert Fliege, Hamburg-Harburg

In der Informationstechnik wurden in den letzten Jahrzehnten klassische Bereiche wie lineare Systeme, Nachrichtenübertragung oder analoge Signalverarbeitung ständig weiterentwickelt. Hinzu kam eine Vielzahl neuer Anwendungsbereiche wie etwa digitale Kommunikation, digitale Signalverarbeitung oder Sprach- und Bildverarbeitung. Zu dieser Entwicklung haben insbesondere die steigende Komplexität der integrierten Halbleiterschaltungen und die Fortschritte in der Computertechnik beigetragen. Die heutige Informationstechnik ist durch hochkomplexe digitale Realisierungen gekennzeichnet.

In der Buchreihe „Informationstechnik" soll der internationale Stand der Methoden und Prinzipien der modernen Informationstechnik festgehalten, algorithmisch aufgearbeitet und einer breiten Schicht von Ingenieuren, Physikern und Informatikern in Universität und Industrie zugänglich gemacht werden. Unter Berücksichtigung der aktuellen Themen der Informationstechnik will die Buchreihe auch die neuesten und damit zukünftigen Entwicklungen auf diesem Gebiet reflektieren.

Multiraten-Signalverarbeitung

Theorie und Anwendungen

Von Dr.-Ing. Norbert Fliege
Professor an der Technischen Universität
Hamburg-Harburg

Mit 314 Bildern

B. G. Teubner Stuttgart 1993

Die Deutsche Bibliothek – CIP-Einheitsaufnahme

Fliege, Norbert:
Multiraten-Signalverarbeitung : Theorie und Anwendungen /
von Norbert Fliege. – Stuttgart : Teubner, 1993
   (Informationstechnik)
   ISBN 3-519-06155-4

© B. G. Teubner Stuttgart 1993
Printed in Germany
Druck und Bindung: Präzis-Druck GmbH, Karlsruhe
Einband: P.P.K, S – Konzepte Tabea Koch, Ostfildern/Stuttgart

Vorwort

Die digitale Signalverarbeitung ist heute ein fester Bestandteil der Informationstechnik. Ihre Bedeutung spiegelt sich in einer umfangreichen Literatur, in großen internationalen Tagungen und in mehreren nationalen und internationalen Fachverbänden wie etwa der EURASIP oder der Signal Processing Society im IEEE wider. In den letzten Jahren hat die digitale Signalverarbeitung durch die Erschließung der Multiratentechnik neue Impulse erhalten. Die rasche Entwicklung der Multiraten-Signalverarbeitung erfolgt in starker Wechselwirkung mit neuen Anwendungsgebieten. Dazu gehören insbesondere die Teilbandcodierung von Sprach-, Audio- und Videosignalen, die Multicarrier-Datenübertragung, die Implementierung schneller Transformationen mit Hilfe digitaler Filterbänke und die diskrete Wavelet-Analyse von Signalen aller Art.

Die Algorithmen der Multiraten-Signalverarbeitung sind durch eine hohe Recheneffizienz gekennzeichnet. Sie haben in vielen Anwendungsfällen eine wirtschaftliche Implementierung auf heutigen Signalprozessoren überhaupt erst möglich gemacht. Die Strukturen der Multiratensysteme sind gleichzeitig Ausgangspunkt für den Entwurf effizienter Architekturen von mikroelektronischen Schaltungen.

Inhalt und Ziel des vorliegenden Buches lassen sich mit den folgenden sechs Punkten umreißen:

1. Um den Zugang zu den recht schwierigen Beziehungen der Multiraten-Signalverarbeitung zu erleichtern, erfolgt zunächst eine grundlegende Einführung in die Theorie der Multiratensysteme. Dazu gehören die Behandlung der diskreten Abtastung, der Polyphasen- und Modulationsdarstellungen von Signalen und Systemen, der Abtastratenumsetzung, der Dezimation und der Interpolation.

2. Multiratensysteme bauen auf digitalen Filtern auf. Letztere werden in der Literatur ausführlich behandelt. Trotzdem wird im zweiten und dritten Kapitel eine Auswahl von FIR-Filtern in knapper Form zusammengestellt. Hierbei wird den für die Multiraten-Signalverarbeitung relevanten Eigenschaften besondere Aufmerksamkeit geschenkt. Ebenso werden nur die Entwurfsverfahren angesprochen, die für den Entwurf von Multiratensystemen nützlich sind. Aus Platzgründen wird auf die Behandlung von rekursiven digitalen Filtern verzichtet.

3. Multiratenfilter findet man in der Literatur nur verstreut. Im fünften Kapitel sind die wichtigsten Vertreter dieser Art zusammengestellt: kaskadierte Multiratenfilter, Multiraten-Komplementärfilter und interpolierende FIR-Filter. Diesen Filtern ist eines gemeinsam: durch Nutzung der Multiratentechnik wird die Anzahl der Filteroperationen gegenüber konventionellen FIR-Filtern beträchtlich reduziert.

4. Digitale Filterbänke sind die wichtigsten Repräsentanten der Multiraten-Signalverarbeitung. Ihrer Bedeutung entsprechend sind sie Hauptgegenstand des vorliegenden Buches und werden in vier Kapiteln behandelt. Kapitel 6 beschäftigt sich mit Zweikanal-Filterbänken: Quadrature-Mirror-Filterbänke (QMF), perfekt rekonstruierende, paraunitäre, biorthogonale und linearphasige Filterbänke als Teilbandcodierer- und Transmultiplexer-Filterbänke. Im Kapitel 7 erfolgt eine Erweiterung auf M-Kanal-Filterbänke. Durch die Darstellung der Theorie allgemeiner Filterbänke und die Spezialisierung auf paraunitäre Filterbänke soll dem Leser der Zugang zum Studium der entsprechenden Literatur erleichtert werden. Die zugehörigen Entwurfsverfahren mit Lattice-Strukturen werden nur am Rande behandelt. Das Hauptaugenmerk richtet sich auf modulierte Filterbänke mit M-Kanal-Parallelstruktur, die bezüglich Entwurfsaufwand und Recheneffizienz zukunftsweisend sind. Die potentiell hohe Recheneffizienz der modulierten Filterbänke wird erst durch zusätzliche strukturelle Maßnahmen voll genutzt: Kapitel 8 beschreibt Polyphasenstrukturen für Zweikanal- und M-Kanal-Filterbänke. Die Reduktion des Rechenaufwandes bei der Implementierung dieser Strukturen wird zunächst am Beispiel der Quadrature-Mirror-Filterbänke (QMF) deutlich gemacht. Die Behandlung allgemeiner Polyphasenfilterbänke und darauf aufbauend paraunitärer Polyphasenfilterbänke dient wieder dem Zugang zur umfangreichen internationalen Literatur auf diesem Gebiet. Schwerpunkt des Kapitels sind DFT-Polyphasenfilterbänke. Zusammen mit den cos-modulierten Polyphasenfilterbänken weisen sie von allen Filterbänken die höchste Recheneffizienz auf und ermöglichen beson-

ders wirtschaftliche Lösungen. Als Ergänzung zu Filterbänken mit Filtern gleicher Bandbreite werden in Kapitel 9 Oktavfilterbänke betrachtet. Dabei wird das Hauptaugenmerk auf die alias-freien und perfekt rekonstruierenden Multikomplementär-Filterbänke gerichtet.

5. Die Wavelet-Analyse nichtstationärer Signale ist in jüngster Zeit mit großer Aufmerksamkeit diskutiert und weiterentwickelt worden. Kapitel 9 führt in die Problematik der Wavelet-Transformation ein und stellt den wichtigen Zusammenhang zwischen dyadischen Wavelets und Filterbänken her. Die diskrete Wavelet-Transformation mit Hilfe von Filterbänken, die Konstruktion von Wavelets und Beispiele von Wavelet-Systemen beschließen das Kapitel.

6. Die Multiraten-Signalverarbeitung orientiert sich stark an Anwendungen. Mit dem letzten Kapitel wird der Versuch unternommen, die Anwendungsfelder kurz zu streifen und Anregungen für weitere Anwendungen der Multiratentechnik zu geben. Auf anwendungsspezifische Details muß aus Platzgründen verzichtet werden. Einige der aufgezeigten Beispiele stammen aus Entwicklungsprojekten, die im Arbeitsbereich Nachrichtentechnik der Technischen Universität Hamburg-Harburg in Zusammenarbeit mit Industriefirmen durchgeführt wurden.

Das vorliegende Buch ist aus einer Vorlesung entstanden, die der Autor an der Technischen Universität Hamburg-Harburg für Studierende der Elektrotechnik und der Informatik in höheren Semestern hält. Es soll dieser Vorlesung und ähnlichen Vorlesungen an anderen Hochschulen als Textbuch dienen. Es richtet sich aber auch an den praktisch arbeitenden Ingenieur, Physiker und Informatiker mit dem Ziel, einen leicht verständlichen Zugang zu den Multiratensystemen zu vermitteln, Merkmale und Zielsetzungen der verschiedenartigen Filterbänke verständlich und unterscheidbar zu machen und konkrete Verfahren zum Entwurf von Filterbänken zur Verfügung zu stellen. Zur Lektüre des Buches sind solide systemtheoretische Vorkenntnisse nötig, wie sie etwa aus dem Band "Systemtheorie" des gleichen Autors erworben werden können. Um die oftmals schwierigen Sachverhalte besser zu verdeutlichen, sind bewußt viele Abbildungen und Beispiele in den Text eingefügt worden. Das abschließende Literaturverzeichnis mit etwa 150 Literaturstellen, die größtenteils im Text zitiert sind, ermöglicht den Zugang zum Studium der umfangreichen internationalen Literatur der Multiraten-Signalverarbeitung.

Bei der Diskussion von Einzelfragen und von noch nicht veröffentlichten Ergebnissen habe ich von einigen Kollegen wertvolle Hinweise erhalten. Dazu gehören Prof. Karl-Dirk Kammeyer, Technische Universität Hamburg-Harburg, Prof. Günter Rösel, Verkehrshochschule Dresden, Prof. Horst Unger, Universität Greifswald, Prof. Sanjit Mitra, University of California, Santa Barbara, Dr. Truong Nguyen, Massachusetts Institute of Technology, Prof. P.P. Vaidyanathan, California Institute of Technology, Pasadena, und Prof. Martin Vetterli, Columbia University. Ein Teil der in diesem Buch dargestellten Erkenntnisse, besonders aus dem Bereich der Applikationen, wurde gemeinsam mit Mitarbeitern gewonnen: Dr.-Ing. Alfred Mertins, Dipl.-Ing. Martin Schönle, Dr.-Ing. Jörg Wintermantel und Dr.-Ing. Udo Zölzer. Ihnen allen danke ich. Mein besonderer Dank gilt den Herren Dipl.-Ing. Georg Dickmann und Dipl.-Ing. Martin Schönle für das Korrekturlesen und die dabei geäußerten wertvollen Hinweise und Anregungen, Frau Bärbel Erdmann für das Schreiben des LaTeX-Textes und Herrn Dipl.-Ing. Andrei Manea für das Erstellen der Designer-Bilder. Weiterhin möchte ich mich bei Herrn Dr. Jens Schlembach vom Teubner-Verlag für die gute Zusammenarbeit und für das bereitwillige Eingehen auf meine Wünsche bedanken.

Hamburg, im September 1993   Norbert Fliege

Inhaltsverzeichnis

2 FIR-Filter   47

3 Entwurf von FIR-Filtern   85

4 Dezimation und Interpolation 111

5   Multiratenfilter   143

6   Zweikanal-Filterbänke   173

7 Gleichförmige M-Kanal-Filterbänke   215

9 Oktavfilterbänke und Wavelets   289

10 Anwendungen   345

A Verzeichnis der wichtigsten Symbole und Abkürzungen   367

B Matrizen   369

C Diskrete Fourier-Transformation   373

D Signalräume   375

E Aliasing in DFT-SBC-Filterbänken   379

F Übersprechen in DFT-TMUX-Filterbänken 387

Kapitel 1

Abtastratenumsetzung

Das wichtigste Merkmal der in diesem Buch betrachteten Filter und Filterbänke ist die Signalverarbeitung in Multiratentechnik. An verschiedenen Stellen innerhalb dieser Multiratensysteme werden gleichzeitig Signale mit verschiedenen Abtastraten verarbeitet. Dazu ist es erforderlich, die Abtastraten von Signalen umzusetzen, d.h. je nach Bedarf zu erhöhen oder zu erniedrigen. Die Abtastratenumsetzung und die sich daraus ergebenden Konsequenzen für die Spektren der Signale sind grundlegend für das Verständnis der Multiratensysteme und werden daher im vorliegenden Kapitel ausführlich besprochen.

1.1 Darstellung diskreter Signale

Im Zusammenhang mit der Abtastratenumsetzung ist es nützlich, einige spezielle Darstellungsformen von diskreten Signalen zu kennen. Sie werden im vorliegenden Abschnitt hergeleitet und bilden eine Grundlage für die darauf folgenden Abschnitte.

1.1.1 Diskrete Abtastung

Zur Darstellung diskreter Signale wird häufig die komplexe Zahl

$$W_M = \exp(-j2\pi/M) = \sqrt[M]{1} \tag{1.1}$$

verwendet. Sie ist eine der M verschiedenen *M-ten Wurzeln aus* 1, denn es gilt $W_M^M = 1$. Die Zahl W_M liegt auf dem Einheitskreis der komplexen

Zahlenebene, siehe Bild 1.1. Multipliziert man eine beliebige komplexe Zahl z mit der Zahl W_M, so ändert sich der Winkel von z um den Wert $2\pi/M$ im Uhrzeigersinn, während der Betrag $|z|$ unverändert bleibt, siehe Bild 1.1. Die Zahl z erfährt in ihrer Darstellung in der komplexen Zahlenebene gewissermaßen eine Drehung. Deshalb wird die Multiplikation mit W_M auch als *Drehoperator* bezeichnet.

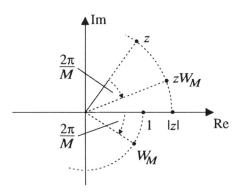

Bild 1.1: Zur Definition der Zahl W_M

    Der Begriff der Abtastung wird zunächst nur im Zusammenhang mit zeitkontinuierlichen Signalen verwendet [Fli 91]. Im folgenden wird darüberhinaus die *Abtastung zeitdiskreter Signale* betrachtet, kurz *diskrete Abtastung* genannt. Wird ein diskretes Signal $x(n)$ abgetastet, so wird jeder M-te Wert von $x(n)$ beibehalten und die dazwischen liegenden Werte gleich null gesetzt. Bild 1.2a zeigt beispielsweise ein diskretes Signal $x(n)$ mit 16 von null verschiedenen Werten. Tastet man dieses Signal mit $M = 4$ ab, so erhält man das Signal in Bild 1.2c. Es ist zu beachten, daß die ursprüngliche Abtastrate durch die diskrete Abtastung nicht verändert wird. Es wird nur ein Teil der ursprünglichen Abtastwerte auf den Wert null gesetzt.

    Das Abtasten eines diskreten Signals kann mit Hilfe der *diskreten Abtastfunktion*

$$w_M(n) = \frac{1}{M} \sum_{\nu=0}^{M-1} W_M^{\nu n} = \begin{cases} 1 & \text{für } n = mM, \ m \text{ ganzzahlig} \\ 0 & \text{sonst} \end{cases} \qquad (1.2)$$

beschrieben werden. Für $n = mM$, m ganzzahlig, haben die Summanden $W_M^{\nu n}$ den Wert 1, eine M-fache Summation führt auf den Wert M. Für

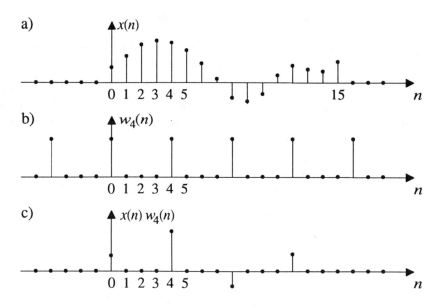

Bild 1.2: Abtastung eines diskreten Signals

alle anderen Indizes n liegen die Summanden $W_M^{\nu n}$ gleichverteilt auf dem Einheitskreis und ergänzen sich in der Summe (1.2) zu null.

Da die diskrete Abtastfunktion für alle ganzzahligen Vielfachen von M eins und sonst null ist, ist sie eine gerade Folge, d.h. es gilt

$$w_M(n) = w_M(-n) = \frac{1}{M} \sum_{\nu=0}^{M-1} W_M^{-\nu n}. \tag{1.3}$$

Bild 1.2b zeigt die diskrete Abtastfunktion für $M = 4$. Multipliziert man das Signal $x(n)$ mit der diskreten Abtastfunktion in (1.2), so erhält man das abgetastete Signal in Bild 1.2c.

Normalerweise wird die diskrete Abtastung ohne Phasenversatz durchgeführt, d.h. es werden die Werte $x(n)$ mit $n = mM$, m ganzzahlig, übernommen. Darüberhinaus ist aber auch eine *diskrete Abtastung mit einem Phasenversatz* λ möglich. In diesem Fall werden die Werte $x(n)$ mit $n = mM + \lambda$, m ganzzahlig, übernommen. Dazu ist das ursprüngliche Signal mit der um die Phase λ versetzten diskreten Abtastfunktion

$$w_M(n-\lambda) = \frac{1}{M} \sum_{\nu=0}^{M-1} W_M^{\nu(n-\lambda)} = \begin{cases} 1 & \text{für } n = \lambda + mM, \; m \text{ ganzzahlig} \\ 0 & \text{sonst} \end{cases}$$

$$(1.4)$$

zu multiplizieren. Bild 1.3a zeigt noch einmal das diskrete Signal $x(n)$, Bild 1.3b die diskrete Abtastfunktion $w_M(n-\lambda)$ und Bild 1.3c das Ergebnis der diskreten Abtastung mit einem Phasenversatz λ.

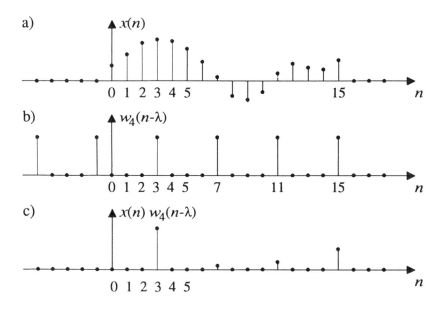

Bild 1.3: Abtastung mit Phasenversatz $\lambda = 3$

1.1.2 Polyphasendarstellung

Geht man von einer festgelegten Zahl M aus, so kann man zu einem diskreten Signal $x(n)$ genau M verschiedene diskret abgetastete Signale angeben, die sich im Phasenversatz unterscheiden. Bild 1.4 zeigt ein endlich langes Signal $x(n)$ und dazu 4 verschiedene diskret abgetastete Signale $x_\lambda^{(p)}, \lambda = 0, 1, 2, 3$, in denen jeweils jeder vierte Wert von $x(n)$ abgetastet ist. Aus Bild 1.4 ist ersichtlich, daß sich $x(n)$ als Summe der vier diskret abgetasteten Signale darstellen läßt, wobei sich jedes der vier Signale mit Hilfe der diskreten Abtastfunktion (1.3) darstellen läßt:

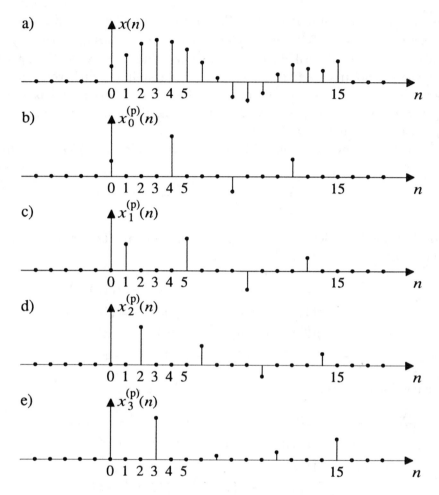

Bild 1.4: Polyphasendarstellung eines diskreten Signals

$$x(n) = x_0^{(p)}(n) + x_1^{(p)}(n) + x_2^{(p)}(n) + x_3^{(p)}(n) \qquad (1.5)$$
$$= x(n)w_4(n) + x(n)w_4(n-1) + x(n)w_4(n-2) + x(n)w_4(n-3).$$

Allgemein gilt

$$x(n) = \sum_{\lambda=0}^{M-1} x_\lambda^{(p)}(n) = \sum_{\lambda=0}^{M-1} x(n) \cdot w_M(n-\lambda). \qquad (1.6)$$

Diese Darstellung nennt man eine *Polyphasendarstellung* des Signals $x(n)$ *im Zeitbereich*. Jedes Teilsignal $x_\lambda^{(p)}(n)$ ist eine *Polyphasenkomponente* des Signals $x(n)$. Dieses wird durch den hochgestellten Index "(p)" angedeutet. Genau genommen hängt die Polyphasendarstellung auch von der Zahl M ab. Man geht jedoch davon aus, daß die Zahl M aus dem Zusammenhang heraus bekannt ist, und verzichtet darauf, sie in die Bezeichnung der Polyphasenkomponenten aufzunehmen.

Ebenso wie beim Zeitsignal läßt sich im *Bildbereich* die *Z-Transformierte*

$$X(z) = \sum_{n=-\infty}^{\infty} x(n) \cdot z^{-n} \qquad (1.7)$$

in M Teilsignale zerlegen. Für das endliche Signal $x(n)$ in Bild 1.4 gilt beispielsweise

$$\begin{aligned}
X(z) &= x(0)z^{-0} + x(4)z^{-4} + x(8)z^{-8} + x(12)z^{-12} \\
&+ x(1)z^{-1} + x(5)z^{-5} + x(9)z^{-9} + x(13)z^{-13} \\
&+ x(2)z^{-2} + x(6)z^{-6} + x(10)z^{-10} + x(14)z^{-14} \\
&+ x(3)z^{-3} + x(7)z^{-7} + x(11)z^{-11} + x(15)z^{-15} \qquad (1.8)
\end{aligned}$$

und nach Ausklammern von Potenzen $z^{-\lambda}$, $\lambda = 0 \dots 3$

$$\begin{aligned}
X(z) &= z^{-0}[x(0)z^{-0} + x(4)z^{-4} + x(8)z^{-8} + x(12)z^{-12}] \\
&+ z^{-1}[x(1)z^{-0} + x(5)z^{-4} + x(9)z^{-8} + x(13)z^{-12}] \\
&+ z^{-2}[x(2)z^{-0} + x(6)z^{-4} + x(10)z^{-8} + x(14)z^{-12}] \\
&+ z^{-3}[x(3)z^{-0} + x(7)z^{-4} + x(11)z^{-8} + x(15)z^{-12}]. \qquad (1.9)
\end{aligned}$$

Durch das Ausklammern entstehen in den eckigen Klammern ausschließlich Polynome in z^4.

Allgemein gilt für die Z-Transformierte nach (1.7) mit $n = m \cdot M + \lambda$

$$X(z) = \sum_{\lambda=0}^{M-1} \sum_{m=-\infty}^{\infty} x(mM + \lambda) \cdot z^{-(mM+\lambda)} = \sum_{\lambda=0}^{M-1} z^{-\lambda} X_\lambda^{(p)}(z^M) \qquad (1.10)$$

mit

$$X_\lambda^{(p)}(z^M) = \sum_{m=-\infty}^{\infty} x(mM + \lambda) \cdot z^{-mM}. \qquad (1.11)$$

Gleichung (1.10) nennt man die *Polyphasendarstellung der Z-Transformier-ten* $X(z)$. Die Polynome $X_\lambda^{(p)}(z)$ beschreiben den Inhalt der eckigen Klammern in (1.9). Für das erste dieser Polynome gilt beispielsweise

$$X_0^{(p)}(z) = x(0)z^{-0} + x(4)z^{-1} + x(8)z^{-2} + x(12)z^{-3}. \qquad (1.12)$$

Ein Vergleich von (1.6) bzw. Bild 1.4 mit (1.10) zeigt, daß jeder Polyphasenkomponente im Zeitbereich eindeutig die Polyphasenkomponente mit gleichem Index im z-Bereich zugeordnet ist. Wegen der Linearität der Z-Transformation gilt allgemein

$$z^{-\lambda} X_\lambda^{(p)}(z^M) \bullet\!\!-\!\!\circ x_\lambda^{(p)}(n), \qquad (1.13)$$

wobei das Zeichen " $\bullet\!\!-\!\!\circ$ " als Kurzform für *Korrespondenzen* der Z- und der Fourier-Transformation verwendet wird, siehe [Fli 91].

Neben den hier eingeführten Polyphasenkomponenten werden häufig noch die mit einem Phasenversatz abwärtsgetasteten Versionen der Polyphasenkomponenten verwendet. Diese werden nach Einführung der Abwärtstastung im Abschnitt 1.2.7 behandelt.

Ferner wird noch für spätere Betrachtungen die Zusammenfassung aller Polyphasenkomponenten zu einem Spaltenvektor

$$\mathbf{x}^{(p)}(z) = \left[X_0^{(p)}(z) \quad z^{-1} X_1^{(p)}(z) \quad \ldots \quad z^{-(M-1)} X_{M-1}^{(p)} \right]^T \qquad (1.14)$$

benötigt.

Die mit (1.6), (1.10) und (1.11) definierte Polyphasendarstellung kann als die *normale Polyphasendarstellung* oder *Polyphasendarstellung 1. Art* bezeichnet werden. Darüberhinaus sind zwei weitere Darstellungen bekannt. Da diese in späteren Kapiteln ebenfalls benötigt werden, werden sie im folgenden kurz eingeführt.

Durch die Substitution $\lambda \rightarrow M - 1 - \lambda$ erhält man aus der normalen Darstellung die *Polyphasendarstellung 2. Art* [Vai 88b]:

$$X(z) = \sum_{\lambda=0}^{M-1} z^{-(M-1-\lambda)} X_\lambda^{(p2)}(z^M) \qquad (1.15)$$

mit

$$X_\lambda^{(p2)}(z^M) = \sum_{m=-\infty}^{\infty} x_\lambda^{(p2)}(m) \cdot z^{-mM} \qquad (1.16)$$

und
$$x_\lambda^{(p2)}(m) = x(mM + M - 1 - \lambda). \tag{1.17}$$

Der Zusammenhang zur normalen Darstellung wird durch die folgende Beziehung hergestellt:
$$X_\lambda^{(p2)}(z) = X_{M-1-\lambda}^{(p)}(z). \tag{1.18}$$

Das Signal $x_1^{(p)}(n)$ in Bild 1.4c ist demnach identisch mit dem Signal $x_2^{(p2)}(n)$. Die Polyphasenkomponenten sind also nur in umgekehrter Reihenfolge indiziert.

Durch die Substitution $\lambda \rightarrow -\lambda$ erhält man aus der normalen Darstellung die *Polyphasendarstellung 3. Art* [Cro 83]:

$$X(z) = \sum_{\lambda=0}^{M-1} z^\lambda X_\lambda^{(p3)}(z^M) \tag{1.19}$$

mit

$$X_\lambda^{(p3)}(z^M) = \sum_{m=-\infty}^{\infty} x_\lambda^{(p3)}(m) \cdot z^{-mM} \tag{1.20}$$

und

$$x_\lambda^{(p3)}(m) = x(mM - \lambda). \tag{1.21}$$

Der Zusammenhang zur normalen Darstellung ist durch die folgenden beiden Beziehungen gegeben:

$$X_0^{(p3)}(z) = X_0^{(p)}(z), \tag{1.22}$$

$$X_\lambda^{(p3)}(z) = z^{-1} X_{M-\lambda}^{(p)}(z), \quad z = 1, 2, 3 \ldots M - 1. \tag{1.23}$$

Das Signal $x_1^{(p)}(n)$ in Bild 1.4c ist demnach identisch mit dem Signal $x_3^{(p3)}(n)$. Die Polyphasenkomponenten werden in negativer Richtung indiziert, so daß $x(0)$ zur nullten Polyphasenkomponente gehört, $x(-1)$ zur ersten, $x(-2)$ zur zweiten usw.

1.1.3   Modulationsdarstellung

Unter der *Modulation* einer Z-Transformierten $X(z)$ soll die Multiplikation der unabhängigen Variablen z mit der Zahl W_M^k verstanden werden. Die modulierte Z-Transformierte $X_k^{(m)}(z)$ lautet dann

$$X_k^{(m)}(z) = X(z \cdot W_M^k), \quad k = 0, 1, 2, \ldots, M - 1. \tag{1.24}$$

Geht man mit der Substitution $z \rightarrow \exp(j\Omega)$ zur *zeitdiskreten Fourier-Transformierten* über, so wird ersichtlich, daß die Modulation einer Z-Transformierten mit dem Faktor W_M^k der Frequenzverschiebung der Fourier-Transformierten um die normierte Frequenz $2\pi k/M$ gleichkommt:

$$X_k^{(m)}(e^{j\Omega}) = X(e^{j\Omega} \cdot e^{-j2\pi k/M}) = X(e^{j[\Omega - 2\pi k/M]}). \qquad (1.25)$$

Bild 1.5a zeigt das Betragsspektrum $|X(e^{j\Omega})|$ eines Signals $x(n)$, das bekanntlich periodisch in der normierten Frequenz Ω mit der Periode 2π ist. Dieses Spektrum ist identisch mit dem Betragsspektrum $|X_0^{(m)}|$ des ersten modulierten Signals, da $W_M^0 = 1$ ist. Ferner zeigt Bild 1.5 die Betragsspektren der übrigen modulierten Signale, die gegeneinander äquidistant versetzt angeordnet sind.

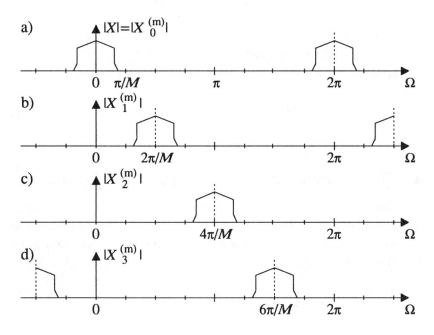

Bild 1.5: Modulationsdarstellung eines Signals $X(\exp j\Omega)$

Der Begriff Modulation wird verständlich, wenn man die Wirkung im Zeitbereich betrachtet. Mit Hilfe des Satzes über die *Skalierung der Variablen z*, siehe (A.1.9) im Anhang, erhält man mit $X(z) \bullet\!\!-\!\!\circ x(n)$ aus (1.24) die Korrespondenz

$$
\begin{aligned}
X(z \cdot W_M^k) \quad \bullet\!\!-\!\!\circ \quad & \left(W_M^{-k} \right)^n \cdot x(n) \\
= \quad & x(n) \cdot \exp(j2\pi kn/M) \\
= \quad & x(n) \cdot \cos(2\pi kn/M) + j x(n) \cdot \sin(2\pi kn/M).
\end{aligned}
\tag{1.26}
$$

Da die Fourier-Transformierten der modulierten Signale im allgemeinen keine konjugierte Symmetrie, d.h. geraden Realteil in Ω und ungeraden Imaginärteil in Ω, aufweisen, sind die zugehörigen diskreten Signale im Zeitbereich komplexwertig. Es lassen sich jedoch stets zwei Signale mit den Indizes k und $M - k$ zu einem reellen Signal zusammenfassen:

$$
\begin{aligned}
X(zW_M^k) + X(zW_M^{M-k}) \quad \bullet\!\!-\!\!\circ \quad & W_M^{-kn} x(n) + W_M^{kn} x(n) \\
X(zW_M^k) + X(zW_M^{M-k}) \quad = \quad & 2x(n) \cdot \cos(2\pi kn/M).
\end{aligned}
\tag{1.27}
$$

Unter der *Modulationsdarstellung* der Z-Transformierten $X(z)$ versteht man die Gesamtheit aller modulierter Z-Transformierten $X_k^{(m)}(z)$, $k = 0, 1, 2, \ldots, M - 1$, die in Form eines Spaltenvektors dargestellt wird:

$$
\mathbf{x}^{(m)}(z) = \left[X_0^{(m)}(z) \; X_1^{(m)}(z) \; \ldots \; X_{M-1}^{(m)}(z) \right]^T.
\tag{1.28}
$$

1.1.4 Transformation der Signalkomponenten

Im folgenden wird ein wichtiger Zusammenhang zwischen der Polyphasendarstellung und der Modulationsdarstellung einer Z-Transformierten hergeleitet. Ausgangspunkt ist die Korrespondenz der Polyphasenkomponenten in (1.13), die ausgeschrieben

$$
z^{-\lambda} X_\lambda^{(p)}(z^M) = \sum_{n=-\infty}^{\infty} x_\lambda^{(p)}(n) \cdot z^{-n}
\tag{1.29}
$$

lautet. Drückt man die Polyphasenkomponente $x_\lambda^{(p)}(n)$ wie in (1.6) mit Hilfe der diskreten Abtastfunktion $w_M(n - \lambda)$ aus, so erhält man unter Berücksichtigung von (1.3) und (1.4) den Ausdruck

$$
x_\lambda^{(p)}(n) \quad = \quad x(n) \cdot w_M(n - \lambda)
$$

$$= \quad x(n) \cdot \frac{1}{M} \sum_{\nu=0}^{M-1} W_M^{\nu(\lambda-n)}. \tag{1.30}$$

Ein Einsetzen von (1.30) in (1.29) führt mit der Substitution $\nu \to k$ auf

$$
\begin{aligned}
z^{-\lambda} X_\lambda^{(p)}(z^M) &= \sum_{n=-\infty}^{\infty} x(n) \cdot \frac{1}{M} \sum_{k=0}^{M-1} W_M^{k(\lambda-n)} \cdot z^{-n} \\
&= \frac{1}{M} \sum_{k=0}^{M-1} \sum_{n=-\infty}^{\infty} x(n) \cdot z^{-n} \cdot W_M^{k(\lambda-n)} \\
&= \frac{1}{M} \sum_{k=0}^{M-1} \underbrace{\left[\sum_{n=-\infty}^{\infty} x(n) \cdot \left(z W_M^k\right)^{-n} \right]}_{X(z W_M^k) = X_k^{(m)}(z)} \cdot W_M^{k\lambda}. \tag{1.31}
\end{aligned}
$$

Der Zusammenhang zwischen den Polyphasenkomponenten und den Modulationskomponenten lautet also

$$\boxed{z^{-\lambda} X_\lambda^{(p)}(z^M) = \frac{1}{M} \sum_{k=0}^{M-1} X_k^{(m)}(z) \cdot W_M^{\lambda k}} \tag{1.32}$$

Abgesehen von dem Vorfaktor $1/M$ werden die Polyphasen-Komponenten mit Hilfe der *diskreten Fourier-Transformation* (DFT) aus den Modulationskomponenten berechnet, siehe auch (C.1). Diese Beziehung läßt sich mit Hilfe der *DFT-Matrix* $\mathbf{W}_M$, siehe Abschnitt C.2, wie folgt in Matrixschreibweise formulieren:

$$\mathbf{x}^{(p)}(z) = \frac{1}{M} \cdot \mathbf{W}_M \cdot \mathbf{x}^{(m)}(z). \tag{1.33}$$

Darin ist $\mathbf{x}^{(p)}(z)$ die Polyphasendarstellung in (1.14) und $\mathbf{x}^{(m)}(z)$ die Modulationsdarstellung in (1.28).

1.2   Herabsetzung der Abtastrate

Das Herabsetzen der Abtastrate eines diskreten Signals erscheint sinnvoll, wenn die Bandbreite des Signals wesentlich unter der halben Abtastfrequenz liegt. Das Herabsetzen der Abtastrate wird *Abtastratendezimation* oder einfach *Dezimation* genannt und besteht aus einer *Antialiasing-Filterung* und einer *Abwärtstastung*. Methoden der Dezimation werden in Kapitel 4 ausführlich behandelt. Der vorliegende Abschnitt konzentriert sich vorwiegend auf die Abwärtstastung.

1.2.1   Abwärtstastung

Die Abtastrate eines diskreten Signals $x(n)$ wird um den Faktor M reduziert, indem nur jeder M-te Wert des Signals weiterverwendet wird. Das so entstehende Signal $y(m)$ läßt sich aus dem ursprünglichen Signal $x(n)$ wie folgt ableiten

$$y(m) = x(m \cdot M). \tag{1.34}$$

Dieser Vorgang ist in Bild 1.6 symbolisch dargestellt.

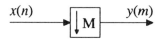

Bild 1.6: Abwärtstaster

Das viereckige Symbol in Bild 1.6 mit dem nach unten zeigenden Pfeil wird *Abwärtstaster* genannt. Das Ausgangssignal $y(m)$ ist ein gegenüber dem Eingangssignal $x(n)$ *abwärtsgetastetes Signal*.

Die reine Abwärtstastung eines Signals $x(n)$ kann mit Hilfe der Polyphasendarstellung beschrieben werden. Dieser Vorgang erfolgt in zwei Stufen. Bild 1.7a zeigt ein diskretes Signal $x(n)$. Durch diskrete Abtastung, d.h. durch Multiplikation mit der diskreten Abtastfunktion $w_M(n)$ nach (1.2) entsteht die Polyphasenkomponente $x_0^{(p)}(n)$ in Bild 1.7b. Durch Weglassen der $M - 1$ nullwertigen Abtastwerten zwischen den von null verschiedenen Abtastwerten entsteht schließlich das abwärtsgetastete Signal $y(m)$ in Bild 1.7c.

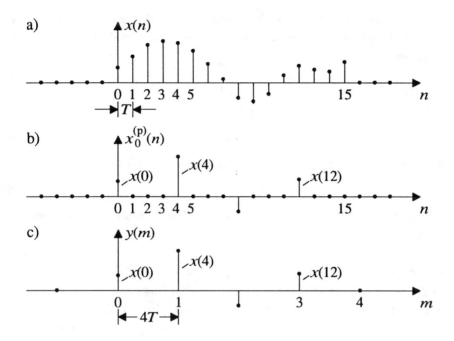

Bild 1.7: Zur Abwärtstastung

Im z-Bereich erhält man ausgehend von der Z-Transformierten

$$X(z) = \sum_{n=-\infty}^{\infty} x(n) \cdot z^{-n} \tag{1.35}$$

des ursprünglichen Signals gemäß (1.11) die Z-Transformierte

$$
\begin{aligned}
X_0^{(p)}(z^M) &= \sum_{m=-\infty}^{\infty} x(m \cdot M) \cdot z^{-mM} \\
&= \sum_{m=-\infty}^{\infty} y(m) \cdot (z^M)^{-m} \\
&= Y(z^M) = Y(z') \tag{1.36}
\end{aligned}
$$

des diskret abgetasteten Signals, siehe Bild 1.7. Der zweite Schritt, das Weglassen jeweils $M-1$ nullwertiger Abtastwerte, wird durch die Beziehung

$$Y(z^M) = Y(z') \bullet\!\!-\!\!\circ y(m) \tag{1.37}$$

beschrieben. Dieses läßt sich wie folgt begründen. Bezeichnet man den Abtastabstand des ursprünglichen Signals $x(n)$ mit T, so läßt sich die Variable z in $X(z)$ als

$$z = e^{sT} \qquad (1.38)$$

schreiben [Fli 91], worin s die unabhängige Variable der *Laplace-Transformation* ist. Aus dem Abtastabstand

$$T' = MT \qquad (1.39)$$

des abwärtsgetasteten Signals $y(m)$ kann eine weitere Variable

$$z' = e^{sT'} \qquad (1.40)$$

definiert werden. Wegen (1.39) lautet der Zusammenhang zwischen den beiden Variablen

$$z' = z^M. \qquad (1.41)$$

In der Z-Transformierten $Y(z^M)$ in (1.36) wird die Summation noch im ursprünglichen Takt durchgeführt. Es wird allerdings nur jeder M-te Wert berücksichtigt, da alle übrigen Werte null sind. In der Z-Transformierten $Y(z')$ wird im Prinzip die gleiche Summation durchgeführt. Jedoch werden jetzt nur noch die von null verschiedenen Abtastwerte im Abtastabstand T' betrachtet. Der Übergang von $X_0^{(p)}(z^M) = Y(z^M)$ nach $Y(z')$ entspricht im Zeitbereich dem Übergang von $x_0^{(p)}(n)$, siehe Bild 1.7b, nach $y(m)$, siehe Bild 1.7c.

Beispiel 1.1:

Die Z-Transformierte des Signals $x(n)$ in Abbildung 1.7a lautet

$$X(z) = x(0) + x(1)z^{-1} + x(2)z^{-2} + \ldots + x(14)z^{-14} + x(15)z^{-15}. \qquad (1.42)$$

Die Polyphasenkomponente mit $\lambda = 0$ in Bild 1.7b lautet

$$X_0^{(p)}(z^4) = x(0) + x(4)z^{-4} + x(8)z^{-8} + x(12)z^{-12}. \qquad (1.43)$$

Daraus folgt das Polynom

$$Y(z^4) = x(0) + x(4)(z^4)^{-1} + x(8)(z^4)^{-2} + x(12)(z^4)^{-3} \qquad (1.44)$$

und die Z-Transformierte des abwärtsgetasteten Signals

$$Y(z') = x(0) + x(4)(z')^{-1} + x(8)(z')^{-2} + x(12)(z')^{-3} \qquad (1.45)$$

in Bild 1.7c.

1.2.2 Spektrum des abwärtsgetasteten Signals

Die Z-Transformierte des diskret abgetasteten Signals $Y(z^M)$ in (1.36) läßt sich nach (1.32) mit Hilfe der Modulationskomponenten ausdrücken:

$$Y(z^M) = \frac{1}{M} \sum_{k=0}^{M-1} X(zW_M^k) \qquad (1.46)$$

Im Falle stabiler Signale läßt sich daraus mit Hilfe der Substitution $z \rightarrow \exp(j\Omega)$ die *zeitdiskrete Fourier-Transformierte* angeben [Fli 91]:

$$Y(e^{jM\Omega}) = \frac{1}{M} \sum_{k=0}^{M-1} X\left(e^{j\Omega - j2\pi k/M}\right). \qquad (1.47)$$

Der Betrag dieser Fourier-Transformierten soll im folgenden als *Betragsspektrum* oder kurz *Spektrum* bezeichnet werden.

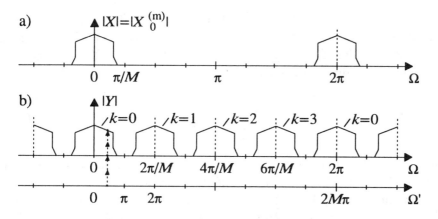

Bild 1.8: Spektren bei der Abwärtstastung

Gleichung (1.47) gibt das Spektrum des abwärtsgetasteten Signals wieder. Bild 1.8a zeigt als Beispiel das Spektrum $|X(\exp j\Omega)|$ des ursprünglichen Signals. Hierbei ist eine Bandbegrenzung auf $\Omega = \pi/M$ angenommen. Das Spektrum ist periodisch in Ω mit der Periode der *normierten Abtastfrequenz* 2π.

Bild 1.8b zeigt das Spektrum des abwärtsgetasteten Signals $y(m)$ gemäß (1.47). Ein Vergleich dieser Abbildung mit Bild 1.5 sowie ein Vergleich

von (1.47) mit (1.25) zeigen, daß das abwärtsgetastete Signal $y(m)$ aus der
Summe aller Modulationskomponenten des ursprünglichen Signals $x(n)$ be-
steht. Das Spektrum $|X|$ des ursprünglichen Signals wird in Abständen
$2\pi/M$ periodisch fortgesetzt. In der Periode der Länge 2π kommen zum
ursprünglichen Spektrum $M - 1$ gleichmäßig versetzte Kopien hinzu. Es
ist allerdings zu beachten, daß die Beträge der Spektren um den Faktor M
reduziert sind, siehe (1.47). Durch die hinzugekommenen Spektren entsteht
eine neue Periodizität der Länge $2\pi/M$. Dieses stimmt mit der Tatsache
überein, daß die Abtastfrequenz um den Faktor M reduziert wurde.

Mit $s = j\omega$ und der *normierten Frequenz* $\Omega = \omega T$ [Fli 91] erhält man
aus (1.38) bis (1.41) die Beziehung

$$e^{jM\Omega} = e^{jM\omega T} = e^{j\omega T'} = e^{j\Omega'}. \tag{1.48}$$

Die neue normierte Frequenz

$$\Omega' = M\Omega \tag{1.49}$$

ist auf den Abtastabstand T', also auf den reduzierten Takt, bezogen. Setzt
man (1.49) in (1.47) ein, so erhält man das Spektrum $|Y|$ in Abhängig-
keit von der aktuellen Frequenzvariablen Ω', mit der bei $\Omega' = 2\pi$ die neue
Abtastfrequenz gekennzeichnet ist:

$$Y(e^{j\Omega'}) = \frac{1}{M} \sum_{k=0}^{M-1} X\left(e^{j[\Omega' - 2\pi k]/M}\right). \tag{1.50}$$

Die beiden Darstellungen in (1.47) und (1.50) sind völlig äquivalent. In
(1.47) sind normierte Frequenzen einzusetzen, die auf die ursprüngliche Abtastfrequenz bezogen sind, in (1.50) normierte Frequenzen, die auf die reduzierte Abtastfrequenz bezogen sind. In Bild 1.8b sind beide Frequenzachsen
eingezeichnet. Für eine bestimmte Frequenz in Hertz führen beide Darstellungen zum gleichen Zahlenwert.

Beispiel 1.2:

Die ursprüngliche Abtastfrequenz sei $f_A = 1/T$. Das Spektrum des um den Faktor M abwärtsgetasteten Signals soll bei der Frequenz $f_1 = f_A/(6M)$ berechnet
werden. Die zugehörige normierte Frequenz lautet

$$\Omega_1 = \omega_1 T = 2\pi f_1 T = \pi/(3M). \tag{1.51}$$

Ebenso kann die normierte Frequenz bezüglich der neuen Abtastfrequenz angegeben werden:

$$\Omega_1' = \omega_1 T' = 2\pi f_1 M T = \pi/3. \tag{1.52}$$

Setzt man Ω_1 nach (1.51) in (1.47) ein, so erhält man das gleiche Ergebnis, als wenn man Ω_1' nach (1.52) in (1.50) einsetzt, nämlich

$$Y\left(e^{j\pi/3}\right) = \frac{1}{M} \sum_{k=0}^{M-1} X\left(e^{j\pi/3M - j2\pi k/M}\right). \tag{1.53}$$

Dieser Fall ist ebenfalls in Bild 1.8b eingezeichnet.

Die Unterscheidung zwischen den Variablen z und z' ist dann angebracht, wenn beide gleichzeitig in einem Formelausdruck auftreten. Sie wird im folgenden aufgegeben. Vielmehr werden alle Z-Transformierten stets nur auf die gleiche Taktrate bezogen. Bezieht man sich auf die hohe Taktrate, so kann die Z-Transformierte eines Signals in der reduzierten Taktrate mit z^M formuliert werden. Bezieht man umgekehrt z auf die niedrige Taktrate, so kann die Z-Transformierte eines Signals in der hohen Taktrate mit $z^{1/M}$ formuliert werden. Im übrigen ist es freigestellt, auf welche Taktrate die Variable z bezogen wird. In der Definition der Z-Transformation spielt der Abtastabstand keine Rolle.

1.2.3 Überlappungseffekte (Aliasing)

Aus Bild 1.8 ist ersichtlich, daß sich die bei der Abwärtstastung entstehenden Spektren überlappen, wenn das ursprüngliche Spektrum nicht auf $\Omega = \pi/M$ bandbegrenzt ist. Dieser *Überlappungseffekt*, auch *Aliasing* genannt, führt zu einer irreversiblen Veränderung des Signals.

Aus der Problemstellung heraus ist es häufig möglich, ein Signal vor der Abwärtstastung mit Hilfe eines Tiefpaßfilters in seiner Bandbreite zu begrenzen. Diese sogenannte *Antialiasing-Filterung* hat vor der Abwärtstastung zu erfolgen.

Der gesamte Vorgang, Antialiasing-Filterung und Abwärtstastung, wird zusammengefaßt *Dezimation* genannt. Bild 1.9 zeigt einen Dezimator, der aus einem Filter mit der Impulsantwort $h(n)$ und einem Abwärtstaster mit dem Faktor M besteht. Aus dem ursprünglichen Signal $u(n)$ entsteht das dezimierte Signal $y(m)$.

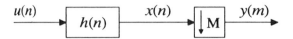

Bild 1.9: Dezimator bestehend aus einem Antialiasing-Filter $h(n)$
und einem Abwärtstaster M

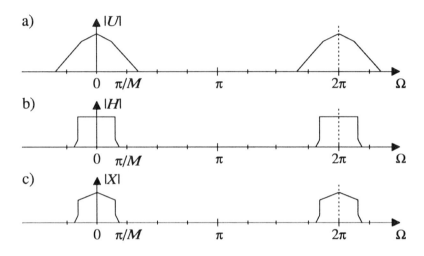

Bild 1.10: Zur Wirkung des Antialiasing-Tiefpaßfilters

Bild 1.10a zeigt das Spektrum eines nicht hinreichend bandbegrenzten Eingangssignals $u(n)$. Nach der Filterung mit einem Tiefpaßfilter mit dem Betragsfrequenzgang in Bild 1.10b entsteht das Signal $x(n)$, dessen Spektrum hinreichend bandbegrenzt ist, Bild 1.10c. Da mit realen Filtern keine durchgehend ideale Sperrwirkung erzielt werden kann, bleiben oberhalb der Frequenz π/M auch nach der Filterung noch Reste des Spektrums übrig. Es lassen sich aber in der Regel Filter angeben, die dafür sorgen, daß diese Restspektren eine vorgebbare Schwelle nicht überschreiten. Solche Signale werden *effektiv bandbegrenzt* genannt [Woz 65].

Nach der Filterung entsteht das Signal

$$x(n) = u(n) * h(n) = \sum_{k=-\infty}^{\infty} u(k) \cdot h(n-k), \qquad (1.54)$$

das dann gemäß (1.34) abwärtsgetastet werden kann. Der gesamte Dezimationsvorgang lautet daher

$$y(m) = \sum_{k=-\infty}^{\infty} u(k) \cdot h(m \cdot M - k). \qquad (1.55)$$

Im z-Bereich läßt sich mit dem Eingangssignal $U(z) \bullet\!\!-\!\!\circ u(n)$ und der Übertragungsfunktion $H(z) \bullet\!\!-\!\!\circ h(n)$ des Antialiasing-Filters die Z-Transformierte des bandbegrenzten Signals $X(z) \bullet\!\!-\!\!\circ x(n)$ berechnen:

$$X(z) = H(z) \cdot U(z). \qquad (1.56)$$

Daraus folgt mit (1.46) die Z-Transformierte des dezimierten Signals:

$$Y(z^M) = \frac{1}{M} \sum_{k=0}^{M-1} H(zW_M^k) \cdot U(zW_M^k). \qquad (1.57)$$

1.2.4 Skalierung der Antialiasing-Filter

Im folgenden wird nach der Verstärkung des Antialiasing-Filters im Durchlaßbereich gefragt. Wie groß muß diese Verstärkung sein, damit die Abtastwerte eines hinreichend bandbegrenzten Signals im Zeitbereich unverändert bleiben?

Das diskrete Signal $x(n)$ sei durch *Abtastung eines zeitkontinuierlichen Signals* $x_a(t) \circ\!\!-\!\!\bullet X_a(jw)$ im Abtastabstand T gewonnen:

$$x(n) = x_a(nT) \qquad (1.58)$$

Dann lautet das periodische Spektrum des Abtastsignals $x(n)$ [Fli 91]

$$x(n) \circ\!\!-\!\!\bullet X(e^{jwT}) = \frac{1}{T} \sum_{n=-\infty}^{\infty} X_a(j\omega - jn\omega_0), w_0 = 2\pi/T. \qquad (1.59)$$

Ebenso kann man sich das dezimierte Signal $y(m)$ nach (1.34) durch Abtastung des gleichen zeitkontinuierlichen Signals $x_a(t)$ im Abtastabstand MT entstanden denken:

$$y(m) = x_a(mMT) \qquad (1.60)$$

Das zugehörige periodische Spektrum lautet [Fli 91]

$$y(n) \circ\!\!-\!\!\bullet Y(e^{j\omega MT}) = \frac{1}{MT} \sum_{n=-\infty}^{\infty} X_a(j\omega - jn\omega_0/M). \qquad (1.61)$$

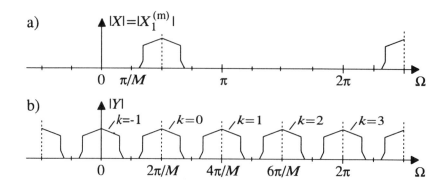

Bild 1.11: Spektren bei der Dezimation von Bandpaßsignalen

Vergleicht man die beiden Spektren (1.59) und (1.61) im Basisband, d.h. in den Summenausdrücken die jeweiligen Terme mit dem Index $n = 0$:

$$X_0(e^{j\omega T}) = \frac{1}{T}X_a(j\omega) \tag{1.62}$$

und

$$Y_0(e^{j\omega MT}) = \frac{1}{MT}X_a(j\omega), \tag{1.63}$$

so erkennt man, daß sich die beiden Spektren in Ordinatenrichtung um den Faktor M unterscheiden. Die Verkleinerung der Spektralwerte um den Faktor M erreicht man auch, wenn man das Signal $y(m)$ durch Abwärtstastung aus dem Signal $x(n)$ gewinnt. Dafür sorgt der Vorfaktor $1/M$ in (1.46). Das Antialising-Filter muß daher die Spektralwerte im Basisband unverändert lassen bzw. eine *Durchlaßverstärkung* von eins besitzen.

Diese Erkenntnis mag bei einer Betrachtung im Zeitbereich als selbstverständlich erscheinen. Sie wird aber hier wegen der unterschiedlichen Verhältnisse bei den später behandelten Antiimaging-Filtern hervorgehoben.

1.2.5   Dezimation von Bandpaßsignalen

Jedes hinreichend bandbegrenzte *Bandpaßsignal* läßt sich als Modulationskomponente eines entsprechenden *Basisbandsignals* $X(z)$ auffassen. Das Bandpaßsignal

$$X_\ell^{(m)}(z) = X\left(z \cdot W_M^\ell\right), \quad \ell \text{ ganzzahlig} \tag{1.64}$$

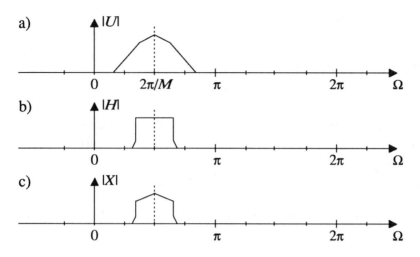

Bild 1.12: Zur Wirkung des Antialiasing-Bandpaßfilters

geht durch eine Frequenzverschiebung $\Delta\Omega = 2\pi k_0/M$ aus dem Basisbandsignal hervor. Bild 1.11a zeigt beispielsweise die Modulationskomponente mit $\ell = 1$ in Bild 1.5b, wobei das zugehörige Basisbandspektrum in Bild 1.5a zu sehen ist.

Die Abwärtstastung des Bandpaßsignals $X(z \cdot W_M^\ell)$ um den Faktor M führt auf das gleiche Ergebnis wie die entsprechende Abwärtstastung des Basisbandsignals $X(z)$. Setzt man in (1.46) und (1.47) statt $X(z)$ das Bandpaßsignal $X(z \cdot W_M^\ell)$ ein, so erhält man

$$Y(z^M) = \frac{1}{M} \sum_{k=0}^{M-1} X(zW_M^\ell W_M^k) \tag{1.65}$$

und

$$Y\left(e^{jM\Omega}\right) = \frac{1}{M} \sum_{k=0}^{M-1} X\left(e^{j\Omega - j2\pi(\ell+k)/M}\right). \tag{1.66}$$

Bild 1.11b zeigt diese Spektren. Wegen der Periodizität von $X(z \cdot W_M^\ell)$ in Ω mit der Periode 2π sind sie identisch mit denen in (1.47) bzw. Bild 1.8b. Lediglich die Parametrierung der Spektren mit dem Index k ist um $\ell = 1$ verschoben.

Ähnlich wie bei der Dezimation von Tiefpaß- oder Basisbandsignalen kann auch bei Bandpaßsignalen die Bandbegrenzung durch ein vorgeschaltetes Bandbegrenzungs- oder Antialiasingfilter erzwungen werden, siehe Bild 1.9. Anstelle eines Antialiasing-Tiefpasses wird jetzt allerdings ein *Antialiasing-Bandpaß* benötigt.

Bild 1.12 zeigt das Betragsspektrum $|U(\exp j\Omega)|$ des Eingangssignals $u(n)$, den Betragsfrequenzgang $|H(\exp j\Omega)|$ eines Antialiasing-Bandpaßfilters und das Betragsspektrum $|X(\exp j\Omega)|$ des gefilterten Signals $x(n)$. Das Signal $x(n)$ ist nun hinreichend bandbegrenzt und kann in seiner Abtastrate ohne Überlappungseffekte um den Faktor M abwärtsgetastet werden.

1.2.6   Abwärtstastung mit Phasenversatz

Die Abwärtstastung nach (1.34) gibt die Eingangswerte $x(n)$ an den Ausgang weiter, deren Indizes n ganzzahlige Vielfache des Faktors M sind. Bei dieser Abwärtstastung gilt stets $y(0) = x(0)$. In einer gewissen Verallgemeinerung kann die Abwärtstastung um den Faktor M auch mit einem *Phasenversatz* λ erfolgen:

$$y_\lambda(m) = x(m \cdot M + \lambda), \quad \lambda = 0, 1, 2, \ldots, M-1. \tag{1.67}$$

Für diese Abwärtstastung gilt $y_\lambda(0) = x(\lambda)$. Für $\lambda = 0$ ist sie mit der bisher behandelten Abwärtstastung identisch.

Zur Berechnung der Spektren $Y_\lambda(z) \bullet\!\!-\!\!\circ y_\lambda(m)$ werden zunächst in einem ersten Schritt die Polyphasenkomponenten des Eingangssignals $X(z) \bullet\!\!-\!\!\circ x(n)$ betrachtet. Einem vorgegebenen Phasenversatz λ ist eindeutig eine Polyphasenkomponente $x_\lambda^{(p)}(n)$ des Eingangssignals zugeordnet, siehe Bild 1.4. Die zugehörige Z-Transformierte lautet nach (1.13)

$$z^{-\lambda} X_\lambda^{(p)}(z^M) \bullet\!\!-\!\!\circ x_\lambda^{(p)}(n) \tag{1.68}$$

und läßt sich nach (1.32) mit den Modulationskomponenten nach (1.24) wie folgt schreiben:

$$z^{-\lambda} X_\lambda^{(p)}(z^M) = \frac{1}{M} \sum_{k=0}^{M-1} X(zW_M^k) \cdot W_M^{k\lambda}. \tag{1.69}$$

Daraus läßt sich mit $z = \exp(j\Omega)$ das Spektrum der Polyphasenkomponente $x_\lambda^{(p)}(n)$ ableiten:

$$x_\lambda^{(p)}(n) \circ\!\!-\!\!\bullet \frac{1}{M} \sum_{k=0}^{M-1} X\left(e^{j\Omega - j2\pi k/M}\right) \cdot W_M^{k\lambda}. \tag{1.70}$$

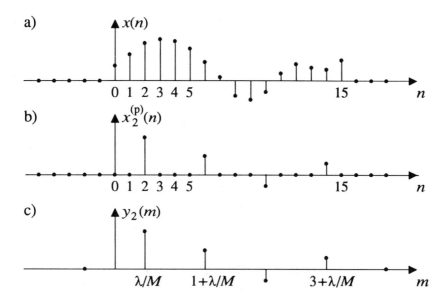

Bild 1.13: Abwärtstastung mit Phasenversatz

Bild 1.13a zeigt das bereits aus Bild 1.2a bekannte Signal $x(n)$, Bild 1.13b die Polyphasenkomponente $x_2^{(p)}(n)$. Man gelangt nun zu dem abwärtsgetasteten Signal $y_2(m)$ in Bild 1.13c, indem man z^M durch z ersetzt bzw. Ω durch Ω/M, siehe auch Abschnitt 1.2.1. Das Spektrum des mit Phasenversatz abwärtsgetasteten Signals lautet daher

$$y_\lambda(m) \circ\!\!\!-\!\!\bullet\, Y_\lambda(e^{j\Omega}) = \frac{1}{M} \sum_{k=0}^{M-1} X\left(e^{j[\Omega - 2\pi k]/M}\right) \cdot W_M^{k\lambda}. \qquad (1.71)$$

Die von null verschiedenen Werte der abwärtsgetasteten Polyphasenkomponente treten nicht bei ganzzahligen Werten von m auf, siehe Bild 1.13c (Ausnahme: $\lambda = 0$). Diese Art von Darstellung wird gelegentlich für hypothetische Prototypen von Filtern verwendet.

Beispiel 1.3:

Betrachtet sei das endliche reelle Signal $x(n)$ in Bild 1.14a mit seinem Spektrum $X(\exp j\Omega)$ in Bild 1.15a. Dieses nichtkausale Signal sei gerade: $x(n) = x(-n)$. Daher ist sein Spektrum reell und gerade. Bild 1.14b zeigt die abwärtsgetastete

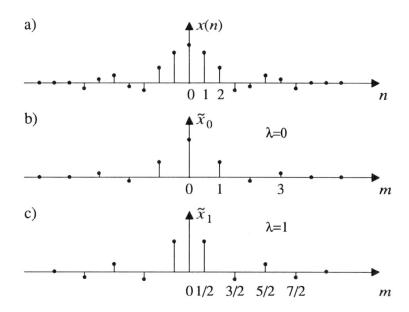

Bild 1.14: Abwärtsgetastete Polyphasenkomponenten mit $M = 2$

Polyphasenkomponente $\tilde{x}_0^{(p)}(m)$, d.h. für $\lambda = 0$. Ihr Spektrum errechnet sich mit (1.70) und $M = 2$ zu

$$\tilde{x}_0^{(p)} \circ\!\!-\!\!\bullet \frac{1}{2} \sum_{k=0}^{1} X\left(e^{j[\Omega - \pi k]}\right). \tag{1.72}$$

Dieses Spektrum ist in Bild 1.15b aufgezeichnet. Beide Summenterme ergänzen sich zu einem reellen Spektrum mit der Periode $\Omega = \pi$ bzw. $\Omega' = 2\pi$. Dieses steht im Einklang mit dem Phasenversatz $\lambda = 0$ und der Reduktion der Abtastrate um den Faktor 2, siehe auch Abschnitt 1.2.2.

Die abwärtsgetastete Polyphasenkomponente $\tilde{x}_1^{(p)}(m)$ ist in Bild 1.14c dargestellt. Das zugehörige Spektrum lautet

$$\tilde{x}_1^{(p)} \circ\!\!-\!\!\bullet \frac{1}{2} \sum_{k=0}^{1} X\left(e^{j[\Omega - \pi k]}\right) \underbrace{W_2^k}_{(-1)^k}, \tag{1.73}$$

siehe Bild 1.15c. Ein Vergleich von (1.72) mit (1.73) bzw. Bild 1.15b mit c zeigt, daß beide Spektren zwar den gleichen Betrag haben, beim Phasenversatz $\lambda = 1$ jedoch die beiden Summenterme verschiedenes Vorzeichen haben. Als

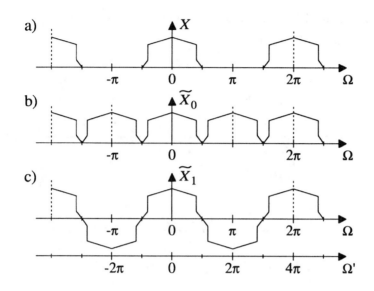

Bild 1.15: Spektren der abwärtsgetasteten Polyphasenkomponenten

Konsequenz behält das Spektrum von $\tilde{x}_1^{(p)}$ die Periode $\Omega = 2\pi$ bzw. $\Omega' = 4\pi$. Die Abwärtstastung mit einem Phasenversatz $\lambda \neq 0$ verändert nicht die Periodenlänge des Spektrums. Es ist leicht einzusehen, daß dieses allgemein gilt.

1.2.7 Abwärtstastung der Polyphasenkomponenten

Die in (1.6) definierten Polyphasenkomponenten enthalten zwischen den informationstragenden Abtastwerten jeweils $M - 1$ Nullen. Diese sind überflüssig und können, wie im vorhergehenden Abschnitt besprochen, durch eine Abwärtstastung mit Phasenversatz eliminiert werden. Die *abwärtsgetasteten Polyphasenkomponenten* sollen allerdings im Gegensatz zu dem Ergebnis in Bild 1.13c in einem ganzzahligen Zeitraster liegen. Dazu sind die Polyphasenkomponenten vor der Abwärtstastung um λ Takte voreilend zu verschieben. Dadurch verändert sich (1.68) wie folgt:

$$X_\lambda^{(p)}(z^M) \bullet\!\!-\!\!\circ x_\lambda^{(p)}(n + \lambda). \qquad (1.74)$$

Bild 1.16b zeigt als Beispiel die zeitlich voreilend (nach links) verschobene Polyphasenkomponente $x_2^{(p)}(n+2)$.

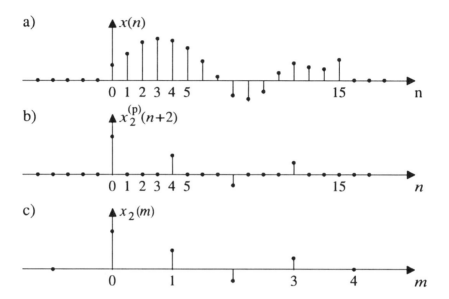

Bild 1.16: Verschobene und abwärtsgetastete Polyphasenkomponenten

Durch eine Abwärtstastung mit dem Faktor M entsteht aus $x_\lambda^{(p)}(n+\lambda)$ die Polyphasenkomponente

$$X_\lambda^{(p)}(z) \bullet\!\!-\!\!\circ x_\lambda(m) = x_\lambda^{(p)}(mM+\lambda) \qquad (1.75)$$

im reduzierten Takt, siehe Bild 1.16c.

Ist aus dem Zusammenhang heraus erkennbar, daß der Index λ die Polyphasenkomponenten indiziert, so wird im folgenden auch der hochgestellte Index "(p)" im Bildbereich weggelassen, und man kommt zu der Darstellung

$$X_\lambda(z) \bullet\!\!-\!\!\circ x_\lambda(m) \qquad (1.76)$$

der Polyphasenkomponenten im Bild- und im Zeitbereich.

Das Spektrum der abwärtsgetasteten Polyphasenkomponente kann indirekt aus (1.71) entnommen werden. Das Signal $x_\lambda(m)$ in (1.75) unterscheidet sich vom Signal $y_\lambda(m)$ in (1.71) durch eine Verschiebung um λ Intervalle im hohen Takt. Nach dem *Zeitverschiebungssatz* kommt daher im Spektrum von $x_\lambda(m)$ noch ein Faktor $e^{j\Omega\lambda/M}$ hinzu:

$$X_\lambda(e^{j\Omega}) = \frac{1}{M}e^{j\Omega\lambda/M} \sum_{k=0}^{M-1} X\left(e^{j[\Omega-2\pi k]/M}\right) \cdot W_M^{k\lambda}. \qquad (1.77)$$

Gleichung (1.77) zeigt, daß sich der Phasenversatz λ über komplexe Exponentialfaktoren vom Betrage 1 (Drehfaktoren) im Spektrum bemerkbar macht. Bei exakter Bandbegrenzung des Spektrums $X(\exp j\Omega)$ auf den Wert π/M tritt keine Überlappung der Summenterme in (1.77) auf. In diesem Fall tritt bei jedem Phasenversatz λ immer das gleiche Betragsspektrum $|Y_\lambda(\exp jM\Omega)|$ auf. Überlappen sich jedoch die Teilspektren in den Summentermen, so entsteht wegen des Exponentialfaktors $W_M^{k\lambda}$ eine Abhängigkeit von λ.

Beispiel 1.4:

Bild 1.17a zeigt die Impulsantwort $h(n)$ eines FIR-Tiefpasses 50. Ordnung, der mit gleichmäßigen Schwankungen im Durchlaß- und Sperrbereich approximiert wurde (Parks-McClellan-Entwurf). Durch die nachträgliche Korrektur $h(50) = 0$ wurde die Impulsantwort unsymmetrisch gemacht. Der zugehörige

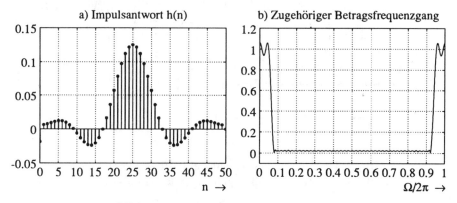

Bild 1.17: Nicht-bandbegrenztes Signal:
Impulsantwort (a) und Betragsfrequenzgang (b)

Betragsfrequenzgang geht aus Bild 1.17b hervor. Die Durchlaßgrenzfrequenz beträgt 0.1π, die Sperrgrenzfrequenz 0.15π. Man erkennt die endliche Dämpfung des Filters im Sperrbereich, die bei einer Abwärtstastung zu Überlappungseffekten führt.

Bild 1.18a und b zeigen Impulsantwort und Betragsfrequenzgang des mit $M = 4$ diskret abgetasteten Filters ohne Phasenversatz, d.h. für $\lambda = 0$. Unter der diskret abgetasteten Version ist ein neues FIR-Filter zu verstehen, das nur jeden M-ten Koeffizienten übernimmt und die übrigen gleich null setzt.

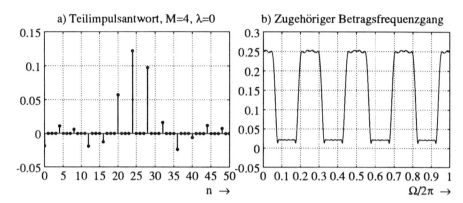

Bild 1.18: Diskrete Abtastung ohne Phasenversatz ($\lambda = 0$):
Teilimpulsantwort (a) und zugehöriger Betragsfrequenzgang (b)

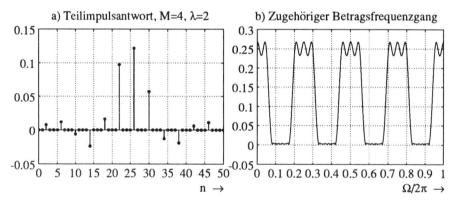

Bild 1.19: Diskrete Abtastung mit Phasenversatz $\lambda = 2$:
Teilimpulsantwort (a) und zugehöriger Betragsfrequenzgang (b)

Bild 1.19 zeigt eine weitere diskret abgetastete Version, allerdings mit einem Phasenversatz $\lambda = 2$. Die beiden diskret abgetasteten Versionen in Bild 1.18 und 1.19 zeigen grob die Wiederholung des Betragsspektrums mit der neuen Periode $\Omega = \pi/2$. Man entdeckt jedoch feine Unterschiede in den Durchlaß- und Sperrbereichsschwankungen, die auf unterschiedlich zusammengefügte Alias-Komponenten zurückzuführen sind. Ursache dafür ist die endliche Sperrdämpfung des Prototypen.

Es zeigt sich, daß bei symmetrischen Impulsantworten alle Betragsspektren unabhängig von der Abtastphase gleich sind.

1.2.8 Periodische Zeitinvarianz

Der Abwärtstaster in Bild 1.6 ist ein lineares, aber kein *zeitinvariantes System*. Wählt man als Eingangsfolge die Impulsfolge

$$x(n) = \epsilon(n) = \begin{cases} 1 & \text{für } n = 0 \\ 0 & \text{für } n \neq 0 \end{cases} \tag{1.78}$$

so erhält man die Ausgangsgröße

$$y(m) = x(mM) = \begin{cases} 1 & \text{für } m = 0 \\ 0 & \text{für } m \neq 0 \end{cases} \tag{1.79}$$

Die Impulsantwort ist die Impulsfolge $y(m)$. Bei der Erregung mit einer verzögerten Impulsfolge

$$x(n) = \epsilon(n - n_0) = \begin{cases} 1 & \text{für } n = n_0 \\ 0 & \text{für } n \neq n_0 \end{cases} \tag{1.80}$$

antwortet der Abwärtstaster mit einem Signal

$$y(m) = \begin{cases} 1 & \text{für } m = m_0 \text{ mit } m_0 = n_0/M \text{ ganzzahlig} \\ 0 & \text{sonst} \end{cases} \tag{1.81}$$

Die Antwort hängt von der Verzögerung n_0 ab. Daher ist der Abwärtstaster ein *zeitvariables System*. Er ist allerdings ein *periodisch zeitinvariantes System*. Bei zeitlichen Verzögerungen, die ein Vielfaches von M betragen, erhält man jeweils gleiche, aber entsprechend verzögerte abwärtsgetastete Ausgangssignale.

Beispiel 1.5:

Bild 1.20a zeigt ein Signal $x(n)$ vor der Abwärtstastung, Bild 1.20b das gleiche Signal nach einer Abwärtstastung mit dem Faktor $M = 4$.

In Bild 1.21a ist das um einen Takt ($n_0 = 1$) verzögerte Signal $x(n-1)$ dargestellt. Eine Abwärtstastung um den Faktor $M = 4$ führt auf das Signal in Bild 1.21b, das in seinem Signalverlauf völlig verschieden ist vom abwärtsgetasteten Signal in Bild 1.20b. Das gleiche abwärtsgetastete, aber entsprechend verzögerte Signal erhält man auch mit den Verzögerungen $n_0 = 5, 9, 13, \ldots$

Bild 1.22a zeigt schließlich das um vier Takte verzögerte Signal $x(n-4)$. Das entsprechende abwärtsgetastete Signal in Bild 1.22b hat abgesehen von einer Verzögerung um einen (langsamen) Takt den gleichen Verlauf wie das in Bild 1.20b.

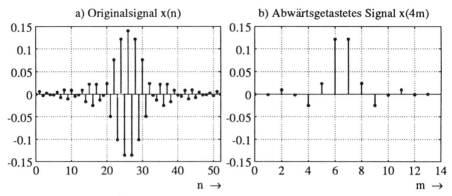

Bild 1.20: Abwärtstastung eines Originalsignals $x(n)$

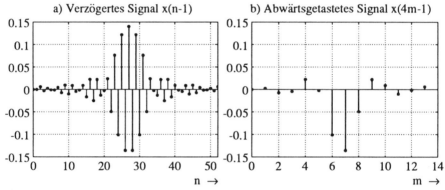

Bild 1.21: Abwärtstastung des verzögerten Signals $x(n-1)$

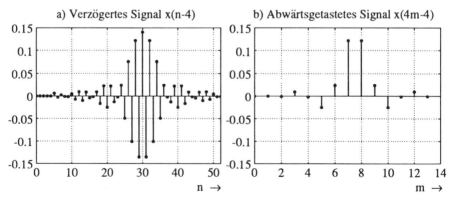

Bild 1.22: Abwärtstastung des verzögerten Signals $x(n-4)$

1.2.9 Äquivalenzen

Da die Skalierung diskreter Signale in den Zweigen und die Summation diskreter Signale in den Knoten von Signalflußgraphen unabhängig von der Abtastrate sind, sind die beiden Signalflußgraphen in Bild 1.23a und b äquivalent. Sie zeigen das gleiche Klemmenverhalten.

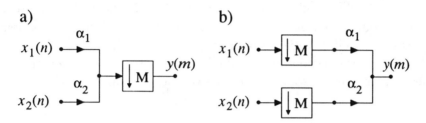

Bild 1.23: Erste Äquivalenz

Da eine Verzögerung vor dem Abwärtstaster um M Takte einer Verzögerung nach dem Abwärtstaster um einen Takt gleichkommt, gilt die *zweite topologische Äquivalenz* in Bild 1.24.

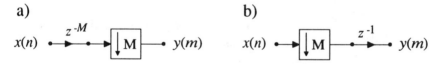

Bild 1.24: Zweite Äquivalenz

Um die unterschiedlichen Takte an beiden Seiten des Abwärtstasters deutlich zu machen, wird zwischen den Variablen z und z' unterschieden.

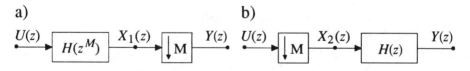

Bild 1.25: Dritte Äquivalenz

Eine Verallgemeinerung der zweiten Äquivalenz ist in Bild 1.25 zu sehen. Diese *dritte Äquivalenz* ist leicht nachvollziehbar: Beschreibt man in beiden Anordnungen die Abwärtstastung mit (1.46), so erhält man für das Ausgangssignal $Y(z)$ das gleiche Ergebnis.

1.3   Erhöhung der Abtastrate

Sollen mehrere schmalbandige diskrete Signale zu einem breitbandigen Signal zusammengefügt werden, so muß vorher ihre Abtastrate erhöht werden. Eine Erhöhung der Abtastrate ist auch dann nötig, wenn ein schmalbandiges diskretes Signal mit höherer zeitlicher Auflösung beobachtet werden soll, z.B. um die Nulldurchgänge des Signals genauer detektieren zu können.

Die Erhöhung der Abtastrate eines Signals wird *Interpolation* genannt und besteht aus einer *Aufwärtstastung* und einer *Antiimaging-Filterung*. Methoden der Interpolation werden im Kapitel 4 ausführlich behandelt. Der vorliegende Abschnitt konzentriert sich vorwiegend auf die Aufwärtstastung.

1.3.1   Aufwärtstastung

Die Abtastrate eines diskreten Signals $y(m)$ wird um den Faktor L erhöht, indem zwischen den bisherigen Abtastwerten $L - 1$ Nullen äquidistant eingefügt werden. Das so entstehende Signal $u(n)$ läßt sich wie folgt aus dem alten Signal ableiten:

$$u(n) = \begin{cases} y(n/L) & \text{für } n = mL, \; m \text{ ganzzahlig} \\ 0 & \text{sonst} \end{cases} \tag{1.82}$$

Die Aufwärtstastung ist in Bild 1.26 symbolisch dargestellt.

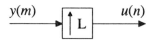

Bild 1.26: Aufwärtstaster

Bild 1.27a zeigt ein Signal $y(m)$, Bild 1.27b das zugehörige mit dem Faktor $L = 4$ aufwärtsgetastete Signal. Ein Vergleich von Bild 1.27 mit Bild 1.7 zeigt, daß mit der Aufwärtstastung der Schritt von Bild 1.7b nach Bild 1.7c in umgekehrter Richtung durchgeführt wird. Identifiziert man die Z-Transformierte

$$Y(z) = \sum_{m=-\infty}^{\infty} y(m) z^{-m} \tag{1.83}$$

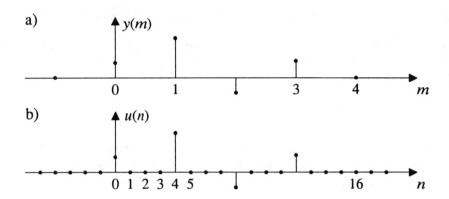

Bild 1.27: Aufwärtstastung eines diskreten Signals

des Signals vor der Aufwärtstastung mit $Y(z')$ in (1.36) und die Z-Transformierte

$$U(z) = \sum_{n=-\infty}^{\infty} u(n)z^{-n} \qquad (1.84)$$

des aufwärtsgetasteten Signals $u(n)$ mit $X_0^{(p)}(z^M)$ in f(1.36), so folgt aus (1.36) der folgende Zusammenhang:

$$\boxed{U(z) = Y(z^L)} \qquad (1.85)$$

Beispiel 1.6:

Es sei noch einmal das Beispiel 1.1 aufgegriffen. Das Signal

$$Y(z) = x(0) + x(4)z^{-1} + x(8)z^{-2} + x(12)z^{-3} \qquad (1.86)$$

in (1.45) soll mit dem Eingangssignal des Aufwärtstasters in Bild 1.26 identifiziert werden. Dann lautet das Ausgangssignal $U(z)$ nach (1.85)

$$U(z) = Y(z^4) = x(0) + x(4)z^{-4} + x(8)z^{-8} + x(12)z^{-12}. \qquad (1.87)$$

Dieses ist identisch mit dem Signal $X_0^{(p)}(z^4)$ in (1.43).

1.3.2 Spektrum des aufwärtsgetasteten Signals

Aus der Beziehung (1.85) der Z-Transformierten folgt mit $z = \exp(j\Omega)$ und $z' = z^L = \exp(j\Omega')$ die Beziehung der Fourier-Spektren der beiden in Bild 1.26 gezeigten Signale:

$$U(e^{j\Omega}) = Y(e^{jL\Omega}) = Y(e^{j\Omega'}). \tag{1.88}$$

Das ursprüngliche Signal $y(m)$ besitzt die Abtastfrequenz $\Omega' = 2\pi$, das aufwärtsgetastete Signal $u(n)$ die Abtastfrequenz $\Omega = 2\pi$. Bild 1.28 zeigt als Beispiel beide Signale für den Fall $L = 4$.

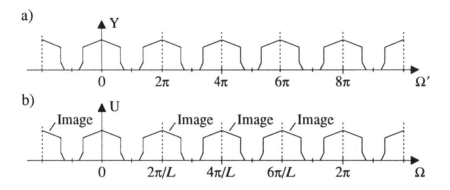

Bild 1.28: Spektren bei der Aufwärtstastung

Rechnet man die Variablen Ω' und Ω in Frequenzen in Hertz um, so stellt man fest, daß beide Frequenzachsen identisch sind. Das Spektrum hat sich bei der Aufwärtstastung nicht verändert. Dieses erscheint auch plausibel, da das Einfügen von Nullen die Signalleistung und ihre spektrale Verteilung nicht verändert. Einziger Effekt der Aufwärtstastung ist das Umskalieren der Frequenzachse: Die enger liegenden Werte des Index n, siehe Bild 1.27 führen dazu, daß nicht mehr $\Omega' = 2\pi$, sondern $\Omega' = L \cdot 2\pi$ bzw. $\Omega = 2\pi$ die neue Abtastfrequenz ist.

1.3.3 Spektrale Deutung der Interpolation

Das Einfügen von Nullen in ein Signal, siehe Bild 1.27, ist erst ein Zwischenschritt auf dem Wege zum höher abgetasteten Signal. Ziel der Abtastratenerhöhung muß es sein, statt der Nullen Zwischenwerte zu finden, die den Verlauf des diskreten Signals sinnvoll ergänzen. Die Zwischenwerte sollen zwischen den ursprünglichen diskreten Werten, siehe Bild 1.27a, bestmöglich interpoliert werden.

Die Frage nach der bestmöglichen bzw. fehlerfreien *Interpolation* soll im Rahmen der hier behandelten Probleme wie folgt beantwortet werden. Man betrachtet das Signal $y(m)$ in Bild 1.27a mit seinem Spektrum in Bild 1.28a. Dazu läßt sich ein fiktives kontinuierliches Signal $y_a(t)$ angeben, das im Bereich $-\pi < \Omega' < \pi$ das gleiche Spektrum wie $y(m)$ besitzt und außerhalb dieses Frequenzintervalls null ist. Das diskrete Signal $y(m)$ kann man sich dann durch Abtastung des kontinuierlichen Signals $y_a(t)$ in Abtastabständen T' bzw. mit der normierten Abtastfrequenz $\Omega' = 2\pi$ entstanden denken:

$$y(m) = y_a(mT'). \tag{1.89}$$

Ebenso könnte man, ohne das *Abtasttheorem* zu verletzen [Fli 91], das Signal $y_a(t)$ auch in L-fach kürzeren Abständen $T = T'/L$ bzw. mit der normierten Abtastfrequenz $\Omega' = L \cdot 2\pi$ (oder $\Omega = 2\pi$ mit $\Omega = \Omega'/L$) abtasten:

$$x(n) = y_a(nT). \tag{1.90}$$

Das Signal $x(n)$ wird im folgenden als Zielvorstellung für die Interpolation verwendet. Die Interpolation wird als ideal verstanden, wenn aus dem Signal $y(m)$ nach (1.89) das Signal $x(n)$ nach (1.90) entsteht.

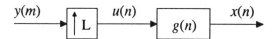

Bild 1.29: Interpolator bestehend aus einem Aufwärtstaster L und einem Antiimaging-Filter $g(n)$

Das Signal $x(n)$ hat im Intervall $-\pi/L < \Omega < \pi/L$ (bis auf einen Skalierungsfaktor) das gleiche Spektrum wie $y(m)$ und wie $y_a(t)$. Die erste Wiederholung dieses Spektrums tritt bei der Abtastfrequenz $\Omega = 2\pi$ auf, die nächste bei der doppelten Abtastfrequenz usw. Das durch Aufwärtstastung gewonnene Signal $u(n)$ besitzt ebenfalls diese Spektren, dazwischen aber jeweils noch $L - 1$ weitere Spektren gleicher Gestalt, siehe Bild 1.28b. Diese werden im angelsächsischen Schrifttum mit *Image-Spektren* bezeichnet, der Effekt ihres Auftretens mit *Imaging*. In Ermangelung eines geeigneten deutschen Begriffes werden diese Ausdrücke hier übernommen.

Der Übergang vom aufwärtsgetasteten Signal zum *ideal interpolierten Signal* läßt sich bei der Betrachtung der Signalspektren als Entfernen der Image-Spektren deuten. Dazu ist ein idealer Tiefpaß der Grenzfrequenz $\Omega_{gr} = \pi/L$ und der Abtastfrequenz $\Omega = 2\pi$ geeignet, siehe Bild 1.30. Die Tiefpaßfilterung ist der Aufwärtstastung nachzuschalten, siehe Bild 1.29. Dieses Filter wird *Antiimaging-Filter* genannt.

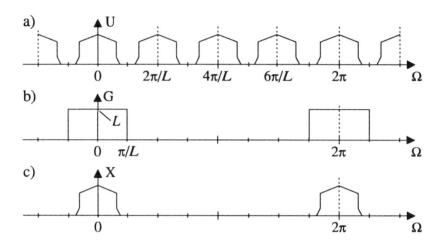

Bild 1.30: Antiimaging-Filterung mit einem idealen Tiefpaß, $L=4$

Ein Vergleich von Bild 1.30 mit Bild 1.8 zeigt, daß im Falle hinreichend bandbegrenzter Signale die ideale Antiimaging-Filterung das Gegenteil der diskreten Abtastung darstellt. Die Interpolation, bestehend aus Aufwärtstastung und Antiimaging-Filterung, ist das Gegenteil der Dezimation, die aus Antialiasing-Filterung und Abwärtstastung besteht, siehe auch Bild 1.9 und Bild 1.29. An reale Antialiasing- und Antiimaging-Filter werden bezüglich des Durchlaß- und Sperrverhaltens häufig die gleichen Anforderungen gestellt.

1.3.4 Skalierung der Antiimaging-Filter

Bei der Betrachtung der Skalierungsfaktoren der Signale vor und nach der Interpolation wird auf die Ergebnisse des Abschnitts 1.2.4 zurückgegriffen: Werden aus einem kontinuierlichen Signal $x_a(t)$ verschiedene diskrete Signale mit unterschiedlichen Abtastfrequenzen abgeleitet, so enthalten die Spektren der diskreten Signale einen Skalierungsfaktor umgekehrt proportional zum Abtastabstand bzw. proportional zur Abtastfrequenz, siehe (1.62) und (1.63).

Im Falle der alleinigen Aufwärtstastung bleibt aber der Skalierungsfaktor des Spektrums unverändert, siehe (1.88). Dieses ist auch bei der Einfügung von Nullen nicht anders zu erwarten. Um zu erreichen, daß die Stützwerte (Abtastwerte des ursprünglichen Signals) bei der Interpolation unverändert bleiben und die dazwischen liegenden interpolierten Werte mit den entsprechenden Werten der fiktiven kontinuierlichen Funktion übereinstimmen, muß das Spektrum des interpolierten Signals $x(n)$ gegenüber dem Spektrum des ursprünglichen Signals $y(m)$ einen L-fach größeren Skalierungsfaktor bekommen:

$$X\left(e^{j\Omega}\right) = L \cdot Y\left(e^{jL\Omega}\right).$$ (1.91)

Da der Vorfaktor L von der Aufwärtstastung nicht geleistet wird, siehe (1.88), muß das Antiimaging-Filter im Durchlaßbereich eine Verstärkung um den Faktor L haben. Dieses ist in Bild 1.30b bereits angedeutet.

Bezüglich der Durchlaßverstärkung liegt keine Symmetrie mit dem Antialiasing-Filter vor. Letzteres benötigt stets eine Durchlaßverstärkung vom Wert 1, siehe Abschnitt 1.2.4.

1.3.5 Verallgemeinerte Interpolation

Bei der normalen Interpolation wird nach der Aufwärtstastung des diskreten Signals das *Basisbandspektrum* ausgefiltert. Bei manchen Anwendungen stellt sich die Aufgabe, anstelle des Basisbandspektrums eines der *Image-Spektren* auszufiltern. Diese Vorgehensweise ist gewissermaßen das Gegenstück zur Dezimation von Bandpaßsignalen, siehe Abschnitt 1.2.5.

Das somit entstehende Bandpaßsignal stellt in einem verallgemeinerten Sinne ebenfalls ein interpoliertes Signal dar, das die Stützwerte des ursprünglichen Signals mit enthält. Dieses folgt aus der Tatsache, daß nach einer Dezimation wieder das ursprüngliche Signal entstehen würde, siehe Bild 1.11. Die Zwischenwerte werden mit Drehfaktoren W_M^{kn} multipliziert. Die normale Interpolation kann als Sonderfall $k = 0$ angesehen werden.

Beispiel 1.7:

Bild 1.31a zeigt ein mit $L = 4$ aufwärtsgetastetes Signal, Bild 1.31b das zugehörige Betragsspektrum.

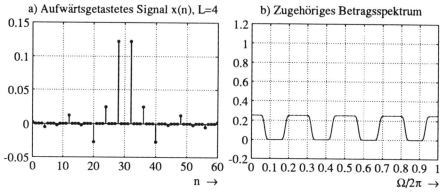

Bild 1.31: Aufwärtsgetastetes diskretes Signal (a)
mit zugehörigem Betragsspektrum (b)

Bei der normalen Interpolation mit einem Tiefpaß der Verstärkung 4 entsteht das Signal in Bild 1.32. Es ist erkennbar, daß die Stützwerte aus Bild 1.31a darin enthalten sind.

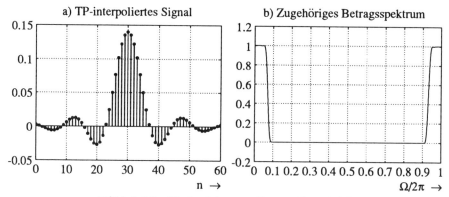

Bild 1.32: Tiefpaß-interpoliertes Signal (a)
mit zugehörigem Betragsspektrum (b)

Als Alternative zeigt Bild 1.33 das Ergebnis der Interpolation mit einem Hochpaß. Hier wird das Image-Spektrum am oberen Ende des Nutzfrequenzbereiches zwischen $\Omega = 0$ und $\Omega = \pi$ herausgefiltert. Ein Vergleich mit Bild 1.31a zeigt, daß die Stützwerte ebenfalls in dem Signal enthalten sind.

Schließlich zeigt Bild 1.34 das Ergebnis der Interpolation mit einem Bandpaß. Auch hier sind die Stützwerte aus Bild 1.31a im interpolierten Signal enthalten.

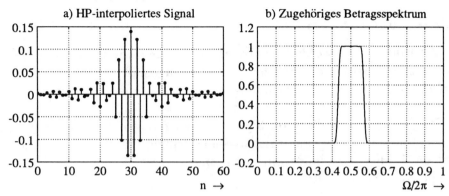

Bild 1.33: Hochpaß-interpoliertes Signal (a)
mit zugehörigem Betragsspektrum (b)

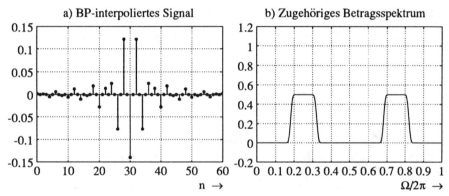

Bild 1.34: Bandpaß-interpoliertes Signal (a)
mit zugehörigem Betragsspektrum (b)

Die beiden Bandpaßsignale mit Imagespektren bei $\Omega = \pi/2$ und $\Omega = 3\pi/2$ bzw. $\Omega = -\pi/2$ sind komplexwertig, siehe Bild 1.30a. In Bild 1.34 sind beide zu einem reellen Bandpaßsignal zusammengefaßt worden. In diesem Fall ist für das Antiimaging-Filter nicht eine Durchlaßverstärkung von 4, sondern von 2 erforderlich.

Das aufwärtsgetastete Signal in Bild 1.31a ist nur in seinem mittleren Teil dargestellt. Die übrigen Signale sind wegen der Antiimaging-Filterung sogar noch länger. Das Sichtfenster ist in allen vier Fällen auf die Länge 60 beschränkt und bei $n = 30$ auf die Mitte der Signale zentriert.

1.3.6 Äquivalenzen

Im Abschnitt 1.2.8 werden Äquivalenzen für die Abwärtstastung von Signalen angegeben. Im folgenden werden sinngemäß Äquivalenzen für die Aufwärtstastung von Signalen aufgezeigt. Sie werden fortlaufend weitergezählt.

Da die Skalierung diskreter Signale in den Zweigen und die Verzweigung in den Knoten von Signalflußgraphen unabhängig von der Abtastrate sind, sind die beiden Signalflußgraphen in Bild 1.35 äquivalent. Sie zeigen das gleiche Klemmenverhalten.

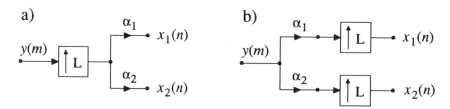

Bild 1.35: Vierte Äquivalenz

Da eine Verzögerung vor der Aufwärtstastung um einen Takt einer Verzögerung um L Takte nach der Aufwärtstastung gleichkommt, gilt die *fünfte Äquivalenz* in Bild 1.36.

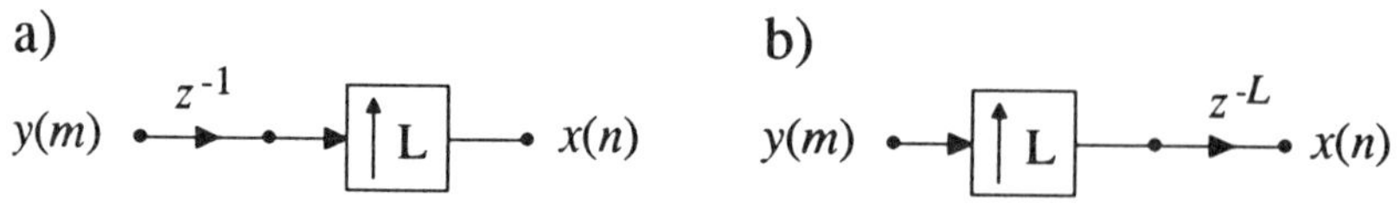

a)

$y(m) \quad \xrightarrow{z^{-1}} \quad \uparrow L \quad \longrightarrow x(n)$

b)

$y(m) \quad \longrightarrow \quad \uparrow L \quad \xrightarrow{z^{-L}} x(n)$

Bild 1.36: Fünfte Äquivalenz

Eine Verallgemeinerung der fünften Äquivalenz ist die *sechste Äquivalenz* in Bild 1.37. Sie läßt sich mit (1.85) nachweisen. Für die Signale in Bild 1.37a gilt

$$X_1(z) = U(z) \cdot G(z), \tag{1.92}$$

$$Y(z) = X_1(z^L) = U(z^L) \cdot G(z^L). \tag{1.93}$$

Entsprechend gilt für die Signale in Bild 1.37b

$$X_2(z) = U(z^L), \tag{1.94}$$

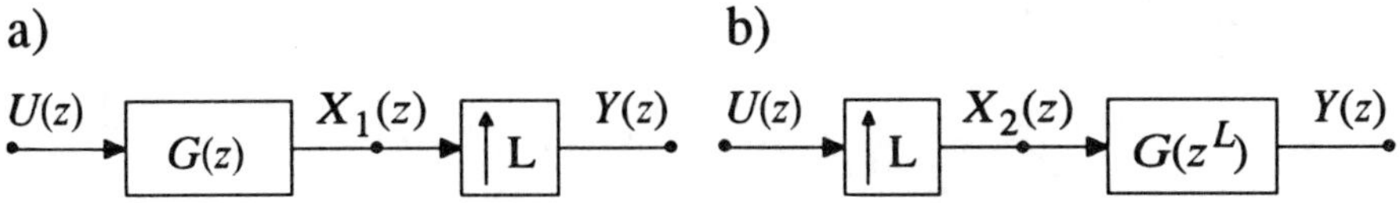

a)   b)

$U(z)$ ▸▭ $G(z)$ ▭ $X_1(z)$ ▸▭ ↑L ▭ $Y(z)$ $U(z)$ ▸▭ ↑L ▭ $X_2(z)$ ▸▭ $G(z^L)$ ▭ $Y(z)$

Bild 1.37: Sechste Äquivalenz

$$Y(z) = X_2(z) \cdot G(z^L) = U(z^L) \cdot G(z^L), \qquad (1.95)$$

was mit dem Ergebnis in (1.93) übereinstimmt.

1.3.7   Kaskadierung von Abtastratenumsetzern

Abschließend werden einige Kombinationen von Aufwärts- und Abwärtstastern betrachtet, die für die Multiratentechnik wichtig sind. Bild 1.38 zeigt die Hintereinanderschaltung einer Aufwärts- und einer Abwärtstastung. Es wird vorausgesetzt, daß beide Vorgänge ohne gegenseitigen Phasenversatz verlaufen. Während bei der Aufwärtstastung Nullen eingefügt werden, werden sie bei der nachfolgenden Abwärtstastung wieder weggelassen. Es gilt also

$$X(z) = Y(z). \qquad (1.96)$$

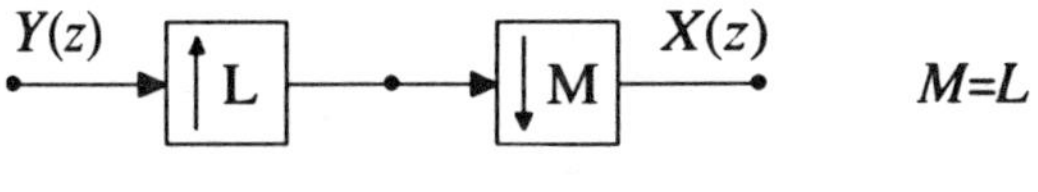

$Y(z)$ ▸▭ ↑L ▭ ▸▭ ↓M ▭ $X(z)$ $M=L$

Bild 1.38: Kaskadierung von Aufwärts- und Abwärtstastern

$X(z)$ ▸▭ ↓M ▭ $X_1(z)$ ▸▭ ↑L ▭ $Y(z)$ $M=L$

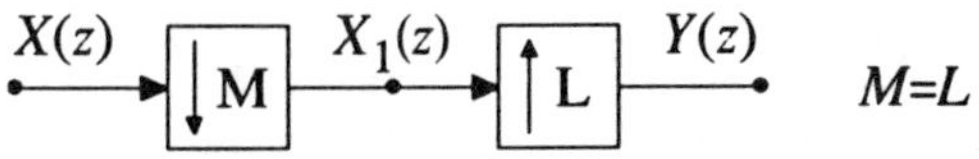

Bild 1.39: Kaskadierung von Abwärts- und Aufwärtstastern

Ordnet man beide Operationen in umgekehrter Reihenfolge an, Bild 1.39, dann gilt mit (1.46) und (1.85)

$$Y(z) = X_1(z^L) = \frac{1}{L} \sum_{k=0}^{L-1} X\left(zW_L^k\right). \tag{1.97}$$

Diese Operation ist identisch mit der diskreten Abtastung ohne Phasenversatz bzw. mit der Bildung der nullten Polyphasenkomponente.

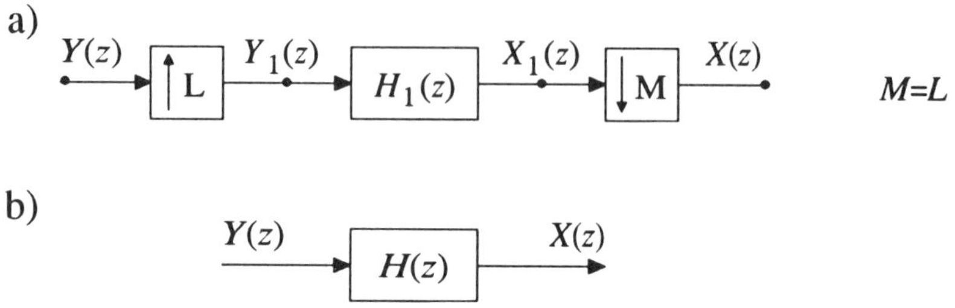

a)

b)

Bild 1.40: Kaskadierung von Aufwärtstaster, LTI-System $H_1(z)$
und Abwärtstaster (a) und Ersatzsystem $H(z)$ (b)

Die Anordnung in Bild 1.40 besitzt über die Anordnung in Bild 1.38 hinaus noch ein diskretes System mit der Übertragungsfunktion $H_1(z)$. Für die Signale gilt

$$X_1(z) = H_1(z) \cdot Y_1(z) = H_1(z)Y(z^L) \tag{1.98}$$

und

$$X(z^L) = \frac{1}{L} \sum_{k=0}^{L-1} X_1(zW_L^k) = \frac{1}{L} \sum_{k=0}^{L-1} H_1(zW_L^k) \cdot Y(z^L) \tag{1.99}$$

und mit $z^L \to z$

$$X(z) = \frac{1}{L} \cdot Y(z) \cdot \sum_{k=0}^{L-1} H_1\left((z)^{1/L}W_L^k\right). \tag{1.100}$$

Gleichung 1.100 beschreibt die Beziehung zwischen den Z-Transformierten $Y(z)$ und $X(z)$ am Ein- und Ausgang der Anordnung in Bild 1.40a. Der Aufwärtstaster L, das System $H_1(z)$ und der Abwärtstaster M in Bild 1.40a können zu einem Ersatzsystem $H(z)$, Bild 1.40b, zusammengefaßt werden, dessen Übertragungsfunktion durch den Summenausdruck in (1.100) gegeben ist. Dieser Summenausdruck geht durch die Substitutionen $z \to z^L$, $L \to M$ und $H_1 \to X$ in den Summenausdruck in (1.46) über. Das Ersatzsystem $H(z)$ entsteht also durch Abwärtstastung aus dem System $H_1(z)$ in Bild 1.40a. Die entsprechenden Frequenzgänge $H_1(e^{j\Omega})$ und $H(e^{j\Omega})$ lassen sich daher auch mit Bild 1.8a respektive Bild 1.8b erklären. Beim Abwärtstasten treten im Frequenzgang $H(e^{j\Omega})$ nur dann keine Überlappungseffekte auf, wenn das System $H_1(z)$ auf die Frequenz $\Omega = \pi/L$ bandbegrenzt ist.

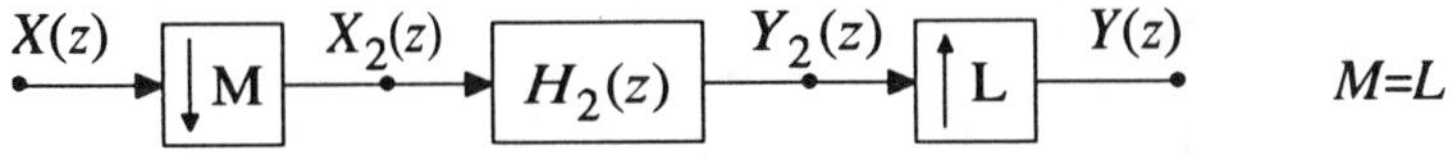

Bild 1.41: Kaskadierung von Abwärtstaster,
LTI-System $H_2(z)$ und Aufwärtstaster

Schließlich wird die Anordnung in Bild 1.41 betrachtet, die ein diskretes System mit der Übertragungsfunktion $H_2(z)$ zwischen einem Abwärts- und einem Aufwärtstaster besitzt. Es gilt

$$X_2(z^L) = \frac{1}{L} \sum_{k=0}^{L-1} X(zW_L^k) \qquad (1.101)$$

und

$$Y(z) = Y_2(z^L) = H_2(z^L)X_2(z^L). \qquad (1.102)$$

Insgesamt:

$$Y(z) = \frac{1}{L} \cdot H_2(z^L) \cdot \sum_{k=0}^{L-1} X(zW_L^k). \qquad (1.103)$$

Gleichung 1.103 setzt die Z-Transformierten $X(z)$ und $Y(z)$ aus Bild 1.41 in Beziehung. Die Spektren der Signale aus Bild 1.41 sind in Bild 1.42 dargestellt. Das Signal $X_2(z)$, Bild 1.42b, entsteht durch Abwärtstastung aus dem Signal $X(z)$, Bild 1.42a. Das Beispiel in Bild 1.42 ist so gewählt, daß bei der Abwärtstastung eine Überlappung der Spektren auftritt. Das System $H_2(z)$ wird mit der niedrigen Taktrate betrieben. Der Frequenzgang hat daher die Periode $\Omega' = 2\pi$, Bild 1.42c. Die gleiche Periode hat das gefilterte Ausgangssignal $Y_2(z)$. Die Aufwärtstastung am Ausgang verändert lediglich die Skalierung der Frequenzachse ($\Omega'/L \to \Omega$), Bild 1.42d.

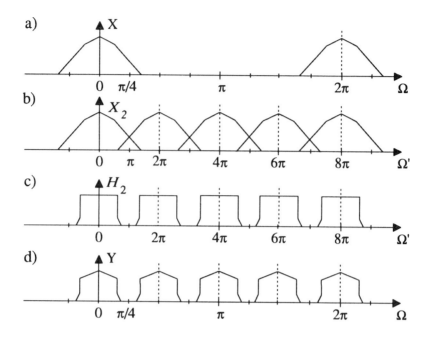

Bild 1.42: Spektren der Signale in Bild 1.41

Ein Vergleich der Anordnungen in Bild 1.40 und in Bild 1.41 zeigt folgende Unterschiede: Bei der Anordnung nach Bild 1.40 entstehen zum ursprünglichen Frequenzgang $H_1(e^{j\Omega})$ zusätzliche Alias-Frequenzgänge. Bei der Anordnung nach Bild 1.41 entstehen zum ursprünglichen Eingangsspektrum $X(e^{j\Omega})$ zusätzliche Alias-Spektren, die nach der Filterung als Image-Spektren weiterbestehen.

Kapitel 2

FIR-Filter

Bei der Realisierung von Multiratenfiltern und -filterbänken werden überwiegend digitale Filter mit endlicher Impulsantwort (FIR = finite impulse response) verwendet. Die Entwurfsverfahren der Multiratensysteme basieren häufig auf den speziellen Eigenschaften dieser Filter bzw. auf speziellen FIR-Filtern. Im vorliegenden Kapitel werden, gewissermaßen als Werkzeug, die wichtigsten Strukturen und Eigenschaften von FIR-Filtern hergeleitet. Der Entwurf von FIR-Filtern wird dann im Folgekapitel behandelt.

2.1 Allgemeines

Das Übertragungsverhalten eines digitalen Filters wird im Zeitbereich durch das *Faltungsprodukt*

$$y(n) = h(n) * u(n) = \sum_{k=-\infty}^{\infty} h(k) \cdot u(n-k) \qquad (2.1)$$

beschrieben [Fli 91]. Darin sind $u(n)$ das Eingangssignal, $h(n)$ die *Impulsantwort* des Filters und $y(n)$ das Ausgangssignal, siehe Bild 2.1.

Die Impulsantwort eines FIR-Filters

$$h(n) = \sum_{i=0}^{N-1} h_i \cdot \delta(n-i) \qquad (2.2)$$

ist durch seine Koeffizienten h_i, $i = 0, 1, 2, \ldots, N-1$, gekennzeichnet. In

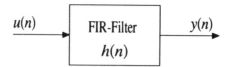

Bild 2.1: Zur Beschreibung des FIR-Filters

(2.2) ist die Impulsantwort mit Hilfe der *Impulsfolge*

$$\delta(n) = \begin{cases} 1 & \text{wenn} \quad n=0 \\ 0 & \text{sonst} \end{cases} \tag{2.3}$$

formuliert. In Bild 2.2 ist die Impulsfolge $\delta(n)$ und als Beispiel die Impulsantwort eines FIR-Filters mit $N = 15$ Koeffizienten dargestellt.

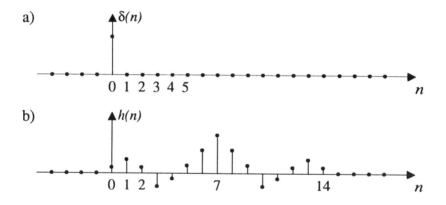

Bild 2.2: Impulsfolge $\delta(n)$ (a) und Beispiel einer kausalen und stabilen
FIR-Impulsantwort (b)

Die *Übertragungsfunktion* $H(z)$ •—o $h(n)$ des FIR-Filters folgt unmittelbar durch Z-Transformation der Impulsantwort $h(n)$ in (2.2):

$$H(z) = \sum_{n=-\infty}^{\infty} h(n) \cdot z^{-n} = \sum_{n=0}^{N-1} h_n \cdot z^{-n}. \tag{2.4}$$

Sie besitzt ebenfalls N Koeffizienten, die mit den Koeffizienten der Impulsantwort identisch sind, und kann, wie in (2.4) zu sehen, als Polynom in z^{-1}
formuliert werden.

2.2   Transversalstrukturen

Im folgenden werden Filterstrukturen in Form von *Signalflußgraphen* zur Realisierung von FIR-Filtern angegeben. Solche Signalflußgraphen sind keine elektrischen Schaltbilder, sondern graphische Darstellungen von Algorithmen. Sie zeigen in übersichtlicher Weise die Verknüpfung und Verarbeitung der Signale in einem digitalen Filter und bilden einen Ausgangspunkt bei der Programmerstellung für Signalprozessoren oder beim Entwurf integrierter Schaltungen.

2.2.1   Direktform mit allgemeiner Impulsantwort

Aus dem Faltungsprodukt in (2.1) kann man in einfacher Weise eine Filterstruktur ableiten. Setzt man die Impulsantwort $h(n)$ aus (2.2) in (2.1) ein, so erhält man

$$y(n) = \sum_{k=-\infty}^{\infty} \left[\sum_{i=0}^{N-1} h_i \delta(k-i) \right] u(n-k). \tag{2.5}$$

Nach (2.3) ist die Impulsfolge $\delta(k-i)$ nur dann ungleich null, wenn das Argument $k-i$ gleich null ist bzw. wenn $k = i$ gilt. Für jeden Index i der inneren Summe gibt es daher nur einen der unendlich vielen Indizes der äußeren Summe, der einen von null verschiedenen Beitrag zum Ausgangssignal leistet. Da in der inneren Summe nur N verschiedene Terme vorhanden sind, wird aus der Doppelsumme eine einfache Summe aus N Termen:

$$\begin{aligned} y(n) &= \sum_{i=0}^{N-1} h_i u(n-i) \\ &= h_0 u(n) + h_1 u(n-1) + h_2 u(n-2) + \ldots + h_{N-1} u(n-N+1). \end{aligned} \tag{2.6}$$

Zur Berechnung des aktuellen Ausgangswertes $y(n)$ muß nicht nur der aktuelle Eingangswert $u(n)$ vorliegen, sondern auch die vorhergehenden Werte $u(n-1), u(n-2), \ldots, u(n-N+1)$. Bild 2.3 zeigt eine geeignete Struktur dazu.

Diese Struktur wird *Transversalfilter* oder auch *Direktform* eines FIR-Filters genannt, da sie eine direkte Realisierung des Faltungsproduktes aus Eingangsfolge und endlicher Impulsantwort darstellt.

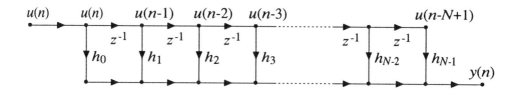

Bild 2.3: 1. Direktform des Transversalfilters

In einem Signalflußgraphen werden in den Knoten die Signale und in den Zweigen die Verarbeitung der Signale dargestellt. Ein Skalar an einem Zweig zeigt an, daß das Signal mit diesem Skalar multipliziert wird. Ist ein Zweig nicht bezeichnet, oder steht die Zahl 1 an dem Zweig, dann wird das Signal nur durch den Zweig weitergeleitet. Ein Faktor z^{-1} an einem Zweig zeigt eine Verzögerung des Signals um ein Taktintervall an. Gehen von einem Knoten mehrere Zweige ab, so wird das entsprechende Signal mehrfach verarbeitet. Treffen mehrere Zweige in einem Knoten zusammen, so wird dort ein neues Signal als Summe der ankommenden Signale gebildet.

Der Signalflußgraph in Bild 2.3 besitzt im oberen Teil eine Kette von $N-1$ *Verzögerungsgliedern*, so daß in den Knoten des oberen Teils alle benötigten Eingangswerte $u(n)\ldots u(n-N+1)$ zur Verfügung stehen. Im ersten senkrechten Zweig wird das Signal $u(n)$ mit h_0 multipliziert, im zweiten Zweig $u(n-1)$ mit h_1 usw. In den unteren Knoten werden alle diese Produkte zum Ausgangssignal $y(n)$ aufsummiert. Der Graph in Bild 2.3 beschreibt auf graphische Weise exakt die Rechenvorschrift in (2.6).

2.2.2 Direktform mit symmetrischer Impulsantwort

Häufig werden FIR-Filter eingesetzt, die bezüglich der Mitte der Impulsantwort eine Symmetrie aufweisen. Sie werden in einem späteren Abschnitt als *linearphasige FIR-Filter* ausführlich behandelt. Bild 2.4 zeigt Impulsantworten mit einer geraden Symmetrie, Bild 2.6 solche mit einer ungeraden Symmetrie.

Wenn die Multiplikation einen dominierenden Kostenfaktor bei der Filterrealisierung darstellt, ist es sinnvoll, Signale, die mit dem gleichen Koeffizienten multipliziert werden, vor der Multiplikation zusammenzufassen. Eine solche Struktur ist in Bild 2.5 angegeben. Sie besitzt eine gerade An-

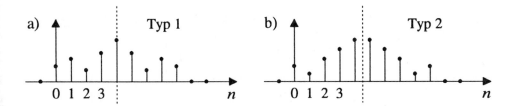

Bild 2.4: Impulsantworten mit gerader Symmetrie und ungerader (a) und gerader (b) Anzahl N von Koeffizienten

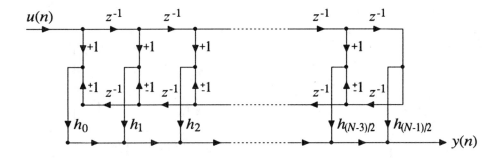

Bild 2.5: Transversalstruktur für symmetrische FIR-Filter mit ungerader Anzahl N von Koeffizienten

zahl $N - 1$ an Verzögerungsgliedern, realisiert also ein FIR-Filter mit einer ungeraden Anzahl N von Koeffizienten. Das erste und letzte Signal der Verzögerungskette werden zusammengefaßt und gemeinsam mit dem Koeffizienten h_0 multipliziert, das zweite und vorletzte werden zusammengefaßt und mit dem Koeffizienten h_1 multipliziert usw.

Zur Erzielung einer geraden Symmetrie, siehe Bild 2.4a, sind beide Signale jeweils zu addieren, der Koeffizient ± 1 ist als $+1$ zu interpretieren. Bei einer ungeraden Symmetrie, siehe Bild 2.6a, ist der Koeffizient ± 1 als -1 aufzufassen.

Bei einer geraden Anzahl von Koeffizienten ist die Struktur in Bild 2.5 zu modifizieren, das Ergebnis zeigt Bild 2.7.

Im Falle von Filterrealisierungen mit heute aktuellen *Signalprozessoren* sind die Strukturen in Bild 2.5 und 2.7 häufig nicht mehr vorteilhaft. Es existieren Signalprozessoren, z.B. [Tex 86], die mit zugeschnittener Architektur und dementsprechenden Instruktionen die 1. Direktform in Bild 2.3

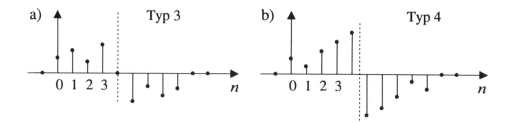

Bild 2.6: Impulsantworten mit ungerader Symmetrie und ungerader (a) und gerader (b) Anzahl N von Koeffizienten

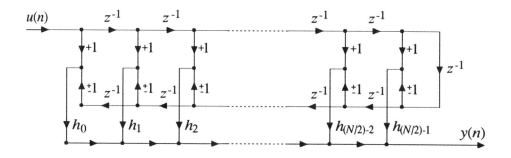

Bild 2.7: Transversalstruktur für symmetrische FIR-Filter mit gerader Anzahl N von Koeffizienten

unterstützen. In einem solchen Fall ist die Direktform auch dann vorteilhaft, wenn die Impulsantwort Symmetrien aufweist.

2.2.3 Transponierte Direktform mit allgemeiner Impulsantwort

Durch *Transponierung* der Direktform in Bild 2.3 erhält man die alternative Transversalfilterstruktur in Bild 2.8. Spätere Anwendungen werden zeigen, daß in gewissen Fällen die Struktur in Bild 2.3 vorzuziehen ist, in anderen Fällen die in Bild 2.8.

Bei der Transponierung eines Signalflußgraphen bleibt die Übertragungsfunktion $H(z)$ und die Impulsantwort $h(n)$ erhalten. Die Transponierung wird durch Umdrehen aller Zweigrichtungen und durch Vertauschung von Eingang und Ausgang durchgeführt. Dreht man überdies den Graphen um

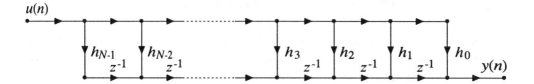

Bild 2.8: 2. Direktform des Transversalfilters

180°, so gelangt man zu dem Graphen in Bild 2.8.

Aus dem Graphen in Bild 2.8 ist unmittelbar die Impulsantwort nach (2.2) ablesbar. Setzt man für $u(n)$ die Impulsfolge $\delta(n)$ nach (2.3) ein, so liegt der Wert $\delta(0) = 1$ zum Zeitpunkt $n = 0$ gleichzeitig an allen Querzweigen. Daher werden die Werte $h_{N-1}, h_{N-2}, \ldots, h_1$ in der Kette aus Verzögerungsgliedern gespeichert. Der Wert h_0 erscheint ohne Verzögerung zum Zeitpunkt $n = 0$ am Ausgang. Ein Taktintervall später erscheint der Wert h_1, dann h_2 u.s.w.

2.2.4 Transponierte Direktform mit symmetrischer Impulsantwort

Alternativ zu der Struktur in Bild 2.5 zeigt Bild 2.9 die zugehörige transponierte Struktur.

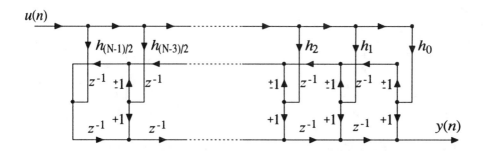

Bild 2.9: Transponierte Struktur für symmetrische FIR-Filter mit ungerader Anzahl N von Koeffizieten

In gleicher Weise kann für die Struktur in Bild 2.7 eine transponierte Struktur angegeben werden.

2.3   Kreuzgliedstrukturen

Kreuzgliedstrukturen (englisch *lattice structures*) fanden zuerst in der Theorie autoregressiver Signalmodelle Anwendung. Im Bereich der Filterbänke dienen sie vor allem zur Realisierung robuster Systeme mit perfekter Rekonstruktion.

2.3.1   Standard-Kreuzgliedstruktur

Kreuzgliedfilter bestehen aus einer Kaskade von *Kreuzgliedstufen* nach Bild 2.10.

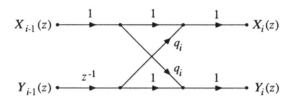

Bild 2.10: Elementare Kreuzgliedstufe

Jede Kreuzgliedstufe ist durch einen *Kreuzgliedkoeffizienten* q_i gekennzeichnet. Bei Anwendungen in Filterbänken werden entweder die beiden Eingänge der ersten Stufe verbunden oder die beiden Ausgänge der letzten Stufe.

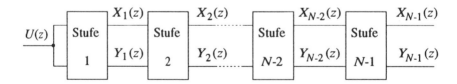

Bild 2.11: Kreuzgliedkaskade mit einem Eingang und zwei Ausgängen (Analysestruktur)

Die Kreuzgliedstufe in Bild 2.10 wird durch die folgenden Gleichungen beschrieben:

$$X_i(z) = X_{i-1}(z) + q_i z^{-1} Y_{i-1}(z), \tag{2.7}$$

$$Y_i(z) = q_i X_{i-1}(z) + z^{-1} Y_{i-1}(z). \qquad (2.8)$$

Definiert man in der Kreuzgliedkaskade nach Bild 2.11 Übertragungsfunktionen

$$H_i(z) = X_i(z)/U(z), \quad i = 1, 2, 3, \ldots, N - 1, \qquad (2.9)$$

$$G_i(z) = Y_i(z)/U(z), \quad i = 1, 2, 3, \ldots, N - 1, \qquad (2.10)$$

so können daraus durch vollständige Induktion die folgenden Rekursionsgleichungen abgeleitet werden:

$$H_i(z) = H_{i-1}(z) + q_i z^{-1} G_{i-1}(z), \qquad (2.11)$$

$$G_i(z) = z^{-i} H_i(z^{-1}). \qquad (2.12)$$

Die FIR-Übertragungsfunktionen $H_i(z)$ und $G_i(z)$ gehen durch Spiegelung ihrer Nullstellen am Einheitskreis ineinander über. Die Gleichungen (2.11, 2.12) können zur Analyse einer Kreuzgliedstruktur herangezogen werden.

Beispiel 2.1:

Gegeben sei die Kreuzgliedstruktur in Bild 2.12. Wie lautet die Übertragungsfunktion $H(z) = X(z)/U(z)$?

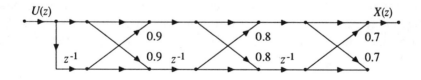

Bild 2.12: Beispiel eines dreistufigen Kreuzglied-FIR-Filters

Die Struktur in Bild 2.12 wird von links nach rechts abgearbeitet. Mit den Kreuzgliedkoeffizienten $q_1 = 0.9$, $q_2 = 0.8$ und $q_3 = 0.7$ und mit $H_0(z) = G_0(z) = 1$ lautet die Analyse

$$
\begin{aligned}
H_1(z) &= 1 + 0.9z^{-1}, \\
G_1(z) &= z^{-1} + 0.9, \\
H_2(z) &= H_1(z) + 0.8z^{-1}G_1(z) = 1 + 1.62z^{-1} + 0.8z^{-2}, \\
G_2(z) &= z^{-2} + 1.62z^{-1} + 0.8, \\
H_3(z) &= H_2(z) + 0.7z^{-1}G_2(z) = 1 + 2.18z^{-1} + 1.934z^{-2} + 0.7z^{-3}.
\end{aligned}
$$

Die gesuchte Übertragungsfunktion ist mit $H(z) = H_3(z)$ gegeben.

Im Synthesefall ist eine Übertragungsfunktion $H(z)$ vorgeschrieben und es werden die Kreuzgliedkoeffizienten gesucht. Die dazu nötigen Bestimmungsgleichungen werden aus (2.7, 2.8) abgeleitet. Dividiert man beide Gleichungen durch $U(z)$, so erhält man

$$
H_i(z) = H_{i-1}(z) + q_i z^{-1} G_{i-1}(z), \tag{2.13}
$$

$$
G_i(z) = q_i H_{i-1}(z) + z^{-1} G_{i-1}(z). \tag{2.14}
$$

Ein Auflösen beider Gleichungen nach $z^{-1}G_{i-1}(z)$ und Gleichsetzen ergibt

$$
H_i(z) = H_{i-1}(z) + q_i \big[G_i(z) - q_i H_{i-1}(z) \big]. \tag{2.15}
$$

Diese Gleichung lautet nach $H_{i-1}(z)$ aufgelöst

$$
H_{i-1}(z) = \frac{H_i(z) - q_i G_i(z)}{1 - q_i^2}. \tag{2.16}
$$

Der Koeffizient bei z^0 in $H_i(z)$ bzw. bei z^{-i} in $G_i(z)$ ist strukturbedingt immer eins. Nötigenfalls ist die vorgelegte Übertragungsfunktion entsprechend zu skalieren. Aus (2.15) ist ersichtlich, daß der gesuchte Kreuzgliedkoeffizient q_i als Koeffizient der höchsten Potenz z^{-i} in $H_i(z)$ auftritt, denn allein $G_i(z)$ enthält die Potenz z^{-i} auf der rechten Seite von (2.15). Es gilt also mit der Darstellung

$$
H_i(z) = 1 + \sum_{k=0}^{i} a_{ik} z^{-k} \tag{2.17}
$$

die Zuordnung

$$
q_i = a_{ii}. \tag{2.18}
$$

Beispiel 2.2:

Gegeben sei die Übertragungsfunktion

$$H(z) = 1 + 2.18z^{-1} + 1.934z^{-2} + 0.7z^{-3}. \tag{2.19}$$

Dazu sei eine Kreuzgliedrealisierung anzugeben. Die Kreuzgliedkaskade wird in diesem Falle vom Ausgang zum Eingang hin abgearbeitet. Zunächst kann der Kreuzgliedkoeffizient q_3 direkt aus (2.19) abgelesen werden: $q_3 = a_{33} = 0.7$.
Für den nächsten Schritt ist $G_3(z)$ aus $H_3(z) = H(z)$ nach (2.12) zu bilden:

$$G_3(z) = z^{-3} + 2.18z^{-2} + 1.934z^{-1} + 0.7. \tag{2.20}$$

Durch Einsetzen von $H_3(z)$, $G_3(z)$ und q_3 in (2.16) erhält man

$$H_2(z) = 1 + 1.62z^{-1} + 0.8z^{-2}, \tag{2.21}$$

aus der der Kreuzgliedkoeffizient $q_2 = a_{22} = 0.8$ entnommen wird. Im letzten Schritt erhält man mit

$$G_2(z) = z^{-2} + 1.62z^{-1} + 0.8 \tag{2.22}$$

aus (2.16) die Übertragungsfunktion

$$H_1(z) = 1 + 0.9z^{-1} \tag{2.23}$$

und damit $q_1 = a_{11} = 0.9$. Man erhält insgesamt das Kreuzglied-Filter in Bild 2.12.

2.3.2   QMF-Kreuzgliedstruktur

Die *QMF-Kreuzgliedstrukturen* werden insbesondere für die Realisierung *paraunitärer Quadrature-Mirror-Filterbänke* verwendet [Vai 88].

Die QMF-Kreuzgliedstruktur weist gegenüber der Standardstruktur zwei Besonderheiten auf: 1. Die Kreuzgliedkoeffizienten treten in jeder Stufe mit zweierlei Vorzeichen auf und 2. alle Kreuzgliedkoeffizienten mit geradem Index sind null. Diesen Besonderheiten steht eine Beschränkung der realisierbaren Übertragungsfunktionen gegenüber. Mit der Kreuzgliedstruktur in Bild 2.13 lassen sich nur sogenannte *leistungskomplementäre Konjugiert-Quadratur-Filter* realisieren, siehe dazu Abschnitt 6.3.2. Für diese Klasse von Übertragungsfunktionen gilt mit den Definitionen in (2.9, 2.10)

$$H_i(z)H_i(z^{-1}) + H_i(-z)H_i(-z^{-1}) = 1, \quad i = 1,3,5,\dots,N-1, \qquad (2.24)$$

wobei N als gerade vorausgesetzt wird, und

$$G_i(z) = z^{-i}H_i(-z^{-1}), \quad i = 1,3,5,\dots,N-1. \qquad (2.25)$$

Solche Übertragungsfunktionen stehen im Mittelpunkt der Betrachtungen über paraunitäre Filterbänke, siehe Abschnitt 6.4.

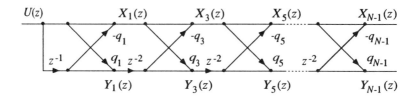

Bild 2.13: QMF-Kreuzgliedstruktur

Aus der Kreuzgliedstruktur in Bild 2.13 können die beiden folgenden Beziehungen abgelesen werden:

$$H_i(z) = H_{i-2}(z) - q_i z^{-2} G_{i-2}(z), \quad i = 3,5,\dots \qquad (2.26)$$

$$G_i(z) = q_i H_{i-2}(z) + z^{-2} G_{i-2}(z), \quad i = 3,5,\dots. \qquad (2.27)$$

Gleichung (2.26) zusammen mit (2.27) oder alternativ (2.25) können zur Analyse einer QMF-Kreuzgliedstruktur herangezogen werden. Dabei wird die Kaskade vom Eingang zum Ausgang hin abgearbeitet.

Beispiel 2.3:

Gegeben sei die Kreuzgliedstruktur in Bild 2.14. Wie lautet die Übertragungsfunktion $H(z) = X(z)/U(z)$?

Die Übertragungsfunktionen der ersten Stufe können direkt abgelesen werden:

$$\begin{aligned} H_1(z) &= 1 - 0.4z^{-1}, \\ G_1(z) &= 0.4 + z^{-1}. \end{aligned}$$

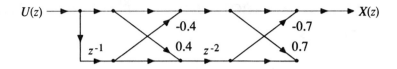

Bild 2.14: Beispiel einer QMF-Kreuzgliedstruktur

Durch Einsetzen kann man sich überzeugen, daß bereits die erste Stufe (2.24, 2.25) erfüllt.

Die gesuchte Übertragungsfunktion $H(z) = H_3(z)$ erhält man aus (2.26):

$$\begin{aligned} H(z) = H_3(z) &= H_1(z) - 0.7 \cdot z^{-2} G_1(z) \\ &= 1 - 0.4 z^{-1} - 0.28 z^{-2} - 0.7 z^{-3} \end{aligned}$$

Bei der Struktursynthese, d.h. beim Berechnen der Kreuzglied-Koeffizienten wird ähnlich wie bei der Standardstruktur vorgegangen: (2.26, 2.27) lassen sich zusammenfassen zu

$$H_i(z) = H_{i-2}(z) - q_i \left[G_i(z) - q_i H_{i-2}(z) \right]. \tag{2.28}$$

Dieser Ausdruck läßt sich nach $H_{i-2}(z)$ auflösen:

$$H_{i-2}(z) = \frac{H_i(z) + q_i G_i(z)}{1 + q_i^2}. \tag{2.29}$$

Die Kreuzgliedkoeffizienten findet man, ähnlich wie bei der Standardstruktur, als negierte Koeffizienten der höchsten Potenzen z^{-i} in $H_i(z)$. Bei der Synthese wird die Kreuzgliedstruktur vom Ausgang zum Eingang hin abgearbeitet.

2.4 Symmetrieeigenschaften und lineare Phase

FIR-Filter mit *linearer Phase* bzw. *konstanter Gruppenlaufzeit* haben große praktische Bedeutung. Sie lassen sich in vier Klassen gliedern [Rab 75, Par 87]. Unterscheidungsmerkmale sind eine gerade oder ungerade Anzahl von Koeffizienten in der Impulsantwort und eine gerade oder ungerade Symmetrie bezüglich der Mitte der Impulsantwort. Es ist wichtig, diese Unterscheidungen vorzunehmen, da die zugehörigen Frequenzgänge unterschiedliche Beschränkungen aufweisen. Im folgenden wird für jede Klasse ein Prototyp hergeleitet.

2.4.1 Nullphasige gerade Prototypen

Ausgangspunkt zur Herleitung der ersten beiden Prototypen ist eine nicht-kausale, reelle, gerade und endlich lange Impulsantwort

$$a_g(n) \circ\!\!-\!\!\bullet A_g(e^{j\Omega}), \tag{2.30}$$

wie beispielsweise in Bild 2.15a gezeigt. Der zugehörige Frequenzgang $A_g(e^{j\Omega})$ ist ebenfalls reell und gerade und wird im folgenden als *Amplitudenfrequenzgang* bezeichnet. Da die Phase für jede Frequenz Ω null ist, spricht man auch von einem *nullphasigen System*.

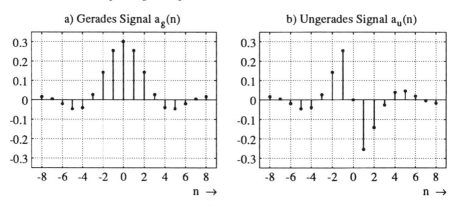

Bild 2.15: Gerades (a) und ungerades (b) Signal

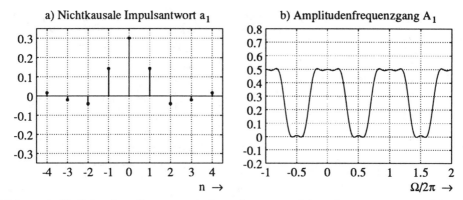

Bild 2.16: Nullphasiger Prototyp 1: Impulsantwort (a) und Frequenzgang (b)

Die beiden mit dem Faktor $M = 2$ abwärtsgetasteten Polyphasenkomponenten von $a_g(n)$ sind bereits die ersten beiden Prototypen. Durch Abwärtstastung ohne Phasenversatz ($\lambda = 0$) entsteht der nichtkausale Prototyp $a_1(m)$ in Bild 2.16a, siehe dazu auch Beispiel 1.3 und Bild 1.14. Der zugehörige Amplitudenfrequenzgang kann mit (1.71) wie folgt angegeben werden:

$$a_1(m) \circ\!\!-\!\!\bullet A_1(e^{j\Omega}) = \frac{1}{2} \sum_{k=0}^{1} A_g(e^{j[\Omega - 2\pi k]/2}), \qquad (2.31)$$

siehe dazu auch Bild 1.15. Der Amplitudenfrequenzgang $A_1(e^{j\Omega})$ ist reell, gerade und periodisch in Ω mit der Periode 2π, siehe Bild 2.16b und Bild 1.15b. Der Einfachheit wegen wird für die folgenden Betrachtungen des Prototypen 1 die Substitution $m \rightarrow n$ vorgenommen:

$$a_1(n) \circ\!\!-\!\!\bullet A_1(e^{j\Omega}). \qquad (2.32)$$

Durch Abwärtstastung um den Faktor $M = 2$ mit Phasenversatz ($\lambda = 1$) entsteht aus dem Signal $a_g(n)$ der nullphasige Prototyp $a_2(m)$ in Bild 2.17a, siehe dazu auch Bild 1.14. Der zugehörige Amplitudenfrequenzgang lautet mit (1.71)

$$a_2(m) \circ\!\!-\!\!\bullet A_2(e^{j\Omega}) = \frac{1}{2} \sum_{k=0}^{1} A_g(e^{j[\Omega - 2\pi k]/2}) \cdot W_2^k. \qquad (2.33)$$

Er ist ebenso wie $a_2(m)$ reell und gerade. Da der Faktor $W_2^k = (-1)^k$ ist, gilt

$$A_2(e^{j\Omega}) = -A_2(e^{j[\Omega + 2\pi]}). \qquad (2.34)$$

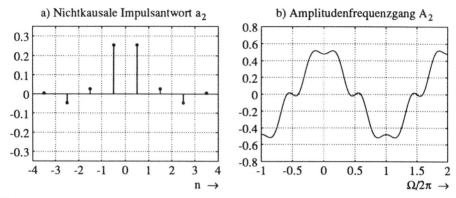

Bild 2.17: Nullphasiger Prototyp 2: Impulsantwort (a) und Frequenzgang (b)

Daraus ist ersichtlich, daß der Frequenzgang nicht periodisch in 2π, sondern in 4π ist, siehe Bild 2.17b und Bild 1.15c. Aus der Tatsache, daß $A_2(e^{j\Omega})$ reell und gerade ist, und aus (2.34) folgt die wichtige Einschränkung

$$A_2(e^{j\pi}) = 0 \tag{2.35}$$

für den Frequenzgang des Prototypen 2. Für die folgenden Betrachtungen wird die Variablensubstitution $m \to n$ durchgeführt und der Prototyp 2 mit der Beziehung

$$a_2(n) \circ\!\!-\!\!\bullet A_2(e^{j\Omega}) \tag{2.36}$$

beschrieben.

2.4.2 Nullphasige ungerade Prototypen

Die Prototypen 3 und 4 leiten sich aus einer ungeraden Impulsantwort

$$a_u(n) \circ\!\!-\!\!\bullet A_u(e^{j\Omega}) \tag{2.37}$$

ab, siehe dazu Bild 2.15b. Da das Zeitsignal ungerade ist, ist die zugehörige Fourier-Transformierte imaginär und ungerade in Ω.

Durch Abwärtstastung um den Faktor $M = 2$ ohne Phasenversatz ($\lambda = 0$) kommt man zu dem Prototypen 3 in Bild 2.18. Mit den Variablen n im Zeitbereich und Ω im Frequenzbereich wird dieser Prototyp durch die Beziehung

$$a_3(n) \circ\!\!-\!\!\bullet A_3(e^{j\Omega}) \tag{2.38}$$

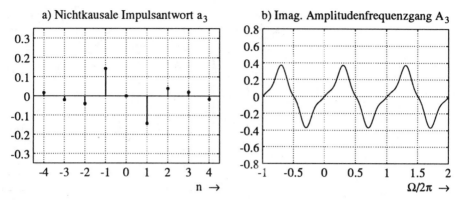

Bild 2.18: Nullphasiger Prototyp 3: Impulsantwort (a) und Frequenzgang (b)

beschrieben. Da der Frequenzgang $A_3(e^{j\Omega})$ ungerade ist, gilt

$$A_3(e^{j0}) = 0. \tag{2.39}$$

Wegen $\lambda = 0$ ist der Frequenzgang periodisch in 2π, siehe auch (2.31). Aus beiden Aussagen folgt, daß der Frequenzgang bei $\Omega = \pi$ eine Nullstelle besitzt:

$$A_3(e^{j\pi}) = 0. \tag{2.40}$$

Die Gleichungen (2.39) und (2.40) stellen eine wesentliche Einschränkung für den Frequenzgang des Prototypen 3 dar.

Schließlich bleibt noch der Prototyp 4, der durch eine Abwärtstastung mit Phasenversatz ($\lambda = 1$) des ungeraden Signals in Bild 2.15b entsteht:

$$a_4(n) \circ\!\!-\!\!\bullet A_4(e^{j\Omega}), \tag{2.41}$$

siehe Bild 2.19. Wegen des Faktors $W_2^k = (-1)^k$ gilt für diesen Prototypen

$$A_4(e^{j\Omega}) = -A_4(e^{j[\Omega+2\pi]}). \tag{2.42}$$

Der Frequenzgang ist ungerade und periodisch in 4π, siehe Bild 2.19b.

Die einzige Beschränkung des Frequenzganges ist durch den ungeraden Verlauf gegeben, d.h. es gilt

$$A_4(e^{j0}) = 0. \tag{2.43}$$

Aus den vier nichtkausalen, nullphasigen Prototypen werden in den nächsten beiden Abschnitten vier verschiedene kausale, linearphasige FIR-Filter abgeleitet.

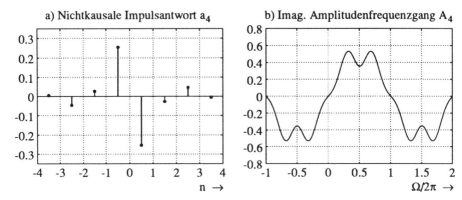

Bild 2.19: Nullphasiger Prototyp 4: Impulsantwort (a) und Frequenzgang (b)

2.4.3   Linearphasige FIR-Filter

Die bisher betrachteten Prototypen weisen einen geraden bzw. ungeraden
zeitlichen Verlauf auf und sind daher nicht kausal. Man kann aus ihnen aber
kausale FIR-Filter ableiten, indem man die Impulsantwort um die halbe
Länge (halber Abstand zwischen dem ersten und letzten Koeffizienten) in
Richtung positiver Indizes n verschiebt:

$$h_i(n) = a_i\left(n - \frac{N-1}{2}\right), \quad i = 1, 2, 3, 4. \tag{2.44}$$

Die beiden Prototypen $a_1(n)$ und $a_3(n)$ mit einer ungeraden Anzahl von
Koeffizienten werden dabei um eine ganzzahlige Anzahl von Schritten verschoben, siehe Bild 2.20. Die Prototypen $a_2(n)$ und $a_4(n)$ mit gerader Anzahl
von Koeffizienten werden um eine ganzzahlige Anzahl von Schritten plus einem halben Schritt verschoben und kommen somit wieder in ein ganzzahliges
zeitliches Raster, siehe Bild 2.21.

Die gerade nichtkausale Impulsantwort $a_1(n)$ in Bild 2.16a besitzt $N = 9$
Koeffizienten. Durch eine Verschiebung um $(N-1)/2 = 4$ entsteht die
kausale Impulsantwort $h_1(n)$ in Bild 2.20a. Aus dem vorher geraden Funkti-
onsverlauf wird eine gerade Symmetrie der kausalen Impulsantwort bezüglich
der Mitte des Filters. Die Mitte ist durch den mittleren Koeffizienten bei
$n = (N-1)/2$ gegeben.

Die Impulsantwort $a_2(n)$ in Bild 2.17a hat $N = 8$ Koeffizienten, die nicht
im ganzzahligen Raster liegen. Durch eine Verschiebung um $(N-1)/2 = 3.5$
entsteht die kausale Impulsantwort $h_2(n)$ in Bild 2.21a. Diese Impulsantwort

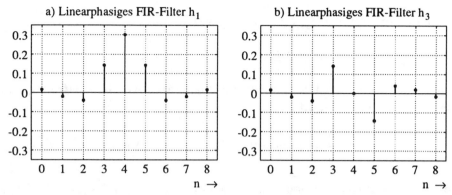

Bild 2.20: Impulsantworten linearphasiger FIR-Filter mit ungerader Anzahl an Koeffizienten und gerader (a, Typ 1) und ungerader (b, Typ 3) Symmetrie

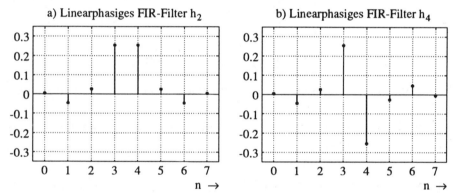

Bild 2.21: Impulsantworten linearphasiger FIR-Filter mit gerader Anzahl an Koeffizienten und gerader (a, Typ 2) und ungerader (b, Typ 4) Symmetrie

liegt wieder im ganzzahligen Raster. Die Symmetrielinie und Mitte des Filters liegt zwischen den beiden mittleren Koeffizienten, also bei $n = 3.5$. Für die Impulsantworten $h_3(n)$ und $h_4(n)$ gelten die Symmetrieaussagen sinngemäß.

Der Verzögerung der Impulsantwort um $(N-1)/2$ Takte entspricht die Multiplikation des Frequenzganges mit einem Exponentialfaktor:

$$h_i(n) \circ\!\!-\!\!\bullet \; H_i(e^{j\Omega}) = A_i(e^{j\Omega}) \cdot e^{-j\Omega(N-1)/2}, \quad i = 1,2,3,4. \tag{2.45}$$

Sind die reellen Amplitudenfrequenzgänge $A_1(e^{j\Omega})$ und $A_2(e^{j\Omega})$ für alle Frequenzen im Bereich $0 < \Omega < \pi$ nichtnegativ, d.h.

$$A_i(e^{j\Omega}) \geq 0 \quad , \quad i = 1, 2, \quad 0 < \Omega < \pi, \tag{2.46}$$

und entsprechend der Imaginärteil der imaginären Amplitudenfrequenzgänge $A_3(e^{j\Omega})$ und $A_4(e^{j\Omega})$, d.h.

$$\frac{1}{j} A_i(e^{j\Omega}) \geq 0, \quad i = 3, 4, \quad 0 < \Omega < \pi, \tag{2.47}$$

so stellt (2.45) eine Zerlegung der Frequenzgänge $H_i\left(e^{j\Omega}\right)$, $i = 1 \dots 4$, nach Betrag und Phase dar. Für die Phase gilt

$$\arc\{H_i(e^{j\Omega})\} = \varphi_{01} - \Omega(N-1)/2, \quad i = 1, 2, 3, 4, \ 0 < \Omega < \pi \tag{2.48}$$

mit

$$\varphi_{0i} = \begin{cases} 0 & \text{für} & i = 1, 2 \\ \pi/2 & \text{für} & i = 3, 4. \end{cases} \tag{2.49}$$

Bei $i = 3, 4$ errechnet sich der Phasenbeitrag von $\pi/2$ aus dem imaginären Vorfaktor j.

Für alle vier Typen folgt aus (2.48) durch Ableitung nach der Frequenz Ω die Gruppenlaufzeit

$$\tau_{gi} = -\frac{d}{d\Omega} \arc\left\{H_i\left(e^{j\Omega}\right)\right\} = (N-1)/2, \quad i = 1, 2, 3, 4, \quad 0 < \Omega < \pi. \tag{2.50}$$

Die vier Typen von FIR-Filtern mit den Impulsantworten $h_i(n)$, $i = 1 \dots 4$, besitzen unter den Bedingungen (2.46) bzw. (2.47) eine linear mit der Frequenz Ω anwachsende Phase, kurz lineare Phase genannt, siehe (2.48), und daher eine konstante Gruppenlaufzeit $\tau_{gi} = (N-1)/2$, $i = 1 \dots 4$. Die Gruppenlaufzeit ist mit der Verschiebungszeit identisch, die nötig ist, um aus dem nichtkausalen Prototypen $a_i(n)$, $i = 1 \dots n$, die kausalen Systeme $h_i(n)$, $i = 1 \dots 4$, abzuleiten. Sie ist auch identisch mit der halben Länge der Impulsantwort.

Für die bisher betrachteten FIR-Filter mit linearer Phase im strengen Sinne müssen die Bedingungen (2.46) bzw. (2.47) erfüllt sein. Bei einem verallgemeinerten Konzept der linearen Phase [Par 87, Opp 75] stellt man den Frequenzgang

$$H(j\omega) = A(j\omega) \cdot e^{j\varphi(\omega)} \tag{2.51}$$

mit Hilfe des reellen oder imaginären Amplitudenfrequenzganges $A(j\omega)$ dar, der auch negative Werte annehmen kann. Trotzdem bezeichnet man $\varphi(\omega)$ als den Phasenwinkel des Frequenzganges $H(j\omega)$. Man ignoriert die additiven Phasenbeiträge von $\pi/2$, π oder $3\pi/2$, die aus Vorfaktoren j, -1 oder $-j$ von $A(j\omega)$ noch zum Phasenwinkel $\varphi(\omega)$ hinzukämen. Durch diese Betrachtung wird das Ziel der Laufzeitverzerrungsfreiheit durch lineare Phase nicht beeinträchtigt. Aus dieser Sicht können die Frequenzgänge $A_i(e^{j\Omega})$, $i = 1\ldots4$, der Prototypen in (2.45) als reelle bzw. imaginäre Amplitudenfrequenzgänge aufgefaßt werden und die Funktion $\varphi(\omega) = -\Omega(N - 1)/2$ als Phasenwinkel bzw. $b(\Omega) = \Omega(N - 1)/2$ als Phasenfrequenzgang, der die Gruppenlaufzeit bestimmt. Die Bedingungen (2.46) und (2.47) werden somit gegenstandslos.

Da die Amplitudenfrequenzgänge $A_i(e^{j\Omega})$, $i = 1\ldots4$, der kausalen Frequenzgänge von $H_i(e^{j\Omega})$ (siehe 2.51) identisch sind mit den Frequenzgängen $A_i(e^{j\Omega})$ der Prototypen, bleiben die Beschränkungen bezüglich der Nullstellen erhalten. Während $H_1(e^{j\Omega})$ keinen diesbezüglichen Beschränkungen unterliegt, besitzt $H_2(e^{j\Omega})$ stets eine Nullstelle bei $\Omega = \pi$. Setzt man wie in Bild 2.21a ein FIR-Filter mit einer geraden Anzahl von Koeffizienten und gerader Symmetrie an, so muß dieses bei den Vorgaben im Frequenzbereich berücksichtigt werden.

Der linearphasige Typ 3, Bild 2.20b, erzwingt Nullstellen bei $\Omega = 0$ und $\Omega = \pi$, siehe Bild 2.18b. Der Typ 4, Bild 2.21b, hat stets eine Nullstelle bei $\Omega = 0$, siehe Bild 2.19b.

Die Amplitudenfrequenzgänge der Typen 1 und 3 sind periodisch mit der Periode 2π, die der Typen 2 und 4 mit der Periode 4π. Trotzdem sind die beiden Frequenzgänge $H_2(e^{j\Omega})$ und $H_4(e^{j\Omega})$ periodisch mit der Periode 2π. Dieses folgt auch aus grundlegenden systemtheoretischen Erwägungen [Fli 91]: Ein diskretes Signal mit Werten bei ganzzahligen Indizes n hat immer eine zeitdiskrete Fourier-Transformierte mit der Periode 2π. Im vorliegenden Fall hat der Exponentialfaktor in (2.45) bei geradzahligem N die Eigenschaft

$$e^{-j\Omega(N-1)/2} = -e^{-j(\Omega+2\pi)(N-1)/2}. \tag{2.52}$$

Der Vorzeichenwechsel in (2.52) kompensiert gerade den in (2.34) beschriebenen Vorzeichenwechsel.

2.5 Komplementärfilter

Durch *Komplementärbildung* kann aus einer gegebenen Übertragungsfunktion eine neue mit anderen Übertragungseigenschaften abgeleitet werden. Von dieser Möglichkeit wird in späteren Kapiteln häufig Gebrauch gemacht.

2.5.1 Komplementärbildung   mit   nullphasigen Filtern

Die Komplementärbildung läßt sich besonders einfach anhand von Systemen mit einem reellen Frequenzgang veranschaulichen. Bild 2.22 zeigt eine Struktur, die aus dem eingebetteten System mit der Übertragungsfunktion $A(z)$ ein System mit einer *komplementären Übertragungsfunktion* $A_c(z)$ macht.

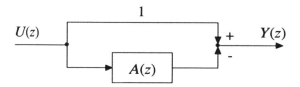

Bild 2.22: Nullphasige Komplementärfilterstruktur

Eine Analyse der Struktur in Bild 2.22 ergibt

$$\begin{aligned} Y(z) &= U(z) - A(z) \cdot U(z) \\ &= [1 - A(z)] \cdot U(z) \\ &= A_c(z) \cdot U(z) \end{aligned} \tag{2.53}$$

Die komplementäre Übertragungsfunktion

$$A_c(z) = 1 - A(z) \tag{2.54}$$

stellt das *Einer-Komplement* zur Übertragungsfunktion $A(z)$ dar.

Bild 2.23a zeigt als Beispiel eine nullphasige, reelle und gerade Impulsantwort $a(n)$. Der zugehörige Frequenzgang $A(e^{j\Omega})$ ist daher reell und gerade. Bild 2.23b zeigt diesen Frequenzgang im Bereich $0 \leq \Omega \leq \pi$.

Aus (2.54) erhält man mit $z = e^{j\Omega}$ den reellen *komplementären Frequenzgang* $A_c(e^{j\Omega})$, der in Bild 2.24b abgebildet ist. Aus (2.54) folgt

$$A_c(e^{j\Omega}) + A(e^{j\Omega}) = 1. \tag{2.55}$$

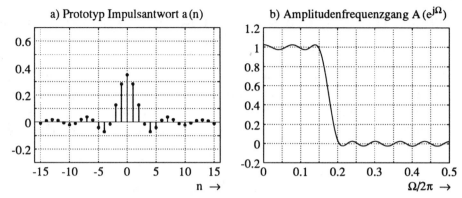

Bild 2.23: Impulsantwort $a(n)$ (a) und reeller Amplitudenfrequenzgang $A(e^{j\Omega})$ (b) eines eingebetteten Systems nach Bild 2.22

Die beiden reellen Frequenzgänge $A_c(e^{j\Omega})$ und $A(e^{j\Omega})$ ergänzen sich bei jeder Frequenz Ω zu 1. Sie sind jeweils zueinander komplementär. Ein Vergleich der Bilder 2.23 und 2.24 zeigt, daß bei der Komplementärbildung aus einem Tiefpaß ein Hochpaß wird und umgekehrt.

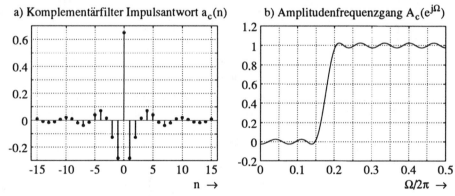

Bild 2.24: Impulsantwort $a_c(n)$ (a) und reeller Amplitudenfrequenzgang $A_c(e^{j\Omega})$ (b) des zu Bild 2.23 komplementären Systems

Im Zeitbereich lautet (2.54) mit $a_c(n) \circ\!\!-\!\!\bullet A_c(z), \delta(n) \circ\!\!-\!\!\bullet 1$ und $a(n) \circ\!\!-\!\!\bullet A(z)$ sinngemäß

$$a_c(n) = \delta(n) - a(n). \tag{2.56}$$

Bei der Komplementärbildung wird die Impulsantwort negiert und an der Stelle $n = 0$ eine Eins addiert, siehe Bild 2.24a. Hierbei wird stets eine ungerade Anzahl N an Koeffizienten vorausgesetzt.

2.5.2   Komplementärbildung mit kausalen Übertragungsfunktionen

Die geschilderte Komplementärbildung von Systemen mit reellen Frequenzgängen läßt sich nun leicht auf kausale, linearphasige Systeme übertragen. Dazu sind alle Signale um die halbe Länge der ursprünglichen Impulsantwort zu verschieben, siehe Bild 2.25. Unter der Annahme von N Koeffizienten (N ungerade) wird aus (2.56)

$$a_c\left(n - \frac{N-1}{2}\right) = \delta\left(n - \frac{N-1}{2}\right) - a\left(n - \frac{N-1}{2}\right). \qquad (2.57)$$

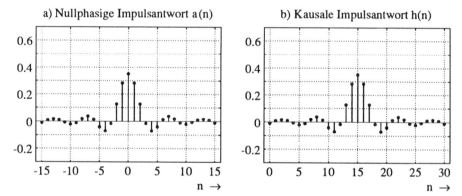

Bild 2.25: Ableitung einer kausalen, linearphasigen Impulsantwort (b) aus einer geraden Impulsantwort (a) durch Verschiebung um die halbe Länge

Aus der kausalen, linearphasigen Impulsantwort

$$h(n) = a\left(n - \frac{N-1}{2}\right) \qquad (2.58)$$

entsteht die komplementäre kausale, linearphasige Impulsantwort

$$h_c(n) = a_c\left(n - \frac{N-1}{2}\right) = \delta\left(n - \frac{N-1}{2}\right) - h(n). \qquad (2.59)$$

Bei der Komplementärbildung wird die kausale Impulsantwort negiert und an der Stelle $n = (N-1)/2$, also zum Koeffizienten in der Mitte der Impulsantwort, eine Eins addiert. Die gerade Symmetrie bezüglich der Mitte der Impulsantwort bleibt dabei bewahrt, das Filter bleibt linearphasig.

Die Übertragungsfunktion $H_c(z)$ des komplementären Filters kann durch Z-Transformation aus (2.59) abgeleitet werden. Sie lautet mit $H(z) \bullet\!\!-\!\!\circ h(n)$

$$H_c(z) = z^{-(N-1)/2} - H(z). \tag{2.60}$$

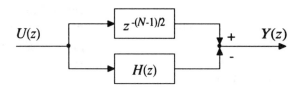

Bild 2.26: Kausale Komplementärfilterstruktur

Bild 2.26 zeigt die entsprechende Filterstruktur. Beide Signalwege vom Eingang bis zur Differenzbildung haben die gleiche Laufzeit $(N-1)/2$. Im Frequenzgang des Komplementärfilters kann dieser Laufzeitfaktor ausgeklammert werden. Unter Berücksichtigung von (2.58) gilt

$$
\begin{aligned}
H_c(e^{j\Omega}) &= e^{-j\Omega(N-1)/2} - A(e^{j\Omega}) \cdot e^{-j\Omega(N-1)/2} \\
&= \left[1 - A(e^{j\Omega})\right] \cdot e^{-j\Omega(N-1)/2}. \tag{2.61}
\end{aligned}
$$

Das kausale Komplementärfilter hat den gleichen Amplitudenfrequenzgang $1 - A(e^{j\Omega})$ wie der nichtkausale Prototyp, siehe (2.55). Ferner ist aus (2.61) ein weiteres Mal ersichtlich, daß das Komplementärfilter ein linearphasiges Filter mit der Gruppenlaufzeit $(N-1)/2$ ist.

Die Tiefpaß-Hochpaß- bzw. Hochpaß-Tiefpaß-Transformation ist die wichtigste und häufigste Anwendung der Komplementärbildung. Sie ist aber nicht darauf beschränkt. Prinzipiell kann das Einerkomplement zu jedem Amplitudenfrequenzgang gebildet werden. Beispielsweise wird aus einem Bandpaßfrequenzgang durch Komplementärbildung ein Bandsperrenfrequenzgang.

2.6   Halbbandfilter

Halbband-Tiefpässe werden häufig für die Dezimation und Interpolation verwendet, da sie grob gesagt mit dem halben Rechenaufwand gegenüber Standard-FIR-Filtern auskommen. Sie begründen ferner eine Klasse von Übertragungsfunktionen, die für Filterbänke mit perfekter Rekonstruktion wichtig sind. *Halbband-Bandpässe* dienen als Modell für das *Übersprechen* von Signalen in Filterbänken und kennzeichnen die *Orthogonalität* zwischen FIR-Filtern. *M-tel-Bandfilter* stellen eine Verallgemeinerung von Halbband-Tiefpässen dar und werden in Filterbänken mit M Teilfiltern verwendet.

2.6.1   Halbband-Tiefpässe

Die folgenden Betrachtungen gehen wieder von einem nullphasigen FIR-Prototypen mit gerader Impulsantwort $a(n) \circ\!\!-\!\!\bullet A(z)$ aus. Die Polyphasenzerlegung von $A(z)$ in zwei Komponenten lautet

$$A(z) = A_{00}^{(p)}(z^2) + z^{-1} A_{01}^{(p)}(z^2). \tag{2.62}$$

Halbband-Tiefpässe, auch einfach nur *Halbbandfilter* genannt, sind dadurch gekennzeichnet, daß ihre erste Polyphasenkomponente eine Konstante ist, die meistens zu 0,5 gewählt wird:

$$A_{00}^{(p)}(z^2) = 0,5. \tag{2.63}$$

Aus (2.62) und (2.63) folgt

$$A(z) + A(-z) = 1. \tag{2.64}$$

Wegen der geraden Impulsantwort ist der Frequenzgang $A(e^{j\Omega})$ reell und gerade. Die Gleichungen (2.62) und (2.63) beschreiben ein FIR-Filter mit einer ungeraden Anzahl N von Koeffizienten, bei dem als Besonderheit bis auf $n = 0$ alle geraden Koeffizienten null sind. Bild 2.27 zeigt als Beispiel die Impulsantwort und den reellen Frequenzgang eines Halbbandfilters mit $N = 11$. Die Koeffizienten $a(-4), a(-2), a(2)$ und $a(4)$ sind null.

Aus (2.64) folgt für den Frequenzgang

$$A(e^{j\Omega}) + A(e^{j(\Omega - \pi)}) = 1. \tag{2.65}$$

Für jede Frequenz Ω ergänzt sich der Frequenzgang zusammen mit dem um π verschobenen Frequenzgang zu der Konstanten 1. Bild 2.28 zeigt den

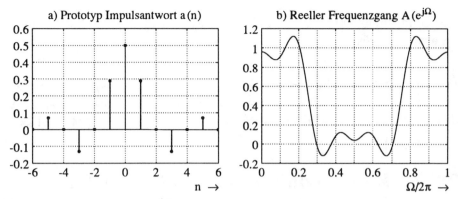

Bild 2.27: Impulsantwort (a) und Frequenzgang (b) eines Halbbandfilters mit $N = 11$ Koeffizienten.

verschobenen Frequenzgang $A(e^{j(\Omega-\pi)}) = A(e^{j(\pi-\Omega)})$ und die Summation beider Frequenzgänge.

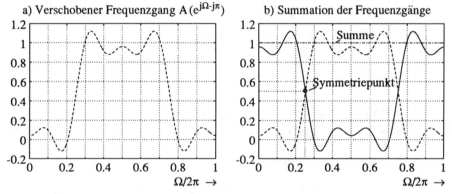

Bild 2.28: Verschobener Frequenzgang $A(e^{j\Omega-j\pi})$ (a) und die Summation des Frequenzganges aus Bild 2.27 b und des verschobenen Frequenzganges (b)

Aus (2.65) und Bild 2.28b wird deutlich, daß der Frequenzgang des Halbbandfilters an der Stelle $\Omega = \pi/2$ eine Punktsymmetrie aufweisen muß:

$$A(e^{j\Omega}) - 0,5 = 0,5 - A(e^{j(\pi-\Omega)}). \qquad (2.66)$$

Insbesondere liegen die irgendwie definierte Durchlaßgrenzfrequenz Ω_p und die zugehörige Sperrgrenzfrequenz Ω_s symmetrisch zueinander:

$$\Omega_p = \pi - \Omega_s. \qquad (2.67)$$

Die Dämpfungsschwankungen (Ripple) δ_p und δ_s im Durchlaß- und Sperrbereich sind gleich:

$$\delta_p = \delta_s. \tag{2.68}$$

In Fällen, in denen die Beschränkungen (2.67) und (2.68) akzeptiert werden können, kann von dem reduzierten Rechenaufwand Gebrauch gemacht werden: Anstelle von N Multiplikationen werden nur $(N+3)/2$ Multiplikationen durchgeführt.

2.6.2 Halbbandfilter aus idealem Tiefpaß

Die Impulsantwort eines Halbbandfilters läßt sich stets als Produkt einer unendlichen langen si-Folge und einer endlich langen Fensterfunktion $\omega(n)$ schreiben:

$$a(n) = 0{,}5 \, \text{si}(n\pi/2) \cdot w(n). \tag{2.69}$$

Die si-Folge sorgt dafür, daß bis auf $n = 0$ alle geradzahligen Koeffizienten null sind. Der zugehörige Frequenzgang beschreibt einen idealen Tiefpaß mit der Grenzfrequenz $\Omega_p = \Omega_s = \pi/2$, siehe Bild 2.29.

$$0{,}5 \, \text{si}(n\pi/2) \; \circ\!\!-\!\!\bullet \; \text{rect}\left(\frac{\Omega}{\pi}\right). \tag{2.70}$$

Der Frequenzgang des Halbbandfilters ergibt sich aus der Faltung des Frequenzganges in (2.70) und der Fourier-Transformierten $W(e^{j\Omega})$ $\bullet\!\!-\!\!\circ$ $w(n)$ der *Fensterfunktion* [Fli 91]:

$$A(e^{j\Omega}) = \frac{1}{2\pi} \cdot \text{rect}(\frac{\Omega}{\pi}) * W(e^{j\Omega}). \tag{2.71}$$

Wegen der Periodizität der Fourier-Transformierten ist es leicht einzusehen, daß die *Halbbandsymmetrie*, die beim idealen Tiefpaß nach (2.70) bereits vorliegt, siehe Bild 2.29b, bei der Faltung in (2.71) erhalten bleibt.

Beispiel 2.4:

Bild 2.29 zeigt einen Ausschnitt der Impulsantwort und den Frequenzgang des idealen Tiefpasses mit der Grenzfrequenz $\Omega = \pi/2$.

Als Fensterfunktion werde ebenfalls eine Rechteckfunktion

$$w(n) = \text{rect}_N(n) = \begin{cases} 1 & \text{für } |n| \le (N-1)/2 \\ 0 & \text{sonst} \end{cases} \tag{2.72}$$

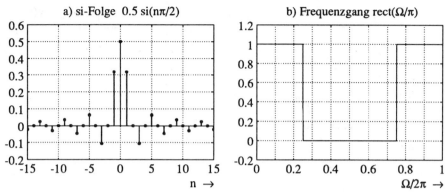

Bild 2.29: Impulsantwort (Ausschnitt) (a) und reeller Frequenzgang (b) des idealen Halbband-Tiefpasses.

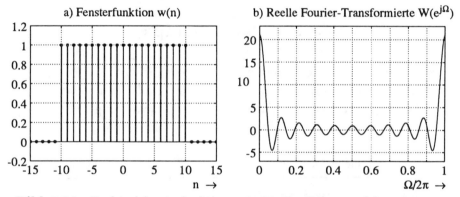

Bild 2.30: Rechteckfensterfunktion mit 21 Koeffizienten (a) und zugehörige zeitdiskrete Fourier-Transformierte (b)

mit $N = 21$ verwendet. Die zugehörige Fourier-Transformierte lautet [Fli 91]:

$$W(e^{j\Omega}) = \text{si}_N(\Omega) = \frac{\sin(N\Omega/2)}{\sin(\Omega/2)}. \tag{2.73}$$

Fensterfunktion und zugehörige Fourier-Transformierte sind reell und gerade, siehe Bild 2.30.

Bild 2.31a zeigt die Impulsantwort des Halbbandfilters, das durch Multiplikation der si-Folge in Bild 2.29a und der Fensterfunktion in Bild 2.30a entsteht.

Der zugehörige Frequenzgang in Bild 2.31b entsteht durch eine zyklische Faltung des Frequenzganges in Bild 2.29b und der Fourier-Transformierten in Bild 2.30b. Man erkennt die Punktsymmetrie bezüglich $A(e^{j\pi/2}) = 0,5$ bei $\Omega = \pi/2$.

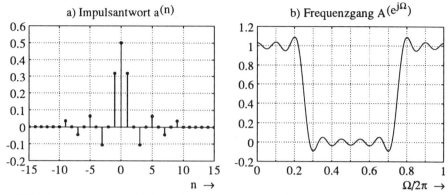

Bild 2.31: Halbband-Tiefpaß: Impulsantwort (a) und Frequenzgang (b)

2.6.3 Kausale Halbband-Tiefpässe

Durch eine zeitliche Verschiebung der Impulsantwort des Prototypen kann das Halbbandfilter kausal gemacht werden. Bild 2.32a zeigt noch einmal den Prototypen aus Bild 2.27a. Durch eine Verschiebung um $(N-1)/2 = 5$ Takte entsteht das *kausale Halbbandfilter* in Bild 2.32b.

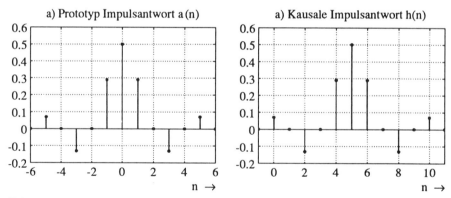

Bild 2.32: Impulsantworten von Halbbandfiltern: nullphasiger Prototyp (a) und kausales Filter (b)

Der Amplitudenfrequenzgang des kausalen Filters ist identisch mit dem reellen Frequenzgang des Prototypen, Bild 2.27b.

Durch die zeitliche Verschiebung wird aus der Polyphasendarstellung in

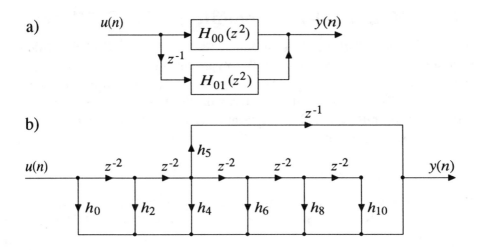

Bild 2.33: Realisierung eines Halbbandfilters: prinzipielle Struktur (a) und Signalflußgraph (b)

(2.62) die neue Polyphasendarstellung

$$H(z) = z^{-(N-1)/2}A(z) = \underbrace{z^{-(N-1)/2}A_{00}^{(p)}(z^2)}_{z^{-1}H_{01}(z^2)} + \underbrace{z^{-(N-1)/2}z^{-1}A_{01}^{(p)}(z^2)}_{H_{00}(z^2)}.$$

(2.74)

Da für die Anzahl N der Koeffizienten eines Halbbandfilters immer

$$N = 4i - 1, \quad i = \text{ganzzahlig positiv,} \qquad (2.75)$$

gilt, ist $(N-1)/2$ immer ungeradzahlig. Daher werden beim Übergang zum kausalen Halbbandfilter die Polyphasenkomponenten vertauscht. Bild 2.33 zeigt eine Realisierungsstruktur für ein FIR-Filter.

Die Struktur in Bild 2.33a realisiert unmittelbar (2.74). Das Filter $H_{00}(z^2)$ kann mit einem um den Faktor 2 reduzierten Takt gerechnet werden. Das Filter $H_{01}(z^2)$ ist im wesentlichen eine Verzögerung. Dazu kann die Verzögerungskette des Filters $H_{00}(z^2)$ abgegriffen werden, siehe Bild 2.33b.

2.6.4 Halbband-Bandpaßfilter (HB²P-Filter)

Halbband-Bandpaßfilter haben besondere Bedeutung als Modell bei der Berechnung des *Übersprechens* in DFT-Polyphasen-Filterbänken und als Kennzeichen von *orthogonalen Filtern* in Filterbänken. Sie werden im folgenden hergeleitet. Es sei $H_{BP}(z)$ die Übertragungsfunktion eines beliebigen FIR-Bandpaßfilters mit reellen Koeffizienten. Sie läßt sich in folgender Polyphasendarstellung schreiben:

$$H_{BP}(z) = H_{BP,0}(z^2) + z^{-1}H_{BP,1}(z^2). \qquad (2.76)$$

Der Frequenzgang $H_{BP}(e^{j\Omega})$ besitzt einen geraden Realteil und einen ungeraden Imaginärteil. Das gleiche gilt auch getrennt für beide Polyphasenkomponenten.

Im folgenden wird die erste Polyphasenkomponente als Halbband-Bandpaßfilter (HB²P-Filter) vom *Typ 1* definiert:

$$H_{BP}^{(1)}(z) = H_{BP,0}(z^2). \qquad (2.77)$$

Ferner wird die zweite Polyphasenkomponente als Halbband-Bandpaßfilter vom *Typ 2* definiert:

$$H_{BP}^{(2)}(z) = z^{-1}H_{BP,1}(z^2). \qquad (2.78)$$

Der HB²P Typ 1 besitzt offensichtlich die Eigenschaft

$$H_{BP}^{(1)}(z) = H_{BP}^{(1)}(-z) \qquad (2.79)$$

bzw. mit der Substitution $z \to e^{j\Omega}$

$$H_{BP}^{(1)}(e^{j\Omega}) = H_{BP}^{(1)}(e^{j(\Omega-\pi)}). \qquad (2.80)$$

Da der Realteil von $H_{BP}^{(1)}(e^{j\Omega})$ eine gerade Funktion von Ω ist, folgt aus (2.80) eine gerade Symmetrie bezüglich der Halbbandfrequenz $\Omega = \pi/2$. Der Imaginärteil von $H_{BP}^{(1)}(e^{j\Omega})$ ist eine ungerade Funktion von Ω. Aus (2.80) folgt daher eine ungerade Symmetrie bezüglich der Halbbandfrequenz $\Omega = \pi/2$. Die Bilder 2.34a und b zeigen diese *Symmetrieverhältnisse* in einer vereinfachten Darstellung.

Die endliche Impulsantwort

$$h_{BP}^{(1)}(n) \circ\!\!-\!\!\bullet\, H_{BP}^{(1)}(z) \qquad (2.81)$$

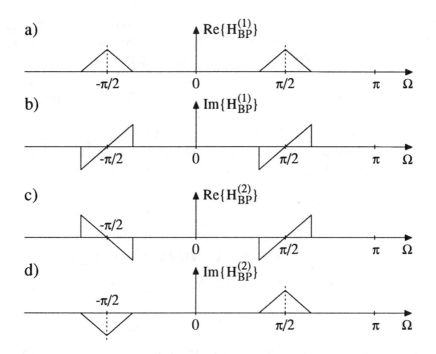

Bild 2.34: Symmetrieverhältnisse bei Halbband-Bandpaßfiltern: Realteil (a) und Imaginärteil (b) des HB^2P-Typ1-Filters und Realteil (c) und Imaginärteil (d) des HB^2P-Typ2-Filters

des HB^2P-Typ1-Filters besitzt eine wichtige Eigenschaft für die späteren Betrachtungen. Da die Übertragungsfunktion $H^{(1)}_{BP}(z)$ nur gerade Potenzen von z enthält, sind alle ungeradzahligen Koeffizienten der Impulsantwort null:

$$h^{(1)}_{BP}(n) = 0 \quad \text{für } n = \text{ungerade.} \tag{2.82}$$

Aus (2.78) ist ersichtlich, daß der HB^2P Typ 2 die Eigenschaft

$$H^{(2)}_{BP}(z) = -H^{(2)}_{BP}(-z) \tag{2.83}$$

besitzt, bzw. mit der Substitution $z \to e^{j\Omega}$

$$H^{(2)}_{BP}(e^{j\Omega}) = -H^{(2)}_{BP}(e^{j(\Omega-\pi)}). \tag{2.84}$$

Da der Realteil von $H^{(2)}_{BP}(e^{j\Omega})$ eine gerade Funktion von Ω ist, folgt aus (2.84) eine ungerade Symmetrie bezüglich der Halbbandfrequenz $\Omega = \pi/2$.

Der Imaginärteil von $H_{BP}^{(2)}(e^{j\Omega})$ ist eine ungerade Funktion von Ω. Aus (2.84) folgt daher eine gerade Symmetrie bezüglich der Halbbandfrequenz $\Omega = \pi/2$. Diese Symmetrieverhältnisse sind in den Bildern 2.34c und d angedeutet.

Bild 2.34 zeigt ferner, daß der Frequenzgang des HB^{2}P Filters Typ 1 eine Periode der Länge π besitzt, während das HB^{2}P-Filter Typ 2 periodisch in 2π ist.

Schließlich ist aus (2.78) zu erkennen, daß die Übertragungsfunktion $H_{BP}^{(2)}(z)$ nur ungerade Potenzen von z enthält. Die geradzahligen Koeffizienten der entsprechenden Impulsantwort sind daher null:

$$h_{BP}^{(2)}(n) = 0 \quad \text{für } n = \text{gerade.} \tag{2.85}$$

2.6.5 HB^{2}P-Filter aus Tiefpaß-Prototypen

Im folgenden werden HB^{2}P-Filter aus FIR-Tiefpaß-Prototypen abgeleitet. Es sei

$$H_{TP}(z) = H_{TP,0}(z^2) + z^{-1}H_{TP,1}(z^2) \tag{2.86}$$

die Polyphasendarstellung der Übertragungsfunktion eines beliebigen FIR-Filters mit reellen Koeffizienten. Aus der Impulsantwort $h_{TP}(n) \circ\!\!-\!\!\bullet\, H_{TP}(z)$ läßt sich die Impulsantwort $h_{HP}(n)$ eines speziellen Hochpasses durch Negieren jedes zweiten Koeffizienten ableiten:

$$h_{HP}(n) = (-1)^n h_{TP}(n). \tag{2.87}$$

Für die zugehörige Hochpaß-Übertragungsfunktion gilt

$$h_{HP}(n) \circ\!\!-\!\!\bullet\, H_{HP}(z) = H_{TP}(-z) = H_{TP,0}(z^2) - z^{-1}H_{TP,1}(z^2). \tag{2.88}$$

Der Hochpaß-Frequenzgang $H_{HP}(e^{j\Omega})$ geht durch eine Frequenzverschiebung um π aus dem Tiefpaß-Frequenzgang $H_{TP}(e^{j\Omega})$ hervor.

Im letzten Schritt werden der Tiefpaßprototyp und der daraus abgeleitete Hochpaß kaskadiert, was auf ein HB^{2}P-Filter Typ 1 führt:

$$H_{BP}^{(1)}(z) = H_{TP}(z) \cdot H_{HP}(z) = H_{TP,0}^2(z^2) - z^{-2}H_{TP,1}^2(z^2). \tag{2.89}$$

Das Produkt der beiden Übertragungsfunktionen $H_{TP}(z)$ und $H_{HP}(z)$ besitzt nur gerade Potenzen von z.

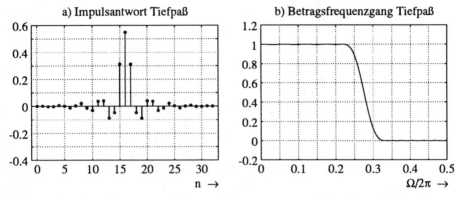

Bild 2.35: Impulsantwort (a) und Frequenzgang (b) eines Tiefpaß-Prototypen.

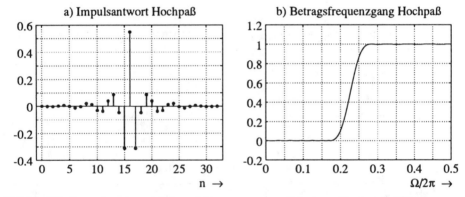

Bild 2.36: Impulsantwort (a) und Frequenzgang (b) eines Hochpaß-Filters, das durch Negierung jedes zweiten Koeffizienten der Impulsantwort in Bild 2.35 a ensteht.

Ein HB^2P-Filter Typ 2 kann aus dem gleichen Prototypen dadurch abgeleitet werden, daß das Produkt in (2.89) mit z^{-1} multipliziert wird:

$$H_{HP}^{(2)}(z) = z^{-1} \cdot H_{TP}(z) \cdot H_{HP}(z). \qquad (2.90)$$

Bild 2.35 zeigt als Beispiel einen Tiefpaß-Prototypen mit 33 Koeffizienten, der nach dem Verfahren von Parks-McClellan entworfen ist, siehe Abschnitt 3.3. Der daraus nach (2.87) abgeleitete Hochpaß ist in Bild 2.36 zu sehen.

Faltet man die Impulsantworten in Bild 2.35a und Bild 2.36a, so erhält man die Bandpaßimpulsantwort in Bild 2.37a, in der alle ungeraden Koeffizienten null sind. Es sei betont, daß diese Eigenschaft nicht von der (hier

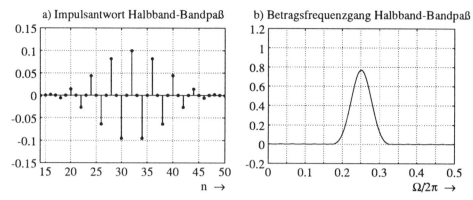

Bild 2.37: Impulsantwort (a) und Frequenzgang (b) des HB^2P-Filters Typ 1, das durch Faltung der Impulsantworten in Bild 2.35 a und 2.36 a entsteht.

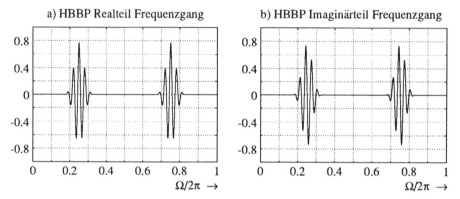

Bild 2.38: Realteil (a) und Imaginärteil (b) des HB^2P-Filtes nach Bild 2.37 .

zufälligen) geraden Symmetrie der Impulsantwort des Prototypen abhängt. Schließlich zeigt Bild 2.38 den Real- und Imaginärteil des HB^2P-Frequenzganges, siehe auch Bild 2.34a und b.

2.6.6   M-tel-Band-Tiefpaßfilter

Das *M-tel-Band-Tiefpaßfilter* ist eine Verallgemeinerung des Halbband-Tiefpaßfilters und wird beim Entwurf von M-Band-Filterbänken verwendet. Ein

Tiefpaß $H(z)$ mit der Polyphasendarstellung

$$H(z) = \sum_{\lambda=0}^{M-1} H_\lambda^{(p)}(z) = \sum_{\lambda=0}^{M-1} z^{-\lambda} G_\lambda(z^M) \qquad (2.91)$$

wird M-tel-Band-Tiefpaß genannt, wenn für die nullte Polyphasenkomponente

$$H_0^{(p)}(z) = 1/M \qquad (2.92)$$

gilt. Für die Summe aller Modulationskomponenten von $H(z)$ gilt mit (1.32) für $\lambda = 0$

$$H_0^{(p)}(z) = \frac{1}{M} \sum_{k=0}^{M-1} H_k^{(m)}(z). \qquad (2.93)$$

Aus (2.92) und (2.93) folgt

$$\sum_{k=0}^{M-1} H_k^{(m)}(z) = \sum_{k=0}^{M-1} H(zW_M^k) = 1. \qquad (2.94)$$

Insbesondere gilt mit der Substitution $z \to e^{j\Omega}$

$$\sum_{k=0}^{M-1} H(e^{j(\Omega - 2\pi k/M)}) = 1. \qquad (2.95)$$

Die M um $2\pi/M$ gegeneinander frequenzverschobenen Frequenzgänge eines M-tel-Band-Tiefpasses ergänzen sich zu einer Konstanten 1.

Wegen (2.92) fehlen in der Übertragungsfunktion $H(z)$ alle Potenzen, die ein ganzzahliges Vielfaches von M sind. Für die Impulsantwort des M-tel-Band-Tiefpasses gilt daher

$$H(z) \bullet\!\!-\!\!\circ h(n) = 0 \quad \text{für} \quad n = \pm iM, \quad i \in \mathbf{N}, \qquad (2.96)$$

wobei für i alle natürlichen Zahlen einzusetzen sind.

Kapitel 3

Entwurf von FIR-Filtern

3.1 Entwurf mit kleinstem quadratischen Fehler

Frequenzselektive Filter werden in der Regel im Frequenzbereich spezifiziert. Dabei geht man meist von der Vorstellung aus, daß möglichst wenig Signalenergie im Durchlaßbereich des Filters verloren geht und daß möglichst wenig Signalenergie in den Sperrbereich fällt. Um ein Filter in dieser Hinsicht zu optimieren, ist das Quadrat der Abweichung vom gewünschten Betrags- oder Amplitudenfrequenzgang zu minimieren.

3.1.1 Fehlerkriterium

Das Prinzip des *Entwurfs mit kleinstem quadratischen Fehler* wird im folgenden am Beispiel linearphasiger FIR-Filter gezeigt. Dazu werden zunächst nullphasige Prototypen mit einer Impulsantwort $a(n)$ und mit reellem und geradem Frequenzgang $A(e^{j\Omega})$ betrachtet. Es möge ein gewünschter Frequenzgang

$$A_d(e^{j\Omega}) = \sum_{n=-\infty}^{\infty} a_d(n)e^{-j\Omega n} \tag{3.1}$$

vorgegeben sein, der im allgemeinen eine unendlich lange Impulsantwort

$$a_d(n) = \frac{1}{2\pi} \int_{-\pi}^{\pi} A_d(e^{j\Omega})e^{j\Omega n} d\Omega \tag{3.2}$$

besitzt. Der wirklich realisierte Prototyp sei mit $A(e^{j\Omega})$ •—∘ $a(n)$ beschrieben. Bildet man die Differenz

$$A(e^{j\Omega}) - A_d(e^{j\Omega}) \quad\text{•—∘}\quad a(n) - a_d(n), \tag{3.3}$$

so läßt sich ein *quadratischer Fehler e* in Form der Energie des Differenzsignals (Abweichung vom gewünschten Verlauf) in (3.3) angeben. Nach dem *Parsevalschen Theorem* kann diese Energie sowohl im Frequenz- als auch im Zeitbereich angegeben werden [Fli 91]:

$$
\begin{aligned}
e &= \frac{1}{2\pi} \int_{-\pi}^{\pi} |A(e^{j\Omega}) - A_d(e^{j\Omega})|^2 d\Omega \\
&= \sum_{n=-\infty}^{\infty} |a(n) - a_d(n)|^2.
\end{aligned}
\tag{3.4}
$$

Im Frequenzbereich wird über eine Periode des quadrierten periodischen Differenzfrequenzganges integriert. Im Zeitbereich werden die quadrierten diskreten Abweichungen aufsummiert.

Betrachtet man einen FIR-Prototypen $a(n)$ mit einer ungeraden Anzahl N an Koeffizienten, so lautet der Fehler e in (3.4)

$$e = \sum_{n=-(N-1)/2}^{(N-1)/2} |a(n) - a_d(n)|^2 + \sum_{n=(N+1)/2}^{\infty} 2\, a_d^2. \tag{3.5}$$

Bei einem festgelegten gewünschten Frequenzgang $A_d(e^{j\Omega})$ •—∘ $a_d(n)$ und festgelegter Anzahl N des realisierenden Filters kann an der rechten Summe in (3.5) nichts optimiert werden. Der quadratische Fehler e wird minimal, wenn die linke Summe in (3.5) verschwindet:

$$e_{\min} = \sum_{n=(N+1)/2}^{\infty} 2\, a_d^2. \tag{3.6}$$

Dieses gilt für

$$a(n) = a_d(n) \quad \text{mit} \quad -(N-1)/2 \le n \le (N-1)/2. \tag{3.7}$$

Man erhält also den kleinsten quadratischen Fehler nach (3.4), wenn man die mittleren N Koeffizienten aus der Impulsantwort des gewünschten Frequenzganges übernimmt und die übrigen abschneidet.

Deutet man die Werte $a_d(n)$ als *Fourier-Koeffizienten* des periodischen Frequenzganges $A_d(e^{j\Omega})$, so erhält man eine weitere plausible Erklärung. Die Funktionen $e^{-j\Omega n}$ in (3.1) bilden ein *vollständiges orthonormales Funktionensystem*. Die periodische Funktion $A_d(e^{j\Omega})$ wird im Sinne des kleinsten quadratischen Fehlers mit einer endlichen Anzahl N von Entwicklungsgliedern am besten approximiert, wenn die mittleren N Fourier-Koeffizienten für die Entwicklung verwendet werden, d.h. $-(N-1)/2 \leq n \leq (N-1)/2$. Der kleinste Fehler $e_{\min}$ ist dann durch die Summe der Quadrate der abgeschnittenen Fourier-Koeffizienten gegeben, siehe (3.6). Da das Funktionensystem vollständig ist, kann der kleinste quadratische Fehler durch eine entsprechend hohe Anzahl N stets beliebig klein gehalten werden.

Abschließend wird der nichtkausale Prototyp $a(n)$ durch eine zeitliche Verschiebung um $(N-1)/2$ Schritte in ein kausales Filter $h(n)$ umgewandelt, siehe auch Abschnitt 2.4.3.

3.1.2   Approximation des idealen Tiefpasses

Der FIR-Filterentwurf mit kleinstem quadratischen Fehler besteht im wesentlichen aus der Vorgabe eines gewünschten Frequenzganges $A_d(e^{j\Omega})$ und der Berechnung der Koeffizienten $a_d(n)$ der Impulsantwort nach (3.2). Häufig kann diese Berechnung nur numerisch durchgeführt werden. Hierzu eignet sich insbesondere der *FFT-Algorithmus*. In einigen Fällen können geschlossene Ausdrücke für die Impulsantwort $a_d(n)$ angegeben werden. Ein häufig verwendetes Beispiel dieser Art ist der *ideale Tiefpaß* als gewünschter Frequenzgang.

Der Frequenzgang des idealen Tiefpasses lautet

$$A_d(e^{j\Omega}) = \text{rect}\left(\frac{\Omega}{2\Omega_{gr}}\right) = \begin{cases} 1 & \text{für} \;\; |\Omega| < \Omega_{gr} \\ 0 & \text{für} \;\; \Omega_{gr} < |\Omega| \leq \pi \end{cases} \tag{3.8}$$

Setzt man (3.8) in (3.2) ein, so erhält man die gesuchte Impulsantwort

$$\begin{aligned} a_d(n) &= \frac{1}{2\pi} \int_{-\Omega_{gr}}^{\Omega_{gr}} e^{j\Omega n}\, d\Omega = \frac{1}{2\pi} \cdot \frac{1}{jn} \cdot e^{j\Omega n}\Big|_{-\Omega_{gr}}^{\Omega_{gr}} \\ &= \frac{\Omega_{gr}}{\pi} \cdot \frac{\sin(n\Omega_{gr})}{n\Omega_{gr}} = \frac{\Omega_{gr}}{\pi} \cdot si(n\Omega_{gr}). \end{aligned} \tag{3.9}$$

Vorgegeben werden die normierte Grenzfrequenz

$$\Omega_{gr} = 2\pi f_{gr}/f_s \qquad (3.10)$$

(f_s = Abtastfrequenz) und die ungerade Anzahl N an Koeffizienten der Impulsantwort $a_d(n)$. Der Ausdruck (3.9) ist dann für $-(N-1)/2 \le n \le (N-1)/2$ auszuwerten und führt somit auf die endliche Impulsantwort $a(n)$. Am Ende wird durch zeitliche Verschiebung die kausale Impulsantwort

$$h(n) = a(n - \frac{N-1}{2}), \quad n = 0, 1, 2, \dots, N-1, \qquad (3.11)$$

gebildet.

Beispiel 3.1:

Im folgenden wird von einem idealen Tiefpaß der Grenzfrequenz $\Omega_{gr} = 0,4304\pi$ ausgegangen. Bild 3.1a zeigt die nichtkausale Impulsantwort mit 11 Koeffizienten. Die si-Funktion in (3.9) wird in diesem Fall für $-5 \le n \le 5$ ausgewertet. Alle übrigen Koeffizienten sind null. Bild 3.1b zeigt den Amplitudenfrequenzgang und zum Vergleich gestrichelt den idealen Tiefpaß.

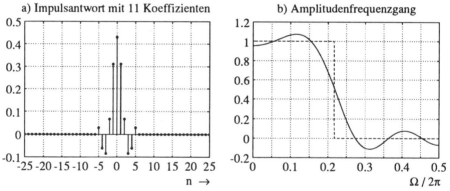

Bild 3.1: FIR-Filter mit 11 Koeffizienten, Approximation des idealen Tiefpasses mit minimalem quadratischen Fehler

Der Approximationsfehler kann durch eine Erhöhung der Anzahl N der Koeffizienten verkleinert werden. Bild 3.2 zeigt einen FIR-Prototypen mit 21 Koeffizienten. Aus Bild 3.2a ist ersichtlich, daß die Koeffizienten für $-5 \le n \le 5$ gegenüber Bild 3.1a unverändert geblieben sind. Der Amplitudenfrequenzgang in Bild 3.2b nähert sich besser dem idealen Tiefpaß als in Bild 3.1b.

Bild 3.3 zeigt einen weiteren Verbesserungsschritt. In diesem Fall werden aus (3.9) 51 Koeffizienten übernommen. Die verbesserte Approximation des idealen Tiefpasses wird in Bild 3.3b deutlich.

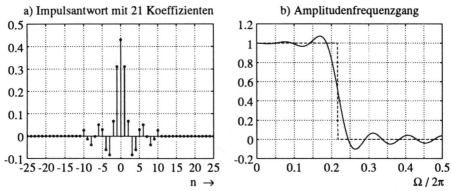

Bild 3.2: FIR-Filter mit 21 Koeffizienten, Approximation des idealen Tiefpasses mit minimalem quadratischen Fehler

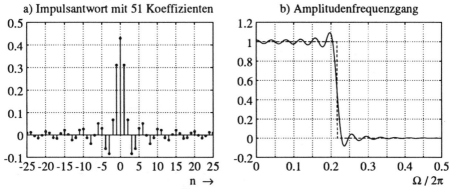

Bild 3.3: FIR-Filter mit 51 Koeffizienten, Approximation des idealen Tiefpasses mit minimalem quadratischen Fehler

Die Approximation wird mit zunehmendem N im Sinne des quadratischen Fehlers verbessert. Ein Vergleich der Amplitudenfrequenzgänge in den Bildern 3.1b, 3.2b und 3.3b zeigt aber, daß sich der Überschwinger an der Sprungstelle in seiner Höhe stabilisiert. Dieser Vorgang ist als *Gibbs'sches Phänomen* bekannt.

Das Gibbs'sche Phänomen und daraus folgend die großen Dämpfungsschwankungen im Durchlaßbereich und die geringe Dämpfung im Sperrbereich sind ein wesentlicher Nachteil der direkten Approximation des idealen Tiefpasses mit Hilfe der inversen Fourier-Transformation.

3.1.3   Entwurf mit endlicher Filterflanke

Es gibt verschiedene Maßnahmen, dem Gibbs'schen Phänomen zu begegnen. Die Überschwinger können beträchtlich reduziert werden, wenn man statt eines abrupten Überganges vom Durchlaß- in den Sperrbereich einen endlich breiten Übergang vorschreibt. Dieser Übergang wird auch mit *Filterflanke* bezeichnet.

Im einfachsten Fall gibt man sich einen Tiefpaß mit einem Durchlaßbereich $0 \leq \Omega \leq \Omega_D$ und einem Sperrbereich $\Omega_S \leq \Omega \leq \pi$ mit $\Omega_D < \Omega_S$ vor und überbrückt beide Bereiche mit einer Geraden:

$$A_d(e^{j\Omega}) = \begin{cases} 1 & \text{für } \Omega \leq \Omega_D \\ 1 - \frac{\Omega - \Omega_D}{\Omega_S - \Omega_D} & \text{für } \Omega_D \leq \Omega \leq \Omega_S \\ 0 & \text{für } \Omega \geq \Omega_S \end{cases} \qquad (3.12)$$

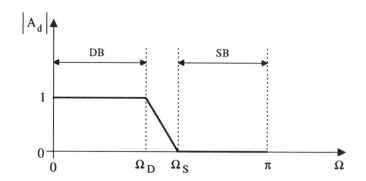

Bild 3.4: Wunschfrequenzgang beim Entwurf mit endlichem, geradlinigem Übergang zwischen Durchlaßbereich (DB) und Sperrbereich (SB)

Neben der Durchlaßgrenzfrequenz Ω_D kommt noch als zweiter Parameter die *Sperrgrenzfrequenz* Ω_S bzw. die *relative Übergangsbandbreite*

$$b = \frac{\Omega_S - \Omega_D}{2\pi} \qquad (3.13)$$

hinzu.

Beispiel 3.2:

Bild 3.5a zeigt gestrichelt einen Wunschfrequenzgang mit einer Übergangsbandbreite von $b = 2\%$. Die Überschwinger des mit 51 Koeffizienten erreichten Amplitudenfrequenzganges sind noch deutlich sichtbar.

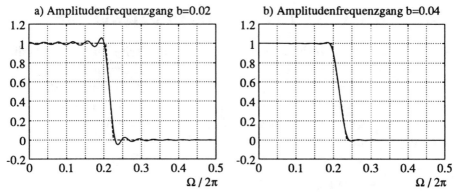

Bild 3.5: FIR-Filter mit 51 Koeffizienten und minimalem quadratischen Fehler bei einer Übergangsbandbreite von $b = 2\%$ (a) und $b = 4\%$ (b)

Verdoppelt man die Übergangsbandbreite, so wird die Höhe der Überschwinger, siehe Bild 3.5b, beträchtlich reduziert.

Neben einem geradlinigen Übergang sind noch Übergänge mit *Spline-Funktionen* und *Cosinus-Rolloff-Funktionen* gebräuchlich. In [Par 87] findet man geschlossene Ausdrücke für die Impulsantworten aller drei Arten von Filterflanken. Der Entwurf mit Cosinus-Rolloff-Funktionen für Halbbandfilter wird im Abschnitt 3.4.4 behandelt.

3.2   Entwurf mit Fensterfunktionen

Die gebräuchlichste Methode, die durch das Gibbs'sche Phänomen bedingten Dämpfungsschwankungen im Durchlaß- und Sperrbereich zu reduzieren, ist die Verwendung von *Fensterfunktionen*. Die endliche Impulsantwort wird mit einer Fensterfunktion der gleichen Länge gewichtet. Die so entstehende Impulsantwort zeigt ein günstigeres *Übergangsverhalten*, ist aber nicht mehr optimal im Sinne des kleinsten quadratischen Fehlers.

3.2.1   Rechteckfenster

Das Abschneiden der Impulsantwort $a_d(n)$ nach (3.9) zur Erlangung der endlichen Impulsantwort $a(n)$ kann als Multiplikation der Impulsantwort $a_d(n)$ mit einer rechteckförmigen Fensterfunktion

$$w_{Rec}(n) = \text{rect}_N(n) = \left\{ \begin{array}{ll} 1 & \text{für } |n| \leq (N-1)/2 \\ 0 & \text{für } |n| > (N-1)/2 \end{array} \right. \tag{3.14}$$

gedeutet werden:

$$a(n) = a_d(n) \cdot w_{Rec}(n). \tag{3.15}$$

Der zugehörige Frequenzgang $A(e^{j\Omega})$ läßt sich mit dem Faltungstheorem ermitteln [Fli 91, S. 258ff], wobei die *Rechteckfensterfunktion* die Fourier-Transformierte

$$W_{rec}(e^{j\Omega}) = \frac{\sin(N\Omega/2)}{\sin(\Omega)} = \text{si}_N(\Omega) \tag{3.16}$$

besitzt [Fli 91, S. 244ff]. Mit (3.8) lautet der Frequenzgang des Prototypen

$$A(e^{j\Omega}) = \frac{1}{2\pi}\text{rect}\left(\frac{\Omega}{2\Omega_{gr}}\right) * \text{si}_N(\Omega). \tag{3.17}$$

Die Faltung der rechteckförmigen Wunschfunktion mit dem si-förmigen Fensterfrequenzgang führt auf die als Gibbs'sches Phänomen bekannten Amplitudenschwankungen, die in den Bildern 3.1 bis 3.3 zu sehen sind.

Beispiel 3.3:

Der Amplitudenfrequenzgang aus Bild 3.3b ist in Bild 3.6 noch einmal logarithmisch dargestellt. Durch die Faltung mit der si-Funktion nach (3.17) treten im Durchlaßbereich Dämpfungsabweichungen bis 0.8 dB auf. Die Sperrdämpfung ist auf 20 dB begrenzt.

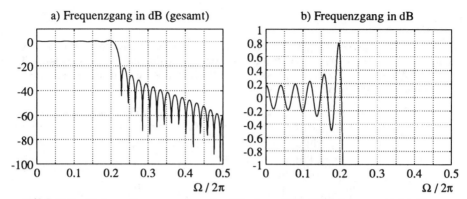

Bild 3.6: Betragsfrequenzgang in dB eines FIR-Tiefpasses mit 51 Koeffizienten und Rechteckfensterfunktion, im gesamten Frequenzbereich $0 \le \Omega \le \pi$ (a) und im Durchlaßbereich (b)

Die Lösung des aufgezeigten Problems wird durch die Wahl einer nichtrechteckförmigen Fensterfunktion möglich. Hierzu sind in der Literatur zahlreiche Vorschläge gemacht worden. Diese werden in den folgenden Abschnitten anhand kausaler FIR-Impulsantworten $h(n)$, siehe (3.11), behandelt.

3.2.2 Han-Fenster

Die Amplitudenschwankungen im Durchlaß- und Sperrbereich können erheblich reduziert werden, wenn man die Impulsantwort $h(n)$ mit der *Han-Fensterfunktion* $w_{Han}(n)$ multipliziert:

$$h_{Han}(n) = h(n) \cdot w_{Han}(n), \quad n = 0, 1, 2, \ldots, N - 1. \qquad (3.18)$$

Die Idee dieser Vorgehensweise besteht darin, in dem Fensterfrequenzgang $W_{Han}(e^{j\Omega})$ •—∘ $w_{Han}(n)$ neben der si-Funktion symmetrisch zu $\Omega = 0$, siehe (3.16), noch zwei si-Funktionen der halben Größe bei $\Omega = -2\pi/(N-1)$ und bei $\Omega = 2\pi/(N-1)$ zu verwenden, die bei der Faltung mit dem Frequenzgang des idealen Tiefpasses eine weitgehende Kompensation der Amplitudenschwankungen bewirken. Im Zeitbereich lautet die Fensterfunktion

$$w_{Han}(n) = \begin{cases} \frac{1}{2}\left(1 - \cos\left(\frac{2\pi n}{N-1}\right)\right), & n = 0, 1, 2, \ldots, N - 1 \\ 0 & \text{sonst} \end{cases} \qquad (3.19)$$

Beispiel 3.4:

Bild 3.7a zeigt die Han-Fensterfunktion für 51 Koeffizienten, Bild 3.7b die mit diesem Fenster gewichtete Impulsantwort aus Bild 3.3b. Ein Vergleich der Bilder 3.3b und 3.7b zeigt, daß sich die Gewichtung besonders an den Enden der Impulsantwort bemerkbar macht.

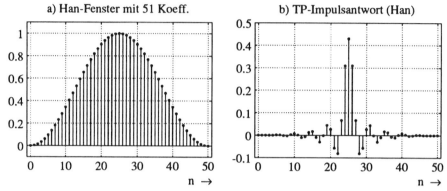

Bild 3.7: Han-Fensterfunktion $w_{HAN}(n)$ (a) und gewichtete Impulsantwort $h_{HAN}(n)$ (b), beide mit 51 Koeffizienten

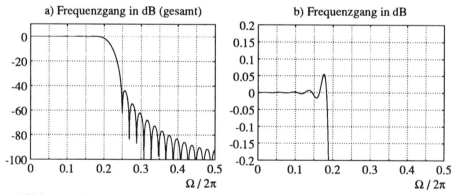

Bild 3.8: Frequenzgang eines FIR-Tiefpasses mit 51 Koeffizienten und Han-Fensterung, im gesamten Frequenzbereich $0 \leq \Omega \leq \pi$ (a) und im Durchlaßbereich (b)

Bild 3.8 zeigt den zugehörigen Frequenzgang $H_{Han}(e^{j\Omega})$ •—○ $h_{Han}(n)$. Die Amplitudenschwankungen im Durchlaßbereich sind auf etwa 0.05 dB zurückgegangen (geänderter Maßstab gegenüber Bild 3.6b !). Die Minimaldämpfung im Sperrbereich beträgt mehr als 40 dB. Die Übergangsbandbreite hat sich allerdings etwa verdoppelt.

3.2.3 Hamming-Fenster

Der Kompensationseffekt der si-Funktionen im Fensterfrequenzgang läßt sich noch verbessern, wenn man die si-Funktionen nicht wie beim Han-Fenster im Verhältnis 0.5 : 0.25 ansetzt, sondern im Verhältnis 0.54 : 0.23. Dieses führt auf das *Hamming-Fenster* mit der Fensterfunktion

$$w_{Ham}(n) = \begin{cases} 0.54 - 0.46\cos\left(\frac{2\pi n}{N-1}\right), & n = 0, 1, 2, \ldots, N-1 \\ 0 & \text{sonst} \end{cases} \qquad (3.20)$$

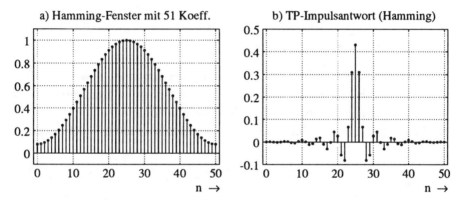

Bild 3.9: Hamming-Fensterfunktion $w_{HAM}(n)$ (a) und gewichtete Impulsantwort $h_{HAM}(n)$ (b), beide mit 51 Koeffizienten

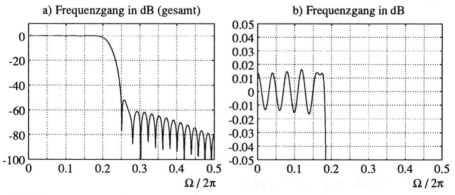

Bild 3.10: Frequenzgang eines FIR-Tiefpasses mit 51 Koeffizienten und Hamming-Fensterung, im gesamten Frequenzbereich $0 \leq \Omega \leq \pi$ (a) und im Durchlaßbereich (b)

Beispiel 3.5:

Bild 3.9a zeigt die Hamming-Fensterfunktion für 51 Koeffizienten, Bild 3.9b die mit diesem Fenster gewichtete Impulsantwort aus Bild 3.3b. Die Impulsantworten in Bild 3.7b und in Bild 3.9b sind in ihrer graphischen Darstellung kaum unterscheidbar.

Der Frequenzgang hat sich jedoch deutlich geändert, siehe Bild 3.10. Die Amplitudenschwankungen im Durchlaßbereich sind auf weniger als 0.02 dB zurückgegangen (geänderter Maßstab!). Die minimale Sperrdämpfung ist größer als 50 dB. Die Übergangsbandbreite hat sich kaum geändert.

3.2.4   Blackman-Fenster

Beim *Blackman-Fenster* wird im Fensterfrequenzgang ein weiteres Paar von si-Funktionen bei den Frequenzen $\Omega = \pm 4\pi/(N+1)$ hinzugenommen. Die si-Funktion bei $\Omega = 0$ und die beiden si-Funktionspaare stehen im Größenverhältnis $0.42 : 0.24 : 0.04$. Die entsprechende Fensterfunktion im Zeitbereich lautet

$$w_{Bla}(n) = \left\{ \begin{array}{ll} 0.42 - 0.5\cos\left(\frac{2\pi n}{N-1}\right) + 0.08\cos\left(\frac{4\pi n}{N-1}\right), & n = 0, 1 ... N - 1 \\ 0 & \text{sonst} \end{array} \right.$$

$$(3.21)$$

Beispiel 3.6:

Bild 3.11a zeigt ein Blackman-Fenster mit 51 Koeffizienten, Bild 3.11b die mit diesem Fenster gewichtete Impulsantwort des idealen Tiefpasses.

Gegenüber dem Hamming-Fenster ist die Sperrdämpfung auf mehr als 70 dB vergrößert, siehe Bild 3.12a, und die Amplitudenschwankungen im Durchlaßbereich auf weniger als 0.002 dB verkleinert, siehe Bild 3.12b (veränderter Maßstab!). Die Übergangsbandbreite hat sich noch einmal vergrößert und beträgt etwa das Dreifache der Breite bei der Rechteckfensterung, siehe auch Bild 3.6a.

3.2.5   Weitere Fenster

Als einfaches Fenster ist noch das *Dreieck-* oder *Bartlett-Fenster* bekannt. Dieses Fenster führt etwa auf die gleiche Übergangsbandbreite wie das Hanning- und Hamming-Fenster. Die Kompensation der Amplitudenschwankungen im Durchlaß- und Sperrbereich ist aber schlechter.

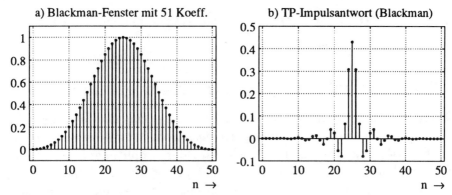

Bild 3.11: Blackman-Fensterfunktion $w_{Bla}(n)$ (a) und gewichtete Impulsantwort $h_{Bla}(n)$ (b), beide mit 51 Koeffizienten

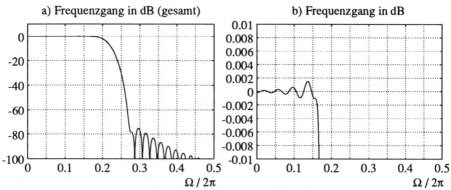

Bild 3.12: Frequenzgang eines FIR-Tiefpasses mit 51 Koeffizienten und Blackman-Fensterung, im gesamten Frequenzbereich $0 \leq \Omega \leq \pi$ (a) und im Durchlaßbereich (b)

Das *Kaiser-Fenster* [Kai 74] verwendet im Kern *Bessel-Funktionen* erster Art und besitzt einen freien Parameter. Es optimiert in etwa das Verhältnis von Energie, die in den Durchlaß- und Übergangsbereich fällt, und minimaler Dämpfung im Sperrbereich. Wird eine der beiden Größen vorgegeben, so kann mit dem freien Parameter die jeweils andere Größe optimal eingestellt werden [Opp 75].

Das *Dolph-Tschebyscheff-Fenster* geht beim Fensterfrequenzgang von einem geschlossenen Ausdruck aus, der für gleichmäßige Dämpfungsminima im Sperrbereich des Fensterfrequenzganges sorgt [Bel 84, S. 120], [Kam 89, S. 220 ff].

3.3 Entwurf mit gleichmäßiger Approximation

3.3.1 Zielsetzung und Alternantentheorem

Das im folgenden betrachtete Entwurfsverfahren hat das Ziel, die maximale Abweichung des *Amplitudenfrequenzganges* vom Wunschverlauf bei gegebener Filterlänge zu minimieren. Dazu wird der Amplitudenfrequenzgang nur im Durchlaß- und Sperrbereich betrachtet, nicht aber im Übergangsbereich.

Aus der Approximationstheorie ist bekannt, daß die Lösung des Problems durch eine *gleichmäßige Approximation* gegeben ist, auch *Approximation im Tschebyscheff'schen Sinne* genannt. Bei dieser Lösung läßt sich ein gleichmäßig breiter *Toleranzschlauch* angeben, der symmetrisch zum Wunschverlauf im Durchlaß- und Sperrbereich liegt. Der approximierte Amplituden- oder Betragsfrequenzgang bewegt sich wellenförmig im Toleranzschlauch, wobei die Maxima und Minima die Toleranzgrenzen erreichen. Die Schwankungsbreite des Toleranzschlauches wird voll ausgenutzt, siehe Bild 3.13. Die oben genannte Zielsetzung läßt sich als Minimierung der Breite δ des Toleranzschlauches formulieren.

Im Falle von FIR-Filtern ist keine geschlossene Lösung des Approximationsproblems bekannt. Es ist aber bekannt, daß für eine gegebene Anzahl N an Koeffizienten eine bestmögliche Lösung existiert. Dieses wird durch das *Alternantentheorem* ausgedrückt: Notwendig und hinreichend dafür, daß ein Amplitudenfrequenzgang $A_{ist}\left(e^{j\Omega}\right)$ einen gewünschten Amplitudenfrequenzgang $A_{soll}\left(e^{j\Omega}\right)$ bestmöglich gleichmäßig approximiert, ist die Bedingung, daß die Fehlerfunktion

$$E\left(e^{j\Omega}\right) = A_{ist}\left(e^{j\Omega}\right) - A_{soll}\left(e^{j\Omega}\right) \tag{3.22}$$

im Falle einer ungeraden Anzahl N von Koeffizienten mindestens $(N+3)/2$ betragsmäßig gleich große Extremwerte im Durchlaß- und Sperrbereich besitzt, und daß sich die Extremwerte im Vorzeichen abwechseln. Im Falle einer geraden Anzahl N müssen mindestens $(N+2)/2$ Extremwerte vorliegen. Die Extremwerte am Rande der Toleranzschläuche, also bei $\Omega = \Omega_D$ und $\Omega = \Omega_S$ und eventuell bei $\Omega = 0$ und $\Omega = \pi$, werden mitgezählt, siehe Bild 3.13.

Zu jedem Wunschfrequenzgang und jeder Anzahl N gibt es genau eine eindeutig optimale Approximation. Die Aussage des Alternantentheorems

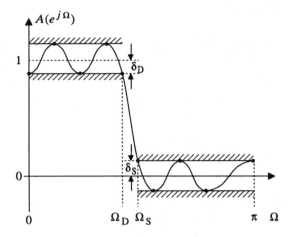

Bild 3.13: Bestmögliche gleichmäßige Approximation eines Tiefpasses mit den Grenzfrequenzen $\Omega_D = 0.4\pi$ und $\Omega_S = 0.5\pi$ durch ein FIR-Filter mit $N = 17$ Koeffizienten und 10 Extremwerten im Durchlaß- und Sperrbereich

beschränkt sich nicht auf Tiefpaßkonfigurationen wie in Bild 3.13. Vielmehr können im Bereich $0 \leq \Omega \leq \pi$ mehrere Bereiche in ihrem Wunschverlauf beliebig vorgeschrieben sein.

Die optimale Approximation wird standardmäßig mit dem *Entwurfsverfahren von Parks-McClellan* durchgeführt, siehe Abschnitt 3.3.3, das seinerseits den sogenannten *Remez-Exchange-Algorithmus* benutzt.

3.3.2 Filterlänge und Entwurfsparameter

Beim Entwurf von FIR-Filtern mit gleichmäßiger Approximation ist es wichtig, die Zusammenhänge zwischen den Entwurfsparametern zu nutzen. Die wichtigsten Parameter sind die *Länge $N - 1$* des Filters bzw. die Anzahl N an Koeffizienten, die *relative Übergangsbandbreite* b, die im Falle eines *Toleranzschemas* nach Bild 3.13 als

$$b = \frac{\Omega_S - \Omega_D}{2\pi} \tag{3.23}$$

definiert ist, und die Toleranzbreiten δ_D und δ_S, auch *Ripple* genannt, im Durchlaß- und Sperrbereich.

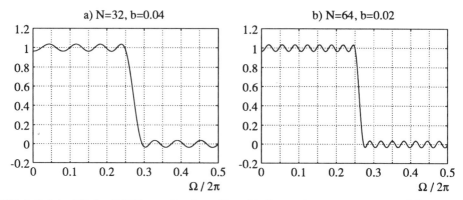

Bild 3.14: Tiefpaß-Filter mit einer Durchlaßgrenzfrequzenz $\omega_D = 0.5\pi$ und einer Sperrgrenzfrequenz $\Omega_S = 0.58\pi$ (a) bzw. $\Omega_S = 0.54\pi$ (b)

Eine Vielzahl von Entwürfen hat gezeigt, daß die Anzahl N der benötigten Koeffizienten bei gleichbleibendem Ripple umgekehrt proportional zur relativen Übergangsbandbreite ist: $N \sim 1/b$. Bild 3.14 zeigt zwei Amplitudenfrequenzgänge mit gleichem Ripple. In Bild 3.14b wurde gegenüber Bild 3.14a die Bandbreite halbiert und die Anzahl der Koeffizienten verdoppelt.

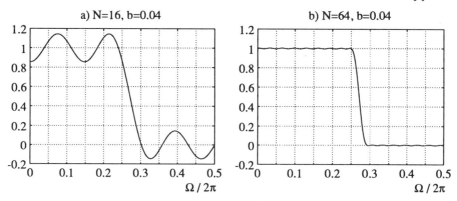

Bild 3.15: Tiefpaß-Filter mit einer relativen Übergangsbreite $b = 0.04$ und einer Koeffizientenanzahl $N = 16$ (a) bzw. $N = 64$ (b)

Ferner zeigt sich, daß der Ripple des Filters stark von der Anzahl N der Filterkoeffizienten abhängt. Bild 3.15 zeigt zwei Amplitudenfrequenzgänge mit jeweils gleichem Ripple δ im Durchlaß- und im Sperrbereich, siehe auch Bild 3.14. Aus einer Vielzahl von Entwürfen läßt sich näherungsweise ein logarithmischer Zusammenhang zwischen N und δ ablesen: $N \sim \log\left(1/10\delta^2\right)$. Durch unterschiedliche Gewichtsfaktoren W_D und W_S können beim Fil-

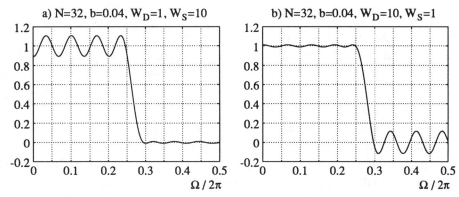

Bild 3.16: Tiefpaß-Filter gleicher Länge $N - 1$ und gleicher Bandbreite b, aber unterschiedlicher Toleranzbreiten im Durchlaß- und im Sperrbereich

terentwurf unterschiedliche Ripple im Durchlaß- und Sperrbereich erzielt werden. Ein Vergleich der Bilder 3.14a und 3.16 zeigt, daß die Zahl N nur vom Produkt der Ripple δ_D und δ_S im Durchlaß- und Sperrbereich abhängt, siehe dazu auch Bild 3.13.

Aus den empirischen Abschätzungen heraus wurde von *Bellanger* [Bel 84] die folgende Formel zur *Abschätzung des Filteraufwandes* angegeben:

$$N \approx \frac{2}{3} \cdot \log_{10}\left(\frac{1}{10\delta_D\delta_S}\right) \cdot \frac{1}{b} \qquad (3.24)$$

Eine weitere Formel

$$N = \frac{-20\log_{10}\sqrt{\delta_D\delta_S} - 13}{14.6 \cdot b} + 1 \qquad (3.25)$$

wird *Kaiser* zugesprochen und ist in [Rab 75a] veröffentlicht. Diese Formel führt auf ähnliche Abschätzergebnisse.

3.3.3 Parks-McClellan-Entwurf

Eine geschlossene Lösung zur gleichmäßigen Approximation von FIR-Filtern ist nicht bekannt. Als numerisches Standardverfahren hat sich der *Parks-McClellan-Entwurf* [Par 72] herausgebildet, der linearphasige FIR-Filter mit dem Remez-Exchange-Algorithmus iterativ berechnet. Ausführliche Beschreibungen des Entwurfsalgorithmus findet man in [Par 87, Opp 75].

Beim Parks-McClellan-Entwurf werden die Anzahl N der Koeffizienten bzw. die *Ordnung* $N - 1$ des Filters, die Durchlaß- und Sperrfrequenzen Ω_D und Ω_S und die Gewichte W_D und W_S vorgegeben. Als Ergebnis erhält man die Impulsantwort $h(n), n = 0, 1, 2, \ldots, N-1$. Die Toleranzbreiten δ_D und δ_S sind nicht direkt vorgebbar. Sie werden vielmehr über eine Abschätzformel, z.B. (3.24), indirekt mit der Filterlänge $N - 1$ vorgegeben.

Unterschiedliche Toleranzbreiten im Durchlaß- und Sperrbereich werden ebenfalls indirekt durch unterschiedliche Gewichte W_D und W_S eingestellt. Das Auffinden geeigneter Gewichte ist ebenfalls ein iterativer Prozeß, der im allgemeinen mehrere Entwurfsläufe erfordert.

Beispiel 3.7:

Es ist ein linearphasiger FIR-Tiefpaß mit den Grenzfrequenzen $\Omega_D = 0.5\pi$ und $\Omega_S = 0.6\pi$, einer Sperrdämpfung von 60 dB und einem Durchlaßripple von ± 0.2 dB zu entwerfen. Wieviele Koeffizienten werden benötigt? Wie ist die Koeffizientenanzahl N zu erhöhen, um einen Durchlaßripple von ± 0.02 dB zu erhalten?

Aus der Sperrdämpfung von 60 dB folgt

$$\delta_S = 10^{-60/20} = 0.001, \tag{3.26}$$

aus dem Durchlaßripple von 0.2 dB

$$\delta_D = 10^{0.2/20} - 1 = 0.0233. \tag{3.27}$$

Eine Aufwandsabschätzung mit (3.24) ergibt

$$N \approx \frac{2}{3} \cdot \log_{10}\left(\frac{1}{10 \cdot 0.001 \cdot 0.0233}\right) \cdot \frac{1}{0.05} = 48.43. \tag{3.28}$$

Durch verschiedene Entwurfsläufe mit $N = 48$ und verschiedene Gewichtsverhältnisse erhält man schließlich mit $W_S/W_D = 25$ die Ergebnisse in Bild 3.17.

Bei einem Durchlaßripple von ± 0.02 dB gilt

$$\delta_D = 10^{0.02/20} - 1 = 0.002303. \tag{3.29}$$

Damit folgt aus (3.24)

$$N \approx \frac{2}{3} \cdot \log_{10}\left(\frac{1}{10 \cdot 0.001 \cdot 0.002303}\right) \cdot \frac{1}{0.05} = 61.84. \tag{3.30}$$

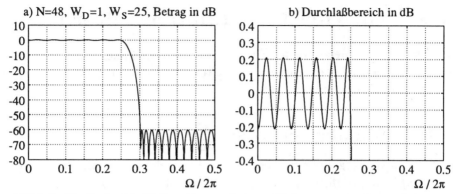

Bild 3.17: Parks-McClellan-Entwurf eines Tiefpasses mit $\Omega_D = 0.5\pi$, $\Omega_S = 0.6\pi$, einem Durchlaßripple von ± 0.2 dB und einer Sperrdämpfung von 60 dB

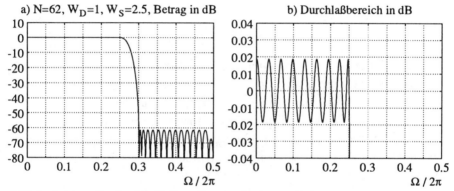

Bild 3.18: Parks-McClellan-Entwurf eines Tiefpasses mit $\Omega_D = 0.5\pi$, $\Omega_S = 0.6\pi$, einem Durchlaßripple von ± 0.02 dB und einer Sperrdämpfung von 60 dB

Wählt man $N = 62$ Koeffizienten und ein Gewichtsverhältnis $W_S/W_D = 2.5$, so erhält man das in Bild 3.18 aufgezeichnete Resultat, das die an das Filter gestellten Forderungen gut erfüllt.

Der Parks-McClellan-Entwurf beschränkt sich nicht nur auf Tiefpässe und nicht nur auf Filter mit einem Durchlaß- und einem Sperrbereich. Es können verschiedene Frequenzbereiche mit verschiedenen Übertragungswerten und dazwischenliegenden Übergangsbereichen vorgeschrieben werden.

3.4   Entwurf von Halbbandfiltern

Halbbandfilter spielen beim Entwurf von Filterbänken eine dominierende Rolle. Die wichtigsten Entwurfsverfahren für Halbbandfilter werden daher im folgenden zusammengefaßt.

3.4.1   Standardentwürfe

Die in den vorhergehenden Abschnitten behandelten Entwurfsverfahren sind auch auf Halbbandfilter anwendbar. Bei der *Approximation des idealen Tief-passes* mit kleinstem quadratischen Fehler wird die Entwurfsformel (3.9) verwendet. Mit $\Omega_{gr} = \pi/2$ (=Halbbandfrequenz) erhält man ein Halbbandfilter. Die nullphasige Impulsantwort lautet damit

$$a(n) = \frac{1}{2}\mathrm{si}\left(n\frac{\pi}{2}\right). \tag{3.31}$$

In ähnlicher Weise kann ein Halbbandfilter mit *endlicher Filterflanke* approximiert werden. Dazu sind die beiden Grenzfrequenzen Ω_D und Ω_S in Bild 3.4 symmetrisch zur Frequenz $\Omega = \pi/2$ anzuordnen.

Beim Entwurf eines Halbbandfilters unter Verwendung von *Fensterfunktionen* geht man zunächst von einer Approximation des idealen Halbband-Tiefpasses mit N Koeffizienten aus. Die kausale Variante zu (3.31) mit N Koeffizienten lautet

$$h_d(n) = \frac{1}{2}\mathrm{si}\left[\left(n - \frac{N-1}{2}\right)\frac{\pi}{2}\right], \quad n = 0,1,2,\ldots,N-1. \tag{3.32}$$

Die für Halbbandfilter charakteristischen nullwertigen Koeffizienten bleiben null, wenn die Impulsantwort nach (3.32) mit einer Fensterfunktion $w(n)$ multipliziert wird:

$$h(n) = h_d(n) \cdot w(n). \tag{3.33}$$

Als Fensterfunktionen kommen Hanning-Fenster $w_{Han}(n)$ nach (3.19), Hamming-Fenster $w_{Ham}(n)$ nach (3.20) und Blackman-Fenster $w_{Bla}(n)$ nach (3.21) in Frage. Da ein Halbbandfilter stets $N = 4i - 1, i \in \mathbb{N}$, Koeffizienten besitzt, also eine ungerade Anzahl, ist der mittlere Koeffizient in jedem der drei Fenster gleich eins. Damit bleibt auch der mittlere Koeffizient des kausalen Halbbandfilters gleich 1/2.

Beim Parks-McClellan-Verfahren sind symmetrische Vorgaben zu machen. Neben der Anzahl N der Koeffizienten, die man zweckmäßigerweise als $N = 4i - 1, i \in \mathbb{N}$, ansetzt, sind die Grenzfrequenzen Ω_D und Ω_S symmetrisch zu $\Omega = \pi/2$ vorzugeben und die Gewichte im Durchlaß- und Sperrbereich gleichzusetzen.

3.4.2 Parks-McClellan-Entwurf mit einem "Trick"

Der Rechenaufwand wächst beim *Parks-McClellan-Verfahren* überproportional mit der Anzahl N der Filterkoeffizienten. Bei großen Werten von N kommen noch durch die Numerik bedingte Konvergenzschwierigkeiten hinzu. Im Falle von Halbbandfiltern kann man den Entwurfsaufwand beträchtlich reduzieren, wenn man die a-priori-Information nutzt, daß $(N - 1)/2$ Koeffizienten den Wert 0 bzw. 0.5 haben.

Dieses verkürzte Entwurfsverfahren wurde in [Vai 87b] als *Halbband-Entwurfstrick* bezeichnet. Ziel des Entwurfes ist ein Halbbandfilter mit N Koeffizienten und der Durchlaßgrenzfrequenz Ω_D. Man entwirft zunächst mit dem Parks-McClellan-Verfahren ein *"Vollbandfilter"* $g(n)$ mit $(N + 1)/2$ Koeffizienten, einer Durchlaßgrenzfrequenz $\Omega'_D = 2\Omega_D$ und einer Sperrfrequenz $\Omega'_S = \pi$. Der Frequenzgang dieses Filters besteht also nur aus einem Durchlaßbereich und einem Übergangsbereich (Filterflanke). Ein Sperrbereich existiert nicht. Da für $N = 4i - 1, i \in \mathbb{N}$, die Zahl $(N + 1)/2 = 2i$ geradzahlig ist, ist $g(n)$ ein FIR-Filter vom Typ 2, siehe Abschnitt 2.4.1. Sein Frequenzgang besitzt eine Nullstelle bei $\Omega = \pi$. Der zugehörige nullphasige Prototyp hat eine Periode von 4π, siehe Bild 2.17.

Im zweiten Schritt wird die Impulsantwort durch Einfügen von Nullen um den Faktor 2 aufwärtsgetastet. Schließlich wird der mittlere Koeffizient gleich 1/2 gesetzt. Das resultierende Filter

$$H(z) = \frac{1}{2}\left[G(z^2) + z^{-(N-1)/2}\right] \tag{3.34}$$

ist ein Halbbandfilter mit einer Durchlaßgrenzfrequenz Ω_D. Durch das Hinzufügen des mittleren Koeffizienten wird der Frequenzgang der aufwärtsgetasteten Impulsantwort konstant um 1/2 zu positiven Werten hin verschoben. Der Ripple von $H(z)$ ist halb so groß wie der von $G(z)$.

Beispiel 3.8:

Es soll ein Halbbandfilter mit einer Grenzfrequenz $\Omega_D = 0.45\pi$ und mit $N = 31$ Koeffizienten gleichmäßig approximiert werden. Der Parks-McClellan-Entwurf wird mit 16 Koeffizienten und einer Grenzfrequenz $\Omega_D = 0.9\pi$ durchgeführt. Bild 3.19a zeigt den Frequenzgang $G(e^{j\Omega})$ des Vollbandfilters.

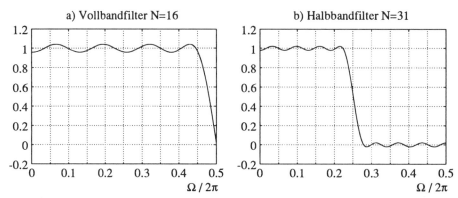

Bild 3.19: Zum Halbband-Entwurfstrick: Vollbandfilter mit 16 Koeffizienten (a) und zugehöriges Halbbandfilter mit 31 Koeffizienten (b)

Nach dem Hinzufügen der Nullen und dem mittleren Koeffizienten vom Wert $1/2$ entsteht das gewünschte Halbbandfilter. Bild 3.19b zeigt seinen Frequenzgang.

Bei der Festlegung der Parameter ist zu beachten, daß die Abschätzformel (3.24) für die Länge von FIR-Filtern nicht auf das Vollbandfilter anwendbar ist. Auch ist der Ripple des Vollbandfilters doppelt so groß wie der Ripple des endgültigen Filters. Die Länge des Filters wird daher wie folgt festgelegt. Aus dem gewünschten Ripple und der gewünschten Bandbreite b wird mit Hilfe der Abschätzformel (3.24) die Anzahl N des endgültigen Halbbandfilters bestimmt. Danach wird das Vollbandfilter mit $N/2$ bzw. $(N + 1)/2$ Koeffizienten angesetzt.

3.4.3 Lagrange-Halbbandfilter

Beim Entwurf von Filterbänken mit perfekter Rekonstruktion werden Halbbandfilter mit einem nichtnegativen Frequenzgang benötigt. Eine geschlossene Formel zur Berechnung solcher Halbbandfilter wurde von R. Ansari et
al. [Ans 91] angegeben. Ausgehend von der allgemeinen Darstellung

$$H_i(z) = \frac{1}{2} + \sum_{n=1}^{i} h_i(2n-1) \cdot \left(z^{-2n+1} + z^{2n-1} \right) \qquad (3.35)$$

einer Halbbandfilter-Übertragungsfunktion mit $4i - 1$ Koeffizienten werden
die Koeffizienten nach der *Lagrange'schen Interpolationsformel* berechnet:

$$h_i(2n-1) = \frac{(-1)^{n+i-1} \prod_{k=1}^{2i}(i-k+1/2)}{(i-n)!(i-1+n)!(2n-1)}. \qquad (3.36)$$

Bild 3.20 zeigt die Nullstellen und den Frequenzgang dieses Filters für
den Fall $i = 5$.

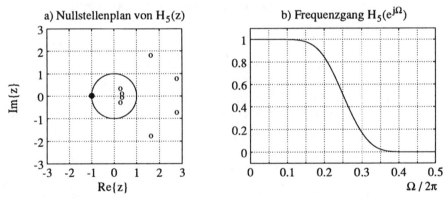

Bild 3.20: Nullstellen (a) und Frequenzgang (b) eines Lagrange-
Halbbandfilters mit dem Parameter $i = 5$

Das *Lagrange-Halbbandfilter* hat eine 2i-fache Nullstelle bei $z = -1, i - 1$
Nullstellen innerhalb des Einheitskreises und $i - 1$ dazu am Einheitskreis
gespiegelte Nullstellen. Es eignet sich daher für eine spektrale Faktorisierung
$H_i(z) = H_{i0}(z) \cdot H_{i0}(1/z)$, siehe auch Abschnitt 6.4.3. Wegen der hohen
Anzahl von Nullstellen bei $z = -1$ ist jedes Lagrange-Halbbandfilter regulär,
siehe Abschnitt 9.6.1, und eignet sich daher für den Entwurf von Wavelets.

3.4.4   Cosinus-Rolloff-Halbbandfilter

In Anordnungen der Datenübertragung wird häufig eine *Cosinus-Rolloff-Charakteristik* verwendet. Die zeitkontinuierliche Version dieses Filters hat den folgenden Frequenzgang:

$$
H_{CRO}(j\omega) = \begin{cases} 1 & f\ddot{u}r \ \frac{|\omega|}{\omega_c} \leq 1 - r \\ \frac{1}{2}\left(1 + \cos\left[\frac{\pi}{2r}\left(\frac{\omega}{\omega_c} - (1-r)\right)\right]\right) & f\ddot{u}r \ 1 - r \leq \frac{|\omega|}{\omega_c} \leq 1 + r \\ 0 & f\ddot{u}r \ \frac{|\omega|}{\omega_c} \geq 1 + r \end{cases}
$$
(3.37)

Der Frequenzgang ist reell und gerade. Er hat für tiefe Frequenzen den Wert 1 und für hohe Frequenzen den Wert 0. Der Übergangsbereich zwischen $(1-r)\,\omega_c$ und $(1+r)\,\omega_c$ ist cos-förmig. Bei der Kreisfrequenz $|\,\omega\,| = \omega_c = 2\pi f_c$ wird der Wert 1/2 erreicht. Der Parameter r wird *Rolloff-Faktor* genannt und liegt im Bereich $0 < r \leq 1$. Für $r \to 0$ wird der ideale Tiefpaß mit der Grenzfrequenz ω_c approximiert.

Durch inverse Fourier-Transformation erhält man aus (3.37) die zeitkontinuierliche Impulsantwort

$$
h_{CRO,a}(t) = \frac{1}{2\pi} \int_{-\infty}^{\infty} H_{CRO}(j\omega)e^{j\omega t}d\omega,
$$
(3.38)

die ebenfalls reell und gerade ist. Da die Übertragungsfunktion auf $(1+r)\,\omega_c \leq 2\omega_c$ bandbegrenzt ist, kann die Impulsantwort mit einer Abtastfrequenz

$$
f_A = 1/T_A = M \cdot 2f_c, \quad M = 2,3,4\ldots,
$$
(3.39)

abgetastet werden:

$$
h_{CRO}(n) = h_{CRO,a}(nT_A).
$$
(3.40)

Nach einer Zwischenrechnung erhält man folgende zeitdiskrete Impulsantwort:

$$
h_{CRO}(n) = \frac{1}{M} \cdot \frac{\sin(\pi n/M)}{\pi n/M} \cdot \frac{\cos(r\pi n/M)}{1 - (2rn/M)^2}.
$$
(3.41)

Für $r = 0$ liegt als Impulsantwort des idealen Tiefpasses die si-Funktion vor. Je größer der Rolloff-Faktor r ist, desto schneller klingt die Impulsantwort mit zunehmendem Zeitindex n ab.

Für $M = 2$ liegt ein Halbbandfilter vor, für andere M allgemein ein *M-tel-Bandfilter*. Der Frequenzgang hat im Bereich $(1 + r)\pi/M \leq \Omega \leq \pi$ den Wert 0, die Dämpfung ist in diesem Bereich unendlich hoch.

Die Impulsantwort in (3.41) beschreibt einen reellen nullphasigen Prototypen mit einer unendlichen Anzahl von Koeffizienten. Durch eine Multiplikation mit einem geradem Rechteckfenster (symmetrisches Abschneiden) und eine zeitliche Verschiebung um die halbe Fensterbreite entsteht daraus das realisierbare kausale Halbband- bzw. M-tel-Bandfilter. Beim Beschneiden der Impulsantwort bleibt die Halbband- bzw. M-tel-Bandcharakteristik erhalten. Die Cosinus-Rolloff-Charakteristik wird jedoch nur noch näherungsweise realisiert. Insbesondere nimmt die Dämpfung im Sperrbereich $(1 + r)\pi/M \leq \Omega \leq \pi$ endliche Werte an.

Beispiel 3.9:

Mit Hilfe von (3.41) soll ein Halbbandfilter ($M = 2$) und ein Viertelbandfilter ($M = 4$) mit einem Rolloff-Faktor von $r = 0.1$ entworfen werden. Die Längen der Impulsantworten sind so zu wählen, daß die Dämpfung im Sperrbereich 40 dB nicht unterschreitet. Bild 3.21 zeigt das Ergebnis.

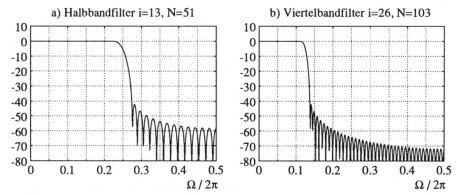

Bild 3.21: Approximierte Cosinus-Rolloff-Filter: Halbbandfilter ($M = 2, r = 0.1$, 51 Koeffizienten) (a) und Viertelbandfilter ($M = 4, r = 0.1$, 103 Koeffizienten) (b)

Um das vorgegebene Sperrverhalten erreichen zu können, benötigt das Halbbandfilter 51 und das Viertelbandfilter 103 Koeffizienten. Wie bei den FIR-Filtern mit gleichmäßiger Approximation ist das Verhältnis der Filterlängen in guter Näherung umgekehrt proportional zum Verhältnis der relativen Übergangsbandbreiten.

3.4.5 Wurzel-Cosinus-Rolloff-Filter

Für einige Filterbänke werden Prototypen mit einer Übertragungsfunktion benötigt, die, mit sich selbst multipliziert, eine Halbbandübertragungsfunktion ergeben. Solche Prototypen können durch eine *Wurzel-Cosinus-Rolloff-Charakteristik* approximiert werden.

Da der Frequenzgang $H_{CRO}(j\omega)$ in (3.37) für alle Frequenzen ω nichtnegativ ist, kann daraus die Wurzel gezogen werden. Mit der Beziehung $(1 + \cos x)/2 = \cos^2(x/2)$ erhält man aus (3.37) den Wurzel-Cosinus-Rolloff-Frequenzgang zu

$$H_{WCRO}(j\omega) = \begin{cases} 1 & \text{für } \frac{|\omega|}{\omega_c} \leq 1 - r \\ \cos\left[\frac{\pi}{4r}\left(\frac{\omega}{\omega_c} - (1 - r)\right)\right] & \text{für } 1 - r \leq \frac{|\omega|}{|\omega_c|} \leq 1 + r \\ 0 & \text{für } \frac{|\omega|}{\omega_c} \geq 1 + r \end{cases}$$

(3.42)

Wie beim Cosinus-Rolloff-Filter errechnet sich daraus durch inverse Fourier-Transformation und Abtastung mit der Abtastfrequenz f_A nach (3.39) eine zeitdiskrete nullphasige Impulsantwort

$$h_{WCRO}(n) = \frac{4rn \cdot \cos\left[\pi n(1 + r)/M\right] + M \cdot \sin\left[\pi n(1 - r)/M\right]}{\left[1 - (4rn/M)^2\right] \cdot \pi n M}.$$

(3.43)

Für $n = 0$ nimmt (3.43) im Zähler und im Nenner den Wert Null an. Der Grenzwert für $n \to 0$ lautet

$$h_{WCRO}(0) = \frac{1}{M} + \frac{r}{M}\left(\frac{4}{\pi} - 1\right).$$

(3.44)

Der gleiche Fall tritt bei $n = \pm M/4r$ auf, sofern dieser Wert ganzzahlig ist. Die entsprechenden Grenzwerte lauten

$$h_{WCRO}(\pm\frac{M}{4r}) = -\frac{r}{M}\left[\frac{2}{\pi} \cdot \cos\left(\frac{\pi}{4r}(1 + r)\right) - \cos\left(\frac{\pi}{4r}(1 - r)\right)\right].$$

(3.45)

Um zu einem realisierbaren Filter zu kommen, muß auch diese Impulsantwort symmetrisch beschnitten und zeitlich verschoben werden. Die so gewonnene kausale Impulsantwort ergibt, mit sich selbst gefaltet, nur noch näherungsweise ein Halbband- bzw. M-tel-Bandfilter. Auch wird die Cosinus-Rolloff-Charakteristik nur noch näherungsweise erreicht.

Kapitel 4

Dezimation und Interpolation

Dezimation und Interpolation wurden bereits im ersten Kapitel definiert. Das vorliegende Kapitel beschäftigt sich mit dem Zusammenwirken von Abwärtstastern und Antialiasing-Filtern bzw. von Aufwärtstastern und Antiimaging-Filtern. Die Betrachtungen haben das Ziel, recheneffiziente Strukturen für Dezimatoren und Interpolatoren zu entwickeln.

4.1 Dezimation mit Transversalfiltern

4.1.1 Faltung mit nachfolgender Abwärtstastung

Im Abschnitt 1.2.3 wurde gezeigt, daß ein Dezimator im allgemeinen aus der Hintereinanderschaltung eines Antialiasing-Filters $h(n)$ und eines Abwärts-tasters M besteht, siehe Bild 4.1.

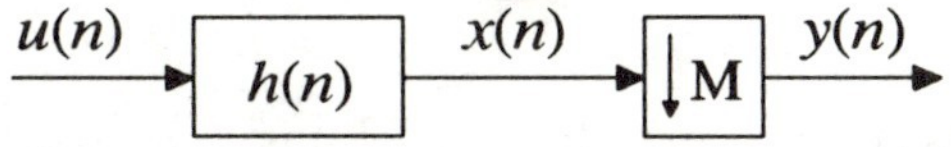

Bild 4.1: Dezimator bestehend aus einem Antialiasing-Filter $h(n)$ und einem Abtwärtstaster M

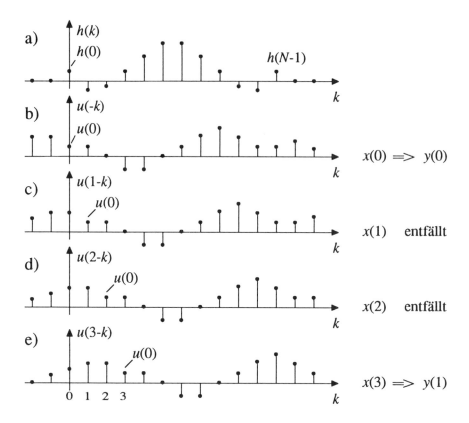

Bild 4.2: Signale bei der Faltung nach (4.1): Impulsantwort $h(k)$ (a) und gefaltetes und verschobenes Eingangssignal $u(n-k)$ (b-e), Parameter: $N = 12, M = 3$

Unter der Annahme eines FIR-Filters mit N Koeffizienten wird die Filterung mit der Faltungsbeziehung

$$x(n) = h(n) * u(n) = \sum_{k=0}^{N-1} h(k) \cdot u(n-k) \tag{4.1}$$

beschrieben, die Abwärtstastung mit der Beziehung

$$y(m) = x(m \cdot M). \tag{4.2}$$

Die Dezimation ist daher als Faltung mit anschließender Abwärtstastung beschreibbar:

$$y(m) = \sum_{k=0}^{N-1} h(k)u(mM - k). \tag{4.3}$$

Bild 4.2 verdeutlicht den in (4.1) beschriebenen Faltungsvorgang am Beispiel eines linearphasigen FIR-Filters mit $N = 12$ Koeffizienten und eines Faktors $M = 3$ bei der Abwärtstastung. Die Multiplikationen von $h(k)$ mit $u(1 - k)$ und $u(2 - k)$ führen auf Zwischenergebnisse $x(1)$ und $x(2)$, die nicht weiterverwendet werden. Die Berechnung dieser Werte wird unnötigerweise durchgeführt.

4.1.2 Recheneffiziente Transversalstruktur

Die unnötige Berechnung der Zwischenergebnisse $x(n)$, $n \neq m \cdot M$, kann unter Nutzung der ersten Äquivalenz in Bild 1.23 vermieden werden.

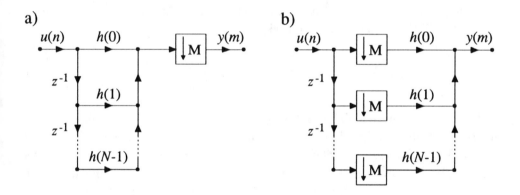

Bild 4.3: Dezimator: Originalstruktur mit Transversalfilter und nachfolgendem Abwärtstaster (a) und recheneffiziente Struktur (b)

Identifiziert man die Originalstruktur des Dezimators in Bild 4.3a mit der Anordnung in Bild 1.23a, so folgt aus der äquivalenten Anordnung in Bild 1.23b unmittelbar die recheneffiziente Struktur in Bild 4.3b. Die Filteroperationen Multiplikation und Akkumulation (Addition) erfolgen im niedrigen Ausgangstakt. Der gesamte Rechenaufwand wird um den Faktor M reduziert. Die eingangsseitige Verzögerungskette wird unverändert im hohen Eingangstakt betrieben.

4.2   Interpolation mit Transversalfiltern

4.2.1   Aufwärtstastung mit nachfolgender Faltung

Im Abschnitt 1.3.3 wurde gezeigt, daß ein Interpolator im allgemeinen aus
einem Aufwärtstaster L und einem nachfolgenden Antiimaging-Filter $g(n)$
besteht, siehe Bild 4.4.

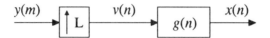

Bild 4.4: Interpolator bestehend aus einem Aufwärtstaster L und einem
Antiimaging-Filter $g(n)$

Durch die in (1.82) beschriebene Aufwärtstastung entsteht aus dem Eingangssignal $y(m)$ das Zwischensignal $v(n)$. Das Ausgangssignal $x(n)$ erhält
man durch Faltung mit der Impulsantwort $g(n)$, die im folgenden als endlich
mit N Koeffizienten angenommen wird:

$$x(n) = \sum_{k=0}^{N-1} v(n-k) \cdot g(k) \qquad (4.4)$$

Bild 4.5 zeigt als Beispiel die Impulsantwort $g(k)$, Bild 4.5b das zeitlich
invertierte Eingangssignal $y(-m)$ und Bild 4.5c das aufwärtsgetastete Signal
$v(-k)$. Multiplikation von $g(k)$ und $v(-k)$ und Summation nach (4.4) führen
auf den Ausgangswert $x(0)$. Bei diesen Multiplikationen wird unnötigerweise
mit den Nullen multipliziert, die bei der Aufwärtstastung eingefügt wurden.
Das gleiche tritt auch bei der Berechnung der übrigen Ausgangswerte $x(n)$
auf.

4.2.2   Recheneffiziente Transversalstruktur

Die unnötigen Multiplikationen mit Nullen bei der Ausführung der Faltung
nach (4.4) können unter Nutzung der vierten Äquivalenz in Bild 1.35 vermieden werden. Dadurch wird der gesamte Rechenaufwand (Multiplikationen
und Additionen) um den Faktor L reduziert. Identifiziert man die Originalstruktur des Interpolators in Bild 4.6a mit der Anordnung in Bild 1.35a,
so folgt aus der äquivalenten Anordnung in Bild 1.35b die recheneffiziente
Struktur in Bild 4.6b.

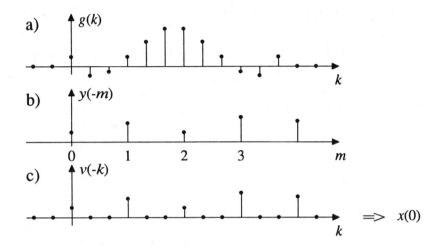

Bild 4.5: Signale bei der Faltung nach Bild 4.4 und Gleichung (4.4): Impulsantwort $g(k)$ (a), zeitlich invertiertes Eingangssignal $y(-m)$ (b) und aufwärtsgetastetes Signal $v(-k)$ (c)

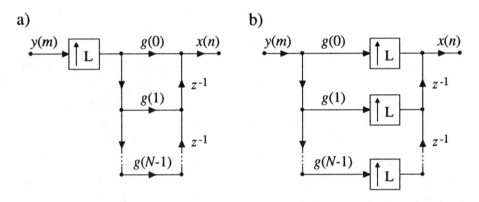

Bild 4.6: Interpolator: Originalstruktur mit Aufwärtstaster und nachfolgendem Transversalfilter (a) und recheneffiziente Struktur (b)

Bei der gezeigten Strukturumwandlung muß das Antiimaging-Filter $g(n)$ in transponierter Transversalstruktur realisiert sein. In einer Verallgemeinerung können die Interpolatorstrukturen in Bild 4.6 als Transponierte der Dezimatorstrukturen in Bild 4.3 gedeutet werden [Cro 83].

4.3   Dezimation mit Polyphasenfiltern

Als Alternative zu den recheneffizienten Transversalfilterstrukturen können Polyphasenfilterstrukturen eingesetzt werden. Die im folgenden gezeigten Dezimatoren und Interpolatoren in Polyphasenstruktur benötigen den gleichen Rechenaufwand wie die vorher betrachteten Transversalstrukturen und weisen insofern keinen Vorteil auf. Die hier eingeführten Polyphasenstrukturen sind aber wesentlich für die später behandelten Filterbänke. Sie werden daher im vorliegenden Abschnitt ausführlich behandelt. Im folgenden wird zunächst das Prinzip der Polyphasenfilterung veranschaulicht.

4.3.1   Prinzip des Polyphasendezimators

Betrachtet man in Bild 4.2 nur die Multiplikationen zwischen der Impulsantwort und dem Eingangssignal, die zu den weiterverwendeten Ausgangsgrößen $y(0), y(1), \ldots$ beitragen, so stellt man fest, daß bestimmte Eingangswerte, z.B. $u(3), u(0), u(-3), u(-6) \ldots$, nur mit bestimmten Koeffizienten der Impulsantwort in Berührung kommen, letztere z.B. mit $h(0), h(3), h(6), h(9) \ldots$ Die Eingangswerte $u(2), u(-1), u(-4), u(-7) \ldots$ treten nur mit den Koeffizienten $h(1), h(4), h(7), h(10) \ldots$ in Berührung, die Eingangswerte $u(1), u(-2),$ $u(-5), u(-8) \ldots$ nur mit den Koeffizienten $h(2), h(5), h(8), h(11) \ldots$

Die in Bild 4.2a, b und e gezeigte Faltung kann daher als eine Verschachtelung von drei unabhängigen Faltungsvorgängen aufgefaßt werden. Die Summe der Faltungsprodukte wird am Ende addiert und ergibt die Ausgangsfolge $y(0), y(1), \ldots$

Bild 4.7 zeigt die drei unabhängigen Faltungsvorgänge. Bild 4.7a zeigt beispielsweise, wie aus der Teilimpulsantwort $h(3n)$ und der Teileingangsfolge $u(3n)$ die Teilausgangsfolge $y_0(m)$ entsteht. Ebenso geht aus Bild 4.7b hervor, wie aus $h(3n+1)$ und $u(3n-1)$ die Teilausgangsfolge $y_1(m)$ entsteht. Die Gesamtausgangsfolge $y(m)$ ist dann die Summe der Teilfolgen $y_0(m), y_1(m)$ und $y_2(m)$.

Bei dieser Vorgehensweise werden keine unnötigen Multiplikationen durchgeführt. Die Recheneffizienz ist gleich der der Struktur mit Transversalfilter in Bild 4.3b. Da die verwendeten Teilfolgen im wesentlichen Polyphasensignale sind, spricht man von einer Polyphasenfilterung. Im nächsten Abschnitt wird diese formal hergeleitet.

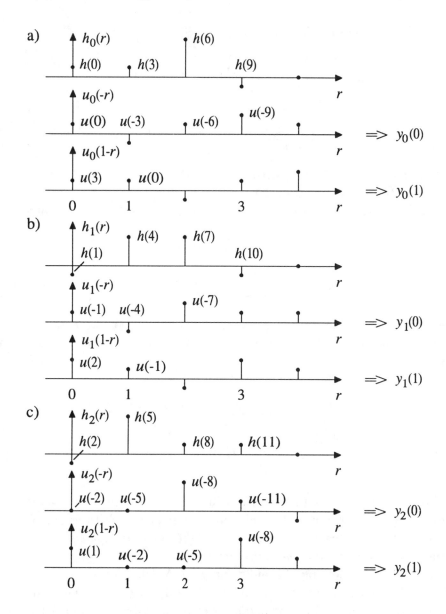

Bild 4.7: Zerlegung der in Bild 4.2a, b und e beschriebenen Faltung in drei unabhängige Faltungen im reduzierten Takt

4.3.2 Darstellung des Polyphasendezimators im Zeitbereich

Ausgehend von der Faltungsbeziehung (4.3) erhält man mit der Substitution

$$k = r \cdot M + \lambda \qquad (4.5)$$

den folgenden Ausdruck für das dezimierte Signal

$$
\begin{aligned}
y(m) & = \sum_{k=-\infty}^{\infty} h(k) \cdot u(mM - k) \\
& = \sum_{\lambda=0}^{M-1} \sum_{r=-\infty}^{\infty} h(rM + \lambda) \cdot u([m - r]M - \lambda).
\end{aligned}
\tag{4.6}
$$

Der Laufindex k der Faltung wird modulo M dargestellt, wobei M der Reduktionsfaktor der Dezimation ist.

Zur Vereinfachung von (4.6) werden Abkürzungen für die Teilfolgen

$$
h_\lambda(r) = h(rM + \lambda)
\tag{4.7}
$$

und

$$
u_\lambda(r) = u(rM - \lambda)
\tag{4.8}
$$

verwendet, die aus den Polyphasenkomponenten von $h(n)$ bzw. $u(n)$ entstehen, siehe auch Bild 1.16. Setzt man (4.7) und (4.8) in (4.6) ein, so erhält man

$$
\begin{aligned}
y(m) & = \sum_{\lambda=0}^{M-1} \sum_{r=-\infty}^{\infty} h_\lambda(r) \cdot u_\lambda(m - r) \\
& = \sum_{\lambda=0}^{M-1} h_\lambda(m) * u_\lambda(m).
\end{aligned}
\tag{4.9}
$$

Die Faltung mit Abwärtstastung kann in M verschiedene Faltungen zerlegt werden, wobei jeder Phase $\lambda = k \bmod M$ genau ein Faltungsprodukt zugeordnet ist. Die Operation in (4.9) ist daher eine *Polyphasenfaltung*, der gesamte Vorgang eine *Polyphasenfilterung*.

Bild 4.8 zeigt die Polyphasenfilterung in Anlehnung an die Bilder 4.2 und 4.7. Die drei Teilsysteme entsprechen den drei unabhängigen Faltungen in Bild 4.7a, b und c. Die Teileingangsfolgen $u_0(m), u_1(m)$ und $u_2(m)$ werden durch Verzögerungen z^{-1} und Abwärtstastungen mit dem Faktor 3 erzeugt. Die Faltung mit den Teilimpulsantworten $h_0(m), h_1(m)$ und $h_2(m)$ erfolgt im langsamen Ausgangstakt. Das Ausgangssignal $y(m)$ entsteht gemäß (4.9) durch Aufsummierung der Faltungsergebnisse $y_0(m) = h_0(m) * u_0(m)$, $y_1(m) = h_1(m) * u_1(m)$ und $y_2(m) = h_2(m) * u_2(m)$.

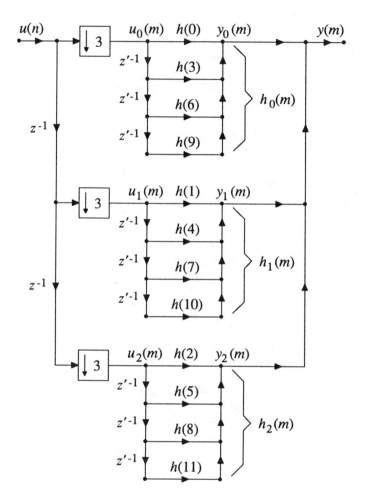

Bild 4.8: Polyphasenfilteranordnung mit $M = 3$ Teilsystemen zur Realisierung der drei unabhängen Faltungen in Bild 4.7

4.3.3 Darstellung mit Eingangskommutator

Bild 4.9 zeigt die allgemeine Struktur eines Polyphasendezimators mit M Zweigen. Diese Struktur besitzt die gleiche Recheneffizienz wie die in Bild 4.3b. Die Verteilung des Eingangssignals $u(n)$ auf die taktreduzierten Teilsignale $u_0(m), u_1(m), \ldots, u_{M-1}(m)$ wird in der Literatur auch mit Hilfe eines *Eingangskommutators* dargestellt, siehe Bild 4.10. Beide Darstellungen sind äquivalent. Trotzdem lassen sich für die praktische Implementierung leichte

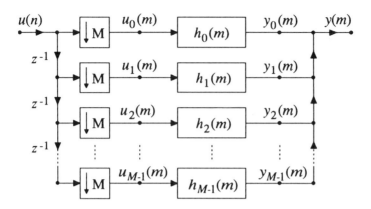

Bild 4.9: Allgemeine Struktur eines Polyphasendezimators mit M Zweigen und einer Taktreduktion um den Faktor M

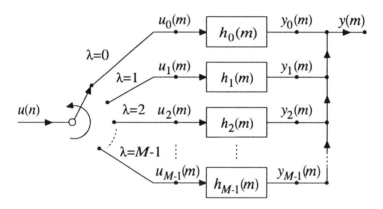

Bild 4.10: Polyphasendezimator mit einem Eingangskommutator im Gegenuhrzeigersinn

Unterschiede herauslesen. Bei der Anordnung nach Bild 4.9 laufen während einer Ausgangstaktperiode M Werte aus der Eingangsfolge $u(n)$ im hohen Eingangstakt in die Verzögerungskette am Eingang ein. Genau zu den Zeitpunkten $n = mM$ übergeben die M Abwärtstaster einen Satz von M Eingangswerten an die M Filter, zum Zeitpunkt $n = 0$ zum Beispiel die Werte $u_0(0) = u(0), u_1(0) = u(-1), u_2(0) = u(-2), \ldots, u_{M-1}(0) = u(-M + 1)$. Unterstellt man beliebig schnelle Filteroperationen, so kann zum gleichen

Zeitpunkt die Ausgangsgröße $y(m)$ ausgegeben werden, zum Beispiel mit den oben genannten Werten die Größe $y(0)$.

Bei der Darstellung mit Eingangskommutator nach Bild 4.10 überwiegt eher die Vorstellung, daß die Werte der Eingangsfolge $u(n)$ zeitlich nacheinander auf die Filter gegeben werden, was aber zum gleichen Ziel führt. Diese Vorstellung hat bei der praktischen Implementierung den Vorteil, daß die einzelnen Faltungen in den Teilsystemen immer dann ausgeführt werden können, wenn dem Teilfilter ein neuer Eingangswert zugewiesen wird. Es ist allerdings darauf zu achten, daß ein Ausgangswert $y(m)$ erst dann ausgegeben werden kann, wenn alle dazu benötigten Eingangswerte durch den Kommutator übergeben wurden. Zur Ausgabe von $y(0)$ in der Anordnung nach Bild 4.10 ist es nötig, daß der Kommutator vorher in einer Drehung im Gegenuhrzeigersinn mit den Stellungen $\lambda = M - 1, \ldots, \lambda = 2, \lambda = 1, \lambda = 0$ die Eingangswerte $u(-M + 1), \ldots, u(-2), u(-1), u(0)$ an die Filter $h_{M-1}(m), \ldots, h_2(m), h_1(m), h_0(m)$ übergeben hat.

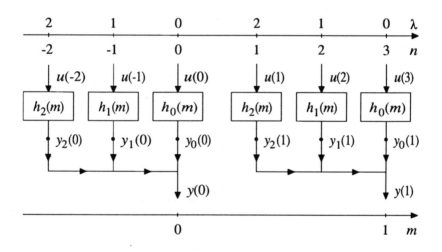

Bild 4.11: Zeitlicher Ablauf der Eingabe der Eingangswerte und der Ausgabe der Ausgangswerte in einem Polyphasendezimator mit dem Reduktionsfaktor $M = 3$

Bild 4.11 verdeutlicht noch einmal den zeitlichen Ablauf der Eingabe, der Teilfilterungen und der Ausgabe in einem Polyphasendezimator mit $M = 3$. Frühestens, wenn der Eingangswert $u(0)$ zur Verfügung gestellt wird, kann der Ausgangswert $y(0)$ ausgegeben werden. Mit jedem eingegebenen

Wert kann eine Teilfilterung gerechnet werden. Die Teilfilter werden zyklisch angesprochen. In jedem Eingangstaktintervall sind N/M Filteroperationen (Multiplikation plus Akkumulation) durchzuführen.

4.3.4 Speichersparende zeitvariable Polyphasenfilter

Führt man alle Teilfilter der Polyphasenanordnungen in Bild 4.8 bis 4.10 in der transponierten Direktform nach Bild 2.8 aus, so gelangt man zu einer speichersparenden Realisierung. Bild 4.12 zeigt zunächst die Polyphasenanordnung aus Bild 4.8 mit Eingangskommutator und transponierten Teilfiltern.

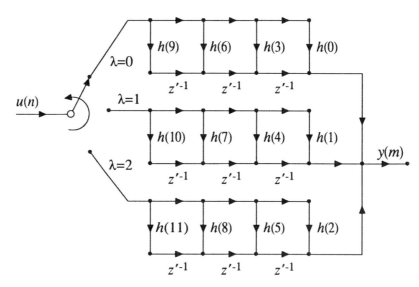

Bild 4.12: Polyphasendezimator mit Teilfiltern in transponierter Direktform

Da die korrespondierenden Werte in den Verzögerungsketten ohnehin am Ausgang summiert werden, können alle Verzögerungsketten zu einer zusammengefaßt werden, siehe Bild 4.13. Mit Hilfe des Kommutators wird das Eingangssignal $u(n)$ nacheinander auf die Teilfilter $h_2(m)$, $h_1(m)$ und $h_0(m)$ gegeben, die die Eingangswerte gewichten und in die Knoten der gemeinsamen Verzögerungskette summieren. Immer wenn der Kommutator die Phase

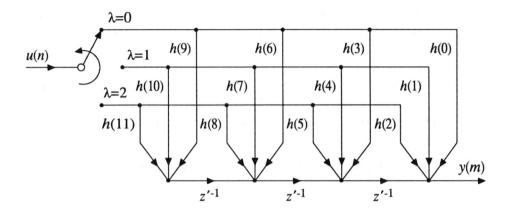

Bild 4.13: Polyphasendezimator in speichersparender Ausführung

$\lambda = 0$ erreicht hat, kann ein neuer Ausgangswert $y(m)$ bestimmt und aus-gegeben werden und alle Werte der Verzögerungskette um eine Stelle (nach rechts) verschoben werden, siehe auch Bild 4.11. Die Anordnung in Bild 4.13 reduziert den Aufwand an Verzögerungsgliedern (Speichern) um den Faktor M.

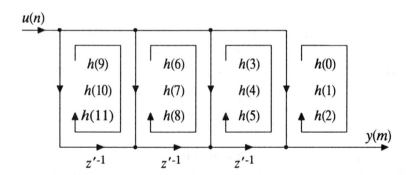

Bild 4.14: Polyphasendezimator mit periodisch zeitvariablen Koeffizienten

Da alle Teilfilter in Bild 4.13 die gleiche Struktur besitzen, können statt eines Auswechselns der Teilfilter mit jedem neuen Eingangswert die Koeffizienten einer festen Teilfilterstruktur ausgewechselt werden, siehe Bild 4.14. Der stets periodisch zeitvariable Dezimator, siehe Abschnitt 1.2.8, wird hier mit einer *zeitinvarianten Struktur* und *periodisch zeitvariablen* Koeffizienten realisiert. Nach Einstellung des Koeffizientensatzes des Teilfilters $h_0(m)$ wird der Ausgangswert $y(m)$ bestimmt und die Werte in der Verzögerungskette um eine Stelle verschoben.

Die bisherige Ableitung der Polyphasenstruktur gründete sich auf eine Interpretation der Faltungsoperation, siehe Bild 4.7 und 4.8. Im folgenden wird gezeigt, daß man zum gleichen Ergebnis gelangt, wenn man von der Polyphasendarstellung der Übertragungsfunktion ausgeht.

4.3.5   Darstellung der Polyphasendezimation mit Z-Transformierten

Ausgehend von der allgemeinen Dezimationsstruktur in Bild 4.15, in der alle Signale durch ihre Z-Transformierten beschrieben werden, wird im folgenden eine Polyphasenstruktur mit z-Transformierten hergeleitet, die der Struktur in Bild 4.9 entspricht.

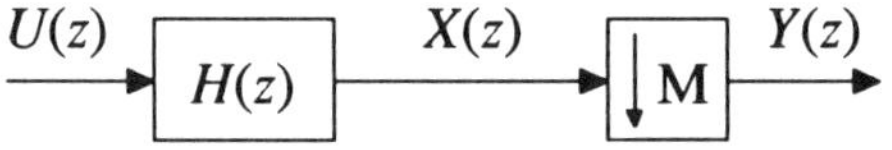

Bild 4.15: Allgemeiner Dezimator mit z-transformierten Signalen

Die herzuleitende Struktur beruht auf der Polyphasendarstellung einer Z-Transformierten nach (1.10) und (1.11). Danach kann die Übertragungsfunktion $H(z)$ eines FIR-Filters in Bild 4.15 folgendermaßen geschrieben werden:

$$H(z) = \sum_{\lambda=0}^{M-1} z^{-\lambda} H_\lambda(z^M). \tag{4.10}$$

Die Teilfilter $H_0(z) \ldots H_{M-1}(z)$ sind ebenfalls FIR-Filter, die phasenrichtig verschachtelt wieder das ursprüngliche Filter $H(z)$ realisieren. Dementsprechend kann die allgemeine Struktur in Bild 4.15 durch die Polyphasenstruktur in Bild 4.16a ersetzt werden.

Unter Nutzung der ersten und dritten Äquivalenz in Bild 1.23 und 1.25 kann die Variante in Bild 4.16b angegeben werden, die im Rechen- und Speicheraufwand um den Faktor M reduziert ist. Diese Struktur entspricht der Struktur in Bild 4.9, die im Zeitbereich hergeleitet wurde. Insbesondere gilt

$$H_\lambda(z) \bullet\!\!-\!\!\circ h_\lambda(m) \quad , \quad \lambda = 0, 1, 2, \ldots, M-1, \tag{4.11}$$

a)   b)

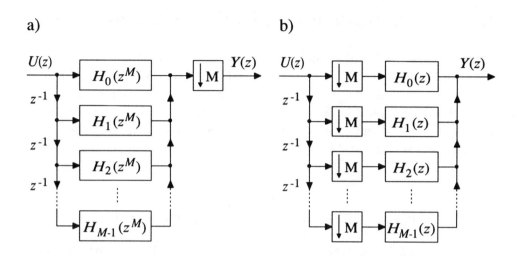

Bild 4.16: Ursprüngliche Form eines Polyphasendezimators (a) und rechen- und speichereffiziente Variante dazu (b)

für die Filter in beiden Strukturen.

4.4   Interpolation mit Polyphasenfiltern

Interpolatoren stellen die dualen Systeme zu Dezimatoren dar. Ihre Signalflußgraphen können durch Transponierung ineinander überführt werden. Dazu werden alle Zweigrichtungen umgedreht, Abwärtstaster durch Aufwärtstaster ersetzt und umgekehrt und Eingänge und Ausgänge vertauscht. Die im folgenden hergeleiteten Interpolatorstrukturen weisen daher große Ähnlichkeiten mit den Dezimatorstrukturen aus dem letzten Abschnitt auf.

4.4.1   Prinzip des Polyphaseninterpolators

Betrachtet man bei der Faltung $g(n) * v(n)$ in Bild 4.5 nur die Produkte, die keine Nullen enthalten, so stellt man fest, daß zur Berechnung von $x(0)$ die Werte des Eingangssignals $y(m)$ mit den Werten $g(0), g(3), g(6), \ldots$ der Impulsantwort verknüpft werden. Die Teilimpulsantwort mit den Werten $g(0), g(3), g(6), \ldots$ wird im folgenden mit $g_0(m)$ bezeichnet. Bild 4.17a zeigt, wie der Ausgangswert $x(0)$ aus der Teilimpulsantwort $g_0(m)$ und der Eingangsfolge $y(m)$ entsteht. Mit der gleichen Teilimpulsantwort wird auch der Ausgangswert $x(3)$ berechnet, siehe Bild 4.17d, und auch die Ausgangswerte $x(6), x(9), \ldots$. Diese Teilausgangsfolge entsteht durch Faltung der Eingangsfolge $y(m)$ mit der Teilimpulsantwort $g_0(m)$ im niedrigen Eingangstakt.

Zur Berechnung von $x(1), x(4), x(7), \ldots$ wird das Eingangssignal $y(m)$ mit den Werten $g(1), g(4), g(7), \ldots$ verknüpft, siehe Bild 4.17b. Diese Teilimpulsantwort wird $g_1(m)$ genannt. Schließlich werden die Werte $x(2), x(5), x(8), \ldots$ aus $y(m)$ und der Teilimpulsantwort $g_2(m) = g(2), g(5), g(8), \ldots$ berechnet, siehe Bild 4.17c.

Der gesamte Faltungsvorgang $g(n) * v(n)$ nach Bild 4.4 im hohen Ausgangstakt läßt sich durch unabhängige Faltungen im niedrigen Eingangstakt ersetzen. Bild 4.18 zeigt den entsprechenden Signalflußgraphen für das bisher betrachtete Beispiel. Die Eingangsfolge $y(m)$ wird den Teilfiltern $g_0(m), g_1(m)$ und $g_2(m)$ zugeführt. Die Filterung wird im niedrigen Eingangstakt durchgeführt und ergibt die Teilsignale $x_0(m), x_1(m)$ und $x_2(m)$. Um die Teilsignale zu der Ausgangsfolge $x(n)$ zusammenzufügen, werden sie mit Hilfe von Aufwärtstastern mit Nullen aufgefüllt und mit Hilfe einer Ausgangsverzögerungskette im hohen Ausgangstakt in der richtigen Reihenfolge verschachtelt.

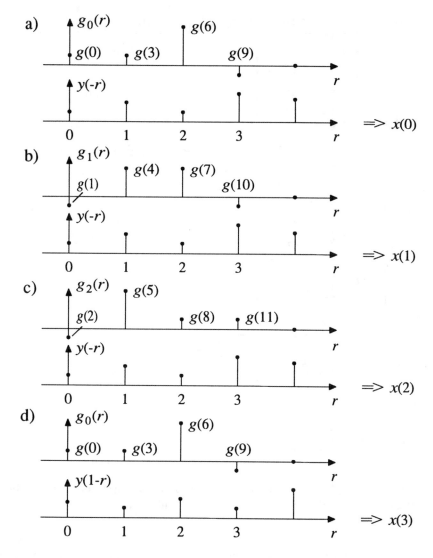

Bild 4.17: Zerlegung der in Bild 4.5 beschriebenen Faltung in drei Faltungen im reduzierten Takt

Bei dieser Vorgehensweise werden ebenfalls keine unnötigen Multiplikationen durchgeführt. Die Recheneffizienz dieser Polyphasenstruktur ist gleich der der Struktur mit Transversalfilter in Bild 4.6b. Sie wird im folgenden Abschnitt formal hergeleitet.

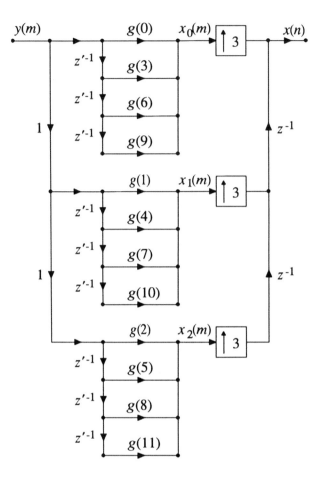

Bild 4.18: Polyphasenfilteranordnung mit $L = 3$ Teilsystemen zur Realisierung der drei unabhängigen Faltungen in Bild 4.17

4.4.2   Darstellung der Polyphaseninterpolation im Zeitbereich

Ausgehend von der Faltungsbeziehung (4.4) erhält man mit der Substitution

$$k = r \cdot L + \lambda \qquad\qquad (4.12)$$

den folgenden Ausdruck für das interpolierte Signal

$$x(n) = \sum_{k=0}^{N-1} v(n-k) \cdot g(k)$$

$$= \sum_{\lambda=0}^{L-1} \sum_{r=0}^{R-1} v(n-rL-\lambda) \cdot g(rL+\lambda). \qquad (4.13)$$

Hierbei ist angenommen, daß die Anzahl N der Koeffizienten des FIR-Filters $g(n)$ ein Vielfaches des Interpolationsfaktors L ist : $N = R \cdot L$.

Wegen (1.82) gilt

$$v(n-rL-\lambda) = \begin{cases} y(m-r) & \text{für } n = mL+\lambda \\ 0 & \text{sonst} \end{cases}. \qquad (4.14)$$

Für jeden Index n der Ausgangsfolge $x(n)$ existiert genau ein Index $\lambda = n \bmod L$, der einen von null verschiedenen Beitrag in (4.13) liefert. Dieser Beitrag lautet mit (4.14)

$$x_\lambda(m) = \sum_{r=0}^{R-1} v(n-rL-\lambda) \cdot g(rL+\lambda)|_{\lambda=n \bmod L}$$

$$= \sum_{r=0}^{R-1} y(m-r) \cdot g_\lambda(r)$$

$$= y(m) * g_\lambda(m). \qquad (4.15)$$

Darin werden mit

$$g_\lambda(m) = g(mL+\lambda) \qquad (4.16)$$

die im vorhergehenden Abschnitt genannten Teilimpulsantworten bezeichnet.

Durch eine Aufwärtstastung um den Faktor L und eine Verzögerung um λ Takte (im hohen Ausgangstakt) erhält man aus den Teilsignalen $x_\lambda(m)$ die Polyphasenkomponenten

$$x_\lambda^{(p)}(n) = \begin{cases} x_\lambda(m) & \text{für } n = mL+\lambda \\ 0 & \text{sonst} \end{cases} \qquad (4.17)$$

die am Ende zum Ausgangssignal $x(n)$ aufsummiert werden. Dieser Vorgang ist in Bild 4.18 am bisher betrachteten Beispiel dargestellt.

4.4.3   Interpolation mit unveränderten Stützwerten

Häufig besteht die Forderung, die Werte der Eingangsfolge $y(m)$ unverändert als Stützwerte des interpolierten Signals $x(n)$ zu übernehmen. Es soll also gelten

$$x(mL) = y(m).\qquad(4.18)$$

Diese Werte entsprechen den Werten der Polyphasenkomponente $x_0^{(p)}(n)$ des Ausgangssignals $x(n)$:

$$x_0^{(p)}(mL) = y(m).\qquad(4.19)$$

Setzt man (4.17) mit $\lambda = 0$ in (4.19) ein, so erhält man mit (4.16), $\lambda = 0$,

$$x_0(m) = y(m) * g_0(m) = y(m).\qquad(4.20)$$

Um die Forderung in (4.20) zu erfüllen, muß die Teilimpulsantwort $g_0(m)$ die Impulsfolge sein:

$$g_0(m) = \delta(m).\qquad(4.21)$$

Im allgemeinen läßt man eine Verzögerung des interpolierten Ausgangssignals $x(n)$ gegenüber dem Eingangssignal $y(m)$ zu. Die Bedingung für eine Interpolation mit unveränderten Stützwerten lautet daher allgemein

$$g_0(m) = \delta(m - m_0).\qquad(4.22)$$

Ein Filter mit der Eigenschaft (4.22) ist ein *M-tel-Band-Filter*, siehe auch Abschnitt 2.6.6 und (2.92). Was die unterschiedlichen Skalierungen in (4.22) und (2.92) betrifft, sei auf (1.91) und Bild 1.30b verwiesen.

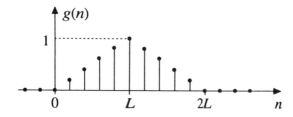

Bild 4.19: Impulsantwort des linearen Interpolators

Der lineare Interpolator erfüllt ebenfalls die Bedingung (4.22). Seine Impulsantwort hat bei $n = 0$ und bei $n = 2L$ exakt den Wert 0 und bei

$n = L$ den Wert 1, siehe Bild 4.19. Dazwischen steigt sie linear an bzw. fällt linear ab. Es ist leicht einzusehen, daß bei diesem Interpolator die interpolierten Werte auf einer Geraden zwischen den Stützwerten liegen.

4.4.4   Darstellung mit Ausgangskommutator

Der allgemeine Polyphaseninterpolator besteht aus L Zweigen, wobei L der Interpolationsfaktor ist, siehe Bild 4.20. Alle Teilfilter $g_0(m), g_1(m), \ldots,$ $g_{L-1}(m)$ bilden zusammen verschachtelt das ursprüngliche Antiimaging-Filter $g(n)$.

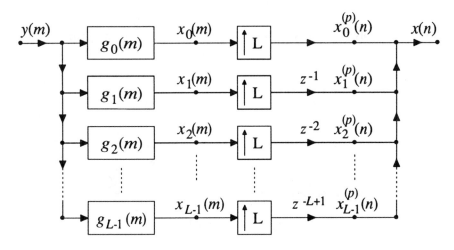

Bild 4.20: Allgemeine Struktur eines Polyphaseninterpolators mit L Zweigen und einer Takterhöhung um den Faktor L

Die Verschachtelung der Teilsignale $x_0(m), x_1(m), \ldots, x_{L-1}(m)$ zu dem Ausgangssignal $x(n)$ erfolgt über die Polyphasenkomponenten des Ausgangssignals. Die Polyphasenkomponenten $x_\lambda^{(p)}(n)$ werden gemäß (4.17) durch eine Aufwärtstastung um den Faktor L und eine Verzögerung $z^{-\lambda}$ im hohen Ausgangstakt aus dem Teilsignal $x_\lambda(m)$ generiert, $\lambda = 0, 1, 2, \ldots, L-1$, siehe Bild 4.20. Am Ende werden alle Polyphasenkomponenten zum Ausgangssignal $x(n)$ summiert. Die Verzögerungen $z^{-\lambda}$ in den Polyphasenzweigen können in einfacherer Form als Ausgangsverzögerungskette realisiert werden, siehe Bild 4.21.

Die Verschachtelung der Teilsignale $x_\lambda(m)$ zu dem Ausgangssignal $x(n)$

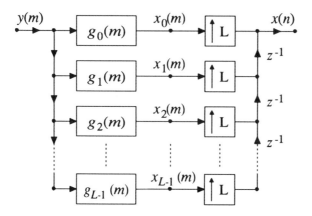

Bild 4.21: Polyphaseninterpolator mit einer Ausgangsverzögerungskette

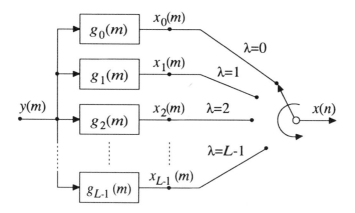

Bild 4.22: Polyphaseninterpolator mit einem Ausgangskommutator im Gegenuhrzeigersinn

wird in der Literatur auch mit Hilfe eines Ausgangskommutators dargestellt, siehe Bild 4.22. Beide Darstellungen sind äquivalent.

Bild 4.23 zeigt die zeitliche Synchronisation des Ausgangssignals des Polyphaseninterpolators mit dem Eingangssignal. Jeder neue Abtastwert der Eingangsfolge $y(m)$ wird gleichzeitig auf alle Teilfilter $g_\lambda(m)$ gegeben. Damit können die aktuellen Werte der Teilsignale $x_\lambda(m)$ berechnet werden.

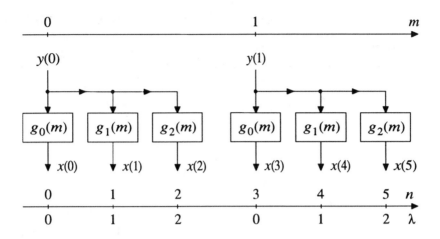

Bild 4.23: Zeitlicher Ablauf der Eingabe der Eingangswerte und der Ausgabe der Ausgangswerte in einem Polyphaseninterpolator mit dem Interpolationsfaktor $L = 3$

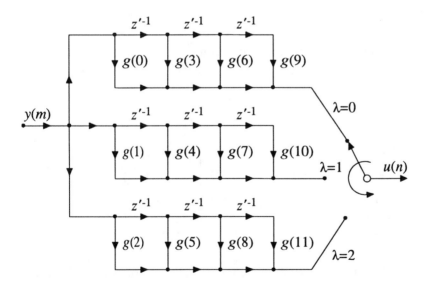

Bild 4.24: Polyphaseninterpolator mit Teilfilter in erster Direktform

4.4.5   Speichersparende Polyphasenstrukturen

Ähnlich wie bei den Polyphasendezimatoren können auch bei den Polyphaseninterpolatoren die Verzögerungsketten der Teilfilter zu einer gemeinsamen Verzögerungskette zusammengefaßt werden. Dazu müssen die Teilfilter in der ersten Direktform ausgeführt sein, siehe Bild 2.3.

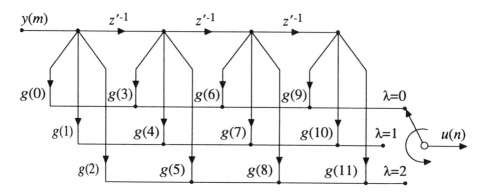

Bild 4.25: Polyphaseninterpolator in speichersparender Ausführung

Bild 4.24 zeigt den Polyphaseninterpolator mit Ausgangskommutator und Teilfiltern in erster Direktform. Da in den drei Verzögerungsketten die gleiche Eingangsfolge gespeichert ist, können sie gemäß Bild 4.25 zu einer gemeinsamen Kette zusammengefaßt werden. Statt einer periodischen

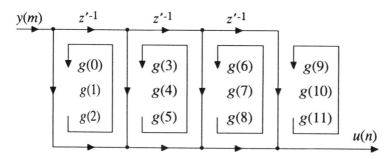

Bild 4.26: Polyphaseninterpolator mit periodisch zeitvariablen Koeffizienten

Umschaltung der Teilfilter kann ein periodischer Austausch der Filterkoeffizienten vorgenommen werden, siehe Bild 4.26.

4.4.6 Darstellung der Polyphaseninterpolation mit Z-Transformierten

Im folgenden wird ein Polyphaseninterpolator mit Z-Transformierten hergeleitet, der dual zu der Struktur in Bild 4.16 ist. Dazu wird von der allgemeinen Interpolationsstruktur in Bild 4.27 ausgegangen.

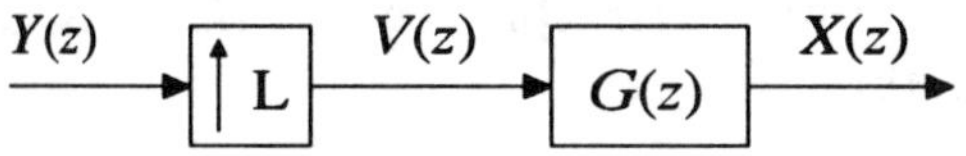

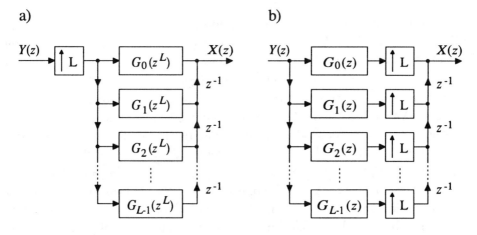

Bild 4.27: Allgemeiner Interpolator mit z-transformierten Signalen

Die Übertragungsfunktion $G(z)$ des Interpolationsfilters wird nach (1.10) und (1.11) folgendermaßen geschrieben:

$$G(z) = \sum_{\lambda=0}^{L-1} z^{-\lambda} G_\lambda(z^L). \qquad (4.23)$$

Dementsprechend kann die allgemeine Struktur in Bild 4.27 durch die Polyphasenstruktur in Bild 4.28a ersetzt werden.

Bild 4.28: Ursprüngliche Form eines Polyphaseninterpolators (a) und rechen- und speichereffiziente Variante dazu (b)

Unter Nutzung der vierten und sechsten Äquivalenz kann die Variante in Bild 4.28b angegeben werden, die der Struktur in Bild 4.21 entspricht.

4.5 Nichtganzzahlige Dezimation und Interpolation

Es gibt Anwendungen, in denen die Abtastrate des Eingangssignals und die Abtastrate des Ausgangssignals in einem nichtganzzahligen rationalen Verhältnis stehen. In diesem Fall wird gleichzeitig eine Interpolation und eine Dezimation durchgeführt. Der Quotient L/M stellt dabei eine nichtganzzahlige rationale Zahl dar.

4.5.1 Allgemeines Prinzip

Um eine nichtganzzahlige Abtastratenumsetzung mit dem Faktor L/M zu erhalten, wird erst eine Interpolation mit dem Faktor L durchgeführt und dann eine Dezimation mit dem Faktor M, siehe Bild 4.29.

Bild 4.29: Anordnung zur nichtganzzahligen Abtastratenumsetzung

Das Interpolationsfilter, das dem Aufwärtstaster folgt, und das Dezimationsfilter, das dem Abwärtstaster vorangeht, können zu einem einzigen Tiefpaßfilter $G(z)$ zusammengefaßt werden.

Bild 4.30 zeigt die Betragsspektren der Signale in Bild 4.29. Dabei wird, wie auch bei allen folgenden Betrachtungen, darauf verzichtet, zwischen verschiedenen Variablen z bzw. Ω bei verschiedenen Abtastraten zu unterscheiden. Die Z-Transformierte ist an jeder Stelle durch die allgemeine Definition der Z-Transformation und durch die Zahlenfolge an dieser Stelle gegeben.

Bild 4.30a zeigt das Eingangsspektrum $|Y(e^{j\Omega})|$ über der normierten Frequenz Ω. Die normierte Abtastfrequenz beträgt 2π. Durch die Aufwärtstastung um den Faktor L erhält man das Spektrum $|Y_1(e^{j\Omega})|$ in Bild 4.30b, das sich nur in der Abzissenskalierung unterscheidet. Es folgt in Bild 4.30c der Betragsfrequenzgang $|G(e^{j\Omega})|$ des Bandbegrenzungsfilters. Der Sperrbereich dieses Filters muß spätestens bei $\Omega = \pi/M$ beginnen, wenn $M > L$ ist, und bei $\Omega = \pi/L$, wenn $L > M$ ist. Bild 4.30d zeigt das hinreichend bandbegrenzte Signal $|X_1(e^{j\Omega})|$. Daraus entsteht durch die Abwärtstastung das Ausgangssignal $|X(e^{j\Omega})|$.

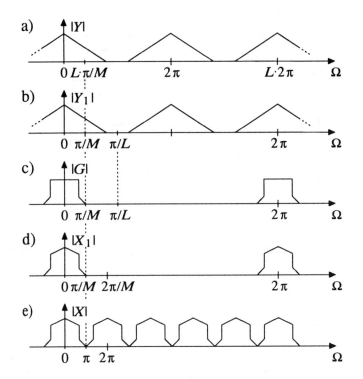

Bild 4.30: Beträge der Signalspektren und der Übertragungsfunktion des Filters in Bild 4.29, Beispiel $L = 2$ und $M = 5$

4.5.2 Recheneffiziente Struktur des Umsetzers

Im folgenden wird für den Abtastratenumsetzer mit nichtganzzahligem Umsetzungfaktor eine recheneffiziente Struktur hergeleitet, siehe auch [Hsi 87]. Dabei wird ein Verhältnis $L/M < 1$ vorausgesetzt. Im Falle von $L/M > 1$ kann die gleiche Herleitung, aber stets mit den dualen Strukturen, verwendet werden.

Im ersten Schritt wird der Aufwärtstaster L und das Bandbegrenzungsfilter $G(z)$ in Bild 4.29 durch die Anordnung in Bild 4.28 ersetzt. Ferner wird der Abwärtstaster M gemäß der ersten Äquivalenz in Bild 1.23 in alle Polyphasenzweige geschoben. Dadurch entsteht die Polyphasenanordnung in Bild 4.31.

Aus der Zahlentheorie ist bekannt, daß sich für den Fall, daß L und M keinen von eins verschiedenen ganzzahligen gemeinsamen Teiler besitzen,

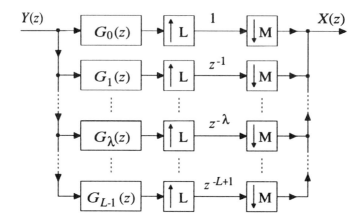

Bild 4.31: Polyphasenrealisierung des nichtganzzahligen Abtastratenumsetzers nach Bild 4.29

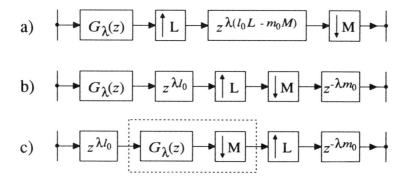

Bild 4.32: Umformschritte in dem Polyphasenabtastumsetzer

ganzzahlige Zahlen ℓ_0 und m_0 finden lassen, für die

$$\ell_0 L - m_0 M = -1 \qquad (4.24)$$

gilt. Daher kann die Verzögerung $z^{-\lambda}$ in einem Polyphasenzweig durch eine Verzögerung

$$z^{-\lambda} = z^{\lambda(\ell_0 L - m_0 M)} \qquad (4.25)$$

ersetzt werden, siehe Bild 4.32. Ferner können mit der sechsten Äquivalenz in Bild 1.37 und der dritten Äquivalenz in Bild 1.25 die Faktoren $z^{\lambda \ell_0}$

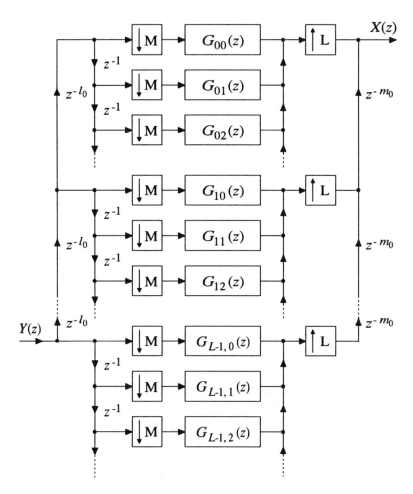

Bild 4.33: Recheneffiziente Struktur eines Abtastratenumsetzers mit rationalem nichtganzzahligem Umsetzungsfaktor

vor dem Aufwärtstaster und $z^{-\lambda m_0}$ hinter dem Abwärtstaster angeordnet werden, siehe Bild 4.32b. Unter der oben genannten Voraussetzung des nicht vorhandenen gemeinsamen Teilers in L und M können Aufwärts- und Abwärtstaster in ihrer Reihenfolge vertauscht werden, siehe Bild 4.32c.

Aus Bild 4.32 ist ersichtlich, daß nach den Umformungen in jedem Polyphasenzweig ein FIR-Filter mit der Übertragungsfunktion $G_\lambda(z)$ liegt, $\lambda = 0, 1, 2, \ldots, L - 1$, das von einem Abwärtstaster gefolgt wird (in Bild

4.32c gestrichelt eingezeichnet). Ein Vergleich mit Bild 4.15 und 4.16b
zeigt, daß jede der L Polyphasenkomponenten $G_\lambda(z)$ ein weiteres Mal in
M Polyphasen-Komponenten $G_{\lambda\mu}(z)$, $\mu = 0, 1, 2, \ldots, M - 1$, zerlegt werden kann. Das Ergebnis ist in Bild 4.33 dargestellt. Die Filteroperationen
werden bei dieser Lösung im tiefstmöglichen Takt gerechnet.

Die Verzögerungsglieder $z^{-\lambda m_0}$ am rechten Ende der Polyphasenzweige
werden wieder mit Hilfe einer Kette von Verzögerungsgliedern z^{-m_0} realisiert. Die Zeitverschiebungsglieder $z^{\lambda\ell_0}$ am linken Ende der Polyphasenzweige weisen zunächst auf eine nichtkausale Lösung hin. Dieses Problem
wird durch Hinzufügen einer zusätzlichen Verzögerung $z^{-(L-1)\ell_0}$ am Eingang des Umsetzers gelöst. Diese Verzögerung wird in allen Zweigen gegen
die negativen Verzögerungen $z^{\lambda\ell_0}$ verrechnet.

4.5.3   Umsetzung im Verhältnis L/M = 2/3

Im folgenden wird das Beispiel einer Taktumumsetzung mit dem Faktor
$L/M = 2/3$ behandelt, siehe auch [Vai 90]. Dieses Beispiel findet in der
Studiotechnik Anwendung, in der Audiosignale mit den Abtastraten 32 kHz
und 48 kHz auf den jeweils anderen Takt umgewandelt werden müssen. Im
folgenden wird zunächst der Fall 48 kHz → 32 kHz betrachtet.

Bild 4.34a zeigt die allgemeine Struktur des Abtastratenumsetzers mit
Umsetzungsfaktor (Taktverhältnis von Ausgang zu Eingang) $L/M = 2/3$.
Das Bandbegrenzungsfilter $G(z)$ arbeitet mit dem doppelten Eingangstakt
und hat auf diesen Takt bezogen eine Sperrgrenzfrequenz von $\Omega_s = \pi/3$.

Im ersten Umformungsschritt wird der Interpolator durch eine Polyphasenstruktur nach Bild 4.28b ersetzt, siehe Bild 4.34b. Dann wird die Verzögerung z^{-1} durch das Produkt $z^2 z^{-3}$ ersetzt, Bild 4.34c, der Faktor z^2 durch
den Aufwärtstaster $L = 2$ und der Faktor z^{-3} durch den Abwärtstaster
$M = 3$ geschoben, Bild 4.34d. Im letzten Schritt wird die Reihenfolge der
Aufwärts- und Abwärtstastung vertauscht und die nichtkausale Operation
z^1 durch eine zusätzliche Verzögerung z^{-1} am Eingang beseitigt, Bild 4.34e.

Ersetzt man die Dezimatoren in den beiden Polyphasenzweigen in Bild
4.34e durch Polyphasendezimatoren gemäß Bild 4.16b, so gelangt man zu
der endgültigen Struktur in Bild 4.35. In den Zahlen der oben genannten
Studiotechnik werden die Filteroperationen in Bild 4.35 in einem Takt von
16 kHz gerechnet, während die gleichen Operationen in der Originalstruktur
in Bild 4.34a mit 96 kHz gerechnet werden. Der reine Filterrechenaufwand
ist um den Faktor $L \cdot M = 6$ reduziert.

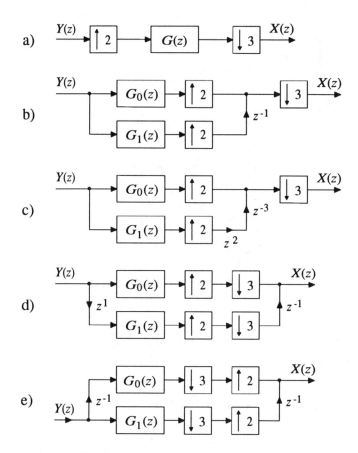

Bild 4.34: Umwandlungsschritte zur Erlangung einer recheneffizienten Struktur eines Abtastratenumsetzers mit dem Umsetzungsfaktor $L/M = 2/3$

4.5.4 Dualer Abtastratenumsetzer

Bei einer Umsetzung mit dem Faktor $L/M = 3/2$, beispielsweise von 32 kHz auf 48 kHz, wird ebenfalls ein Bandbegrenzungsfilter mit der Sperrgrenzfrequenz $\Omega_s = \pi/3$ verwendet. Die Umwandlungen nach Bild 4.34 sind in dualer Form durchzuführen.

Als Ergebnis dieser Umwandlung erhält man eine Struktur, die dual zu der in Bild 4.35 ist, und die die gleiche Recheneffizienz aufweist. Man erhält die duale Struktur, indem man alle Zweigrichtungen verändert, Aufwärts- und Abwärtstastung bei gleichbleibender Rate vertauscht und Eingang und

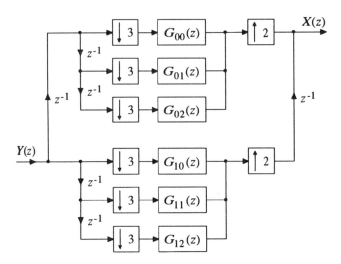

Bild 4.35: Recheneffiziente Struktur eines Abtastratenumsetzers mit dem Umsetzungsfaktor 2/3

Ausgang der Struktur vertauscht. Bild 4.36 zeigt den dualen Abtastratenumsetzer mit dem Umsetzungsfaktor $L/M = 3/2$.

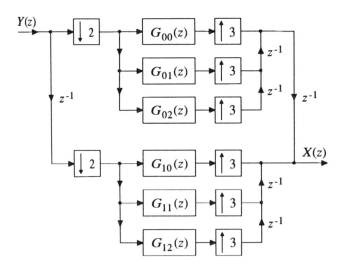

Bild 4.36: Recheneffizienter Abtastratenumsetzer (dual zu dem in Bild 4.35) mit einem Umsetzungsfaktor 3/2

Kapitel 5

Multiratenfilter

Der Rechenaufwand in redundanten digitalen Filtern kann mit Hilfe der Multiratentechnik häufig beträchtlich reduziert werden. Eine Redundanz liegt immer dann vor, wenn die Bandbreite oder Übergangsbandbreite zwischen Durchlaß- und Sperrbereich kleiner ist als die halbe Abtastfrequenz. Der Rechenaufwand wird als Anzahl von Filteroperationen pro Zeiteinheit angegeben, wobei mit einer Filteroperation eine Multiplikation eines Abtastwertes mit einem Koeffizienten und anschließende Akkumulation gemeint ist, siehe (2.1). Im folgenden werden verschiedene Arten von Multiratenfiltern behandelt, in denen gleichzeitig mit verschiedenen Abtastraten gerechnet wird.

5.1 Filter mit einfacher Dezimation und Interpolation

5.1.1 Tiefpässe mit niedriger Grenzfrequenz

Liegt die Grenzfrequenz eines Tiefpasses wesentlich unterhalb der halben Abtastfrequenz, so ist es zweckmäßig, erst einmal die Abtastfrequenz zu reduzieren, dann die eigentliche Filterung, im folgenden Kernfilterung genannt, bei der niedrigen Abtastfrequenz durchzuführen und am Ende durch eine Interpolation die alte Abtastfrequenz wieder herzustellen. Bild 5.1 zeigt eine entsprechende Struktur.

Im folgenden wird vorausgesetzt, daß durch die Dezimation keine Alias-

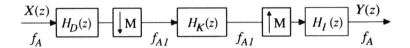

Bild 5.1: Filterkaskade bestehend aus einem Dezimator mit Filter $H_D(z)$, einem Kernfilter $H_K(z)$ und einem Interpolator mit Filter $H_I(z)$

Komponenten in den Durchlaßbereich und in den Übergangsbereich (Filter-flanke) des Kernfilters fallen. Dazu müssen die Grenzfrequenzen des Dezi-mationsfilters und die reduzierte Abtastfrequenz $f_{A1} = f_A/M$ auf die Grenz-frequenzen des zu realisierenden Tiefpaßfilters abgestimmt werden.

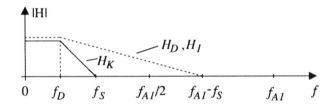

Bild 5.2: Zur Lage der Grenzfrequenzen des Dezimationsfilters $H_D(z)$

In Bild 5.2 sind die Frequenzgänge des Dezimations- und des Kernfil-ters angedeutet. Durchlaßgrenzfrequenz f_D und Sperrgrenzfrequenz f_S des Kernfilters sind identisch mit denen des Gesamtfilters. Das Dezimationsfilter $H_D(z)$ hat ebenfalls die Durchlaßgrenzfrequenz f_D. Bei einem festgelegten Dezimationsfaktor M und damit festgelegter Abtastfrequenz f_{A1} muß die Sperrgrenzfrequenz des Dezimationsfilters bei $f_{A1} - f_S$ liegen, siehe Bild 5.2.

Das Interpolationsfilter $H_I(z)$ kann gleich dem Dezimationsfilter $H_D(z)$ gewählt werden. Damit wird gewährleistet, daß alle *"Imaging-Frequenz-gänge"* in den Sperrbereich des Interpolationsfilters fallen.

Im Bereich $f_S \leq f \leq f_{A1} - f_S$ wird die minimale Sperrdämpfung des Gesamtfilters durch die minimale Sperrdämpfung des Kernfilters bestimmt. Oberhalb von $f_{A1} - f_S$ wird die minimale Sperrdämpfung durch die Sperr-dämpfung der Kaskade aus Dezimations- und Interpolationsfilter bestimmt. Die Sperrdämpfung dieser beiden Filter hat aber noch eine besondere Bedeu-tung: sie ist für die Unterdrückung frequenzversetzter Spektren wichtig. Da Sperrdämpfung und Unterdrückung von Aliasing- und Imaging-Effekten eine verschiedene Qualität haben, kann die Sperrdämpfung der Dezimations- und Interpolationsfilter nicht aus der geforderten Sperrdämpfung des Gesamtfilters abgeleitet werden, sondern muß getrennt festgelegt werden.

Der Ripple im Durchlaßbereich des Gesamtfilters ist im ungünstigsten Fall gleich der Summe der Ripple der drei Teilfilter. Es ist naheliegend, den vorgegebenen Ripple zu je 1/3 auf die drei Filter zu verteilen.

5.1.2 Aufwandsabschätzung

Als Aufwand A wird im folgenden die Anzahl der Filteroperationen pro Sekunde (FOPS) betrachtet. Dieser ist gleich der Anzahl der Filterkoeffizienten multipliziert mit der Häufigkeit, mit der ein Filterausgangswert berechnet wird. Die Anzahl der Koeffizienten wird mit (3.24) abgeschätzt. Diese Formel ist zwar auf Filter mit gleichmäßiger Approximation zugeschnitten, gilt aber näherungsweise auch für andere FIR-Filter.

Das Dezimationsfilter $H_D(z)$ wird vom Ansatz her mit einer Abtastfrequenz f_A betrieben und besitzt eine Übergangsbandbreite $(f_{A1} - f_S) - f_D$, siehe Bild 5.2. Der Durchlaßripple soll 1/3 des Gesamtdurchlaßripples δ_D betragen. Der Sperrbereichsripple soll gleich dem Gesamtsperrbereichsripple δ_S sein. Die Häufigkeit der Filterberechnung ist $f_{A1} = f_A/M$. Der Aufwand lautet daher mit (3.24)

$$A_{dez} \approx \frac{2}{3} \cdot \log_{10}\left(\frac{3}{10\delta_D\delta_S}\right) \cdot \frac{f_A}{f_{A1} - f_S - f_D} \cdot f_{A1}. \tag{5.1}$$

Das Interpolationsfilter soll identisch sein mit dem Dezimationsfilter.

Das Kernfilter soll ebenfalls einen Durchlaßripple von $\delta_D/3$ und einen Sperripple δ_D haben. Es wird mit einer Abtastfrequenz f_{A1} betrieben, hat eine Übergangsbandbreite $f_S - f_D$ und wird mit einer Häufigkeit f_{A1} berechnet. Sein Aufwand lautet daher

$$A_{kern} \approx \frac{2}{3} \cdot \log_{10}\left(\frac{3}{10\delta_D\delta_S}\right) \cdot \frac{f_{A1}}{f_S - f_D} \cdot f_{A1}. \tag{5.2}$$

Daraus folgt der Gesamtaufwand

$$
\begin{aligned}
A_{ges} &= A_{dez} + A_{kern} + A_{int} \\
&= \frac{2}{3} \log_{10}\left(\frac{3}{10\delta_D\delta_S}\right)\left(\frac{2f_A}{f_{A1} - f_S - f_D} + \frac{f_{A1}}{f_S - f_D}\right)f_{A1}. \tag{5.3}
\end{aligned}
$$

Diese Beziehung kann mit $f_{A1} = f_A/M$ folgendermaßen umformuliert werden:

$$A_{ges} = \frac{2}{3} \log_{10}\left(\frac{3}{10\delta_D\delta_S}\right)\left(\frac{2f_A}{f_A - M(f_S + f_D)} + \frac{f_A}{M^2(f_S - f_D)}\right)f_A. \quad (5.4)$$

Einziger freier Paramter in (5.4) ist der Dezimations- bzw. Interpolationsfaktor M. Der Aufwand für das Kernfilter fällt mit M^2. Der Aufwand der Dezimations- und Interpolationsfilter steigt jedoch mit M und geht gegen unendlich, wenn die Übergangsbandbreite $f_A/M - f_S - f_D$ dieser Filter gegen null geht. Der Wert $M_{\min}$, der zum minimalen Gesamtaufwand $A_{ges,\min}$ führt, kann durch Ableiten von (5.4) nach M und Nullsetzen ermittelt werden. Dieses führt auf die kubische Gleichung

$$M_{\min}^3\left(f_S^2 - f_D^2\right) - M_{\min}^2\left(f_S + f_D\right)^2 + M_{\min}2f_A\left(f_S + f_D\right) - f_A^2 = 0, \quad (5.5)$$

die im allgemeinen nur eine reelle Lösung für $M_{\min}$ besitzt.

Beispiel 5.1:

Es soll ein FIR-Tiefpaß mit den Grenzfrequenzen $f_D = 30Hz$, $f_S = 40Hz$ und einer Abtastfrequenz $f_A = 8kHz$ realisiert werden. Der Durchlaßripple soll $\delta_D = 0.01$ betragen, der Sperripple $\delta_S = 0.001$. Wie hoch ist der minimale Aufwand des Gesamtfilters?

Setzt man die vorgegebenen Frequenzen in (5.5) ein, so führt die Wurzelsuche auf eine reelle Lösung $M_{\min} = 35, 2347$. Der nächste ganzzahlige Wert $M = 35$ führt auf einen Filteraufwand von $A_{ges} = 84431$ FOPS. Bild 5.3 zeigt den Aufwand des Gesamtfilters, des Dezimations- plus Interpolationsfilters und des Kernfilters in Abhängigkeit von M.

Das Minimum des Gesamtfilteraufwandes ist relativ breit. Die nächstliegende Zweierpotenz $M = 32$ hat beispielsweise einen Aufwand $A_{ges} = 84982$ FOPS zur Folge.

5.1.3 Schmalbandige Hochpässe und Bandpässe

In prinzipiell gleicher Weise wie die bisher betrachteten Tiefpässe können Hochpässe realisiert werden, die Grenzfrequenzen nahe der halben Abtastfrequenz haben sollen.

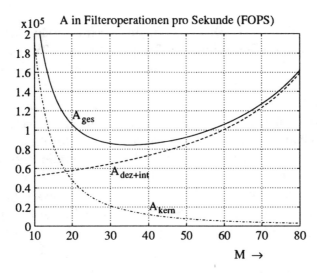

Bild 5.3: Filteraufwand A in Filteropationen pro Sekunde des im Beispiel betrachteten Gesamtfilters, der Dezimations- und Interpolationsfilter und des Kernfilters in Abhängigkeit vom Faktor M

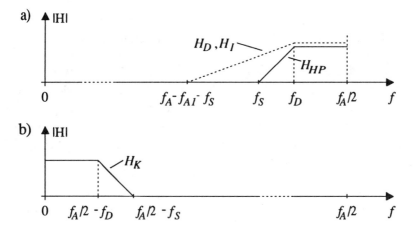

Bild 5.4: Frequenzgänge der Dezimations- und Interpolationshochpässe $H_D(z)$ und $H_I(z)$ (a) und des Kernfilters $H_K(z)$ (b) zur Realisierung eines Multiraten-Hochpaßfilters $H_{HP}(z)$

Dazu sind die Dezimations- und Interpolationsfilter als Hochpaß auszubilden, siehe Bild 5.4a. Dieses kann durch eine direkte Hochpaß-Approximation geschehen oder durch eine Tiefpaß-Hochpaß-Transformation, indem das Vorzeichen jedes zweiten Koeffizienten der Impulsantwort geändert wird, siehe (2.87). Durch die Abwärtstastung mit dem Faktor M erscheint das Hochpaßspektrum in Frequenzkehrlage im Basisband und kann dort mit einem Kerntiefpaß gefiltert werden. Der Kerntiefpaß bestimmt im wesentlichen die Charakteristik des zu realisierenden Hochpaßfilters. Nach dem anschließenden Aufwärtstasten filtert der Interpolationshochpaß den Hochpaßanteil aus dem periodischen Spektrum heraus. Wird die Sperrgrenzfrequenz der Dezimations- und Interpolationshochpässe zu $f_A - f_{A1} - f_S$ mit $f_{A1} = f_A/M$ gewählt, so fallen keine Alias- oder Image-Komponenten in den Durchlaßbereich und den Übergangsbereich des Hochpasses $H_{HP}(z)$.

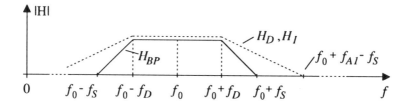

Bild 5.5: Zur Realisierung eines Multiratenbandpasses

Das Prinzip der Multiratenhochpässe läßt sich auch auf Bandpässe mit einer Mittenfrequenz $f_0 = k \cdot f_{A1} = k \cdot f_A/M$ übertragen, siehe Bild 5.5. Hierbei sind die Dezimations- und Interpolationsfilter als Bandpässe ausgebildet. Die Kernfilterung kann wie bei Tiefpässen und Hochpässen wieder im Basisband durchgeführt werden, siehe dazu auch Abschnitt 1.2.5 und Bild 1.11.

5.2 Filter mit mehrstufiger Dezimation und Interpolation

5.2.1 Zweistufige Dezimation und Interpolation

Der im letzten Abschnitt hergeleitete minimale Filteraufwand läßt sich noch verringern, wenn statt einer einzigen Dezimationsstufe zwei solcher Stufen verwendet werden. Ebenso sind in diesem Fall zwei Interpolationsstufen zu verwenden, siehe Bild 5.6.

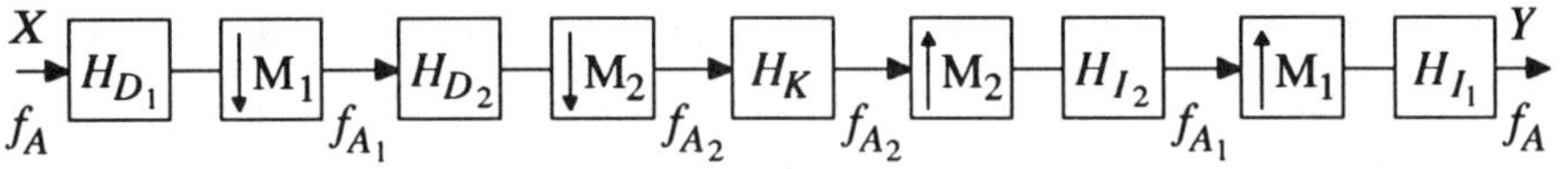

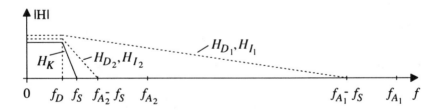

Bild 5.6: Filterkaskade bestehend aus zwei Dezimatoren, einem Kernfilter H_K und zwei Interpolatoren

Das Eingangssignal $X(z)$ mit der Abtastrate f_A wird zuerst mit einem Dezimationsfilter $H_{D1}(z)$ und einem Abwärtstaster M_1 auf die Abtastrate f_{A1} gebracht und danach mit einem Dezimationsfilter $H_{D2}(z)$ und einem Abwärtstaster M_2 auf die Abtastrate f_{A2}. Mit dieser niedrigsten Abtastrate f_{A2} erfolgt die Kernfilterung mit $H_K(z)$. Danach werden in zwei Interpolationsstufen, die transponiert zu den Dezimationsstufen realisiert werden, nacheinander wieder die Abtastraten f_{A1} und f_A hergestellt.

Bild 5.7: Zur Lage der Grenzfrequenzen bei einer zweistufigen Dezimation und Interpolation

Im folgenden wird wieder angenommen, daß bei den Dezimationsvorgängen keine Aliasing-Komponenten in den Durchlaß- und in den Übergangsbereich des Kernfilters fallen dürfen. Das erste Dezimationsfilter $H_{D1}(z)$ muß dann eine Durchlaßgrenzfrequenz f_D und eine Sperrgrenzfrequenz $f_{A1} - f_S$ besitzen, wobei f_D und f_S die Grenzfrequenzen des Kernfilters $H_K(z)$ sind, siehe Bild 5.7. Entsprechend muß das zweite Dezimationsfilter eine Durchlaßgrenzfrequenz f_D und eine Sperrgrenzfrequenz $f_{A2} - f_S$ haben.

Beispiel 5.2:

Es wird noch einmal das Beispiel aus dem letzten Abschnitt aufgegriffen: ein FIR-Tiefpaß mit $f_D = 30Hz$, $f_S = 40Hz$ und $f_A = 8kHz$. Dieses Filter soll mit Hilfe eines zweistufigen Dezimators und Interpolators realisiert werden. Die Aufwandsabschätzung mit verschiedenen Produkten $M_1 \cdot M_2$ hat gezeigt, daß eine Dezimation mit $M_1 = M_2 = 8$ zu einem günstigen Aufwand führt.

Der Aufwand A_{dez} der ersten Dezimationsstufe kann mit (5.1) berechnet werden. Mit $f_A = 8kHz$ und $f_{A1} = 1kHz$ erhält man

$$N_{dez1} \approx \frac{2}{3} \log_{10}(5 \cdot 10^4) \cdot \frac{8000}{930} = 26.95. \qquad (5.6)$$

Wählt man $N_{dez1} = 27$ Koeffizienten, so bekommt man den folgenden Aufwand:

$$A_{dez1} = N_{dez1} \cdot f_{A1} = 27000 \text{ FOPS}. \qquad (5.7)$$

In der zweiten Dezimationsstufe ist in der Abschätzformel (5.1) f_A durch $f_{A1} = 1kHz$ und f_{A1} durch $f_A = 125Hz$ zu ersetzen. Dann gilt

$$N_{dez2} \approx \frac{2}{3} \log_{10}(5 \cdot 10^4) \cdot \frac{1000}{55} = 56.95. \qquad (5.8)$$

Mit $N_{dez2} = 57$ gilt

$$A_{dez2} = N_{dez2} \cdot f_{A2} = 7125 \text{ FOPS}. \qquad (5.9)$$

Für die Kernfilterung gilt mit (5.2) und f_{A1} durch f_{A2} ersetzt

$$N_{kern} = \frac{2}{3} \log_{10}(5 \cdot 10^4) \cdot \frac{125}{40 - 30} = 39.16. \qquad (5.10)$$

Wählt man $N_{kern} = 40$ Koeffizienten, so erhält man einen Kernfilteraufwand von

$$A_{kern} = N_{kern} \cdot f_{A2} = 5000 \text{ FOPS}. \qquad (5.11)$$

Wählt man die Interpolationsfilter gleich den Dezimationsfiltern, so ergibt sich der folgende Gesamtaufwand:

$$A_{ges} = 2 \cdot A_{dez1} + 2 \cdot A_{dez2} + A_{kern} = 73250 \text{ FOPS}, \qquad (5.12)$$

der unter dem minimalen Aufwand bei einstufiger Dezimation und Interpolation liegt.

Die genannten Abschätzungen des Filteraufwandes sind reine Nettozahlen. Bei der praktischen Realisierung, beispielsweise bei der Programmierung eines Signalprozessors, ist der durch die Organisation des Programmes nötige "Overhead" mit zu berücksichtigen. Hierbei ist es denkbar, daß die Einsparung an Nettoaufwand durch eine komplexere Organisation wieder aufgebraucht wird.

5.2.2 Dyadische Kaskadierung

Bei der dyadischen Kaskadierung werden Dezimationsstufen und Interpolationsstufen mit einem Faktor $M = 2$ hintereinandergeschaltet. Bild 5.8 zeigt als Beispiel eine Kaskade von drei Dezimationsfiltern $H_{D1}(z)$, $H_{D2}(z)$ und $H_{D3}(z)$, einem Kernfilter $H_K(z)$ und drei Interpolationsfiltern $H_{I3}(z)$, $H_{I2}(z)$ und $H_{I1}(z)$ zusammen mit den entsprechenden Abwärts- und Aufwärtstastern.

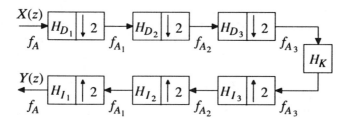

Bild 5.8: Dreistufige Abtastratenumsetzung mit dem Faktor 2 und Kernfilterung im tiefsten Takt $f_{A3} = f_A/8$

In der ersten Stufe wird die Abtastrate f_A des Eingangssignals $X(z)$ auf den Wert $f_{A1} = f_A/2$ umgesetzt. Das zugehörige Dezimationsfilter $H_{D1}(z)$ hat die Durchlaßgrenzfrequenz f_S und die Sperrgrenzfrequenz $f_{A1} - f_S$, wobei f_S die Sperrgrenzfrequenz des Kernfilters $H_K(z)$ ist, siehe Bild 5.9. In den Dezimationsstufen 2 und 3 wird die Abtastrate zwei weitere Male halbiert, so daß schließlich das Kernfilter mit einem Achtel der ursprünglichen Abtastfrequenz betrieben wird.

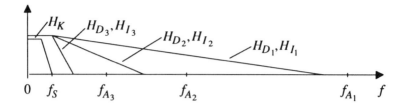

Bild 5.9: Frequenzschema zur dreistufigen Abtastratenumsetzung nach
Bild 5.8

Die Interpolationsfilter können jeweils die gleiche Übertragungsfunktion
besitzen wie die Dezimationsfilter des gleichen Taktes, d.h. $H_{I1}(z) = H_{D1}(z)$
u.s.w. Durch Verwendung von Halbbandfiltern kann der Filteraufwand in
Größenordnungen gehalten werden, die mit den bisher betrachteten Lösungen vergleichbar sind.

Beispiel 5.3:

Es wird noch einmal das Beispiel des FIR-Tiefpasses mit $f_D = 30Hz, f_S = 40Hz$ und $f_A = 8kHz$ aufgegriffen. Dieses Filter soll mit Hilfe eines sechsstufigen dyadischen Dezimators und sechsstufigen dyadischen Interpolators realisiert werden. Die Grenzfrequenzen der Dezimations- und Interpolationsfilter sind so zu wählen, daß keine Aliasing- und Imagingkomponenten in den Bereich von 0 bis 40 Hz fallen. Wählt man Halbbandfilter, die mit einer Abtastfrequenz f betrieben werden, so müssen diese aus Symmetriegründen eine Durchlaßgrenzfrequenz von 40 Hz und eine Sperrgrenzfrequenz von $(f/2) - 40Hz$ besitzen. Der Ripple im Durchlaßbereich soll auf die 13 Filter gleichmäßig verteilt werden: $\delta_D = 0.01/13$. Der Ripple im Sperrbereich der Halbbandfilter ist aus Symmetriegründen gleich groß zu wählen. Die Abschätzformel für die Anzahl der Filterkoeffizienten lautet somit

$$N = \frac{2}{3} \log_{10}(13^2 \cdot 10^3) \cdot \frac{f}{(f/2) - 80Hz}. \tag{5.13}$$

Die Abtastfrequenz der 1. Stufe lautet $f = f_A = 8kHz$, die der zweiten Stufe $f = f_A/2 = 4kHz$ usw. Durch Nichtberücksichtigung der nullwertigen Koeffizienten erhält man aus N die Anzahl N_{HB} des Halbbandfilters. Der Filteraufwand einer Dezimations- bzw. Interpolationsstufe ist dann $N_{HB} \cdot f/2$. Der Filteraufwand aller 13 Filterstufen ist in Tabelle 5.1 zusammengefaßt.

In der rechten Spalte ist der Filteraufwand FA der Dezimations- und Interpolationsstufen gleicher Abtastfrequenz jeweils zusammengefaßt.

Stufe	f/Hz	N	N_{HB}	A/FOPS
1	8000	7	5	40000
2	4000	7	5	20000
3	2000	8	5	10000
4	1000	8	5	5000
5	500	10	7	3500
6	250	19	11	2750
K	125	41		5125
		A_{ges} :		86375

Tabelle 5.1: Abschätzung des Filteraufwandes A eines Tiefpaßfilters mit 6 Halbband-Dezimationsstufen, einem Kernfilter und 6 Halbband-Interpolationsstufen

Bei der praktischen Realisierung von Halbband-Dezimations- und -Interpolationsstufen mit Hilfe von Signalprozessoren bringt die Nichtberücksichtigung der nullwertigen Koeffizienten häufig keinen Vorteil. In solchen Fällen ist der Filteraufwand mit der vollen Anzahl N der FIR-Filterkoeffizienten abzuschätzen.

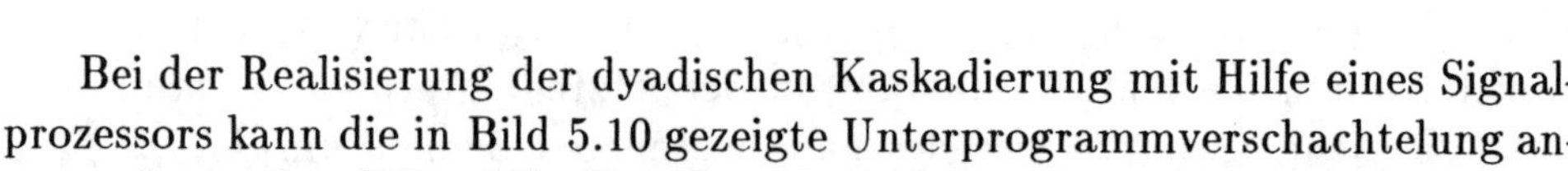

Bild 5.10: Zum zeitlichen Ablauf der Rechenoperationen in einem Multiratenfilter mit dyadischer Kaskadierung

Bei der Realisierung der dyadischen Kaskadierung mit Hilfe eines Signalprozessors kann die in Bild 5.10 gezeigte Unterprogrammverschachtelung angewandt werden [Win 90]. Zwischen den Abtastzeitpunkten durchläuft der Signalprozessor Programmintervalle der Länge T_A. In jedem dieser Intervalle werden der Dezimator D_1 und der Interpolator I_1 gerechnet. Der Dezimator D_2 und der Interpolator I_2 werden nur jedes zweite Mal gerechnet, der Dezimator D_3 und der Interpolaltor I_3 nur jedes vierte Mal usw. Das Kernfilter H_K wird im niedrigsten Takt gerechnet. Ihm stehen zwei halbe Intervalle zur Verfügung, in dem in Bild 5.9 gezeigten Beispiel im Intervall von $(n + 3)T_A$ bis $(n + 4)T_A$ und von $(n + 7)T_A$ bis $(n + 8)T_A$.

5.2.3   Hochpässe mit dyadischer Kaskadierung

Mit einer Filterkaskade wie in Bild 5.8 lassen sich auch schmalbandige Hochpässe realisieren, d.h. Hochpässe mit einer Durchlaß- und einer Sperrgrenzfrequenz nahe der halben Abtastfrequenz $f_A/2$. Dazu sind das Dezimationsfilter $H_{D1}(z)$ und das Interpolationsfilter $H_{I1}(z)$ als Hochpaß auszubilden. Alle übrigen Filter der Kaskade bleiben Tiefpaßfilter.

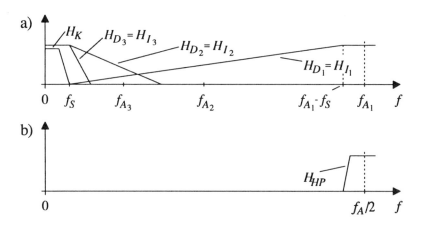

Bild 5.11: Realisierung eines schmalbandigen Hochpasses: Dezimations-, Interpolations- und Kernfilter (a) und resultierendes Hochpaßfilter (b)

Im Dezimationshochpaß $H_{D1}(z)$ werden die hochfrequenten Anteile des Eingangssignals zwischen $f_{A1} - f_S$ und f_{A1} durchgelassen und die tieffrequenten Anteile zwischen 0 und f_S gesperrt. Durch die anschließende Abwärtstastung fällt eine ungedämpfte Alias-Komponente in das Basisband. Diese wird mit den Filtern $H_{D2}(z)$, $H_{D3}(z)$, $H_K(z)$, $H_{I3}(z)$ und $H_{I2}(z)$ bandbegrenzt. Durch die Aufwärtstastung in der letzten Interpolationsstufe entsteht die Image-Komponente des bandbegrenzten Signals um $f_{A1} = f_A/2$ herum. Diese wird im Interpolationshochpaß $H_{I1}(z)$ durchgelassen, siehe Bild 5.11a, so daß insgesamt ein schmalbandiger Hochpaß $H_{HP}(z)$ entsteht, siehe Bild 5.11b.

5.3 Multiraten-Komplementärfilter

Die vorher betrachtete dyadische Kaskadierung kann auf die in Bild 5.12 gezeigte allgemeine Multiratenfilterstufe zurückgeführt werden.

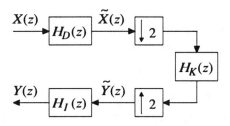

Bild 5.12: Multiratenfilterstufe

Ersetzt man das Kernfilter $H_K(z)$ in Bild 5.12 fortgesetzt durch einen Dezimator, ein Kernfilter und einen Interpolator nach Bild 5.12, so erhält man eine dyadische Kaskadierung. Dieses Prinzip wird im folgenden durch die Einführung von vier verschiedenen Multiratenfilterstufen verallgemeinert.

5.3.1 Multiratenfilterstufen ohne Komplementärbildung

Im folgenden wird die Wirkungsweise einer Multiratenfilterstufe noch einmal grundlegend dargestellt. Der innere Teil der Multiratenfilterstufe in Bild 5.12, bestehend aus dem Abwärtstaster, dem Kernfilter und dem Aufwärtstaster, kann gemäß (1.103) wie folgt beschrieben werden:

$$\tilde{Y}(z) = \frac{1}{2} H_K(z^2)[\tilde{X}(z) + \tilde{X}(-z)]. \qquad (5.14)$$

Die zugehörigen Spektren lauten

$$\tilde{Y}(e^{j\Omega}) = \frac{1}{2} H_K(e^{j2\Omega}) \left[\tilde{X}(e^{j\Omega}) + \tilde{X}(e^{j(\Omega-\pi)}) \right]. \qquad (5.15)$$

Der Frequenzgang $H_K(e^{j2\Omega})$ ist in Bild 5.13 angedeutet, siehe dazu auch Bild 1.41 und 1.42. Dieser Frequenzgang reicht aber nicht aus, das Übertragungsverhalten von $\tilde{Y}(z)/\tilde{X}(z)$ vollständig zu beschreiben. Aus (5.15)

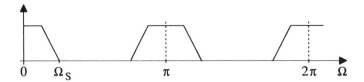

Bild 5.13: Frequenzgang des Kernfilters $H_K(z^2)$, Frequenzachse auf den hohen Eingangs- und Ausgangstakt bezogen.

ist ersichtlich, daß in erheblichem Maße Aliasing-Effekte wirksam sind. Eingangssignalkomponenten im Bereich $\pi/2 \leq \Omega \leq \pi$ treten am Ausgang im Bereich $\pi \geq \Omega \geq 0$ auf und umgekehrt. Das gesamte System ist periodisch zeitvariabel.

Eindeutige Übertragungsverhältnisse und Zeitinvarianz werden erst durch die Dezimations- und Interpolationsfilter erreicht. Unterstellt man diesen Filtern beliebig hohe Sperrdämpfung und gibt man beiden Filtern in geeigneter Weise die gleiche Übertragungsfuntkion $H_{DI}(z) = H_D(z) = H_I(z)$, so verschwindet der Term $\tilde{X}(e^{j(\Omega - \pi)})$ in (5.15). Dazu gibt es zwei Möglichkeiten. $H_{DI}(z)$ kann als Tiefpaß so ausgelegt werden, daß der Frequenzgang $H_K(e^{j2\Omega})$ im Bereich $0 \leq \Omega \leq \Omega_S$ genutzt wird, siehe Bild 5.13, oder als Hochpaß unter Nutzung des Bereiches $\pi - \Omega_S \leq \Omega \leq \pi$. Im ersten Fall stellt die gesamte Multiratenfilterstufe einen Tiefpaß dar, im zweiten Fall einen Hochpaß.

In Bild 5.14 sind die Frequenzgänge der Teilfilter und der gesamten Filterstufe angedeutet. Die Sperrgrenzfrequenz des Dezimations- und Interpolationsfilters $H_{DI}(z)$ liegt bei $\pi - \Omega_S$, wobei Ω_S die Sperrgrenzfrequenz des Kernfilters ist. Wählt man die Durchlaßgrenzfrequenz von $H_{DI}(z)$ gleich Ω_S, so ist unter der Annahme gleichen Ripples im Durchlaß- und im Sperrbereich die Realisierung von $H_{DI}(z)$ als Halbbandfilter möglich.

Das Frequenzschema der HP-Multiratenfilterstufe ist in Bild 5.15 aufgezeigt. Dies Dezimations- und Interpolationsfilter $H_{DI}(z)$ ist als Hochpaß mit der Sperrgrenzfrequenz Ω_S und der Durchlaßgrenzfrequenz $\pi - \Omega_S$ ausgeführt. Es geht aus dem Tiefpaßfilter $H_{DI}(z)$ in Bild 5.14 durch eine Frequenzverschiebung um π hervor. Im Falle einer Halbbandfilterrealisierung braucht daher nur der mittlere Koeffizient der Impulsantwort vom Wert 0.5 auf den Wert -0.5 abgeändert zu werden, siehe Abschnitt 2.6.

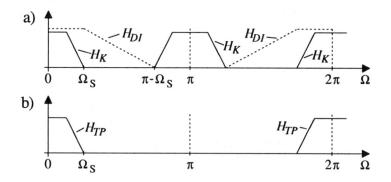

Bild 5.14: Frequenzschema der TP-Multiratenfilterstufe: Dezimations-
und Interpolationsfilter $H_{DI}(z)$ und Kernfilter $H_K(z)$ (a) und resultierendes Filter $H_{TP}(z)$ (b)

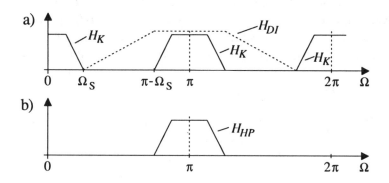

Bild 5.15: Frequenzschema der HP-Multiratenfilterstufe

5.3.2 Multiratenfilterstufen mit Komplementär-bildung

Die bisher betrachteten Filterstufen können Tiefpässe mit Grenzfrequenzen
im Bereich $0 < \Omega < \pi/2$ und Hochpässe mit Grenzfrequenzen im Bereich
$\pi/2 < \Omega < \pi$ realisieren. Mit zunehmender Stufenzahl werden die Filterflanken steiler und die Bandbreiten gleichzeitig schmaler. Breitbandige
Filter mit Grenzfrequenzen im gesamten Bereich $0 < \Omega < \pi$ und steilen Filterflanken lassen sich damit nicht realisieren. Dieses Ziel läßt sich aber durch
Hinzunahme der Komplementärbildung erreichen, siehe auch Abschnitt 2.5.

Bild 5.16 zeigt eine Multiratenfilterstufe mit Komplementärbildung.

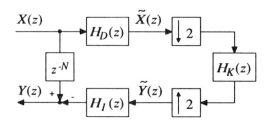

Bild 5.16: Multiraten-Komplementärfilterstufe

Die Filterstufe in Bild 5.16 untescheidet sich von den bisher betrachteten Filterstufen nur durch die Komplementärbildung. Das Verzögerungsglied z^{-N} zwischen Eingang und Ausgang gleicht gerade die Laufzeit der linearphasig angenommenen Filter $H_D(z), H_K(z)$ und $H_I(z)$ aus.

Durch die Komplementärbildung wird aus einem Tiefpaß in Bild 5.14b ein Hochpaß mit Grenzfrequenzen im Bereich $0 < \Omega < \pi/2$, siehe Bild 5.17.

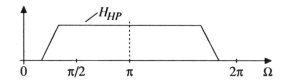

Bild 5.17: Frequenzschema eines Hochpasses, der durch Komplementärbildung aus dem Tiefpaß nach Bild 5.14b hervorgeht

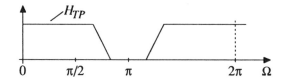

Bild 5.18: Frequenzschema eines Tiefpasses, der durch Komplementärbildung aus dem Hochpaß nach Bild 5.15b hervorgeht

Ebenso kann durch Komplementärbildung aus einem Hochpaß nach Bild

5.15b ein Tiefpaß mit Grenzfrequenzen im Bereich $\pi/2 < \Omega < \pi$ abgeleitet werden, siehe Bild 5.18.

5.3.3 Kaskadierte Multiraten-Komplementärfilter

Durch Kaskadierung von Multiratenfilterstufen mit und ohne Komplementärbildung lassen sich Hoch- und Tiefpässe mit beliebig steilen Flanken und Grenzfrequenzen im gesamten Frequenzbereich $0 < \Omega < \pi$ realisieren [Ram 88]. Bild 5.19 zeigt die allgemeine Filterstruktur.

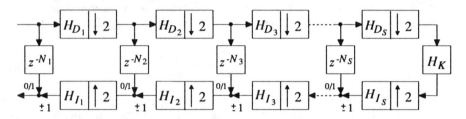

Bild 5.19: Allgemeines Multiraten-Komplementärfilter

Diese Struktur kann als eine Verschachtelung von Multiratenfilterstufen aufgefaßt werden, bei der jedes Kernfilter, mit Ausnahme des letzten, wieder durch einen Dezimator, ein Kernfilter und einen Interpolator realisiert ist. In jeder Stufe ist die Entscheidung zu fällen, ob ein Komplement gebildet werden soll (Gewichte 1 und -1 in Bild 5.19) oder nicht (Gewicht 0 und +1) und ob die Dezimations- und Interpolationsfilter als Tiefpaß oder Hochpaß ausgeführt werden sollen.

Ist ein Kernfilter als Tiefpaß mit Grenzfrequenzen größer als $\pi/2$ zu realisieren, so müssen in der Folgestufe das Komplement gebildet und $H_D(z)$ und $H_I(z)$ als Hochpässe ausgeführt werden. Soll der Kernfiltertiefpaß Grenzfrequenzen kleiner als $\pi/2$ haben, so ist in der Folgestufe kein Komplement zu bilden und es sind Tiefpässe zu verwenden.

Die erste Stufe entscheidet darüber, ob das gesamte Filter ein Tiefpaß oder ein Hochpaß ist. Im Falle eines Tiefpasses wird wie bei einem Kernfilter verfahren. Soll das Gesamtfilter jedoch ein Hochpaß sein mit Grenzfrequenzen kleiner als $\pi/2$, so ist eingangs das Komplement zu bilden und die erste Stufe mit Tiefpässen zu betreiben. Ein Hochpaßfilter mit Grenzfrequenzen größer als $\pi/2$ bekommt keine eingangsseitige Komplementärbildung und verwendet Hochpässe in der ersten Stufe.

5.3.4   Ausführliches Beispiel

Das folgende ausführliche Beispiel soll die Vorgehensweise bei der Multi-raten-Komplentärfilterung verdeutlichen und die konkreten Frequenzgänge der einzelnen Teilfilter zeigen.

Beispiel 5.4:

Es soll eine Frequenzweiche mit einem besonders schmalen Übergangsbereich entworfen werden. Der Tiefpaß soll eine Durchlaßgrenzfrequenz $\Omega_D = 9\pi/16$ und Sperrgrenzfrequenz $\Omega_S = 17\pi/30$ besitzen. Beim Hochpaß sollen diese Frequenzen gerade vertauscht sein. Die relative Übergangsbandbreite beträgt

$$b = \frac{\Omega_S - \Omega_D}{2\pi} = \frac{1}{480}. \tag{5.16}$$

Der Durchlaßripple soll $\delta_D = 1\%$ betragen, die Sperrdämpfung mindestens 40 dB ($\delta_S = 0.01$). Eine direkte Realisierung führt mit (3.24) auf ein Transversal-filter mit

$$N \approx \frac{2}{3} \log_{10} \left(\frac{10^4}{10} \right) \cdot 480 = 960 \tag{5.17}$$

Koeffizienten. Bei einer Abtastrate f_A wäre daher $960 \cdot f_A$ Filteroperationen pro Sekunde nötig.

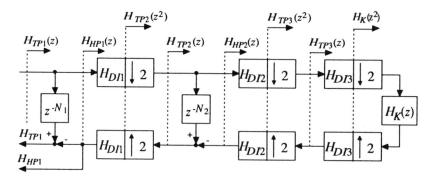

Bild 5.20: Struktur des gewählten Multiraten-Komplentärfilters

Bild 5.20 zeigt die Struktur des gewählten Multiraten-Komplementärfilters, das aus drei ineinander verschachtelten Multiratenfilterstufen besteht. Die ersten

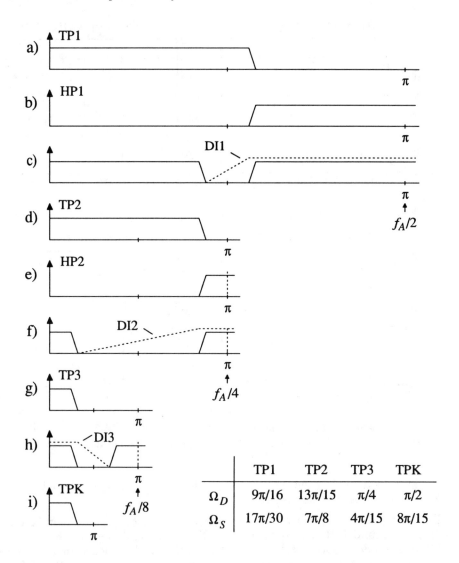

Bild 5.21: Schema der Frequenzgänge der Teilfilter im Multiraten-Komplementärfilter nach Bild 5.20

beiden Stufen verwenden eine Komplementärbildung, die dritte nicht. Das zugehörige Frequenzschema geht aus Bild 5.21 hervor.

Die geforderte Frequenzweiche wird aus den beiden zueinander komplementären Filtern $H_{TP1}(z)$ und $H_{HP1}(z)$ gebildet, siehe Bild 5.21a und b. In der Struk-

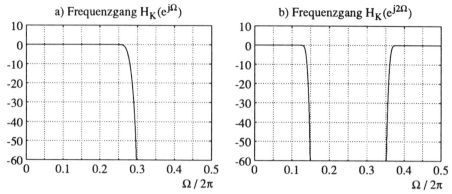

Bild 5.22: Frequenzgang des Kernfilters, siehe auch Bild 5.21h und i

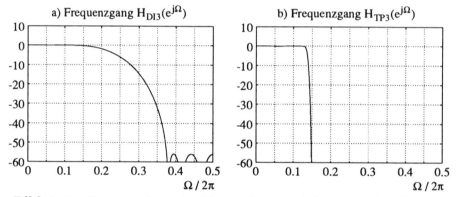

Bild 5.23: Frequenzgänge des Dezimations- und Interpolationsfilters $H_{DI3}(z)$ (a) und des Tiefpaßfilters $H_{TP3}(z)$ (b), siehe auch 5.21h und g

tur in Bild 5.20 sind die beiden entsprechenden Ausgänge vor und nach der Komplementbildung herausgeführt.

Der Hochpaß $H_{HP1}(z)$ wird mit den Hochpässen $H_{DI1}(z)$ und dem Kernfilter $H_{TP2}(z)$ gebildet, Bild 5.21c und d. Das Kernfilter wird über eine Komplementbildung aus dem Hochpaßfilter $H_{HP2}(z)$ abgeleitet, das wiederum mit Hilfe der Hochpässe $H_{DI2}(z)$ und des Kernfilters $H_{TP3}(z)$ realisiert wird, Bild 5.21e bis g. Da die Grenzfrequenzen des geforderten Kernfilters $H_{TP3}(z)$ unterhalb von $\pi/2$ liegen, wird in der letzten Stufe kein Komplement gebildet und es werden Dezimations- und Interpolationstiefpässe H_{DI3} verwendet, Bild 5.21h. Das Kernfilter $H_K(z)$ der dritten Stufe wird schließlich direkt ausgeführt, Bild 5.21i.

Beim Filterentwurf werden zunächst die Grenzfrequenzen der zu realisierenden Frequenzweiche auf die Grenzfrequenzen des Kernfilters abgebildet. Es läßt sich zeigen, daß unter Berücksichtigung der Taktreduktion um den Faktor 8 das Kernfilter $H_K(z)$ eine Durchlaßgrenzfrequenz $\Omega_D = \pi/2$ und eine Sperrgrenzfrequenz $\Omega_S = 8\pi/15$ haben muß. (Die Grenzfrequenzen der Tiefpässe sind

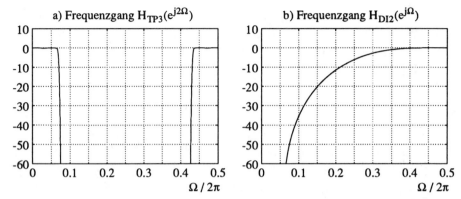

Bild 5.24: Frequenzgänge des aufwärtsgetasteten Tiefpasses $H_{TP3}(z^2)$ (a) und des Dezimations- und Interpolationsfilters $H_{DI2}(z)$ (b), siehe auch Bild 5.21f

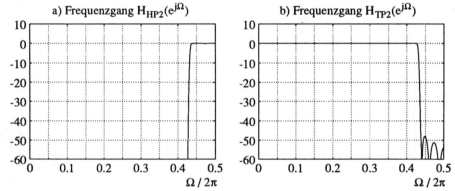

Bild 5.25: Frequenzgänge des Hochpasses $H_{HP2}(z)$ (a) und des komplementären Tiefpasses $H_{TP2}(z)$ (b), siehe auch Bild 5.21e und d

aus der Tabelle in Bild 5.21 ersichtlich.) Die Grenzfrequenzen der Dezimations- und Interpolationsfilter orientieren sich an den Sperrgrenzfrequenzen der auszufilternden Tief- bzw. Hochpässe, siehe Bild 5.21.

Die Dezimations- und Interpolationsfilter werden mit dem Parks-McClellan-Verfahren als Halbbandfilter entworfen. Das Filter $H_{DI1}(z)$ besitzt 21 von null verschiedene Koeffizienten, das Filter $H_{DI2}(z)$ fünf und das Filter $H_{DI3}(z)$ sieben. Das Kernfilter $H_K(z)$ ist kein Halbbandfilter und benötigt 121 Koeffizienten. Der Filteraufwand ist daher

$$2 \cdot 21 \cdot f_A + 2 \cdot 5 \cdot \frac{f_A}{2} + 2 \cdot 7 \cdot \frac{f_A}{4} + 121 \cdot \frac{f_A}{8} = 65.625 \cdot f_A. \qquad (5.18)$$

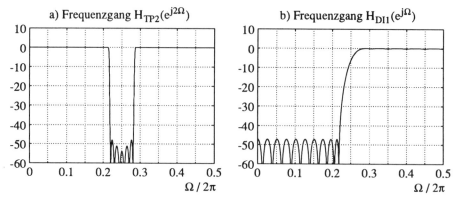

Bild 5.26: Frequenzgänge des aufwärtsgetasten Tiefpasses $H_{TP2}(z^2)$ (a) und des Dezimations- und Interpolationsfilters $H_{DI1}(z)$ (b), siehe auch Bild 5.21c

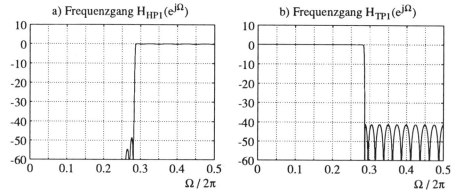

Bild 5.27: Frequenzgänge der realisierten Frequenzweiche: Hochpaß $H_{HP1}(z)$ (a) und Tiefpaß $H_{TP1}(z)$ (b), siehe auch Bild 5.21b und a

Dieses ist nur 6,8% des Filteraufwandes $960f_A$ der direkten Realisierung. Es ist bemerkenswert, daß das Kernfilter $H_K(z)$ mit einer weitaus größeren Zahl an Koeffizienten nur 23% des Filteraufwandes ausmacht, während die Dezimations- und Interpolationsfilter $H_{DI1}(z)$ der 1. Stufe 64% benötigen.

In den Bildern 5.22 bis 5.27 sind die tatsächlich entworfenen Frequenzgänge in dB der Teilfilter des Multiraten-Komplementärfilters nach Bild 5.20 aufgezeichnet. Sie können am besten in einer Gesamtschau mit den Bildern 5.20 und 5.21 gedeutet werden.

Das vorliegende Beispiel zeigt, daß das Kernfilter $H_K(z)$ die Filterflanke der resultierenden Frequenzweiche allein festlegt. Trotzdem benötigt es nur einen Bruchteil des gesamten Filteraufwandes. Das hat zwei Gründe. Zum einen ist die relative Übergangsbandbreite größer als bei der direkten Realisierung, 1/60 statt 1/480 im aufgezeigten Beispiel. Zum anderen wird das Kernfilter in einem reduzierten Takt gerechnet, $f_A/8$ statt f_A im Beispiel. Der Aufwand wächst allerdings dadurch, daß die Ripple der Teilfilter kleiner sein müssen als der Gesamttripple der Frequenzweiche.

Einen verhältnismäßig hohen Aufwand erfordert das erste Dezimations- und Interpolationsfilter $H_{DI1}(z)$. Dieses liegt zum einen daran, daß dieses Filter im höchsten Takt gerechnet wird, und zum anderen daran, daß die Grenzfrequenzen des Filters $H_{TP2}(z)$ nahe bei π liegen, siehe Bild 5.25 und 5.26. Das beschriebene Entwurfsverfahren versagt immer, wenn die Grenzfrequenzen beidseitig von π oder sehr nahe bei π liegen. In einem solchen Fall kann ein geänderter Umsetzungsfaktor Abhilfe schaffen. Statt $M = L = 2$ kann beispielsweise der Faktor 3/2 gewählt werden.

5.3.5 Aufwandsabschätzung

Die Multiraten-Komplementärfilter erlauben bei konstantem Filteraufwand beliebig steile Filterflanken. Dieses läßt sich wie folgt begründen. Das längste der Dezimations- und Interpolationsfilter habe n_{max} Koeffizienten. Der Aufwand der ersten Stufe ist dann nicht größer als $2n_{max}f_A$ Filteroperationen pro Sekunde, der der zweiten Stufe nicht größer als $2n_{max}f_A/2$, der der dritten Stufe $2n_{max}f_A/4$ u.s.w. Insgesamt ergibt sich bei S Stufen ein Aufwand

$$A_{ges} \leq 2n_{max}f_A \left(1 + \frac{1}{2} + \frac{1}{4} + \ldots + \frac{1}{2^{S-1}}\right) + n_K \cdot \frac{f_A}{2^S}$$
$$< f_A \left(4n_{max} + \frac{n_K}{2^S}\right), \tag{5.19}$$

worin n_K die Anzahl der Koeffizienten des Kernfilters ist. Bei hoher Stufenzahl S wird der Aufwand des Kernfilters bedeutungslos, so daß sich der Gesamtaufwand grob mit $4f_A n_{max}$ nach oben abschätzen läßt.

Bei einer hohen Stufenzahl S bleibt der Filteraufwand in Filteroperationen pro Zeiteinheit beschränkt. Die Filterdurchlaufzeit und die Anzahl der Verzögerungs- bzw. Speicherelemente wächst jedoch exponentiell und beschränkt daher die Länge der Kaskade in praktischen Anwendungen.

5.4   Interpolierende FIR- (IFIR)-Filter

Interpolierende FIR-Filter wurden erstmals in [Neu 84] vorgeschlagen und stellen eine Alternative zu Multiratenfiltern mit Dezimation und Interpolation dar.

5.4.1   Das Prinzip der IFIR-Filter

Das Prinzip der IFIR-Filter wird zunächst für schmalbandige Tiefpässe erläutert, deren Grenzfrequenzen sehr viel kleiner als die Abtastfrequenz sind. Bild 5.28 zeigt das zweistufige IFIR-Filter.

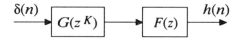

Bild 5.28: Interpolierendes FIR-Filter (IFIR-Filter)

Beide Filterstufen werden mit dem gleichen Takt verarbeitet, der mit dem Eingangs- und Ausgangstakt identisch ist. Streng genommen liegt also kein Multiratenfilter vor. Die Multiratentechnik ist beim IFIR-Filter auf die Koeffizienten der Impulsantwort $h(n)$ angewandt. Die Verhältnisse bei der Interpolation von Signalen werden auf die Impulsantwort übertragen.

Die Übertragungsfunktion $G(z^k)$ der ersten Stufe ist eine Funktion von z^k. Sie kann beispielsweise durch ein Transversalfilter mit der Übertragungsfunktion $G(z)$ verwirklicht werden, in dem jedes Verzögerungselement z^{-1} durch eine Kette von K Verzögerungsgliedern, d.h. z^{-K}, ersetzt wird, siehe Bild 5.29. Dieser Vorgang kann auch so gedeutet werden, daß zwischen den ursprünglichen Koeffizienten von $G(z)$ jeweils $K-1$ nullwertige Koeffizienten eingefügt werden.

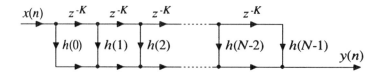

Bild 5.29: IFIR-Transversalfilter

Beim Übergang von $G(e^{j\Omega})$ nach $G(e^{jK\Omega})$ wird der Frequenzgang um den Faktor K gestaucht und es treten $K-1$ *Image-Übertragungsfunktionen* auf, siehe Bild 5.30.

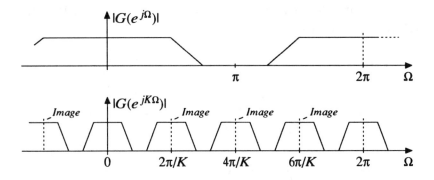

Bild 5.30: Betragsfrequenzgänge $|G(e^{j\Omega})|$ und $|G(e^{jK\Omega})|$

Der Frequenzgang im Basisband von $G(e^{jK\Omega})$ ist bei gleicher Koeffizientenanzahl um den Faktor K schmalbandiger als der Frequenzgang $G(e^{j\Omega})$ des Prototypen.

Das nachgeschaltete Filter $F(z)$ dient zur Eliminierung der Image-Übertragungsfunktionen. Das Gesamtfilter

$$H(z) = G(z^K) \cdot F(z) \tag{5.20}$$

besteht dann nur noch aus dem Basisbandanteil von $G(z^K)$, siehe dazu auch Bild 1.30.

Durch die Stauchung des Frequenzganges gewinnt man den Faktor K im Filteraufwand. Hinzu kommt allerdings noch der Aufwand des Antiimaging-Filters $F(z)$. Bei einem geeigneten Faktor K kann die Filterflanke von $F(z)$ erheblich flacher verlaufen als die des geforderten Filters $H(z)$, so daß $F(z)$ im allgemeinen nur wenige Koeffizienten besitzt.

Es ist anzumerken, daß das Filter $G(z^K)$ nach Bild 5.29 nicht mit einem um den Faktor K reduzierten Takt gerechnet werden kann. In jeder Verzögerungskette z^{-K} befinden sich K verschiedene Zustandsgrößen, die im Originaltakt weitergeschoben werden und die alle zum Ausgangssignal $y(n)$ beitragen. Alle Multiplikationen werden mit den Koeffizienten $h(0), h(1), \ldots, h(N-1)$ im Originaltakt durchgeführt. Der eigentliche Gewinn liegt in der geringen Anzahl von Koeffizienten.

5.4.2   Entwurf von IFIR-Filtern

Bei vorgegebenen Grenzfrequenzen Ω_D und Ω_S des geforderten Filters $H(z)$ ist zunächst ein geeigneter Faktor K derart zu suchen, daß der erste Image-Frequenzgang mit einem wenig aufwendigen Filter $F(z)$ vom Basisfrequenzgang getrennt werden kann.

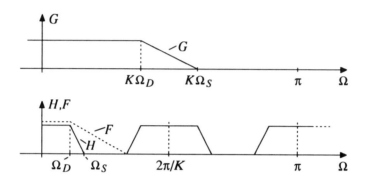

Bild 5.31: Zur Festlegung der Grenzfrequenzen in den Frequenzgängen $G(e^{j\Omega})$ und $F(e^{j\Omega})$

Der Prototyp $G(z)$ ist mit einer Durchlaßgrenzfrequenz $\Omega_{D,G}$ von $K\Omega_D$ und einer Sperrgrenzfrequenz $\Omega_{S,G}$ von $K\Omega_S$ zu entwerfen:

$$\Omega_{D,G} = K \cdot \Omega_D, \tag{5.21}$$

$$\Omega_{S,G} = K \cdot \Omega_S. \tag{5.22}$$

Die Durchlaßgrenzfrequenz $\Omega_{D,F}$ des Antiimaging-Filters $F(z)$ kann zu Ω_D gewählt werden (wie das vorgegebene Filter $H(z)$):

$$\Omega_{D,F} = \Omega_D. \tag{5.23}$$

Die Sperrgrenzfrequenz $\Omega_{S,F}$ von $F(z)$ muß bei

$$\Omega_{S,F} = \frac{2\pi}{K} - \Omega_S \tag{5.24}$$

liegen, siehe Bild 5.31.

Der vorgegebene Durchlaß-Ripple δ_D des Filters $H(z)$ ist auf die Durchlaß-Ripple der Filter $G(z)$ und $F(z)$ aufzuteilen:

$$(1 + \delta_{D,G}) \cdot (1 + \delta_{D,F}) = 1 + \delta_D. \tag{5.25}$$

Bei kleinem Ripple δ_D gilt näherungsweise

$$\delta_{D,G} + \delta_{D,F} \approx \delta_D. \tag{5.26}$$

Bei vorgegebenem Sperr-Ripple δ_S des Filters $H(z)$ gilt für die Sperr-Ripple der Filter $G(z)$ und $F(z)$

$$\delta_{S,G} \cdot (1 + \delta_{d,F}) = \delta_S, \quad \Omega_S \le \Omega \le \Omega_{S,F}, \tag{5.27}$$

und

$$\delta_{S,F} \cdot (1 + \delta_{D,G}) = \delta_S, \quad \Omega_{S,F} \le \Omega \le \pi. \tag{5.28}$$

Bei kleinem Ripple δ_D gilt näherungsweise

$$\delta_{S,G} = \delta_{S,F} \approx \delta_S. \tag{5.29}$$

Beispiel 5.5:

Es soll ein Tiefpaß mit den Grenzfrequenzen $\Omega_D = 0.05\pi$ und $\Omega_S = 0.1\pi$, einem Durchlaß-Ripple von $\pm 0.2 dB$ und einer Sperrdämpfung von 40 dB entworfen werden. Bei einem Faktor $K = 4$ muß der Prototyp $G(z)$ die Grequenzfrequenzen $\Omega_{D,G} = 0.2\pi$ und $\Omega_{S,G} = 0.4\pi$ besitzen. Mehrere Entwurfsläufe mit dem Parks-McClellan-Verfahren führen zu dem Ergebnis, daß mindestens $N = 22$ Koeffizienten benötigt werden, um bei den gegebenen Grenzfrequenzen einen Durchlaß-Ripple $\delta_{D,G} = \pm 0.1 dB$ und eine Sperrdämpfung von 40 dB zu erreichen. Bild 5.32 zeigt die Impulsantwort $g(n)$ und den Frequenzgang $G(e^{j\Omega})$.

Das Interpolationsfilter $F(z)$ muß eine Durchlaßgrenzfrequenz $\Omega_{D,F} = \Omega_D = 0.05\pi$ und eine Sperrgrenzfrequenz $\Omega_{S,F} = 2\pi/K - \Omega_S = 0.4\pi$ haben. Um einen Durchlaßripple von nicht mehr als $\delta_{D,F} = \pm 0.1 dB$ und eine Sperrdämpfung von mindestens 40 dB zu erzielen, sind mindestens $N = 18$ Koeffizienten nötig. Bild 5.33 zeigt die Impulsantwort $f(n)$ und den Frequenzgang $F(e^{j\Omega})$.

Durch Aufwärtstastung um den Faktor $K = 4$, d.h. durch Einfügen von 3 Nullen zwischen den Werten der Impulsantwort $g(n)$, siehe Bild 5.34a, entsteht das Filter $G(z^K)$. Bild 5.34b zeigt seinen Frequenzgang.

Faltet man die aufwärtsgetastete Impulsantwort in Bild 5.34a mit der Impulsantwort $f(n)$ in Bild 5.33a, so erhält man die Impulsantwort $h(n)$ des endgültigen IFIR-Filters, siehe Bild 5.35a. Entsprechend filtert das Interpolationsfilter

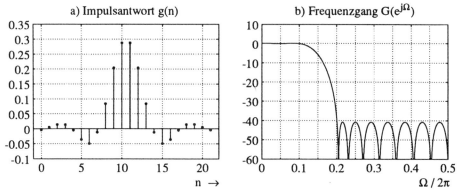

Bild 5.32: Impulsantwort $g(n)$ (a) und Frequenzgang $G(e^{j\Omega})$ des Kernfilters $G(z)$

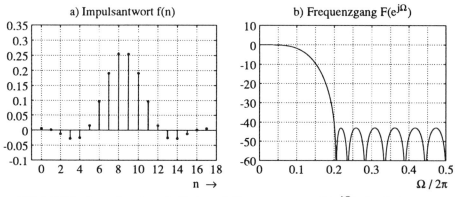

Bild 5.33: Impulsantwort $f(n)$ und Frequenzgang $F(e^{j\Omega})$ des Interpolationsfilter (= Antiimagingfilters) $F(z)$

$F(z)$ mit dem Frequenzgang nach Bild 5.33b die Image-Übertragungsfunktionen des Filters $G(z^K)$, siehe Bild 5.34b, heraus. Es entsteht der Frequenzgang $H(e^{j\Omega})$ des IFIR-Filters in Bild 5.35b.

Der direkte Entwurf des geforderten Filters erfordert nach der Abschätzformel (3.24) 70 Koeffizienten. Das hier entworfene IFIR-Filter hat insgesamt 40 Koeffizienten.

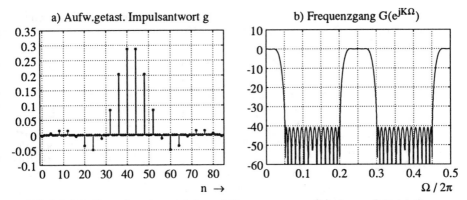

Bild 5.34: Impulsantwort (a) und Frequenzgang (b) des aufwärtsgetasteten Kernfilters $G(z^K)$

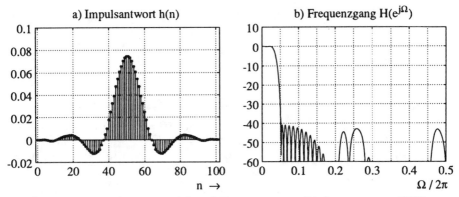

Bild 5.35: Impulsantwort (a) und Frequenzgang (b) des gesamten IFIR-Filters $H(z)$

5.4.3 IFIR-Hoch- und Bandpässe

Bei den bisherigen Betrachtungen diente das Interpolationsfilter $F(z)$ dazu, den Durchlaßbereich von $G(z^K)$ im Basisband zu erhalten und die übrigen Durchlaßbereiche zu eliminieren, siehe Bild 5.33b und 5.34b. Man kann aber auch $F(z)$ als Hochpaß oder Bandpaß ausbilden und erhält dann bei unverändertem Kernfilter $G(z^K)$ einen IFIR-Hochpaß oder IFIR-Bandpaß.

Beispiel 5.6:

In Anlehnung an das vorhergehende Beispiel soll ein IFIR-Hochpaß entworfen werden. Das Kernfilter $G(z^K)$ soll aus dem vorhergehenden Beispiel über-

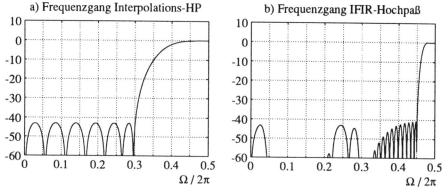

Bild 5.36: Frequenzgänge des Interpolationshochpasses (a) und des IFIR-Hochpasses (b)

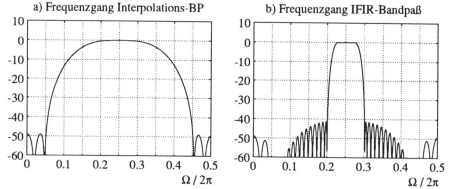

Bild 5.37: Frequenzgänge des Interpolationsbandpasses (a) und des IFIR-Bandpasses (b)

nommen werden, siehe Bild 5.34. Ein Interpolationshochpaß $f_{HP}(n)$ kann auf einfache Weise aus dem Interpolationstiefpaß $f(n)$ nach Bild 5.33 abgeleitet werden, indem man das Vorzeichen jedes zweiten Koeffizienten wechselt: $f_{HP}(n) = (-1)^n f(n)$. Das Ergebnis zeigt Bild 5.36a.

In ähnlicher Weise kann unter Weiterverwendung von $G(z^K)$ ein IFIR-Bandpaß entworfen werden. Dazu wird mit Hilfe des Parks-McClellan-Verfahrens ein Interpolationsbandpaß berechnet, der seine Sperrfrequenzen bei 0.1π und 0.9π und seine Durchlaßgrenzfrequenzen bei 0.45π und 0.55π hat. Dazu werden 13 Koeffizienten benötigt. Bild 5.37a zeigt den Frequenzgang dieses Interpolationsbandpasses. Bei der Kaskadierung des Kernfilters nach Bild 5.34b und des Interpolationsbandpasses nach Bild 5.37a entsteht der IFIR-Bandpaß in Bild 5.37b.

Kapitel 6

Zweikanal-Filterbänke

Filterbänke bestehen aus Tiefpässen, Bandpässen und Hochpässen, die Signalspektren in lückenlos aneinandergereihte Frequenzintervalle zerlegen und wieder zusammensetzen.

Die Signalzerlegung erfolgt in Analysefilterbänken, die Zusammenfügung in Synthesefilterbänken. Eine Teilband-Codierungsfilterbank besteht aus einer Analysefilterbank gefolgt von einer Synthesefilterbank. Die Zerlegung von Signalen in Teilbänder wird für Codierungszwecke genutzt. Werden beide Filterbänke in umgekehrter Reihenfolge angeordnet, so spricht man von einer Transmultiplexerfilterbank, die für die Umwandlung von Zeitmultiplexsignalen in Frequenzmultiplexsignale und umgekehrt verwendet wird.

Das vorliegende Kapitel beschäftigt sich weniger mit Strukturfragen der Filterbänke, sondern konzentriert sich auf die Übertragungsfunktion der Filterbänke und auf Filterentwurfsmethoden. Fragen der perfekten oder fast perfekten Rekonstruktion stehen im Vordergrund. Die meisten Eigenschaften und Phänomene lassen sich besonders gut an Zweikanalfilterbänken erkennen. Daher konzentrieren sich die Betrachtungen des vorliegenden Kapitels auf diese Filterbänke.

6.1   Analyse- und Synthesefilterbänke

6.1.1   Zweikanalige Analysefilterbank

Die einfachste spektrale Signalzerlegung ist die Aufteilung in einen tieffrequenten und einen hochfrequenten Anteil. In der Filterbank nach Bild 6.1

wird das Eingangssignal $X(z)$ gleichzeitig mit einem Tiefpaßfilter $H_0(z)$ und einem Hochpaßfilter $H_1(z)$ bearbeitet. In der Regel wird der Nutzfrequenzbereich von $\Omega = 0$ bis zur halben Abtastfrequenz $\Omega = \pi$ durch die beiden Filter in zwei Hälften geteilt, siehe Bild 6.2a. Die gefilterten Signale haben daher näherungsweise eine Bandbreite $b = \pi/2$ und können daher in der Abtastrate um den Faktor 2 reduziert werden. Dabei nimmt man leichte Überlappungserscheinungen (Aliasing) in Kauf.

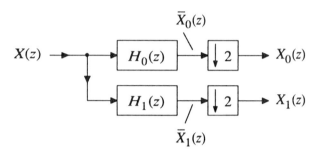

Bild 6.1: Zweikanalige Analysefilterbank

Die beiden gefilterten Signale in Bild 6.1 lauten

$$\overline{X}_0(z) = X(z) \cdot H_0(z), \tag{6.1}$$

$$\overline{X}_1(z) = X(z) \cdot H_1(z). \tag{6.2}$$

Nach der Abwärtstastung mit $M = 2$ erhält man mit Hilfe von (1.46) die Teilbandsignale

$$X_0(z) = \frac{1}{2} X\left(z^{1/2}\right) H_0\left(z^{1/2}\right) + \frac{1}{2} X\left(-z^{1/2}\right) H_0\left(-z^{1/2}\right), \tag{6.3}$$

$$X_1(z) = \frac{1}{2} X\left(z^{1/2}\right) H_1\left(z^{1/2}\right) + \frac{1}{2} X\left(-z^{1/2}\right) H_1\left(-z^{1/2}\right). \tag{6.4}$$

Diese Gleichungen lauten in Matrixschreibweise:

$$\left[\begin{array}{c} X_0(z) \\ X_1(z) \end{array}\right] = \frac{1}{2} \left[\begin{array}{cc} H_0\left(z^{1/2}\right) & H_0\left(-z^{1/2}\right) \\ H_1\left(z^{1/2}\right) & H_1\left(-z^{1/2}\right) \end{array}\right] \cdot \left[\begin{array}{c} X\left(z^{1/2}\right) \\ X\left(-z^{1/2}\right) \end{array}\right]. \tag{6.5}$$

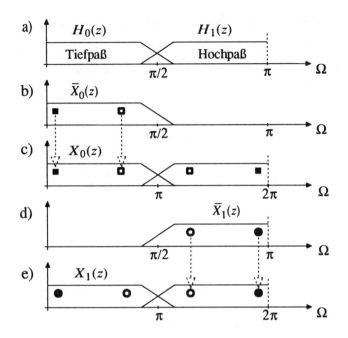

Bild 6.2: Übertragungsfunktionen (a), Spektren der gefilterten Signale (b und d) und Spektren der abwärtsgetasteten Signale (c und e) der Analysefilterbank

Bild 6.2b und d zeigen unter Annahme weißen Rauschens am Eingang die Teilsignale $\overline{X}_0(z)$ und $\overline{X}_1(z)$ über der Frequenzachse. Die Skalierung der Frequenzachse ist auf die Abtastrate am Eingang bezogen. Beide Teilspektren überlappen sich. Somit geht keine Information verloren.

Durch die Abwärtstastung entstehen die Spektren in Bild 6.2c und e. Das Hochpaßsignal $X_1(z)$ fällt, allerdings in Kehrlage, in das Basisband $0 \leq \Omega \leq \pi$ (bezogen auf die reduzierte Abtastrate). Die Spektralanteile in (6.3) und (6.4), die von $X(z^{1/2})$ abhängen, liegen im Basisband. Die von $X(-z^{1/2})$ abhängigen Spektralanteile sind periodische Wiederholungen davon. Da die gefilterten Signale nicht auf π streng bandbegrenzt sind, treten Alias-Signale im Basisband auf.

6.1.2   Zweikanalige Synthesefilterbank

Bild 6.3 zeigt die zweikanalige Synthesefilterbank mit dem Tiefpaßfilter $G_0(z)$
und dem Hochpaßfilter $G_1(z)$. Sie stellt die duale Anordnung zu der Analysefilterbank in Bild 6.1 dar.

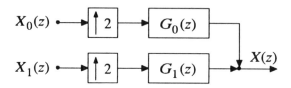

Bild 6.3: Zweikanalige Synthesefilterbank

Die beiden Filter haben im wesentlichen die gleiche Charakteristik wie die
Filter bei der Analyse. Nach der Aufwärtstastung der Teilsignale $X_0(z)$ und
$X_1(z)$ eliminiert der Tiefpaß $G_0(z)$ wesentliche Teile des Image-Spektrums
des Tiefpaßsignals $X_0(z)$ im Bereich $\pi/2 \leq \Omega \leq \pi$, während der Hochpaß
$G_1(z)$ wesentliche Teile des Image-Spektrums des Hochpaßsignals $X_1(z)$ im
Berreich $0 \leq \Omega \leq \pi/2$ beseitigt. Da sich die Frequenzgänge beider Filter
überlappen, werden die Imagespektren nicht vollständig ausgefiltert.

Das Ausgangssignal $X(z)$ der Synthesefilterbank kann mit Hilfe von
(1.85) angegeben werden:

$$X(z) = G_0(z) \cdot X_0(z^2) + G_1(z) \cdot X_1(z^2), \tag{6.6}$$

siehe Bild 6.3. Diese Beziehung kann wie folgt in Matrixschreibweise formuliert werden:

$$X(z) = [G_0(z) \ \ G_1(z)] \cdot \left[\begin{array}{c} X_0(z^2) \\ X_1(z^2) \end{array} \right]. \tag{6.7}$$

6.2 Quadrature-Mirror-Filterbänke

Quadrature-Mirror-Filterbänke (QMF) sind Zweikanal-Teilbandcodierungs-Filterbänke (engl. SBC = subband coder) mit leistungskomplementären Frequenzgängen, siehe (6.22). Im folgenden werden Zweikanal-SBC-Filter-bänke eingeführt und Standard-QMF-Bänke behandelt. Letztere haben nur näherungsweise leistungskomplementäre Frequenzgänge. Historisch gesehen sind sie die ersten in der Literatur bekannt gewordenen Filterbänke, die das ursprüngliche Signal aus den Teilbandsignalen wieder rekonstruieren.

6.2.1 Zweikanal-SBC-Filterbänke

Schaltet man eine Analyse- und eine Synthesefilterbank in Kette, so spricht man von einer Teilbandcodierungs- (SBC-) Filterbank. Bild 6.4 zeigt eine zweikanalige SBC-Filterbank. In einer Analysefilterbank mit den Filtern $H_0(z)$ und $H_1(z)$ wird das Eingangssignal $X(z)$ in die Teilbandsignale $X_0(z)$ und $X_1(z)$ zerlegt. Anschließend wird in einer Synthesefilterbank mit den Filtern $G_0(z)$ und $G_1(z)$ das Ausgangssignal $\hat{X}(z)$ aus den Teilbandsignalen gebildet.

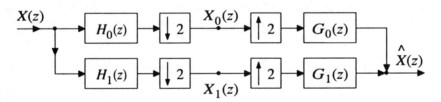

Bild 6.4: Zweikanalige SBC-Filterbank

Da sich in kritisch abgetasteten Filterbänken bei der Teilbandzerlegung die Anzahl der Abtastwerte pro Zeiteinheit nicht ändert, die Teilbandsignale aber im allgemeinen eine kleinere Leistung aufweisen als das Originalsignal, erzielt man bei vorgegebenem Quantisierungsfehler einen Codierungsgewinn [Jay 84], wenn man statt des Originalsignals die Teilbandsignale codiert. Die codierten Signale können gespeichert oder übertragen werden. Nach der Decodierung soll das ursprüngliche Signal wieder rekonstruiert werden. Daraus ergibt sich eine grundlegende Forderung, die an eine SBC-Filterbank zu stellen ist: Analyse- und Synthesefilterbank sind so auszulegen, daß das rekonstruierte Ausgangssignal $\hat{X}(z)$ das ursprüngliche Signal $X(z)$ möglichst gut approximiert oder sogar exakt nachbildet. Darüberhinaus erwartet man eine gute Frequenzselektivität, damit die Summe der Teilbandleistungen die Leistung des Originalsignals nicht wesentlich übersteigt.

Durch Einsetzen von (6.5) in (6.7) erhält man eine Beziehung, die das Ausgangssignal $\hat{X}(z)$ mit dem Eingangssignal $X(z)$ in Verbindung bringt:

$$\hat{X}(z) = \begin{bmatrix} G_0(z) \, G_1(z) \end{bmatrix} \cdot \frac{1}{2} \begin{bmatrix} H_0(z) & H_0(-z) \\ H_1(z) & H_1(-z) \end{bmatrix} \cdot \begin{bmatrix} X(z) \\ X(-z) \end{bmatrix}. \qquad (6.8)$$

Diese Gleichung lautet ausgeschrieben

$$\begin{aligned} \hat{X}(z) &= \frac{1}{2} \big[G_0(z) H_0(z) + G_1(z) H_1(z) \big] X(z) \\ &\quad + \frac{1}{2} \big[G_0(z) H_0(-z) + G_1(z) H_1(-z) \big] X(-z) \\ &= F_0(z) X(z) + F_1(z) X(-z). \end{aligned}$$

$$(6.9)$$

Die Funktion $F_0(z)$ beschreibt das Übertragungsverhalten der Filterbank. Die Funktion $F_1(z)$ kennzeichnet die Alias-Komponenten, die durch die überlappenden Frequenzgänge der Filter hinzukommen. Verschwindet die Funktion $F_1(z)$, so liegt eine aliasing-freie Filterbank vor. In diesem Fall gilt

$$F_1(z) = \frac{1}{2} G_0(z) H_0(-z) + \frac{1}{2} G_1(z) H_1(-z) = 0. \qquad (6.10)$$

Die verbleibende Funktion $F_0(z)$ kennzeichnet die Güte der Rekonstruktion. Stellt sie eine reine Verzögerung dar, d.h. $F_0(z) = z^{-k}$, dann spricht man von einer perfekt rekonstruierenden Filterbank. In diesem Fall gilt

$$F_0(z) = \frac{1}{2} G_0(z) H_0(z) + \frac{1}{2} G_1(z) H_1(z) = z^{-k}. \qquad (6.11)$$

Setzt man (6.10) und (6.11) in (6.8) ein, so erhält man die Zielvorstellung für eine Zweikanal-SBC-Filterbank:

$$\frac{1}{2} \begin{bmatrix} G_0(z) \, G_1(z) \end{bmatrix} \begin{bmatrix} H_0(z) & H_0(-z) \\ H_1(z) & H_1(-z) \end{bmatrix} = \begin{bmatrix} z^{-k} \ 0 \end{bmatrix}. \qquad (6.12)$$

Die Analyse- und Synthesefilter sind so zu wählen, daß (6.12) möglichst gut bzw. exakt erfüllt ist. Dabei ist die Nebenbedingung guter Selektivität zu berücksichtigen.

6.2.2 Standard-QMF-Bänke

In [Est 77] wurde unter der Bezeichnung "Quadrature Mirror Filters" erstmalig ein Lösungsansatz für die Analyse- und Synthesefilter vorgeschlagen. Ausgehend von einem geeigneten Tiefpaßprototypen $H(z)$ werden die vier Filter wie folgt festgelegt:

$$H_0(z) = H(z), \tag{6.13}$$

$$H_1(z) = H(-z), \tag{6.14}$$

$$G_0(z) = 2H(z), \tag{6.15}$$

$$G_1(z) = -2H(-z). \tag{6.16}$$

Durch Einsetzen von (6.13) bis (6.16) in (6.10) erkennt man, daß die Bedingung $F_1(z) = 0$ erfüllt ist, daß sich also alle Aliasing-Komponenten gegenseitig kompensieren. Dieses Ergebnis ist insofern bemerkenswert, als in jedem der beiden Filterbankkanäle das Abtasttheorem verletzt ist, die Filterbank als Gesamtsystem jedoch das Abtasttheorem erfüllt.

Die Vorfaktoren 2 in den Synthesefiltern kompensieren gerade den bei der Abwärtstastung entstandenen Vorfaktor 1/2, siehe (6.3) und (6.4).

$H(-z)$ stellt einen Hochpaß dar, wenn $H(z)$ ein Tiefpaß ist. Dieses geht aus den Substitutionen $z = \exp(j\Omega)$ und $-z = \exp(j\Omega - j\pi)$ hervor: der Vorzeichenwechsel der Variablen z kommt einer Verschiebung des Frequenzganges um π gleich, siehe auch (2.87) und (2.88).

Setzt man (6.13) bis (6.16) in (6.11) ein, so erhält man eine Bedingung für die Signalrekonstruktion:

$$H^2(z) - H^2(-z) = z^{-k}. \tag{6.17}$$

Um eine perfekte Rekonstruktion zu erreichen, muß der Prototyp $H(z)$ die Bedingung (6.17) erfüllen. In der Literatur sind suboptimale Näherungslösungen angegeben worden [Est 77, Ram 80, Bar 81, Est 81].

Die folgenden Betrachtungen beschränken sich auf linearphasige FIR-Filter. Numerisch optimierte Versionen solcher Filter können die Bedingung (6.17) gut annähern. Die betrachteten Filter mögen eine geradzahlige Anzahl N von Koeffizienten haben. Es gilt dann

$$H(z) = A(z) \cdot z^{-(N-1)/2}, \tag{6.18}$$

wobei $A(e^{j\omega})$ der nullphasige Amplitudenfrequenzgang ist. Ein Einsetzen von (6.18) in (6.17) ergibt

$$A^2(z)z^{-(N-1)} - A^2(-z)(-1)^{-(N-1)}z^{-(N-1)} = z^{-k}. \qquad (6.19)$$

Die Verzögerung der gesamten Filterbank beträgt offensichtlich $N-1$ Takte, so daß die Zahl k als $N-1$ identifiziert werden kann. Damit gilt

$$A^2(z) + A^2(-z) = 1 \qquad (6.20)$$

bzw. als Frequenzgang geschrieben

$$A^2\left(e^{j\Omega}\right) + A^2\left(e^{j(\Omega-\pi)}\right) = 1, \ \forall\Omega \qquad (6.21)$$

oder

$$|H\left(e^{j\Omega}\right)|^2 + |H\left(e^{j(\Omega-\pi)}\right)|^2 = 1, \ \forall\Omega. \qquad (6.22)$$

Die Frequenzgänge der Filter $H(z)$ und $H(-z)$ und damit der Filter $H_0(z)$ und $H_1(z)$ sowie $G_0(z)$ und $G_1(z)$ müssen leistungskomplementär sein, d.h. ihre quadrierten Betragsfrequenzgänge müssen sich bei allen Frequenzen zu 1 ergänzen. Der quadrierte Amplitudenfrequenzgang $A^2(e^{j\Omega})$ stellt einen Halbband-Tiefpaß dar, siehe (2.65), $A^2(e^{j(\Omega-\pi)})$ einen Halbband-Hochpaß. Die quadrierten Amplitudenfrequenzgänge, die gleich den quadrierten Betragsfrequenzgängen sind, spiegeln sich an der Symmetrielinie $\Omega = \pi/2$, was zu der Bezeichnung "*Quadrature Mirror Filters*" geführt hat.

In [Vai 85] wurde gezeigt, daß linearphasige FIR-Filter, abgesehen von zwei ungeeigneten Grenzfällen, die Bedingung (6.20) nicht exakt erfüllen können. Es zeigt sich aber, daß linearphasige FIR-Filter mit numerisch optimierten Koeffizienten die Leistungskomplementarität sehr gut annähern können.

6.2.3   Optimale FIR-QMF-Bänke

In [Joh 80] und [Jai 83] sind numerische Filterentwurfsverfahren angegeben, die bei vorgegebener Filterlänge $N-1$ simultan die Sperrbereichsdämpfung maximieren und den Rekonstruktionsfehler minimieren. Ein Katalog solcher optimierter FIR-Prototypen ist in [Cro 83] zu finden.

In dem numerischen Optimierungsverfahren wird als Objektfunktion ein Fehlermaß

$$E = E_r + \alpha \cdot E_s \qquad (6.23)$$

verwendet, das aus einem Rekonstruktionsfehlermaß

$$E_r = 2 \int_{\Omega=0}^{\pi} \left(\left| H\left(e^{j\Omega}\right) \right|^2 + \left| H\left(e^{j(\Omega-\pi)}\right) \right|^2 - 1 \right) d\Omega \qquad (6.24)$$

und einem Sperrbereichsfehlermaß

$$E_s = \int_{\Omega=\Omega_s}^{\pi} \left| H\left(e^{j\Omega}\right) \right|^2 d\Omega \qquad (6.25)$$

mit

$$\Omega_s = \left(\frac{1}{4} + \Delta \right) \cdot 2\pi \qquad (6.26)$$

besteht. Der Gewichtsfaktor α ermöglicht es, den beiden Teilfehlermaßen verschiedene Bedeutung zuzumessen. Das Rekonstruktionsfehlermaß E_r bewertet die Abweichung von der Bedingung (6.22). Im Sperrbereichsfehlermaß E_s wird der Frequenzgang im Sperrbereich $\Omega_s \leq \Omega \leq \pi$ berücksichtigt. Die Sperrgrenzfrequenz Ω_s wird ebenso wie die Koeffizientenanzahl N des Filters vorgegeben. Im Sinne einer hohen Selektivität sollte die Sperrgrenzfrequenz Ω_s möglichst nahe an der Bandmitte $\Omega = \pi/2$ liegen, die Größe Δ also möglichst klein sein.

Obwohl die optimierten QM-Filter nicht exakt leistungskomplementär sind und daher keine perfekte Rekonstruktion ermöglichen, stellen sie aus der Sicht praktisch zu realisierender Systeme eine gute Lösung dar. Der verbleibende Rekonstruktionsfehler läßt sich durch eine entsprechende Filterlänge fast beliebig klein halten. Außerdem kann in den meisten Anwendungen ein Restfehler toleriert werden.

Beispiel 6.1:

Aus dem Filterkatalog in [Cro 83] wird ein optimiertes QM-Filter mit $N = 16$ Koeffizienten, dem Gewichtsfaktor $\alpha = 1$ und einem relativen Abstand $\Delta = 0.0625$ der Sperrgrenzfrequenz von der Bandmitte entnommen. Die Koeffizienten sind in Bild 6.5a dargestellt. Bild 6.5b zeigt die Frequenzgänge des Tiefpaßfilters $H_0(z) = H(z)$ und des Hochpaßfilters $H_1(z) = H(-z)$. Man erkennt die Spiegelung beider Frequenzgänge an der Bandmitte bei $\Omega = \pi/2$.

Da sich die Synthesefilter nur in den Vorfaktoren von den Analysefiltern unterscheiden, besitzen sie im Prinzip die gleichen Frequenzgänge wie in Bild 6.5b.

Bild 6.6a zeigt den Frequenzgang zwischen dem Eingang und dem Ausgang der gesamten Filterbank. Da dieser Frequenzgang im Idealfall den Wert 1 haben

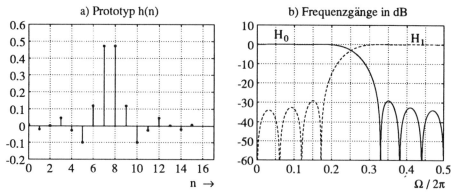

Bild 6.5: Impulsantwort (a) eines optimierten QM-Filters mit $N = 16$ Koeffizienten und die Frequenzgänge der daraus abgeleiteten Analysefilter (b)

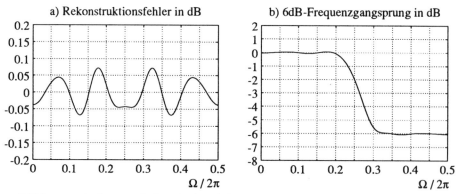

Bild 6.6: Rekonstruktionsfehler (a) des betrachteten QM-Filters und Frequenzgang der gesamten Filterbank bei Bewertung des Tiefpaß-Teilbandsignals mit 1 und des Hochpaß-Teilbandsignals mit 0.5

soll, zeigt Bild 6.6a den Rekonstruktionsfehler in dB an. Der Rekonstruktionsfehler ist bei keiner Frequenz größer als 0.07 dB.

Schließlich zeigt Bild 6.6b den Frequenzgang der Filterbank, wenn die Teilbandsignale mit unterschiedlichen Faktoren verstärkt werden. Der Übergang von einem Bereich zum anderen ist monoton. Die Dämpfungsschwankungen in beiden Kanälen werden gegenüber dem Fall gleichmäßiger Gewichtung nicht vergrößert. Dieses robuste Verhalten ist für Anwendungen der Filterbank als Entzerrer wichtig. Es ist allerdings zu beachten, daß durch die unterschiedliche Gewichtung kein exaktes Auslöschen der Aliasing-Komponenten mehr möglich ist.

6.3 Filterbänke mit perfekter Rekonstruktion

Durch einen geeigneten Ansatz ist es möglich, Filterbänke zu realisieren, die jedes Eingangssignal am Ausgang theoretisch fehlerfrei rekonstruieren. Sie werden in der Literatur als "perfekt rekonstruierend" bezeichnet. Das Prinzip der perfekten Rekonstruktion und wichtige Eigenschaften werden zunächst am Beispiel der zweikanaligen Filterbänke behandelt.

6.3.1 Bedingungen für perfekte Rekonstruktion

Die Rekonstruktionsgleichung in (6.8) kann auch zur Berechnung von $\hat{X}(-z)$ herangezogen werden:

$$
\begin{aligned}
\hat{X}(-z) &= \frac{1}{2}[G_0(-z)\ G_1(-z)] \begin{bmatrix} H_0(-z) & H_0(z) \\ H_1(-z) & H_1(z) \end{bmatrix} \begin{bmatrix} X(-z) \\ X(z) \end{bmatrix} \\
&= \frac{1}{2}[G_0(-z)\ G_1(-z)] \begin{bmatrix} H_0(z) & H_0(-z) \\ H_1(z) & H_1(-z) \end{bmatrix} \begin{bmatrix} X(z) \\ X(-z) \end{bmatrix}
\end{aligned} \tag{6.27}
$$

Die Gleichungen (6.8) und (6.27) lassen sich wie folgt zusammenfassen

$$
\begin{bmatrix} \hat{X}(z) \\ \hat{X}(-z) \end{bmatrix} = \frac{1}{2} \begin{bmatrix} G_0(z) & G_1(z) \\ G_0(-z) & G_1(-z) \end{bmatrix} \begin{bmatrix} H_0(z) & H_0(-z) \\ H_1(z) & H_1(-z) \end{bmatrix} \begin{bmatrix} X(z) \\ X(-z) \end{bmatrix} \tag{6.28}
$$

und in Matrixform schreiben

$$
\hat{\mathbf{x}}^{(m)}(z) = \frac{1}{2}\mathbf{G}^{(m)}(z) \cdot \left[\mathbf{H}^{(m)}(z)\right]^T \cdot \mathbf{x}^{(m)}(z) , \tag{6.29}
$$

mit

$$
\mathbf{G}^{(m)}(z) = \begin{bmatrix} G_0(z) & G_1(z) \\ G_0(-z) & G_1(-z) \end{bmatrix} , \quad \mathbf{H}^{(m)}(z) = \begin{bmatrix} H_0(z) & H_1(z) \\ H_0(-z) & H_1(-z) \end{bmatrix} \tag{6.30}
$$

und

$$
\hat{\mathbf{x}}^{(m)}(z) = \left[\hat{X}(z)\ \hat{X}(-z)\right]^T , \quad \mathbf{x}^{(m)}(z) = [X(z)\ X(-z)]^T . \tag{6.31}
$$

Die geforderte perfekte Rekonstruktion wird durch

$$\hat{\mathbf{x}}^{(m)}(z) = \left[\begin{array}{c} \hat{X}(z) \\ \hat{X}(-z) \end{array} \right] = \left[\begin{array}{cc} z^{-k} & 0 \\ 0 & (-z)^{-k} \end{array} \right] \cdot \left[\begin{array}{c} X(z) \\ X(-z) \end{array} \right] \tag{6.32}$$

beschrieben. Das Eingangssignal soll verzögert, aber unverfälscht am Ausgang erscheinen. Bei bekannten Analysefiltern gilt mit (6.29) und (6.32) daher unter der Annahme einer ungeraden Zahl k für die Synthesefilter

$$\begin{aligned} \mathbf{G}^{(m)}(z) &= 2 \cdot z^{-k} \cdot \left[\begin{array}{cc} 1 & 0 \\ 0 & (-1)^{-k} \end{array} \right] \cdot \left(\left[\mathbf{H}^{(m)}(z) \right]^T \right)^{-1} \\ &= \frac{2z^{-k}}{\det \mathbf{H}^{(m)}(z)} \left[\begin{array}{cc} H_1(-z) & -H_0(-z) \\ H_1(z) & -H_0(z) \end{array} \right] \end{aligned} \tag{6.33}$$

mit der Determinante

$$\det \mathbf{H}^{(m)}(z) = H_0(z)H_1(-z) - H_0(-z)H_1(z). \tag{6.34}$$

Ein Vergleich der Elemente der ersten Zeile in (6.33) ergibt

$$G_0(z) = \frac{2z^{-k}}{\det \mathbf{H}^{(m)}(z)} \cdot H_1(-z), \tag{6.35}$$

$$G_1(z) = -\frac{2z^{-k}}{\det \mathbf{H}^{(m)}(z)} \cdot H_0(-z). \tag{6.36}$$

In vielen Anwendungen wünscht man sich eine Filterbank, die nur aus FIR-Filtern besteht. Die gleichzeitige Forderung nach perfekter Rekonstruktion schränkt wegen (6.35) und (6.36) die Auswahl der Filterübertragungsfunktionen wesentlich ein. Sind für die Analysefilter $H_0(z)$ und $H_1(z)$ FIR-Filter gewählt worden, so folgt aus (6.35) und (6.36), daß die Synthesefilter $G_0(z)$ und $G_1(z)$ im allgemeinen wegen des Nennerpolynoms $\det \mathbf{H}^{(m)}(z)$ IIR-Filter sind.

Die einzige Möglichkeit, Synthesefilter $G_0(z)$ und $G_1(z)$ mit endlicher Impulsantwort zu erhalten besteht darin, Analysefilter zu finden, deren Determinante $\det \mathbf{H}^{(m)}(z)$ ein Monom ist:

$$\det \mathbf{H}^{(m)}(z) = c \cdot z^{-\ell}, \quad c \in \mathbb{R}, \quad \ell \in \mathbb{Z}. \tag{6.37}$$

Die Lösung für eine FIR-Filterbank mit perfekter Rekonstruktion liegt im Auffinden von Analysefiltern $H_0(z)$ und $H_1(z)$, die mit (6.34) die Bedingung (6.37) erfüllen. In einem solchen Fall kann man in einfacher Weise die Synthesefilter ableiten. Sie lauten dann

$$G_0(z) = \frac{2}{c} \, z^{-k+\ell} \, H_1(-z), \tag{6.38}$$

$$G_1(z) = -\frac{2}{c} \, z^{-k+\ell} \, H_0(-z). \tag{6.39}$$

6.3.2 Konjugiert-Quadratur-Filter

Die Lösung des aufgezeigten Problems wurde durch Smith und Barnwell [Smi 84] in Form von Konjugiert-Quadratur-Filtern angegeben. Ausgehend von einem Tiefpaß-Prototypen $H(z)$, dessen Eigenschaften später diskutiert werden, werden die Analysefilter wie folgt gewählt:

$$H_0(z) = H(z), \tag{6.40}$$

$$H_1(z) = z^{-(N-1)} H(-z^{-1}). \tag{6.41}$$

Dabei wird vorausgesetzt, daß die Anzahl N der Koeffizienten des FIR-Filters $H(z)$ gerade ist.

Das Analysefilter $H_1(z)$ wird durch drei Operationen aus dem Prototypen $H(z)$ abgeleitet. Die Vorzeichenumkehr der Variablen z bewirkt, daß aus dem Tiefpaß $H(z)$ ein Hochpaß $H(-z)$ wird. Die Substitution $z \rightarrow z^{-1}$ bewirkt, daß die kausale Impulsantort $h(n) \circ\!\!-\!\!\bullet H(z)$ an der Stelle $n = 0$ gespiegelt und damit antikausal wird und in umgekehrter zeitlicher Folge abläuft. Der Vorfaktor $z^{-(N-1)}$ sorgt schließlich dafür, daß das Filter $H_1(z)$ wieder kausal wird.

Setzt man den Ansatz (6.40, 6.41) für die Analysefilter in die Determinante (6.34) ein, so erhält man

$$\det \mathbf{H}^{(m)}(z) = -z^{-(N-1)} \big(H(z)H(z^{-1}) + H(-z)H(-z^{-1}) \big). \tag{6.42}$$

Unter der Voraussetzung eines Prototypen mit der Eigenschaft [1]

---

[1] dieses ist Gegenstand des nächsten Unterabschnittes

$$H(z)H\left(z^{-1}\right) + H(-z)H\left(-z^{-1}\right) = 1 \tag{6.43}$$

lautet die Determinante

$$\det \mathbf{H}^{(m)}(z) = -z^{-(N-1)}. \tag{6.44}$$

Beim Vergleich mit (6.37) identifiziert man die Parameter $c = -1$ und $\ell = N - 1$. Wählt man den noch nicht festgelegten Parameter $k = \ell$, so erreicht man, daß alle Filter der Filterbank gerade kausal sind. Die Synthesefilter in (6.38, 6.39) lassen sich dann wie folgt präzisieren:

$$G_0(z) = -2H_1(-z) = 2z^{-(N-1)}H\left(z^{-1}\right), \tag{6.45}$$

$$G_1(z) = 2H_0(-z) = 2H(-z). \tag{6.46}$$

Die vier Filter in (6.40, 6.41, 6.45, 6.46) definieren eine Filterbank mit perfekter Rekonstruktion unter der Voraussetzung, daß die Bedingung (6.43) erfüllt ist.

Die zugehörigen vier Impulsantworten errechnen sich mit den Regeln der z-Transformation zu

$$
\begin{aligned}
H_0(z) \bullet\!\!-\!\!\circ h_0(n) &= h(n) \circ\!\!-\!\!\bullet H(z), & \text{(6.47)}\\
H_1(z) \bullet\!\!-\!\!\circ h_1(n) &= (-1)^{(N-1-n)}h(N-1-n), & \text{(6.48)}\\
G_0(z) \bullet\!\!-\!\!\circ g_0(n) &= 2h(N-1-n), & \text{(6.49)}\\
G_1(z) \bullet\!\!-\!\!\circ g_1(n) &= 2(-1)^{n}h(n). & \text{(6.50)}
\end{aligned}
$$

Ein ausführliches Beispiel für eine solche Filterbank wird im Abschnitt 6.3.4 behandelt.

6.3.3   Gültige Halbbandfilter

Es ist noch nachzuweisen, daß ein Prototyp $H(z)$ existiert, der (6.43) erfüllt. Mit der nullphasigen Leistungsübertragungsfunktion

$$T(z) = H(z) \cdot H\left(z^{-1}\right) \tag{6.51}$$

lautet (6.43)

$$T(z) + T(-z) = 1 . \tag{6.52}$$

Mit der Polyphasendarstellung

$$T(z) = T_{00}(z^2) + z^{-1}T_{01}(z^2) \tag{6.53}$$

und daraus folgend

$$T(-z) = T_{00}(z^2) - z^{-1}T_{01}(z^2) \tag{6.54}$$

erhält man durch Einsetzen in (6.52)

$$T_{00}(z^2) = 1/2. \tag{6.55}$$

Die Leistungsübertragungsfunktion $T(z)$ muß ein Halbbandfilter sein, siehe auch (2.63). Das allein reicht allerdings nicht aus, sondern sie muß zudem gemäß (6.51) spektral faktorisierbar sein. Solche Halbbandfilter heißen *gültige Halbbandfilter*.

Da ein Halbbandfilter $T(z)$ stets $4i - 1$ Koeffizienten besitzt, $i \in \mathbf{N}$, siehe (2.75), muß der spektrale Faktor $H(z)$ immer aus einer geraden Anzahl $N = 2i$ Koeffizienten bestehen.

Um die Problematik der spektralen Faktorisierung erkennen zu können, wird (6.51) für $z = e^{j\Omega}$ betrachtet:

$$T\left(e^{j\Omega}\right) = H\left(e^{j\Omega}\right) \cdot H\left(e^{-j\Omega}\right) = |H\left(e^{j\Omega}\right)|^2 \geq 0 , \forall\Omega. \tag{6.56}$$

Unter der Voraussetzung, daß $H(z)$ reelle Koeffizienten besitzt, muß der Frequenzgang $T\left(e^{j\Omega}\right)$ des gültigen Halbbandfilters für alle Ω nichtnegativ sein. Unter dieser Voraussetzung findet man für jede Nullstelle von $T(z)$ eine am Einheitskreis gespiegelte Nullstelle. Man kann nun die Nullstellen innerhalb des Einheitskreises und jeweils eine von doppelten Nullstellen auf dem Einheitskreis zu $H(z)$ zusammenfassen. Die übrigen Nullstellen definieren dann $H(z^{-1})$. Neben dieser minimalphasigen Zusammenfassung für $H(z)$ sind aber auch andere, nicht-minimalphasige Zusammenfassungen möglich.

Überträgt man das Ergebnis in (6.56) auf (6.52), so erhält man

$$\left|H\left(e^{j\Omega}\right)\right|^2 + \left|H\left(e^{j(\Omega-\pi)}\right)\right|^2 = 1, \ \forall\Omega, \tag{6.57}$$

siehe auch (6.22). Konjugiert-Quadratur-Filter sind stets exakt leistungskomplementär.

6.3.4 Filterbankentwurf

Der Entwurf eines gültigen Halbbandfilters kann mit einem beliebigen null-phasigen Halbbandfilter $A(z)$ beginnen [Smi 84, Smi 86]. Liegt das Minimum $A(e^{j\Omega})|_{\min}$ des Frequenzganges $A(e^{j\Omega})$ im Negativen, d.h.

$$A(e^{j\Omega}) \geq A(e^{j\Omega})|_{\min} = -|\delta|, \quad \forall\Omega, \tag{6.58}$$

so leitet man daraus einen nichtnegativen Frequenzgang $A_+(e^{j\Omega})$ durch Addition von $|\delta|$ ab:

$$A_+(e^{j\Omega}) = A(e^{j\Omega}) + |\delta|. \tag{6.59}$$

Dieses ist gleichbedeutend mit der Korrektur der Impulsantwort $a(n) \circ\!\!-\!\!\bullet A(z)$ an der Stelle $n = 0$:

$$a_+(n) = \begin{cases} a(n) & \text{für } n \neq 0 \\ a(n) + |\delta| & \text{für } n = 0 \end{cases} \tag{6.60}$$

Bild 6.7 verdeutlicht diese Vorgehensweise

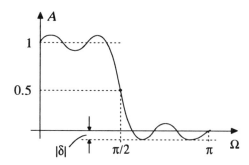

Bild 6.7: Zur Konstruktion eines Halbbandfilters mit nichtnegativem Frequenzgang

Im letzten Schritt wird die Übertragungsfunktion so skaliert, daß der Frequenzgang an der Stelle $\Omega = \pi/2$ den Wert 0.5 annimmt:

$$T(z) = \frac{0.5}{0.5 + |\delta|} \cdot A_+(z). \tag{6.61}$$

Beispiel 6.2:

Ein Halbbandfilter kann mit Hilfe des Parks-McClellan-Algorithmus durch symmetrische Vorgaben mit folgenden Parametern entworfen werden: 19 Koeffizienten, Durchlaßgrenzfrequenz $\Omega_D = 0.4\pi$, Sperrgrenzfrequenz $\Omega_S = 0.6\pi$, beide Bereiche gleiches Gewicht. Das resultierende Filter hat einen Ripple von ±0.0114.

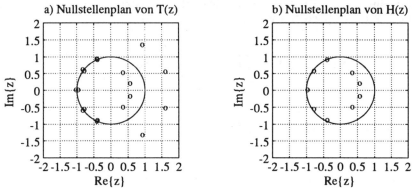

Bild 6.8: Nullstellen des gültigen Halbbandfilters $T(z)$ (a) und Nullstellen des daraus abgeleiteten minimalphasigen Prototypen $H(z)$

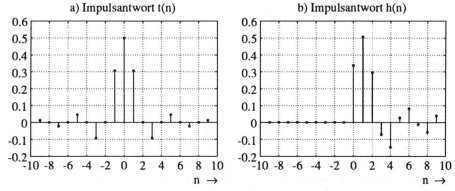

Bild 6.9: Impulsantworten des gültigen Halbbandfilters $t(n)$ (a) und des minimalphasigen Prototypen $h(n)$ (b)

Erhöht man den mittleren Koeffizienten $a(0)$ um den Wert $|\delta| = 0.0114$, so erhält man theoretisch im Sperrbereich des Filters doppelte Nullstellen auf dem Einheitskreis. Diese sind jedoch numerisch sehr empfindlich und führen letztlich auf einen Rekonstruktionsfehler. Es empfiehlt sich, den Wert $|\delta|$ auf Kosten der Sperrdämpfung etwas größer anzusetzen. Im vorliegenden Beispiel wurde $|\delta| = 0.012$ gewählt. Die Nullstellen des Sperrbereichs liegen dann in Paaren gespiegelt in der Nähe des Einheitskreises.

Bild 6.8a zeigt die Nullstellen des Halbbandfilters. Bild 6.9a zeigt die Impulsantwort $t(n) \circ\!\!-\!\!\bullet\, T(z)$. Nach der Skalierung mit $1/1.024$ hat $t(0)$ exakt den
Wert 0.5.

Im folgenden wird ein minimalphasiger Prototyp ausgewählt, d.h. es werden
alle Nullstellen innerhalb des Einheitskreises zusammengefaßt, siehe Bild 6.8b.
Es fehlt noch die Skalierungskonstante K der Übertragungsfunktion $H(z)$. Sie
kann durch einen Koeffizientenvergleich der höchsten Potenzen auf beiden Seiten
von (6.51) ermittelt werden:

$$\underbrace{K \prod_{i=0}^{N-1} (z - z_{0i})}_{H(z)} \cdot \underbrace{K \prod_{i=0}^{N-1} \left(z^{-1} - z_{0i}\right)}_{H\left(z^{-1}\right)} = \underbrace{t_{N-1} z^{N-1} + \ldots}_{T(z)} \ . \tag{6.62}$$

Der Koeffizientenvergleich ergibt

$$t_{N-1} = K^2 \prod_{i=0}^{N-1} z_{0i} . \tag{6.63}$$

Daraus folgt die gesuchte Skalierungskonstante

$$K = \left(t_{N-1} / \prod_{i=0}^{N-1} z_{0i}\right)^{1/2} . \tag{6.64}$$

Bild 6.9b zeigt die so skalierte Impulsantwort $h(n)$, die aus $N = 10$ Koeffizienten
besteht.

Der Frequenzgang des Halbbandfilters ist in Bild 6.10a aufgezeichnet. Bild 6.10b
zeigt die Frequenzgänge der beiden Analysefilter $H_0(z)$ und $H_1(z)$. Beide sind
an der Stelle $\Omega = \pi/2$ gespiegelt (QMF).

Ergänzend sind in Bild 6.11 und 6.12 die Impulsantworten der Analysefilter
nach (6.47, 6.48) und der Synthesefilter nach (6.49, 6.50) gezeigt. Die Impulsantwort $g_0(n)$ geht (abgehen vom Faktor 2) aus dem Prototypen $h(n)$ durch
eine umgekehrte Reihung der Koeffizienten hervor. Dadurch wird der Betragsfrequenzgang nicht verändert. Umgekehrte Reihung heißt das Argument z durch
z^{-1} ersetzen bzw. $e^{j\Omega}$ durch $e^{-j\Omega}$, was den Betragsfrequenzgang unverändert
läßt.

Die Impulsantwort $g_1(n)$ geht durch eine Tiefpaß-Hochpaß-Transformation (jeder zweite Koeffizient negiert) aus dem Prototypen hervor. In der Impulsantwort $h_1(n)$ wird sowohl die zeitliche Reihenfolge verändert als auch jeder
zweite Koeffizient negiert. $G_1(z)$ und $H_1(z)$ haben daher den gleichen Hochpaß-
Betragsfrequenzgang, Bild 6.10b.

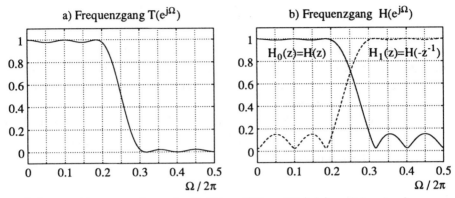

Bild 6.10: Frequenzgänge des Halbbandfilters $T(z)$ (a) und der Analyse-filter $H_0(z)$ und $H_1(z)$ (b)

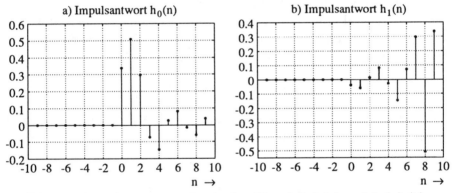

Bild 6.11: Impulsantworten der Analysefilter $h_0(n)$ (a) und $h_1(n)$ (b)

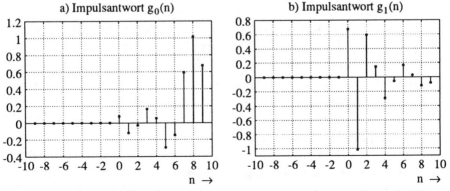

Bild 6.12: Impulsantworten der Synthesefilter $g_0(n)$ (a) und $g_1(n)$ (b)

6.4   Paraunitäre Filterbänke

Paraunitäre Systeme haben besondere Eigenschaften, die für robuste Realisierungen genutzt werden können. Im folgenden wird gezeigt, daß die bisher betrachteten Filterbänke mit perfekter Rekonstruktion paraunitär sind. In Abschnitt 9.5.1 wird gezeigt, daß in den betrachteten Filterbänken orthogonale Signale verarbeitet werden. Daher spricht man auch von orthogonalen Filterbänken. Mit der Paraunitarität und der Orthogonalität wird der gleiche Sachverhalt beschrieben.

6.4.1   Paraunitäre Systeme

Ein System mit mehreren Eingängen und mehreren Ausgängen werde durch eine Übertragungsmatrix $\mathbf{H}(z)$ beschrieben. Die Elemente dieser Matrix sind Übertragungsfunktionen $H_{ij}(z)$. Einschränkend möge die Matrix $\mathbf{H}(e^{j\Omega})$ der Frequenzgänge betrachtet werden. Ist die inverse Matrix gleich der transponierten und konjugiert komplexen (transjugierten) Matrix $\left[\mathbf{H}^T(e^{j\Omega})\right]^*$

$$\mathbf{H}^{-1}(e^{j\Omega}) = \left[\mathbf{H}^T(e^{j\Omega})\right]^*, \tag{6.65}$$

so ist $\mathbf{H}(e^{j\Omega})$ eine *unitäre* Matrix, siehe Anhang B.4. Durch eine analytische Fortsetzung vom Einheitskreis der z-Ebene in die gesamte Ebene erhält man die Beziehung

$$\mathbf{H}^{-1}(z) = \mathbf{H}_*^T(z^{-1}) = \tilde{\mathbf{H}}(z). \tag{6.66}$$

Hierin bedeutet das tiefgestellte "$*$" ein Ersetzen aller Koeffizienten in den Übertragungsfunktionen durch ihre konjugiert komplexen Werte. Dieses entfällt bei dem häufig betrachteten Fall von reellen Koeffizienten.

Eine Matrix $H(z)$ mit der Eigenschaft (6.66) wird *paraunitär* genannt, siehe Anhang B.5, ebenso das zugehörige System. Ähnliches läßt sich im Kontinuierlichen für Laplace-Transformierte $\mathbf{H}_a(s)$ und $\mathbf{H}_a(j\omega)$ angeben.

Paraunitäre Systeme haben in der Netzwerktheorie [Bru 31, Bel 68] und in der Theorie unempfindlicher und robuster digitaler Filter [Fet 71, Vai 84] eine langjährige Tradition. Ist ein paraunitäres System zudem kausal und stabil, so spricht man von einem *verlustlosen* System. Eine Zweikanal-SBC-Filterbank auf der Basis von Wellendigitalfiltern mit einer paraunitären Streumatrix wird in [Fet 85] angegeben. In [Vai 86a] wird die Realisierung einer perfekt rekonstruierenden Zweikanal-SBC-Filterbank mit Hilfe einer verlustlosen Kreuzgliedstruktur vorgeschlagen. In [Vai 87] wird erstmals der Zusammenhang hergestellt, daß die perfekte Rekonstruktion mit Konjugiert-Quadratur-Filtern [Smi 84] identisch ist mit der Paraunitarität der Modulationsmatrix der Analysefilterbank.

Als Alternative zu (6.66) wird die Paraunitarität häufig mit der Beziehung

$$\tilde{\mathbf{H}}(z) \cdot \mathbf{H}(z) = \mathbf{I} \qquad (6.67)$$

beschrieben. Werden zwei paraunitäre Systeme $\mathbf{H}_1(z)$ und $\mathbf{H}_2(z)$ kaskadiert (was voraussetzt, daß die Anzahl der Ausgänge des ersten Systems gleich der Anzahl der Eingänge des zweiten Systems ist), so ist das gesamte System paraunitär, denn es gilt mit $\mathbf{H}(z) = \mathbf{H}_1(z) \cdot \mathbf{H}_2(z)$

$$
\begin{aligned}
\tilde{\mathbf{H}}(z) \cdot \mathbf{H}(z) &= \left(\mathbf{H}_1 \cdot \mathbf{H}_2\right)_*^T\left(z^{-1}\right) \cdot \mathbf{H}_1(z) \cdot \mathbf{H}_2(z) \\
&= \mathbf{H}_{2*}^T\left(z^{-1}\right) \cdot \mathbf{H}_{1*}^T\left(z^{-1}\right) \cdot \mathbf{H}_1(z) \cdot \mathbf{H}_2(z) \\
&= \tilde{\mathbf{H}}_2(z) \cdot \underbrace{\tilde{\mathbf{H}}_1(z) \cdot \mathbf{H}_1(z)}_{\mathbf{I}} \cdot \mathbf{H}_2(z) \\
&= \tilde{\mathbf{H}}_2(z) \cdot \mathbf{H}_2(z) = \mathbf{I}. \qquad (6.68)
\end{aligned}
$$

6.4.2 Paraunitäre Modulationsmatrix

Die Modulationsmatrix $\mathbf{H}^{(m)}(z)$ der Analysefilterbank nach (6.28, 6.29) ist paraunitär, d.h. es gilt

$$\tilde{\mathbf{H}}^{(m)}(z) \cdot \mathbf{H}^{(m)}(z) = \mathbf{I}, \qquad (6.69)$$

wenn die Analysefilter als Konjugiert-Quadratuur-Filter gemäß (6.40, 6.41) angesetzt werden und der Prototyp $H(z)$ durch spektrale Faktorisierung gemäß (6.51) aus einem gültigen Halbbandfilter $T(z)$ hervorgeht. Dieses ist durch Einsetzen von (6.40, 6.41) in (6.69) unter Ausnutzung von (6.43) sichtbar:

$$
\begin{aligned}
\tilde{\mathbf{H}}^{(m)}(z) \cdot \mathbf{H}^{(m)}(z) &= \\
&= \begin{bmatrix} H\left(z^{-1}\right) & H\left(-z^{-1}\right) \\ z^{N-1}H(-z) & -z^{N-1}H(z) \end{bmatrix} \begin{bmatrix} H(z) & z^{-(N-1)}H\left(-z^{-1}\right) \\ H(-z) & -z^{-(N-1)}H\left(z^{-1}\right) \end{bmatrix} \\
&= \begin{bmatrix} 1 & 0 \\ 0 & 1 \end{bmatrix}. \qquad (6.70)
\end{aligned}
$$

Umgekehrt besitzt eine paraunitäre Modulationsmatrix $\mathbf{H}^{(m)}(z)$ eine Determinante nach (6.44), da (6.43) erfüllt ist (siehe Berechnung der Hauptdiagonalelemente von $\mathbf{I}$ in (6.70)). Bestimmt man die Elemente der Modulationsmatrix $\mathbf{G}^{(m)}(z)$ nach (6.33), so erhält man die Beziehung

$$\mathbf{G}^{(m)}(z) = 2z^{-(N-1)}\mathbf{M}_2\big[\tilde{\mathbf{H}}^{(m)}(z)\big]^T. \tag{6.71}$$

mit $\mathbf{M}_2$ gemäß (B.19). In diesem Fall spricht man von einer paraunitären Filterbank. Mit (6.71) lautet (6.29)

$$\hat{\mathbf{X}}^{(m)}(z) = z^{-(N-1)}\mathbf{M}_2 \cdot \big[\tilde{\mathbf{H}}^{(m)}(z)\big]^T \cdot \big[\mathbf{H}^{(m)}(z)\big]^T \cdot \mathbf{X}^{(m)}, \tag{6.72}$$

d.h. die Paraunitarität der Modulationsmatrix $\mathbf{H}^{(m)}(z)$ führt unmittelbar auf perfekte Rekonstruktion. Gleichung (6.32) lautet dann

$$\hat{\mathbf{X}}^{(m)}(z) = z^{-(N-1)}\mathbf{M}_2 \cdot \mathbf{X}^{(m)}. \tag{6.73}$$

Die umgekehrte Aussage gilt nicht: eine perfekt rekonstruierende Filterbank braucht nicht, wie später gezeigt wird, paraunitär zu sein.

Aus (6.70) und (6.43) ist auch ersichtlich, daß eine paraunitäre Filterbank stets leistungskomplementäre Analysefilter besitzt. Das gleiche gilt für die Synthesefilter.

6.4.3   Spektrale Faktorisierung

In einer paraunitären Filterbank ist der Prototyp $H(z)$ stets ein spektraler Faktor gemäß (6.51) eines gültigen Halbbandfilters $T(z)$. Die Gültigkeit des Halbbandfilters hat zur Folge, daß zu jeder Nullstelle von $T(z)$ eine am Einheitskreis gespiegelte Nullstelle existiert. Das bedeutet auch, daß Nullstellen auf dem Einheitskreis nur in gerader Anzahl auftreten können.

Die spektrale Zerlegung von $T(z)$ in $H(z)$ und $H(z^{-1})$ ist im allgemeinen nicht eindeutig. Die Freiheit, $H(z)$ die Hälfte der Nullstellen von $T(z)$ zuzuordnen, kann dazu genutzt werden, die konstante Gruppenlaufzeit der gesamten Filterbank auf den Analyse- und Syntheseteil verschieden aufzuteilen. Dabei ist keine der beiden linearphasig, siehe auch Abschnitt 6.5.

Da eine Spiegelung von Nullstellen am Einheitskreis die Betragsfrequenzgänge unverändert läßt, ist die spektrale Zerlegung bezüglich dieser eindeutig. Diese Verhältnisse werden im folgenden Beispiel demonstriert.

Beispiel 6.3:

Die in Abschnitt 3.4.3 eingeführten Lagrange-Halbbandfilter sind von vornherein gültige Halbbandfilter, d.h. der Frequenzgang des nullphasigen Prototypen ist bei jeder Frequenz nichtnegativ. Im folgenden wird ein Lagrange-
Halbbandfilter $T(z)$ mit 19 Koeffizienten betrachtet. Die Berechnung der Koeffizienten erfolgt mit der geschlossenen Beziehung (3.36) in Abschnitt 3.4.3.

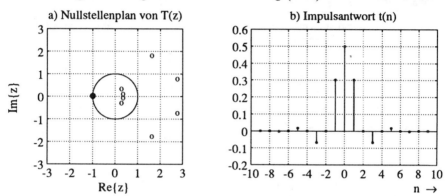

Bild 6.13: Nullstellenplan (a) und Impulsantwort (b) eines nullphasigen
Lagrange-Halbbandfilters mit 19 Koeffizienten

Die Übertragungsfunktion $T(z)$ besitzt eine zehnfache Nullstelle im Punkt $z_0 =
-1$. Die übrigen acht Nullstellen sind am Einheitskreis gespiegelt, siehe Bild
6.13a. Bild 6.13b zeigt die nullphasige nichtkausale Impulsantwort $t(n)$ ∘—• $T(z)$.
Alle geraden Koeffizienten sind null, einzige Ausnahme ist der mittlere Koeffizient: $t(0) = 0.5$.

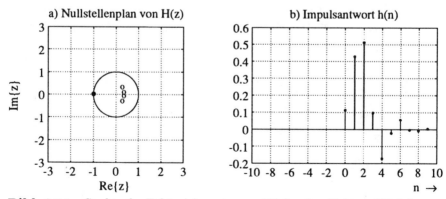

Bild 6.14: Spektrale Faktorisierung von $T(z)$: der Faktor $H(z)$ ist
minimalphasig

Die spektrale Faktorisierung $T(z) = H(z)H(1/z)$ kann auf verschiedene Weise
erfolgen. In jedem Fall muß $H(z)$ $N = 10$ Koeffizienten besitzen und die Hälfte

der 10 Nullstellen bei $z_0 = -1$ enthalten. Von jedem der vier gespiegelten Null-
stellenpaare muß $H(z)$ eine Nullstelle besitzen. Bild 6.14 zeigt den Nullstellenplan und die Impulsantwort der minimalphasigen Lösung. Hierbei werden der
Übertragungsfunktion $H(z)$ alle Nullstellen innerhalb des Einheitskreises zugeordnet. Bei dieser Lösung werden $H_1(z)$ und $G_0(z)$ maximalphasig, siehe (6.41)
und (6.45). Der Schwerpunkt der Impulsantwort $h(n)$ liegt näher am Anfang,
was auf eine kurze Gruppenlaufzeit hindeutet.

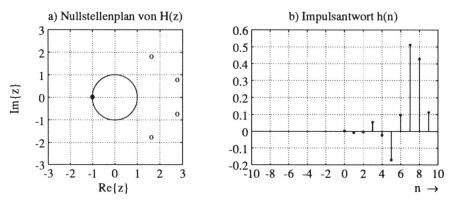

Bild 6.15: Spektralle Faktorisierung von $T(z)$: der Faktor $H(z)$ ist
maximalphasig

Bild 6.15 zeigt eine spektrale Faktorisierung, bei der die außerhalb des Einheitskreises liegenden Nullstellen der Übertragungsfunktion $H(z)$ zugeordnet sind.
Die Impulsantwort dieser maximalphasigen Lösung, siehe Bild 6.15b, verläuft
zeitinvers zu der minimalphasigen Impulsantwort in Bild 6.14b.

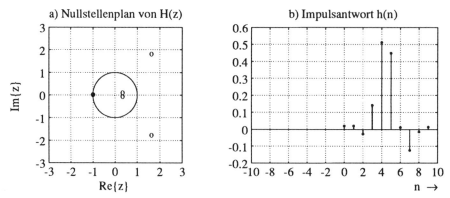

Bild 6.16: Spektrale Faktorisierung von $T(z)$: der Faktor $H(z)$ ist
gemischtphasig

Bild 6.16 zeigt eine gemischtphasige spektrale Zerlegung. Der Schwerpunkt der
Impulsantwort in Bild 6.16b liegt etwa in der Mitte.

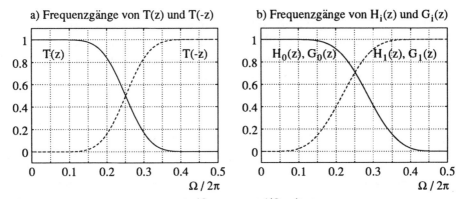

Bild 6.17: Frequenzgänge $T(e^{j\Omega})$ und $T(e^{j(\Omega-\pi)})$ (a) und leistungskomplementäre Frequenzgänge der vier Filter der paraunitären Filterbank (b)

In Bild 6.17a wird verdeutlicht, daß der Prototyp $H(z)$ unabhängig von der oben gezeigten Art der spektralen Zerlegung in jedem Fall leistungskomplementär ist, d.h. $T(e^{j\Omega})$ und $T(e^{j(\Omega-\pi)})$ ergänzen sich bei jeder Frequenz Ω zu eins.

Auch die Betragsfrequenzgänge der vier Filter der paraunitären Filterbank sind unabhängig von den verschiedenen oben gezeigten spektralen Faktorisierungen, siehe Bild 6.17b. Die verschiedenen spektralen Faktorisierungen beeinflussen lediglich die Aufteilung der frequenzunabhängigen Laufzeit der Gesamtfilterbank auf die frequenzabhängigen Laufzeiten der Analyse- und Synthesefilterbänke.

6.4.4 Realisierung mit Kreuzgliedstrukturen

Mit den in Abschnitt 2.3.2 eingeführten QMF-Kreuzgliedfiltern lassen sich vorteilhafte paraunitäre Filterbänke aufbauen [Vai 86a, Vai 88]. Wesentliche Vorteile liegen in den beiden folgenden Punkten:

- Die spektrale Faktorisierung kann umgangen werden. Bei der spektralen Faktorisierung treten häufig numerische Fehler auf, die das Konzept der perfekten Rekonstruktion wieder zunichte machen. Das gilt besonders dann, wenn $T(z)$ mehrfache Nullstellen auf dem Einheitskreis oder in der Nähe hat.

- Die Filterbank bleibt paraunitär und damit perfekt rekonstruierend, wenn sich die Kreuzgliedkoeffizienten z.B. durch Quantisierung verändern. Die Paraunitarität ist strukturinhärent.

Bild 6.18 zeigt das Schema einer Analysefilterbank mit Kreuzgliedfiltern. Die Kreuzgliedstufen realisieren gleichzeitig $H_0(z)$ und $H_1(z)$. In Bild 6.19 ist eine Stufe der QMF-Kreuzgliedstruktur aufgezeichnet. Die Kreuzglied-koeffizienten werden als reell angenommen.

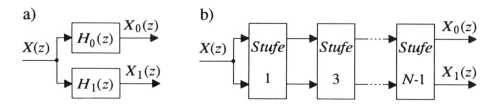

Bild 6.18: Analysefilterbank: allgemein (a) und als Kaskade von Kreuz-gliedstufen (b)

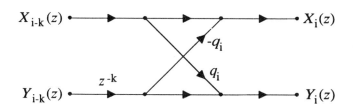

Bild 6.19: QMF-Kreuzgliedstufe

Für den Index k gilt

$$k = \begin{cases} 1 & f\ddot{u}r \ \ i = 1, \\ 2 & f\ddot{u}r \ \ i = 3, 5, 7, \ldots \end{cases} \tag{6.74}$$

siehe auch Bild 2.13. Die QMF-Kreuzgliedstruktur besitzt nur Stufen mit ungeradem Index i.

Die QMF-Kreuzgliedstufe kann mit der folgenden Beziehung beschrieben werden:

$$\begin{aligned} \begin{bmatrix} X_i(z) \\ Y_i(z) \end{bmatrix} &= \begin{bmatrix} 1 & -q_i z^{-k} \\ q_i & z^{-k} \end{bmatrix} \cdot \begin{bmatrix} X_{i-k}(z) \\ Y_{i-k}(z) \end{bmatrix} \\ &= \mathbf{Q}_i(z) \cdot \begin{bmatrix} X_{i-k}(z) \\ Y_{i-k}(z) \end{bmatrix}. \end{aligned} \tag{6.75}$$

Die Paraunitarität der Stufenmatrix $\mathbf{Q}_i(z)$ kann durch Ausmultiplizieren nachgewiesen werden:

$$\tilde{\mathbf{Q}}_i(z) \cdot \mathbf{Q}_i(z) = \begin{bmatrix} 1 & q_i \\ -q_i z^k & z^k \end{bmatrix} \cdot \begin{bmatrix} 1 & -q_i z^{-k} \\ q_i & z^{-k} \end{bmatrix}$$

$$= \left(1 + q_i^2\right) \begin{bmatrix} 1 & 0 \\ 0 & 1 \end{bmatrix}. \tag{6.76}$$

Die Kreuzgliedkoeffizienten beeinflussen nur einen skalaren Vorfaktor $\left(1 + q_i^2\right)$. Die perfekte Rekonstruktion ist nicht vom Wert der Kreuzgliedkoeffizienten abhängig.

Da die QMF-Kreuzgliedstufe in Bild 6.19 gleichzeitig paraunitär, kausal und stabil ist, ist sie verlustlos. Diese Eigenschaft bleibt erhalten, wenn mehrere solcher Stufen kaskadiert werden.

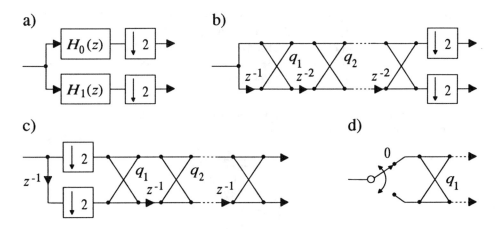

Bild 6.20: Allgemeine Analysefilterbank (a), Analysefilterbank mit Kreuzgliedstufen (b), Ausnutzung der dritten Äquivalenz (c) und äquivalenter Eingangskommutator (d)

Wegen der Paraunitarität sind die beiden gleichzeitig realisierten Übertragungsfunktionen $H_0(z) = X_0(z)/X(z)$ und $H_1(z) = X_1(z)/X(z)$ Konjugiert-Quadratur-Filter [Vai 88]

$$H_1(z) = z^{-(N-1)} H_0\left(-z^{-1}\right) \tag{6.77}$$

und leistungskomplementär zueinander:

$$H_0^2\left(e^{j\Omega}\right) + H_1^2\left(e^{j\Omega}\right) = 1. \tag{6.78}$$

Mit Ausnahme der ersten Stufe besitzen alle QMF-Kreuzgliedstufen ein Verzögerungsglied z^{-2}. Daher können die Abwärtstaster am Ausgang der Analysefilterbank unter Ausnutzung der dritten Äquivalenz in Bild 1.25 an den Eingang der Filter geschoben werden, siehe Bild 6.20. Die Verzögerungsglieder z^{-2} sind durch z^{-1} zu ersetzen. Abschließend kann der Eingangsteil des Filters durch einen äquivalenten Kommutator ersetzt werden, Bild 6.20d.

Beispiel 6.4:

Im folgenden Beispiel wird auf den Vorteil des Filterbankentwurfs ohne spektrale Faktorisierung verzichtet und von der minimalphasigen spektralen Faktorisierung des Lagrange-Halbbandfilters in Bild 6.14 ausgegangen. Die zehn Koeffizienten der Impulsantwort $h(n)$ haben die folgenden Werte:

$$
\begin{array}{ll}
h(0) = 0.11320949 & h(5) = \text{-}0.02280057 \\
h(1) = 0.42697177 & h(6) = 0.05481329 \\
h(2) = 0.51216347 & h(7) = \text{-}0.00441340 \\
h(3) = 0.09788348 & h(8) = \text{-}0.00889594 \\
h(4) = \text{-}0.17132836 & h(9) = 0.00235871
\end{array}
$$

Mit den im Abschnitt 2.3.2 gezeigten Beziehungen können daraus die fünf Kreuzgliedkoeffizienten bestimmt werden. Das Ergebnis lautet:

$$
\begin{array}{rl}
q_1 = & \text{-}3.77151921 \\
q_3 = & 1.06394342 \\
q_5 = & \text{-}0.42482927 \\
q_7 = & 0.13318454 \\
q_9 = & \text{-}0.02083494
\end{array}
$$

Bild 6.21a zeigt die Analysefilterbank in Kreuzgliedstruktur. Die zugehörige Synthesefilterbank in Bild 6.21b kann durch eine einfache strukturelle Transformation [Vai 88] aus der Analysefilterbank entnommen werden.

Bei einem Filterbankentwurf unter Umgehung der spektralen Faktorisierung sind die Kreuzgliedkoeffizienten numerisch zu optimieren. Man gibt dabei die Anzahl an Kreuzgliedstufen und eine Sperrfrequenz $\Omega_S > \pi/2$ vor. Bei der Optimierung der Kreuzgliedkoeffizienten ist der Betrag des Frequenzganges $H\left(e^{j\Omega}\right)$ im Sperrbereich $\Omega_S \leq \Omega \leq \pi$ zu minimieren. Wegen der Leistungskomplementarität werden dabei gleichzeitig die Schwankungen im Durchlaßbereich minimiert.

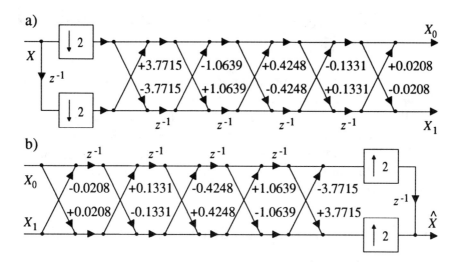

Bild 6.21: Paraunitäre Filterbank mit QMF-Kreuzgliedfiltern: Analysefilterbank (a) und Synthesefilterbank (b)

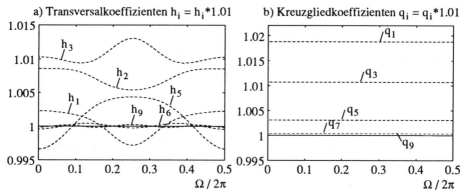

Bild 6.22: Änderung der Gesamtübertragungsfunktion bei einprozentigen Koeffizientenänderungen in der Transversalstruktur (a) und in der Kreuzgliedstruktur (b)

Bild 6.22 zeigt schließlich die Änderungen der Filterbankübertragungsfunktion $\hat{X}(e^{j\Omega})/X(e^{j\Omega})$ für den Fall, daß einzelne Koeffizienten um 1 Prozent vergrößert werden. Während in der Transversalstruktur der Frequenzgang verändert wird, ändert sich in der Kreuzgliedstruktur nur der Skalierungsfaktor.

6.5 Biorthogonale und linearphasige Filterbänke

Die bisher betrachteten orthogonalen Filterbänke mit perfekter Rekonstruktion beruhen auf einer spektralen Faktorisierung $T(z) = H(z)H(z^{-1})$ eines gültigen Halbbandfilters. Dieses ist jedoch nicht der einzige Weg zur perfekten Rekonstruktion. Im folgenden wird eine verallgemeinerte Faktorisierung behandelt, die auf biorthogonale Filterbänke führt, die ebenfalls perfekt rekonstruieren. Ein interessanter Spezialfall der biorthogonalen Filterbänke sind linearphasigen Filterbänke.

6.5.1 Verallgemeinerte spektrale Faktorisierung

Ausgangspunkt ist wieder ein nullphasiges Halbbandfilter $T(z)$ mit $2N - 1$ Koeffizienten:

$$T(z) + T(-z) = 1. \qquad (6.79)$$

Das entsprechende kausale Halbbandfilter lautet $z^{-(N-1)}T(z)$. Während man bei der spektralen Faktorisierung im strengen Sinne die Übertragungsfunktion des Halbbandfilters in das Produkt zweier Übertragungsfunktionen mit gleichem Betragsfrequenzgang zerlegt, trennt man sich in einer Verallgemeinerung von dieser Vorstellung. Das kausale Halbbandfilter wird in beliebiger Weise in zwei Faktoren zerlegt:

$$z^{-(N-1)}T(z) = H_0(z) \cdot H_1(-z). \qquad (6.80)$$

Die beiden Filter $H_0(z)$ und $H_1(z)$ definieren die Analysefilterbank. Die Determinante der Modulationsmatrix $\mathbf{H}^{(m)}(z)$ nach (6.28) und (6.29) errechnet sich damit zu

$$
\begin{aligned}
\det \mathbf{H}^{(m)} &= H_0(z)H_1(-z) - H_0(-z)H_1(z) \\
&= z^{-(N-1)}\big[T(z) + T(-z)\big] \\
&= z^{-(N-1)}. \qquad (6.81)
\end{aligned}
$$

Dabei ist berücksichtigt, daß N immer eine gerade Zahl ist. (Ein Halbbandfilter hat stets $4i - 1 = 2N - 1$ Koeffizienten, $i \in \mathbb{N}$.) Die verallgemeinerte Faktorisierung in (6.80) erfüllt also die Bedingung für perfekte Rekonstruktion, siehe auch Abschnitt 6.3.1. Wählt man wieder $k = N - 1$, so erhält man aus (6.35) und (6.36) die Übertragungsfunktionen der Synthesefilter

$$G_0(z) = 2 \cdot \frac{z^{-k}}{\det \mathbf{H}^{(m)}} \cdot H_1(-z) = 2H_1(-z) \tag{6.82}$$

und

$$G_1(z) = -2 \cdot \frac{z^{-k}}{\det \mathbf{H}^{(m)}} \cdot H_0(-z) = -2H_0(-z). \tag{6.83}$$

Die perfekte Rekonstruktion ist unabhängig von der Frequenzcharakteristik von $H_0(z)$ und $H_1(z)$. An $T(z)$ ist im allgemeinen auch nicht die Bedingung der Gültigkeit zu stellen. Ist $T(z)$ ein gültiges Halbbandfilter, so ist in (6.80) mit $H_1(-z) = H_0(z^{-1})$ der Sonderfall der spektralen Faktorisierung im strengen Sinne enthalten.

Beispiel 6.5:

Das einfachste Halbbandfilter besitzt drei Koeffizienten. Betrachtet sei das Beispiel

$$T(z) = \frac{1}{4}(z + 2 + z^{-1}). \tag{6.84}$$

Dieses Filter läßt nur eine einzige spektrale Faktorisierung zu:

$$H_0(z) = \frac{1}{2}(1 + z^{-1}), \tag{6.85}$$

$$H_1(z) = \frac{1}{2}(1 - z^{-1}). \tag{6.86}$$

Aus (6.82) und (6.83) erhält man die zugehörigen Synthesefilter:

$$G_0(z) = 1 + z^{-1}, \tag{6.87}$$

$$G_1(z) = -1 + z^{-1}. \tag{6.88}$$

Das Herauskürzen der Alias-Komponenten in der Synthesefilterbank kann mit (6.10) nachgewiesen werden:

$$F_1(z) = \frac{1}{2}G_0(z)H_0(-z) + \frac{1}{2}G_1(z)H_1(-z). \tag{6.89}$$

Setzt man (6.85) bis (6.88) in (6.89) ein, so erhält man $F_1(z) = 0$. Entsprechend wird das Übertragungsverhalten der Filterbank mit (6.11) bestimmt:

$$F_0(z) = \frac{1}{2}G_0(z)H_0(z) + \frac{1}{2}G_1(z)H_1(z). \tag{6.90}$$

Ein Einsetzen von (6.85) bis (6.88) in (6.90) ergibt $F_0(z) = z^{-1}$. Damit ist die perfekte Rekonstruktion nachgewiesen.

In Abschnitt 9.5.2 wird gezeigt, daß in den hier betrachteten Filterbänken Signale mit reziproken Basen verarbeitet werden. Solche Systeme nennt man auch *biorthogonal*, siehe dazu Anhang D.4. Daher werden die hier betrachteten Filterbänke als biorthogonal bezeichnet.

6.5.2 Linearphasige Filterbänke

Die auf Konjugiert-Quadratur-Filtern basierenden orthogonalen, parauni-tären Filterbänke besitzen stets leistungskomplementäre Filter im Tiefpaß- und Hochpaßkanal, siehe Abschnitt 6.3.3. In [Vai 85] wurde gezeigt, daß leistungskomplementäre FIR-Filter mit Ausnahme von zwei uninteressanten Sonderfällen nicht linearphasig sein können.

Durch die verallgemeinerte spektrale Faktorisierung wird eine Freiheit gewonnen, die zur Realisierung linearphasiger Analyse- und Synthesefilter genutzt werden kann. Dieses ist für einige Anwendungen interessant. Allerdings gibt man damit gleichzeitig die oft angenehme Eigenschaft der Leistungskomplementarität auf.

Zur spektralen Faktorisierung in linearphasige Faktoren geht man von einem beliebigen FIR-Halbbandtiefpaß aus. Da solch ein Tiefpaß selber stets linearphasig ist, treten seine Nullstellen nur in Quadrupeln in der z-Ebene auf, konjugiert komplex auf dem Einheitskreis, in reziproken Paaren auf der reellen Achse oder in beliebiger Anzahl in den Punkten $z = -1$ und $z = 1$ [Par 87]. Die Faktorisierung besteht darin, die Quadrupel, Paare und Einzelnullstellen in zwei Untermengen zu gliedern. Jede der beiden Untermengen definiert dann wieder ein linearphasiges FIR-Filter, beide zusammen erfüllen (6.80).

Beispiel 6.6:

Im folgenden wird das Beispiel 6.3 noch einmal aufgegriffen. Dort wurde ein Lagrange-Halbbandfilter $T(z)$ mit 19 Koeffizienten mit dem Ziel einer orthogonalen Filterbank im strengen Sinne spektral faktorisiert.

Bild 6.13a zeigt die Nullstellen von $T(z)$: zwei Nullstellenquadrupel und eine zehnfache Nullstelle im Punkt $z = 1$. Die Faktorisierung zu einer orthogonalen Filterbank geht aus den Bildern 6.14 und 6.15 hervor.

Durch eine andersartige Faktorisierung des gleichen Filters $T(z)$ kommt man zu einer biorthogonalen Filterbank mit linearphasigen Filtern. Dazu werden je ein Nullstellenquadrupel und 5 Nullstellen zu einem linearphasigen Filter zusammengestellt. Bild 6.23 zeigt die Nullstellen und die Impulsantwort des Filters $H_0(z)$, Bild 6.24 die des Filters $H_1(-z)$.

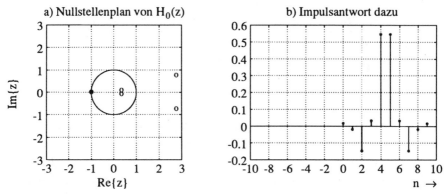

Bild 6.23: Nullstellenplan (a) des Faktors $H_0(z)$ der spektralen Faktorisierung von $T(z)$ nach Bild 6.13a und zugehörige Impulsantwort (b)

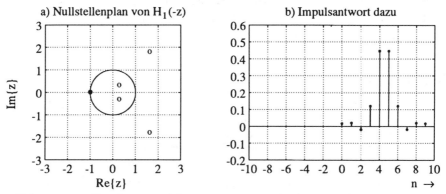

Bild 6.24: Nullstellenplan (a) des Faktors $H_1(-z)$ der spektralen Faktorisierung von $T(z)$ nach Bild 6.13a und zugehörige Impulsantwort (b)

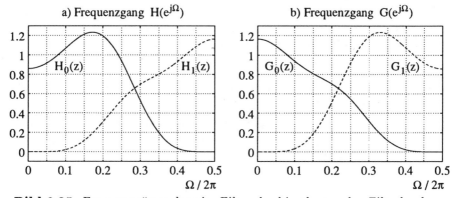

Bild 6.25: Frequenzgänge der vier Filter der biorthogonalen Filterbank mit perfekter Rekonstruktion

Bild 6.25 zeigt schließlich die Frequenzgänge der vier Filter. Das Produkt
$H_0(e^{j\Omega}) \cdot G_0(e^{j\Omega})$ in Bild 6.25 ist gleich dem Frequenzgang $T(e^{j\Omega})$ in Bild 6.17a.
Während $T(e^{j\Omega})$ bei der orthogonalen Zerlegung in seine "Wurzeln" zerlegt
wird, siehe Bild 6.17b, treten bei der biorthogonalen Zerlegung unterschiedliche
Frequenzgänge $H_0(e^{j\Omega})$ und $G_0(e^{j\Omega})$ auf.

Das vorhergehende Beispiel hat gezeigt, daß bei einer spektralen Faktorisierung in linearphasige Faktoren erhebliche Dämpfungsschwankungen in
den Durchlaßbereichen der Filter auftreten, auch dann, wenn der Durchlaßbereich des zugehörigen Prototypen $T(z)$ einen flachen Verlauf zeigt.

In [Ngu 89] wird ein Entwurfsverfahren für linearphasige Filterbänke
mit perfekter Rekonstruktion angegeben, das auf eine spektrale Faktorisierung verzichtet. Vielmehr wird von Kreuzgliedstrukturen ausgegangen. Die
Kreuzgliedkoeffizienten werden in einem numerischen Verfahren optimiert.
Damit lassen sich flachere Durchlaßbereiche in den Filtern realisieren.

Beispiel 6.7:

Zur Realisierung der linearphasigen Übertragungsfunktionen $H_0(z)$ und $H_1(z)$
im Beispiel 6.7 lassen sich Kreuzgliedstrukturen mit 4 Koeffizienten angeben.
Die Kreuzgliedstrukturen für linearphasige Filterbänke unterscheiden sich von
den weiter oben betrachteten QMF-Kreuzgliedstrukturen dadurch, daß beide
Koeffizienten in einem Kreuzglied gleiches Vorzeichen haben.

Die Koeffizienten des Kreuzgliedfilters werden mit Hilfe eines numerischen Op-
timierungsverfahrens bestimmt. Dabei werden gleichzeitig die Abweichungen
beider Frequenzgänge vom Idealverlauf bewertet. Im Durchlaßbereich wird die
Abweichung vom Wert 1 und im Sperrbereich die Abweichung vom Wert 0 als
Gütekriterium herangezogen.

Problematisch ist die Wahl der Startlösung. Im vorliegenden Beispiel zeigt es
sich, daß die Filterbank aus dem Beispiel 6.6 keine geeignete Startlösung ist:
Das Optimierungverfahren läuft in ein lokales Minimum ein. Die Optimierung
von Kreuzgliedstrukturen ist durch eine Vielzahl von lokalen Minima gekennzeichnet. Eine Vorabsuche einer geeigneten Startlösung z.B. mit Hilfe einer
Gittersuche ist daher empfehlenswert.

Bild 6.26 zeigt den Nullstellenplan und die Impulsantwort des optimierten Tiefpasses, Bild 6.27 die Frequenzgänge beider Filter. Die optimierte Kreuzgliedstruktur geht aus Bild 6.28 hervor.

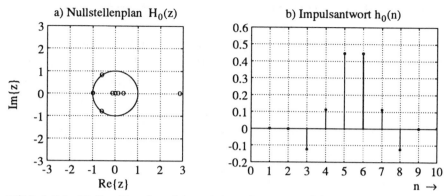

Bild 6.26: Nullstellenplan (a) und Impulsantwort (b) des optimierten Tiefpasses

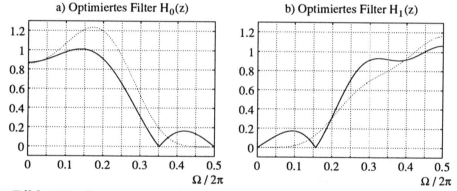

Bild 6.27: Frequenzgänge der optimierten biorthogonalen Filter, zum Vergleich punktiert: Ergebnisse aus Beispiel 6.6

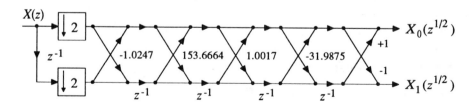

Bild 6.28: Linearphasige Kreuzgliedanalysefilterbank mit optimierten Koeffizienten

6.6   Transmultiplexer-Filterbänke

In einem Zeitmultiplexsignal (TDM-Signal) sind mehrere Signale zeitlich ineinander verschachtelt. In einem Frequenzmultiplexsignal (FDM-Signal) sind mehrere Signale frequenzversetzt zusammengefaßt. Ein Transmultiplexer dient dazu, TDM-Signale in FDM-Signale umzusetzen und umgekehrt.

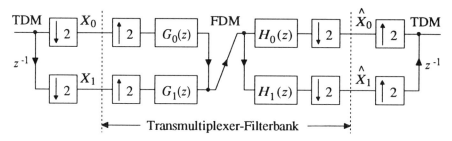

Bild 6.29: Zweikanal-Transmultiplexer

Bild 6.29 zeigt einen zweikanaligen Transmultiplexer, der zunächst ein TDM-Signal mit einem Verzögerungsglied und zwei Abwärtstastern in zwei Signale X_0 und X_1 zerlegt. Danach werden beide Signale mit zwei Aufwärtstastern, einem Tiefpaßfilter $G_0(z)$ und einem Hochpaßfilter $G_1(z)$ zu einem FDM-Signal umgesetzt. Die beiden Filter lassen das jeweils geeignete Image-Spektrum nach der Aufwärtstastung passieren. Danach wird das FDM-Signal durch ein Tiefpaßfilter $H_0(z)$, ein Hochpaßfilter $H_1(z)$ und zwei Abwärtstaster wieder in zwei Signale $\hat{X}_0$ und $\hat{X}_1$ zerlegt. Am Ende wird daraus wieder ein TDM-Signal "codiert".

Der mittlere Teil der Anordnung in Bild 6.29 wird Transmultiplexer-(TMUX-)Filterbank genannt. Er besteht aus einer Synthesefilterbank gefolgt von einer Analysefilterbank. Die Transmultiplexer-Filterbank leistet die duale Aufgabe zur Subband-Codierer-Filterbank (bzw. maximal dezimierten Analyse- und Syntheseanordnung): sie setzt Schmalbandsignale zu einem Breitbandsignal zusammen und zerlegt diese wieder.

Die Ausgangssignale $\hat{X}_0$ und $\hat{X}_1$ unterscheiden sich aufgrund von drei Fehlerquellen von den Eingangssignalen X_0 und X_1:

- Übersprechen zwischen den Kanälen,

- Amplitudenverzerrungen (Betragsfrequenzgänge) der Filter,

- Laufzeitverzerrungen der Filter.

Das Übersprechen ließe sich mit nichtüberlappenden Frequenzbändern der Filter vermeiden. Diese konventionelle Lösung ist aber bezüglich der Bandbreiteneffizienz suboptimal.

Im folgenden wird gezeigt, daß man selbst mit überlappenden Frequenzgängen der Filter alle drei oben genannten Fehler vermeiden kann. Dazu wird im nächsten Abschnitt erst einmal die Filterbank analysiert.

6.6.1 Analyse der Filterbank

Bild 6.30 zeigt die Zweikanal-Transmultiplexer-Filterbank mit den Z-Transformierten aller Signale.

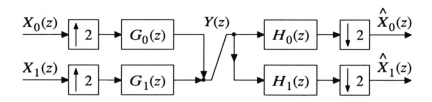

Bild 6.30: Zweikanal-Transmultiplexer-(TMUX-)Filterbank

Das FDM-Signal $Y(z)$ errechnet sich mit (6.7) aus den Eingangssignalen $X_0(z)$ und $X_1(z)$ zu

$$Y(z) = \begin{bmatrix} G_0(z) & G_1(z) \end{bmatrix} \begin{bmatrix} X_0(z^2) \\ X_1(z^2) \end{bmatrix}. \tag{6.91}$$

Für die Ausgangssignale $\hat{X}_0(z)$ und $\hat{X}_1(z)$ gilt mit (6.5)

$$\begin{bmatrix} \hat{X}_0(z) \\ \hat{X}_1(z) \end{bmatrix} = \frac{1}{2} \begin{bmatrix} H_0(z^{1/2}) & H_0(-z^{1/2}) \\ H_1(z^{1/2} & H_1(-z^{1/2}) \end{bmatrix} \cdot \begin{bmatrix} Y(z^{1/2}) \\ Y(-z^{1/2}) \end{bmatrix}. \tag{6.92}$$

Beide Gleichungen lassen sich mit Hilfe der Matrizen in (6.29) und der Vektoren

$$\hat{\mathbf{x}}(z) = \begin{bmatrix} \hat{X}_0(z) & \hat{X}_1(z) \end{bmatrix}^T, \quad \mathbf{x}(z) = \begin{bmatrix} X_0(z) & X_1(z) \end{bmatrix}^T \tag{6.93}$$

zu der folgenden Beziehung zusammenfassen:

$$\hat{\mathbf{x}}(z^2) = \frac{1}{2} \left[\mathbf{H}^{(m)}(z) \right]^T \cdot \mathbf{G}^{(m)}(z) \cdot \mathbf{x}(z^2). \tag{6.94}$$

Wenn die Filterbank kein Übersprechen zwischen den Kanälen aufweisen soll, dann muß die Übertragungsmatrix in (6.94) eine Diagonalmatrix sein:

$$\frac{1}{2}[\mathbf{H}^{(m)}(z)]^T \cdot \mathbf{G}^{(m)}(z) = \begin{bmatrix} F_0(z^2) & 0 \\ 0 & F_1(z^2) \end{bmatrix}. \qquad (6.95)$$

$F_0(z^2)$ ist die Verzerrungsfunktion des Tiefpaßkanal, $F_1(z^2)$ die Verzerrungsfunktion des Hochpaßkanals. Beide müssen bezüglich des hohen Taktes im Innern der Filterbank Funktionen von z^2 sein. Sind beide Funktionen Allpässe, so weist die Filterbank keine Amplitudenverzerrungen auf. Sind beide linearphasig, so verursacht die Filterbank keine Laufzeitverzerrungen. Sind beide Funktionen reine Verzögerungen, so liegt eine perfekt rekonstruierende TMUX-Filterbank vor.

Wegen der Aufwärts- und Abwärtstaster mit dem Faktor 2, siehe Bild 6.30, muß die Übertragungsmatrix eine Funktion von z^2 sein, siehe auch (6.95). Oder in anderen Worten: die TMUX-Filterbank kann nur in Vielfachen des langsamen äußeren Taktes verzögern. Gegebenenfalls erzwingt man diese Art der Verzögerung [Vet 86, Koi 89]: man verzögert die Analyse- oder die Synthesefilterbank um einen Takt, indem man beispielsweise die Übertragungsfunktionen der Synthesefilter mit z^{-1} multipliziert.

6.6.2 Paraunitäre TMUX-Filterbänke

Im folgenden wird gezeigt, daß aus einer paraunitären SBC-Filterbank, die stets perfekt rekonstruierend ist, durch einfache Modifikationen eine TMUX-Filterbank mit perfekter Rekonstruktion abgeleitet werden kann. Die paraunitäre SBC-Filterbank verzögert um $N - 1$ Takte, siehe (6.73). Wie sich später zeigt, bleibt diese Verzögerung unverändert, wenn die Reihenfolge von Analyse- und Synthesefilterbank vertauscht wird. Da $N - 1$ eine ungerade Zahl ist, werden die Übertragungsfunktionen der Synthesefilterbank aus oben genannten Gründen mit z^{-1} multipliziert. Daher ist die Modulationsmatrix $\mathbf{G}^{(m)}(z)$ der paraunitären SBC-Synthesefilterbank in der TMUX-Filterbank durch den Ausdruck $\mathbf{M}z^{-1}\mathbf{G}^{(m)}(z)$ zu ersetzen. Aus (6.95) wird unter Berücksichtigung von (6.71)

$$\begin{aligned}
\frac{1}{2}[\mathbf{H}^{(m)}(z)]^T \cdot \mathbf{G}^{(m)}(z) &= \frac{1}{2}[\mathbf{H}^{(m)}(z)]^T \cdot \mathbf{M} \cdot z^{-1} \cdot \mathbf{G}^{(m)}(z) \\
&= \frac{1}{2}[\mathbf{H}^{(m)}(z)]^T \cdot \mathbf{M} \cdot z^{-1} \cdot 2z^{-(N-1)}\mathbf{M} \cdot [\tilde{\mathbf{H}}^{(m)}(z)]^T \\
&= z^{-N}\mathbf{I}.
\end{aligned} \qquad (6.96)$$

Dabei ist die Beziehung $\mathbf{M} \cdot \mathbf{M} = \mathbf{I}$ genutzt worden. Ein Vergleich von (6.96) mit (6.95) zeigt, daß die Modulationsmatrizen $\mathbf{G}^{(m)}(z)$ und $\mathbf{H}^{(m)}(z)$ der SBC-Filterbank die Bedingung (6.95) für Übersprechfreiheit der TMUX-Filterbank erfüllen. In der TMUX-Filterbank werden daher die gleiche Analyse- und die gleiche Synthesefilterbank verwendet, nur in umgekehrter Reihenfolge.

Gleichung (6.96) zeigt weiterhin, daß die paraunitäre TMUX-Filterbank nicht nur übersprechfrei ist, sondern auch perfekt rekonstruiert: die Diagonalelemente der Übertragungsmatrix sind reine Verzögerungen z^{-N}.

Eine paraunitäre TMUX-Filterbank mit perfekter Rekonstruktion wird also wie folgt entworfen. Man entwirft eine paraunitäre SBC-Filterbank $\{H_i(z), G_i(z), i = 0, 1\}$ und stattet die TMUX-Filterbank mit einer Synthesefilterbank $\{z^{-1}G_i(z), i = 0, 1\}$ und einer Analysefilterbank $\{H_i(z), i = 0, 1\}$ aus.

Beispiel 6.8:

Grundlage eines TMUX-Entwurfes sei die paraunitäre SBC-Filterbank aus Beispiel 6.3 mit dem Nullstellenplan und der Impulsantwort nach Bild 6.14. Die vier Filter der SBC-Filterbank haben je 10 Koeffizienten. Die beiden Übertragungsfunktionen $G_0(z)$ und $G_1(z)$ werden mit z^{-1} multipliziert und zusammen mit den Analysefiltern $H_0(z)$ und $H_1(z)$ zur TMUX-Filterbank nach Bild 6.30 zusammengestellt.

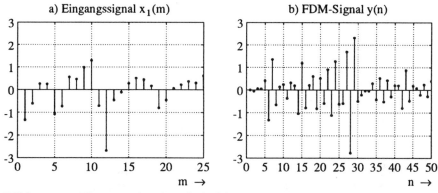

Bild 6.31: Eingangssignal $x_1(m)$ (a) und FDM-Signal $y(n)$ (b) der betrachteten TMUX-Filterbank; m = Zeitindex im langsamen äußeren Takt, n = Zeitindex im schnellen inneren Takt

Um das Übersprechen beobachten zu können, wird der Tiefpaßeingang nicht angeregt: $x_0(m) \equiv 0$. Als Eingangssignal $x_1(m)$ wird eine 50 Werte lange normalverteilte Zufallsfolge verwendet, von der Bild 6.31a die erste Hälfte zeigt.

Das Eingangssignal $x_1(m)$ wird im Hochpaßfilter $z^{-1}G_1(z)$ gefiltert und führt dann wegen des fehlenden Tiefpaßsignals auf das FDM-Signal $y(n)$, siehe Bild 6.31b.

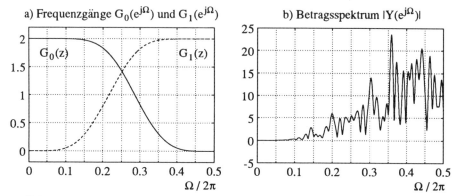

Bild 6.32: Frequenzgänge der paraunitären TMUX-Filterbank (a) und Spektrum des FDM-Signals (b)

Bild 6.32a zeigt die überlappenden Frequenzgänge der Tiefpässe und Hochpässe in der Filterbank. Diese lassen zunächst potentiell ein Übersprechen zu. Dieses wird mit Bild 6.32b bestätigt: das Spektrum des Hochpaßsignals ragt weit in den Tiefpaßbereich hinein.

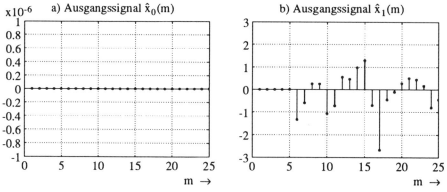

Bild 6.33: Ausgangssignale der paraunitären TMUX-Filterbank: $\hat{x}_0(m)$ aus dem Tiefpaßkanal (a) und $\hat{x}_1(m)$ aus dem Hochpaßkanal (b)

Die in Bild 6.33 gezeigten Ausgangssignale der Filterbank bestätigen die perfekte Rekonstruktion. Trotz überlappender Frequenzgänge erfolgt kein Übersprechen vom Hochpaß- in den Tiefpaßkanal. Man beachte die Ordinatenskalierung in Bild 6.33a! Das Ausgangssignal $\hat{x}_1(m)$ in Bild 6.33b ist exakt die verzögerte Version des Eingangssignals $x_1(m)$ aus Bild 6.31a. Die Verzögerung beträgt $(N-1)+1 = 10$ Intervalle im schnellen Takt (Index n).

6.6.3 Zusammenhang zwischen SBC- und TMUX-Filterbänken

Die Verwandtschaft zwischen SBC- und TMUX-Filterbänken gilt nicht nur für paraunitäre Systeme. In [Vet 86] und [Koi 89] wird gezeigt, daß jede SBC-Filterbank als transponiertes oder duales System eine TMUX-Filterbank mit den gleichen Eigenschaften besitzt und umgekehrt. Die Umsetzung erfolgt durch Vertauschen der Reihenfolge von Analyse und Synthese und durch Angleichen der Verzögerung.

Eine SBC-Filterbank ohne Aliasing hat eine TMUX-Filterbank ohne Übersprechen als duales System und umgekehrt. Eine SBC-Filterbank mit perfekter Rekonstruktion führt auf eine TMUX-Filterbank mit perfekter Rekonstruktion und umgekehrt.

Beispiel 6.9:

Im Beispiel 6.5 wurde eine einfache biorthogonale SBC-Filterbank mit perfekter Rekonstruktion behandelt. Die Verzögerung der gesamten Filterbank beträgt 1 Zeitintervall im schnellen Takt. Bei der zugehörigen TMUX-Filterbank muß die gleiche Verzögerung noch einmal hinzugefügt werden, um eine Gesamtverzögerung von 1 Zeitintervall im langsamen Takt zu erreichen. Dazu werden die Übertragungsfunktionen der Synthesefilter mit z^{-1} multipliziert. Aus (6.87 - 6.88) wird

$$G_0(z) = z^{-1} + z^{-2}, \qquad (6.97)$$

$$G_1(z) = -z^{-1} + z^{-2}. \qquad (6.98)$$

Aus (6.85 - 6.86) folgt die transponierte Modulationsmatrix

$$[\mathbf{H}^{(m)}(z)]^T = \frac{1}{2} \begin{bmatrix} 1 + z^{-1} & 1 - z^{-1} \\ 1 - z^{-1} & 1 + z^{-1} \end{bmatrix}, \qquad (6.99)$$

aus (6.97 - 6.98) die Modulationsmatrix

$$\mathbf{G}^{(m)}(z) = \begin{bmatrix} z^{-1} + z^{-2} & -z^{-1} + z^{-2} \\ -z^{-1} + z^{-2} & z^{-1} + z^{-2} \end{bmatrix}. \qquad (6.100)$$

Damit lautet die Übertragungsmatrix der TMUX-Filterbank nach (6.95)

$$\frac{1}{2}[\mathbf{H}^{(m)}(z)]^T \cdot \mathbf{G}^{(m)}(z) = \begin{bmatrix} z^{-2} & 0 \\ 0 & z^{-2} \end{bmatrix}, \qquad (6.101)$$

was auf den langsamen Takt am Eingang und Ausgang der Filterbank bezogen eine Verzögerung um 1 Taktintervall bedeutet. Insbesondere ist mit (6.101) die perfekte Rekonstruktion der aus der SBC-Filterbank in Beispiel 6.5 abgeleiteten TMUX-Filterbank nachgewiesen.

Kapitel 7

Gleichförmige M-Kanal-Filterbänke

Gleichförmige Filterbänke bestehen aus Tiefpässen, Bandpässen und Hochpässen, die Signalspektren in lückenlos aneinandergereihte gleich breite Frequenzintervalle zerlegen und wieder zusammensetzen. Alle Filter haben die gleiche Bandbreite. Die Mittenfrequenzen sind äquidistant angeordnet.

Die bisher betrachteten zweikanaligen Filterbänke zeigen bereits die wichtigsten Prinzipien und Phänomene gleichförmiger Filterbänke. Im vorliegenden Kapitel werden diese Erkenntnisse verallgemeinert und auf M-Kanal-Filterbänke übertragen. Obwohl es auch Anwendungen für Zweikanalfilterbänke gibt, ist die Aufteilung eines Frequenzbereiches in M gleiche Bänder von höherem Interesse.

Ist die Zahl M eine Potenz von 2, so lassen sich die Zweikanal-Filterbänke direkt in einer baumförmigen M-Kanal-Filterbank verwenden. Darüberhinaus werden parallel strukturierte M-Kanal-Filterbänke verwendet, die eine gleichförmige Aufteilung eines Frequenzbandes in eine beliebige Anzahl M von Teilbändern zulassen.

Es sind geschlossene Lösungen für den Entwurf von M-Kanal-Filterbänken ohne Aliasing und sogar mit perfekter Rekonstruktion bekannt. Diese führen in der Regel auf sehr aufwendige Realisierungen. Deshalb sind Näherungslösungen, bei denen nur die direkt benachbarten Alias-Spektren betrachtet werden, und die einen erheblich geringeren Aufwand verursachen, von großer praktischer Bedeutung. Dieses sind die Pseudo-QMF-Filterbänke in Form von cosinus-modulierten und komplex modulierten Filterbänken.

7.1 M-Kanal-Filterbank mit Baumstruktur

7.1.1 Realisierungsstruktur

Die Aufteilung eines Frequenzbandes in zwei *Teilbänder* reicht häufig nicht aus. Es ist naheliegend, die Anzahl der Teilbänder dadurch zu vergrößern, daß man fortgesetzt jedes Teilband wieder in zwei halb so breite Teilbänder zerlegt. Dieses führt auf $4, 8, 16, \ldots$ Teilbänder. Die Anzahl M der Teilbänder ist eine Potenz von 2.

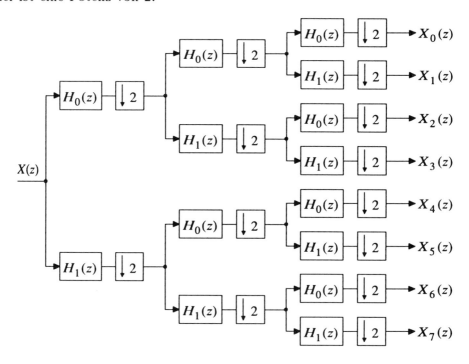

Bild 7.1: 8-kanalige gleichförmige Analysefilterbank mit Baumstruktur

Bild 7.1 zeigt eine 8-Kanal-Analysefilterbank. Die Zerlegung in zwei Teilbänder wird in drei Ebenen vorgenommen. Bild 7.2 zeigt die zugehörige Synthesefilterbank. Beide Strukturen sind dual zueinander.

Wird der Analysefilterbank in Bild 7.1 die Synthesefilterbank in Bild 7.2 nachgeschaltet, so entsteht eine 8-kanalige Teilbandcodierungs-Filterbank

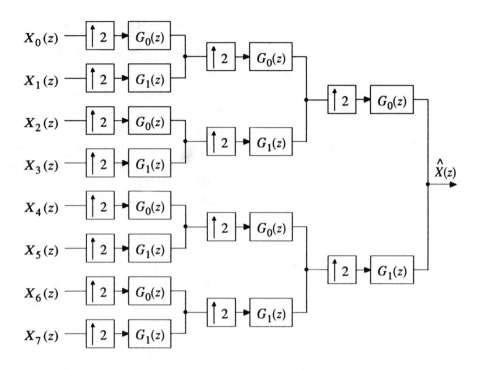

Bild 7.2: 8-kanalige gleichförmige Synthesefilterbank mit Baumstruktur

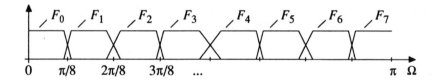

Bild 7.3: Übertragungsfunktionen der gesamten Filterbank nach Bild 7.1 und 7.2

(SBC-Filterbank), die das Frequenzband von 0 bis π, bezogen auf die Abtastrate am Eingang und Ausgang, gleichförmig in acht Bänder der Breite $\pi/8$ aufteilt, siehe Bild 7.3. Die in Bild 7.3 angedeuteten Übertragungsfunktionen $F_i(z), i = 0, 1, 2 \ldots 7$, sind durch die Übertragungswege $X(z) \rightarrow X_i(z) \rightarrow \hat{X}(z)$ definiert. Dabei werden die Alias-Signale, die sich in der Synthesebank zu null kompensieren, nicht berücksichtigt.

7.1.2 Filterflanken und Realisierungsaufwand

Im folgenden wird der Filteraufwand der M-Kanal-Filterbank mit Baumstruktur abgeschätzt. Dabei wird angenommen, daß alle TP-Filter $H_0(z)$
und $G_0(z)$ und alle HP-Filter $H_1(z)$ und $G_1(z)$ die gleiche Anzahl N_0 an Koeffizienten besitzen. Die Filter in der untersten Ebene werden im Takt f_s/M
gerechnet, mit f_s als Abtastrate am Eingang und Ausgang. Analyse- und
Synthesefilter verursachen in der untersten Ebene zusammen einen Aufwand
von $N_0 \cdot 2M \cdot f_s/M$ FOPS. In der nächsten Ebene wird der gleiche Aufwand
benötigt, denn die Anzahl der Filter hat sich halbiert, die Taktrate aber
verdoppelt. In allen Ebenen zusammen entsteht also ein Gesamtaufwand
von

$$A_{ges} = N_0 \cdot 2f_s \cdot n_e \quad , \tag{7.1}$$

wobei $n_e = \log_2(M)$ die Anzahl der Ebenen ist.

Werden in allen Ebenen identische Filter verwendet, so sind die Übergangsbandbreiten, bezogen auf die jeweilige Abtastfrequenz, überall gleich.
Die absoluten *Übergangsbandbreiten* verändern sich von Ebene zu Ebene um
den Faktor 2. Sie sind in der untersten Ebene am geringsten. Dieser Umstand ist auch in Bild 7.3 angedeutet. Er führt dazu, daß die Kanäle der
Filterbank unterschiedliche untere und obere Filterflanken besitzen, siehe
z.B. Kanal F_4 in Bild 7.3.

Sollen alle Kanäle gleich breite Filterflanken besitzen, so müssen die Filter der mittleren Ebene doppelt so lang sein wie die der unteren Ebene und
die der obersten Ebene vierfache Länge haben.

Beispiel 7.1:

Es wird eine Filterbank nach Bild 7.1 und 7.2 dimensioniert. Als Prototyp
wird ein *Wurzel-Cosinus-Rolloff-Tiefpaß* $H_0(z)$ mit 40 Koeffizienten und einem
Rolloff-Faktor von $r = 1/12$ verwendet. Daraus werden die gleich langen Filter
$H_1(z), G_0(z)$ und $G_1(z)$ abgeleitet. In allen Ebenen werden die gleichen Filter
verwendet. Bild 7.4a zeigt als Beispiel die Übertragungsfunktion $F_4(z)$ des 4.
Kanals, siehe auch Bild 7.3. Die untere Filterflanke ist um den Faktor 4 breiter
als die obere.

Als Alternative wird eine Dimensionierung der Filter mit gleicher absoluter
Übergangsbandbreite vorgenommen. Da die Filter der mittleren Ebene mit
doppelter Abtastrate betrieben werden, halbiert sich die erforderliche relative
Bandbreite b. Daher muß die Anzahl der Koeffizienten verdoppelt werden.
Es wird ein Tiefpaß $H_0(z)$ mit 80 Koeffizienten und einem Rolloff-Faktor von
$r = 1/24$ verwendet. In der obersten Ebene werden schließlich Filter mit 160

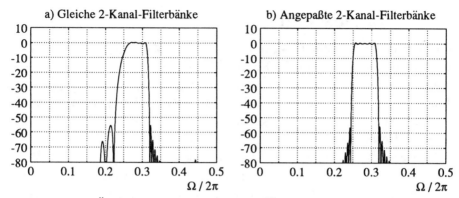

Bild 7.4: Übertragungsfunktion $|F_4(e^{j\Omega})|$ in dB einer 8-Kanal-Filterbank mit gleichen Filtern in allen Ebenen (a) und mit Filtern gleichbleibender absoluter Übergangsbandbreite (b)

Koeffizienten und einem Rolloff-Faktor von $r = 1/48$ eingesetzt. Bild 7.4 zeigt das Ergebnis am Beispiel des vierten Kanals.

Die Forderung nach gleichbleibender absoluter Übergangsbandbreite verursacht einen erheblichen Mehraufwand gegenüber dem vorher betrachteten Fall gleicher relativer Übergangsbandbreite. Der Aufwand der untersten Ebene bleibt bei $N_0 \cdot 2f_s$ FOPS. In der nächsten Ebene verdoppelt sich der Aufwand, da die Filter doppelt so lang sind. Für eine M-Kanal-Filterbank gilt daher

$$\begin{aligned} A_{ges} &= N_0 \cdot 2f_s(1 + 2 + 4 + \ldots 2^{n_e-1}) \\ &= 2N_0 f_s(M - 1). \end{aligned} \tag{7.2}$$

Beispiel 7.2:

Die Filterbank mit gleicher relativer Übergangsbandbreite nach Bild 7.4a erfordert nach (7.1) mit $N_0 = 40$ und $n_e = 3$ einen Gesamtaufwand von $A_{ges} = 240f_s$ FOPS, während die Filterbank nach Bild 7.4b gemäß (7.2) insgesamt $A_{ges} = 560f_s$ FOPS benötigt.

7.1.3   Eigenschaften

Ein Vorteil der Baumstruktur ist darin zu sehen, daß die Ergebnisse der Zweikanal-Filterbänke für M-Kanal-Filterbänke übernommen werden können. Weisen die verwendeten Zweikanal-Filterbänke kein Aliasing auf, so gilt das dann auch für die gesamte M-Kanal-Filterbank. Ebenso führen Zweikanal-Filterbänke mit perfekter Rekonstruktion auf perfekt rekonstruierende M-Kanal-Filterbänke.

Als Einschränkung muß die Tatsache gewertet werden, daß mit der Baumstruktur die Anzahl M der Kanäle nur als Zweierpotenz wählbar ist.

Als Nachteil ist der relativ hohe Aufwand an Filteroperationen und an Speicherbedarf zu nennen. Letzterer ist eng verknüpft mit der Signaldurchlaufzeit. Später wird gezeigt, daß der Aufwand einer Filterbank mit Parallelstruktur vergleichbar ist mit dem der untersten Ebene einer Baumstruktur.

Bei linearphasigen Filtern beträgt die *Durchlaufzeit* in der untersten Ebene (Analyse + Synthese) $N_0 - 1$ Taktintervalle der Länge M/f_s, also insgesamt $M(N_0 - 1)/f_s$. Bei gleichen Filtern in allen Ebenen halbiert sich die Durchlaufzeit von Ebene zu Ebene. Die Gesamtdurchlaufzeit einer Filterbank mit gleicher relativer Übergangsbandbreite läßt sich daher mit

$$\tau_{ges} < 2M(N_0 - 1)/f_s \qquad (7.3)$$

abschätzen. Im Falle gleicher absoluter Übergangsbandbreiten sind die Durchlaufzeiten aller Ebenen gleich. Bei linearphasigen Filtern kann dann die Gesamtdurchlaufzeit mit

$$\tau_{ges} = n_e \cdot M(N_0 - 1)/f_s \qquad (7.4)$$

angegeben werden.

7.2 M-Kanal-Filterbank mit Parallelstruktur

Die M-Kanal-Filterbank mit M parallel angeordneten Filtern ist eine wichtige Alternative zur Baumstruktur. Im Gegensatz zu den Verhältnissen bei der Baumstruktur kann M eine beliebige natürliche Zahl sein. Im folgenden wird die Filterbank mit Parallelstruktur analysiert.

7.2.1 Analysefilterbank

Das Prinzip der spektralen Zerlegung eines Signal läßt sich auf M Kanäle verallgemeinern. Bild 7.5 zeigt eine *M-Kanal-Analysefilterbank*.

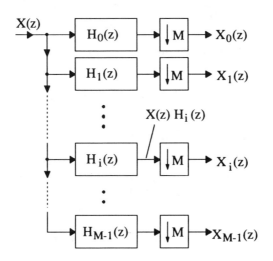

Bild 7.5: Analysefilterbank mit M Kanälen

Diese Filterbank besitzt M einzelne Filter mit äquidistant angeordneten Durchlaßbereichen. Das Spektrum des Eingangssignals $X(z)$ kann im Bereich $0 \leq \Omega \leq \pi$ liegen. Die Filterbank zerlegt dieses Spektrum in lückenlos aneinandergereihte Teilspektren der Breite π/M. $H_0(z)$ ist ein Tiefpaß, $H_1(z)$ bis $H_{M-2}(z)$ sind Bandpässe und $H_{M-1}(z)$ ist ein Hochpaß. Alle Signale und Impulsantworten werden zunächst als reell angenommen.[1] Da die

---

[1] Auf M-Kanal-Filterbänke mit komplexwertigen Impulsantworten wird später eingegangen.

Bandbreite der gefilterten Signale näherungsweise π/M beträgt, kann die Abtastrate nach der Filterung um den Faktor M reduziert werden.

Die abwärtsgetasteten Teilbandsignale lauten mit (1.46)

$$X_i(z) = \frac{1}{M} \sum_{m=0}^{M-1} H_i\big(z^{1/M} W_M^m\big) \cdot X\big(z^{1/M} W_M^m\big), \; i = 0, 1, 2, \ldots, M-1. \quad (7.5)$$

Durch die Abwärtstastung werden alle Teilbandsignale in das Basisband $0 \leq \Omega \leq \pi/M$ abgebildet. Gleichung (7.5) lautet in Matrixschreibweise

$$\mathbf{x}(z) = \frac{1}{M} \cdot \big[\mathbf{H}^{(m)}\big(z^{1/M}\big)\big]^T \cdot \mathbf{x}^{(m)}\big(z^{1/M}\big) \qquad (7.6)$$

mit dem *Vektor der Teilbandsignale*

$$\mathbf{x}(z) = \big[X_0(z)\; X_1(z) \;\ldots\; X_{M-1}(z)\big]^T, \qquad (7.7)$$

der *Modulationsmatrix der Analysefilterbank*

$$\mathbf{H}^{(m)}(z) = \begin{bmatrix} H_0(z) & H_1(z) & \ldots & H_{M-1}(z) \\ H_0\big(zW_M^1\big) & H_1\big(zW_M^1\big) & \ldots & H_{M-1}\big(zW_M^1\big) \\ \vdots & \vdots & & \vdots \\ H_0\big(zW_M^{M-1}\big) & H_1\big(zW_M^{M-1}\big) & \ldots & H_{M-1}\big(zW_M^{M-1}\big) \end{bmatrix} \qquad (7.8)$$

und dem *Modulationsvektor des Eingangssignals*

$$\mathbf{x}^{(m)}(z) = \big[X(z)\; X\big(zW_M^1\big) \;\ldots\; X\big(zW_M^{M-1}\big)\big]^T, \qquad (7.9)$$

siehe auch (1.28).

Wird der Faktor der Abwärtstastung gleich der Anzahl der Kanäle gewählt, so spricht man von einer *kritisch abgetasteten Analysefilterbank*. In diesem Fall ist die Anzahl der Abtastwerte pro Zeiteinheit aller Teilsignale zusammengenommen gleich der Anzahl der Abtastwerte pro Zeiteinheit des Eingangssignals $X(z)$.

7.2.2   Synthesefilterbank

Das duale Gegenstück zur M-Kanal-Analysefilterbank ist die *M-Kanal-Synthesefilterbank* in Bild 7.6.

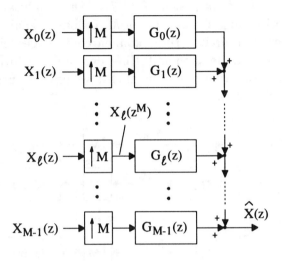

Bild 7.6: Synthesefilterbank mit M Kanälen

Die Filter $G_0(z)$ bis $G_{M-1}(z)$ haben im wesentlichen die gleiche Charakteristik wie die Analysefilter $H_0(z)$ bis $H_{M-1}(z)$.

Durch die Aufwärtstastung werden aus den Teilsignalen $X_\ell(z)$ die Signale $X_\ell(z^M), \ell = 0, 1, 2, \ldots, M - 1$, erzeugt, siehe (1.85). Diese werden mit den Filtern $G_\ell(z)$ gefiltert und am Ende zu dem Ausgangssignal

$$\hat{X}(z) = \sum_{\ell=0}^{M-1} G_\ell(z) \cdot X_\ell(z^M) \tag{7.10}$$

aufsummiert. Diese Gleichung kann kompakt wie folgt geschrieben werden:

$$\hat{X}(z) = \mathbf{g}^T(z) \cdot \mathbf{x}(z^M) \tag{7.11}$$

mit

$$\mathbf{g}(z) = \begin{bmatrix} G_0(z) \ G_1(z) \ \ldots \ G_{M-1}(z) \end{bmatrix}^T \tag{7.12}$$

und $\mathbf{x}(z)$ nach (7.7).

7.2.3   Maximal dezimierte SBC-Filterbank

Kombiniert man eine Analysefilterbank nach Bild 7.5 mit einer Synthesefilterbank nach Bild 7.6, so erhält man eine M-kanalige *Teilbandcodierungs-Filterbank (SBC-Filterbank)*, siehe Bild 7.7. Die Analysefilterbank zerlegt das breitbandige Eingangssignal $X(z)$ in M Teilbandsignale $X_0(z), X_1(z) \ldots X_{M-1}(z)$ gleicher Bandbreite. Diese können codiert, gespeichert und übertragen werden. Am Ende wird mit Hilfe der Synthesefilterbank ein Ausgangssignal $\hat{X}(z)$ konstruiert, das möglichst wenig vom ursprünglichen Signal $X(z)$ abweichen soll.

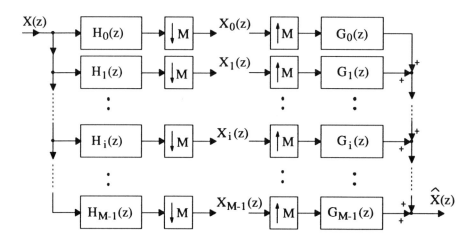

Bild 7.7: M-Kanal-Teilbandcodierungs-Filterbank (SBC-Filterbank)

Bezogen auf den Eingangs- und Ausgangstakt hat das Eingangssignal die Bandbreite π, die Teilbandsignale haben die nominelle Bandbreite π/M. Da der Takt ebenfalls um den Faktor M reduziert wird, werden die Teilbandsignale mit der niedrigst möglichen Abtastfrequenz dargestellt. Man spricht daher von einer *kritisch abgetasteten* oder einer *maximal dezimierten* Filterbank.

Im folgenden wird die SBC-Filterbank in Bild 7.7 mit dem Ziel analysiert, Bedingungen für alias-freie Übertragung oder perfekte Rekonstruktion zu erarbeiten. Die Synthesefilterbank wird mit (7.11) beschrieben. Die modulierten Versionen des Ausgangssignals

$$\hat{X}\left(zW_M^k\right) = \mathbf{g}^T\left(zW_M^k\right) \cdot \mathbf{x}(z^M), \quad k = 0, 1, 2, \ldots M - 1 \tag{7.13}$$

lassen sich zu dem Modulationsvektor

$$\hat{\mathbf{x}}^{(m)}(z) = \left[\hat{X}(z)\hat{X}(zW_M)\ldots\hat{X}(zW_M^{M-1})\right]^T \qquad (7.14)$$

des Ausgangssignals zusammenfassen. Mit (7.13) gilt

$$\hat{\mathbf{x}}^{(m)}(z) = \mathbf{G}^{(m)}(z) \cdot \mathbf{x}(z^M) \qquad (7.15)$$

worin

$$\mathbf{G}^{(m)}(z) = \begin{bmatrix} G_0(z) & G_1(z) & \ldots & G_{M-1}(z) \\ G_0(zW_M) & G_1(zW_M) & & G_{M-1}(zW_M) \\ \vdots & \vdots & & \vdots \\ G_0(zW_M^{M-1}) & G_1(zW_M^{M-1}) & \ldots & G_{M-1}(zW_M^{M-1}) \end{bmatrix} \qquad (7.16)$$

die *Modulationsmatrix der Synthesefilterbank* ist. Die Analysefilterbank wird durch (7.6) beschrieben. Setzt man den Vektor $\mathbf{x}(z)$ der Teilbandsignale aus (7.6) in (7.15) ein, so erhält man eine Beziehung zwischen dem Eingangs- und dem Ausgangssignal der SBC-Filterbank:

$$\begin{aligned} \hat{\mathbf{x}}^{(m)}(z) &= \frac{1}{M} \mathbf{G}^{(m)}(z) \cdot \left[\mathbf{H}^{(m)}(z)\right]^T \cdot \mathbf{x}^{(m)}(z) \\ &= \mathbf{F}(z) \cdot \mathbf{x}^{(m)}(z). \end{aligned} \qquad (7.17)$$

Die *Übertragungsmatrix* $\mathbf{F}(z)$, die aus dem Produkt der Modulationsmatrix der Synthesefilterbank und der transponierten Modulationsmatrix der Analysefilterbank besteht, verknüpft das Eingangssignal $X(z)$ und dessen frequenzversetzte Kopien mit dem Ausgangssignal $\hat{X}(z)$ und dessen frequenzversetzten Kopien. Für $M = 2$ ist dieses Ergebnis identisch mit der Beziehung (6.29) für Zweikanal-Filterbänke.

Die betrachtete Filterbank ist dann und nur dann frei von Alias-Komponenten am Ausgang, wenn die Matrix $\mathbf{F}(z)$ die folgende Diagonalform hat:

$$\mathbf{F}(z) = \text{diag}\{F(z)\ F(zW_M)\ldots F(zW_M^{M-1})\}. \qquad (7.18)$$

Ist die Funktion $F(z)$ überdies ein Allpaß, dann ist die Filterbank frei von Verzerrungen des Betragsfrequenzganges. Ist sie linearphasig, so ist die Filterbank frei von Laufzeitverzerrung. Für den Fall

$$F(z) = c \cdot z^{-k_0}, \qquad (7.19)$$

wobei $c \neq 0$ ein Skalar ist, liegt eine *SBC-Filterbank mit perfekter Rekonstruktion* vor.

7.2.4 Verzerrungsfunktion und Aliasing-Funktion

Die Übertragungsmatrix $\mathbf{F}(z)$ verbindet den Modulationsvektor $\hat{\mathbf{x}}^{(m)}(z)$ am Ausgang mit dem Modulationsvektor $\mathbf{x}^{(m)}(z)$ am Eingang der Filterbank. Aus der ersten Zeile dieser Matrix geht die Zusammensetzung des Ausgangssignals $\hat{X}(z)$ hervor:

$$
\begin{aligned}
\hat{X}(z) &= \frac{1}{M} \cdot \mathbf{g}^T(z) \cdot \left[\mathbf{H}^{(m)}(z)\right]^T \cdot \mathbf{x}^{(m)}(z) \\
&= \frac{1}{M} \sum_{i=0}^{M-1} G_i(z) \cdot \sum_{\ell=0}^{M-1} H_i\left(zW_M^\ell\right) \cdot X\left(zW_M^\ell\right) \\
&= \frac{1}{M} \sum_{\ell=0}^{M-1} \left[\sum_{i=0}^{M-1} G_i(z) \cdot H_i\left(zW_M^\ell\right)\right] \cdot X\left(zW_M^\ell\right). \quad (7.20)
\end{aligned}
$$

Das Ausgangssignal $\hat{X}(z)$ hängt vom Original-Eingangssignal $X(z)$, d.h. $X(zW_M^\ell)$ mit $\ell = 0$, und von seinen Aliaskomponenten $X(zW_M^\ell)$ mit $\ell = 1, 2, 3 \dots M-1$ ab. Für $\ell = 0$ erhält man aus (7.20) die Übertragungsfunktion der Filterbank. Da man im Idealfall eine perfekte Rekonstruktion erwartet, beschreibt diese Übertragungsfunktion die linearen Verzerrungen der Filterbank. Sie wird daher auch *Verzerrungsfunktion* genannt:

$$
F_{dist}(z) = \frac{1}{M} \sum_{i=0}^{M-1} G_i(z) \cdot H_i(z). \quad (7.21)
$$

Entsprechend definiert man eine *Aliasing-Funktion*. Da die verschiedenen Alias-Komponenten $X(zW_M^\ell)$ des Eingangssignals für $\ell = 1, 2, 3 \dots M-1$ sich nicht gegenseitig kompensieren, sind die zugehörigen Teilübertragungsfunktionen $\sum_{i=0}^{M-1} G_i(z)H_i(zW_M^\ell)$ separat zu betrachten. Um trotzdem eine einzige Funktion zur Bewertung des Aliasing in der Filterbank zur Verfügung zu haben, definiert man die folgende Aliasing-Funktion

$$
F_{alias}(z) = \left(\sum_{\ell=1}^{M-1} \left| \frac{1}{M} \sum_{i=0}^{M-1} G_i(z) \cdot H_i\left(zW_M^\ell\right) \right|^2 \right)^{1/2}, \quad (7.22)
$$

die eine Summation unkorrelierter Aliaskomponenten widerspiegelt.

7.2.5 Paraunitäre SBC-Filterbank

In Anlehnung an die Vorgehensweise bei der Zweikanal-Filterbank könnte man von einer FIR-Analysefilterbank mit einer Modulationsmatrix $\mathbf{H}^{(m)}(z)$ ausgehen und daraus mit Hilfe von (7.17) die Modulationsmatrix

$$\mathbf{G}^{(m)}(z) = M \cdot \mathbf{F}(z) \cdot \left([\mathbf{H}^{(m)}(z)]^T\right)^{-1} \tag{7.23}$$

der Synthesefilterbank und die Filter der Synthesefilterbank bestimmen. Mit (7.18) hätte man in diesem Fall eine alias-freie Lösung. Hat man überdies $\det|\mathbf{H}^{(m)}(z)| = k \cdot z^{-n_0}$, so erhält man eine FIR-Synthesefilterbank.

Alle Lösungen, die auf der Invertierung der Modulationsmatrix $\mathbf{H}^{(m)}(z)$ beruhen, sind unbefriedigend. Sie führen auf IIR-Filter oder auf sehr lange Synthesefilter.

Im Falle einer *paraunitären Modulationsmatrix* der Analysefilterbank kann die Matrixinversion nach (7.23) vermieden werden. Aus (7.17) folgt

$$\frac{1}{M}\mathbf{G}^{(m)}(z) \cdot [\mathbf{H}^{(m)}(z)]^T = \mathbf{F}(z) \tag{7.24}$$

Die perfekte Rekonstruktion nach (7.19) sei konkret mit $F(z) = z^{-(N-1)}$ beschrieben, d.h.

$$\mathbf{F}(z) = z^{-(N-1)} \cdot \mathbf{M}_M \tag{7.25}$$

mit

$$\mathbf{M}_M = \mathrm{diag}\{1 \ W_M \ W_M^2 \ \ldots \ W_M^{M-1}\}. \tag{7.26}$$

Wegen der Paraunitarität gilt

$$\left([\mathbf{H}^{(m)}(z)]^T\right)^{-1} = \mathbf{H}^{(m)}(z^{-1}). \tag{7.27}$$

Gleichung (7.24) kann daher wie folgt nach der Modulationsmatrix der Synthesefilterbank aufgelöst werden:

$$\boxed{\mathbf{G}^{(m)}(z) = M \cdot z^{-(N-1)} \cdot \mathbf{M}_M \cdot \mathbf{H}^{(m)}(z^{-1}).} \tag{7.28}$$

Besteht die Analysefilterbank aus FIR-Filtern mit N Koeffizienten, so gilt das gleiche für die Synthesefilterbank. Die angesetzte Verzögerung $F(z) = z^{-(N-1)}$ führt gerade auf kausale Synthesefilter.

Beispiel 7.3:

Für $M = 2$ und einen Ansatz mit *Konjugiert-Quadratur-Filtern*

$$H_0(z) = H(z), \tag{7.29}$$

$$H_1(z) = z^{-(N-1)}H(-z^{-1}) \tag{7.30}$$

lautet (7.28)

$$\mathbf{G}^{(m)}(z) = 2 \cdot z^{-(N-1)} \cdot \begin{bmatrix} 1 & 0 \\ 0 & -1 \end{bmatrix} \begin{bmatrix} H(z^{-1}) & z^{(N-1)}H(-z) \\ H(-z^{-1}) & -z^{(N-1)}H(z) \end{bmatrix}. \tag{7.31}$$

Aus der ersten Zeile dieser Matrixgleichung folgen die bekannten Ausdrücke für die Synthesefilter:

$$G_0(z) = 2 \cdot z^{-(N-1)}H(z^{-1}), \tag{7.32}$$

$$G_1(z) = 2H(-z), \tag{7.33}$$

siehe auch (6.45) und (6.46).

Es ist allerdings schwierig, eine paraunitäre Matrix $\mathbf{H}^{(m)}(z)$ mit geeigneter Übertragungscharakteristik der Kanäle zu konstruieren. In [Vai 86a] und [Vai 87] werden Zusammenschaltungen von Kreuzgliedern (*Lattice-Strukturen*) angegeben, die in ihrem Zusammenwirken stets auf paraunitäre Matrizen $\mathbf{H}^{(m)}(z)$ führen. Durch numerische Optimierung werden die Parameter der Kreuzglieder so bestimmt, daß die Kanalübertragungsfunktionen eine optimale Selektivität zeigen. Die so entworfenen Filterbänke mit perfekter Rekonstruktion sind besonders robust und unempfindlich gegenüber Quantisierungsfehlern der Filterparameter. Der Entwurfsaufwand steigt überproportional mit der Anzahl der Kanäle. Dieses führt auf eine praktische Limitierung der Kanalanzahl auf Werte von etwa 50 bis 100. Möchte man mehr Kanäle, so muß man auf andere Entwurfsverfahren ausweichen.

Im folgenden werden als Alternative modulierte Filterbänke betrachtet. Bei diesen ist die Übertragungsmatrix $\mathbf{F}(z)$ nur näherungsweise eine Diagonalmatrix. Der Filterentwurf beschränkt sich bei diesen Lösungen auf den Entwurf eines geeigneten Tiefpaß-Prototypen. Da die modulierten Filterbänke mit Polyphasenstrukturen realisiert werden können, stellen sie eine besonders recheneffiziente Lösung dar.

7.3 Komplex modulierte M-Kanal-Filterbänke (DFT-Filterbänke)

Die Schwierigkeit, M verschiedene Übertragungsfunktionen für eine Filterbank so zu entwerfen, daß perfekte Rekonstruktion eintritt, wird im folgenden umgangen. Die M verschiedenen Übertragungsfunktionen werden vielmehr aus einem einzigen *Tiefpaß-Prototypen* abgeleitet. Gleichzeitig wird der Anspruch auf perfekte Rekonstruktion zugunsten eines leicht überschaubaren Filterbankentwurfes aufgegeben.

Im wesentlichen wird das aus der Literatur bekannte *"Pseudo-QMF"-Prinzip* angewendet, das aus drei Maßnahmen besteht:

- Die Filterbankkanäle entstehen durch äquidistantes Frequenzversetzen eines geeigneten Prototypen derart, daß die Übertragungsfunktionen benachbarter Kanäle zwischen den Mittenfrequenzen in guter Näherung leistungskomplementär sind. In Anlehnung an die Zweikanal-QMF-Bänke stammt von daher die Bezeichnung *Pseudo-QMF*.

- Es werden nur die Alias-Spektren, die den Nutzspektren direkt benachbart sind, durch geeignete Maßnahmen kompensiert.

- Die weiter entfernt liegenden Alias-Spektren werden durch eine geeignet hohe Sperrdämpfung des Prototypen weitgehend eliminiert.

Die äquidistante Frequenzversetzung in den hier betrachteten Filterbänken erfolgt durch komplexe Modulation. Werden solche Filterbänke, wie später gezeigt, mit einer Polyphasenstruktur realisiert, so wird die Modulation mit Hilfe des DFT-Algorithmus durchgeführt. Man spricht daher auch von *DFT-Filterbänken*.

Im allgemeinen bleibt ein Rekonstruktionsfehler in Form von restlichen Alias-Signalen und einer linearen Verzerrung (Abweichung vom Idealfall der puren Verzögerung) übrig. Durch entsprechenden Aufwand läßt sich der Rekonstruktionsfehler aber beliebig klein halten. Man spricht daher von einer *"fast perfekten"* Rekonstruktion.

7.3.1 Struktur der Filterbank

Die M Analysefilter $H_0(z)$ bis $H_{M-1}(z)$ der SBC-Filterbank in Bild 7.7 lassen sich durch gleichförmige (äquidistante) Frequenzverschiebungen aus der Übertragungsfunktion $H(z) \bullet\!\!-\!\!\circ h(n)$ eines Tiefpaß-Prototypen ableiten. Multipliziert man die Impulsantwort $h(n)$ mit einem Faktor $\exp(jn\Omega_0)$, so wird der Frequenzgang $H(e^{j\Omega})$ des Prototypen um Ω_0 zu positiven Frequenzen hin verschoben [Fli 91]:

$$h(n) \cdot \exp(jn\Omega_0) \circ\!\!-\!\!\bullet H(e^{j(\Omega-\Omega_0)}). \tag{7.34}$$

Diese Verhältnisse sind in Bild 7.8 schematisch dargestellt.

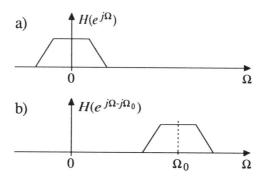

Bild 7.8: Verschiebung eines Frequenzganges: Prototyp (a) und verschobener Frequenzgang (b)

Ausgehend von reellen Koeffizienten der Impulsantwort $h(n)$ erhält man komplexe Bandpaß-Koeffizienten in der Impulsantwort $h(n)\exp(jn\Omega_0)$. Eine Ausnahme bildet die Frequenz $\Omega_0 = \pi$. Hier lautet der Faktor $\exp(jn\Omega_0) = (-1)^n$. In diesem Fall wird aus dem Tiefpaß $H(z)$ ein Hochpaß $H(-z)$.

In der M-Kanal-Analysefilterbank werden die M Mittenfrequenzen der Analysefilter durch eine gleichmäßige Teilung des normierten Frequenzbereiches von 0 bis 2π festgelegt. Der Abstand benachbarter Mittenfrequenzen beträgt dann $2\pi/M$, siehe Bild 7.9.

Der Prototyp $H(z)$ hat eine Grenzfrequenz von π/M. Oberhalb von π/M befindet sich noch ein Teil der Filterflanke. Für Frequenzen $\Omega > 2\pi/M$ soll der Prototyp eine ausreichend hohe Sperrdämpfung aufweisen. Was dabei "ausreichend" bedeutet, wird in späteren Abschnitten besprochen. Die Filterflanken benachbarter Kanäle überlappen sich. Dieses ist für die Rekonstruktion aller Spektralkomponenten der verarbeiteten Signale nötig.

Die Frequenzgänge der M Analysefilter lauten nach (7.34) mit $\Omega_i = i2\pi/M$, $i = 0, 1, 2 \ldots M - 1$,

$$H_i(e^{j\Omega}) = H(e^{j(\Omega-2\pi i/M)}), \quad i = 0, 1, 2 \ldots M - 1. \tag{7.35}$$

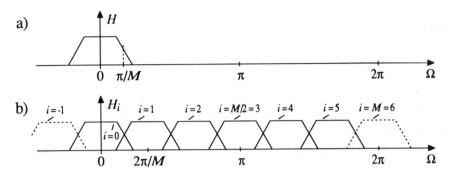

Bild 7.9: Frequenzgang eines TP-Prototypen (a) und daraus abgeleitete gleichförmige Filterbank (b) am Beispiel $M = 6$

Die zugehörige Z-Transformierte läßt sich mit $W_M = \exp(-j2\pi/M)$ folgendermaßen angeben:

$$H_i(z) = H(zW_M^i), \quad i = 0, 1, 2 \ldots M - 1. \tag{7.36}$$

Das Filter $H_0(z)$ ist identisch mit dem Prototypen $H(z)$ und wird auch *Basisbandfilter* genannt. Ist M eine gerade Zahl, so entsteht bei $i = M/2$ ein Hochpaßfilter, das ebenfalls reelle Koeffizienten besitzt. Es geht aus dem Prototypen durch einen Vorzeichenwechsel aller ungeraden Koeffizienten hervor. Zwischen $i = 0$ und $i = M/2$ liegen Bandpaßfilter mit komplexen Koeffizienten. Das gleiche gilt auch für die Bandpaßfilter zwischen $i = M/2$ und $i = M$. Letztere sind wegen der Periodizität von $H(e^{j\Omega})$ in 2π identisch mit den Bandpaßfiltern zwischen $\Omega = -\pi$ und $\Omega = 0$. So ist beispielsweise das Filter $H_5(e^{j\Omega})$ in Bild 7.9b identisch mit dem gestrichelt eingezeichneten Filter $H_{-1}(e^{j\Omega})$.

7.3.2   Übertragungsmatrix der Filterbank

Das Übertragungsverhalten der M-Kanal-SBC-Filterbank wird mit der Beziehung (7.20) beschrieben. Im Falle der komplex modulierten Filterbank werden sowohl die Analysefilter als auch die Synthesefilter vom gleichen Prototypen $H(z)$ abgeleitet, d.h. neben (7.36) gilt

$$G_i(z) = M \cdot H(zW_M^i), \quad i = 0, 1, 2 \ldots M - 1. \tag{7.37}$$

Der Vorfaktor M korrigiert die Skalierung bei der Interpolation, siehe (1.91) und Bild 1.30. Setzt man (7.36) und (7.37) in (7.20) ein, so erhält man

$$\hat{X}(z) = \sum_{\ell=0}^{M-1}\left[\sum_{i=0}^{M-1} H\left(zW_M^i\right)\cdot H\left(zW_M^{i+\ell}\right)\right]\cdot X\left(zW_M^\ell\right). \tag{7.38}$$

Wie bereits im vorhergehenden Abschnitt festgelegt, wird der Prototyp auf $2\pi/M$ bandbegrenzt:

$$H\left(e^{j\Omega}\right) \approx 0 \quad \text{für} \quad 2\pi/M \leq \Omega \leq \pi. \tag{7.39}$$

Entsprechend dem *Pseudo-QMF-Ansatz* werden aufgrund ausreichender

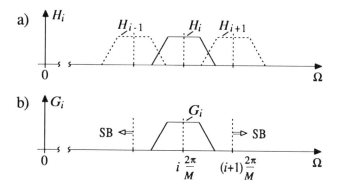

Bild 7.10: Komponenten der Übertragungsfunktionen im Analyseteil (a) und im Syntheseteil (b), SB = Sperrbereich des Synthesefilters $G_i(z)$

Sperrdämpfung des Prototypen alle nichtbenachbarten Alias-Komponenten, also für $|\ell| > 1$, vernachlässigt. Es gilt daher

$$\hat{X}(z) \approx \sum_{i=0}^{M-1} H\left(zW_M^i\right)\cdot\sum_{\ell=-1}^{1} H\left(zW_M^{i+\ell}\right)\cdot X\left(zW_M^\ell\right). \tag{7.40}$$

Wegen der Periodizität der Funktion $H(zW_M^\ell)$ kann $l = M-1$ durch $l = -1$ ersetzt werden. Die verschiedenen Komponenten sind noch einmal in Bild 7.10 veranschaulicht.

Zur weiteren Diskussion der Filterbankeigenschaften werden im nachfolgenden Abschnitt die Alias-Komponenten untersucht, also im wesentlichen die Produkte $G_i(z)\cdot H_{i-1}(z)$ und $G_i(z)\cdot H_{i+1}(z)$, und im übernächsten Abschnitt die linearen Verzerrungen, also im wesentlichen die Produkte $G_i(z)\cdot H_i(z)$.

7.3.3   Aliasing in der DFT-Filterbank

Ziel des Entwurfes einer SBC-Filterbank muß eine aliasing-freie oder zumindest aliasing-arme Übertragung sein. Dieses aber leistet die komplex modulierte Filterbank zunächst nicht. Spektralanteile des Eingangssignals, die in den Übergangsbereich zwischen den Filtern H_i und H_{i+1} der Filterbank nach Bild 7.10a fallen, rufen Alias-Komponenten im Übergangsbereich zwischen den Filtern H_{i-1} und H_i hervor. Das Alias-Signal kann auf der unteren Filterflanke des Synthesefilters G_i zum Ausgang der Filterbank gelangen. Es existiert kein Signal zur Kompensation dieses Alias-Signals.

Im folgenden wird daher die *modifizierte komplex modulierte Filterbank* bzw. *modifizierte DFT-Filterbank* oder *MDFT-Filterbank* in Bild 7.11 eingeführt. In der DFT-Filterbank werden zwei Arten von Modifikationen vorgenommen:

- Abwärtstastung mit und ohne Phasenversatz. Durch die zweistufige Abwärtstastung werden die Teilbandsignale einmal zu Zeiten $n = m \cdot M$, also ohne Phasenversatz, d.h. mit $\lambda = 0$, und zu Zeiten $n = n \cdot M + M/2$, also mit Phasenversatz $\lambda = M/2$, diskret abgetastet.

- Realteil- und Imaginärteilbildung der Teilbandsignale im Zeitbereich. Die zugehörigen Z-Transformierten werden mit $X_i^{(R)}(z)$ und $X_i^{(I)}(z)$ bezeichnet. Die Zuordung Realteil und Imaginärteil zu Abwärtstastung mit und ohne Phasenversatz wechselt von Kanal zu Kanal, siehe Bild 7.11.

Im Anhang E wird gezeigt, daß diese Modifikationen zu einer Eliminierung der *Haupt-Alias-Spektren* führen. Unter Haupt-Alias-Spektren werden hierbei die spektralen Fortsetzungen verstanden, die den Nutzspektren unmittelbar benachbart sind. Die weiter entfernten Alias-Spektren werden durch die Sperrwirkung der Synthesefilter unterdrückt. Es bleiben zwar Reste von Alias-Signalen übrig. Diese lassen sich aber durch eine entsprechende Wahl der Sperrdämpfung des Prototypen beliebig klein halten.

Die Abwärtstastung mit und ohne Phasenversatz in jedem Kanal der Filterbank in Bild 7.11 kann auch durch zwei Filterbänke ersetzt werden, die beide ohne Phasenversatz abwärtstasten, aber gegeneinander zeitlich um den Phasenversatz versetzt angeregt werden, siehe Bild 7.12. Die abwechselnde Real- und Imaginärteilbildung der Teilbandsignale bleibt unverändert.

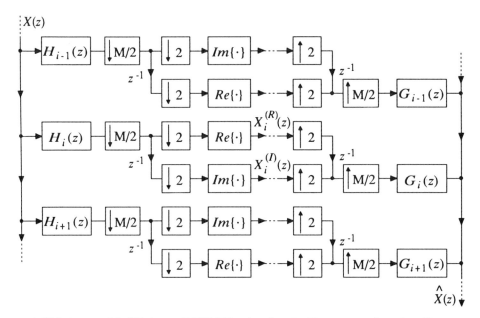

Bild 7.11: Modifizierte DFT-Filterbank mit Kompensation der Haupt-Alias-Spektren

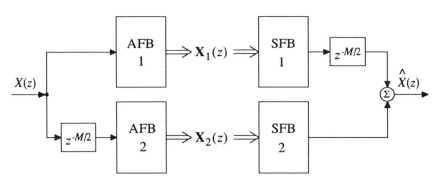

Bild 7.12: Strukturvariante der modifizierten DFT-Filterbank

7.3.4 Fast perfekte Rekonstruktion

Im Anhang E ist ferner gezeigt, das ein Signal, dessen Spektrum zwischen der i-ten und der $(i+1)$-ten Mittenfrequenz liegt, wie folgt in der modifizierten DFT-Filterbank übertragen wird:

$$\hat{X}(z) = X(z)\big[H^2\big(zW_M^i\big) + H^2\big(zW_M^{i+1}\big)\big] \tag{7.41}$$

Darin sind $X(z)$ das Eingangssignal und $\hat{X}(z)$ das Ausgangssignal der Filterbank in Bild 7.11.

Im folgenden wird ein Prototyp $H(z)$ gesucht, der auf eine perfekte Rekonstruktion hinzielt, der also aus dem Ausdruck in (7.41) eine reine Verzögerung macht.

Zunächst wird von einem widerspruchsbehafteten Ansatz ausgegangen, der auf perfekte Rekonstruktion führt. Es wird ein Prototyp mit den folgenden drei Eigenschaften angestrebt:

- $H(z)$ ist ein linearphasiges FIR-Filter mit N Koeffizienten und $N = rM, r \in \mathbb{N}$:

$$H(z) = A(z) \cdot z^{-(N-1)/2} \tag{7.42}$$

  Darin ist $A(z)$ der nullphasige Anteil.

- Die Übertragungsfunktion $A^2(z)$ ist ein *M-tel-Band-Filter*.

- $H\left(e^{j\Omega}\right)$ ist auf $2\pi/M$ bandbegrenzt.

Durch eine Substitution $z^{-1}H^2(z) \to H^2(z)$ (Einfügung einer Verzögerung in der Reihenschaltung von Analyse- und Synthesefilter) erhält man aus (7.42)

$$H^2(z) = A^2(z) \cdot z^{-N}. \tag{7.43}$$

Dann lautet die Verzerrungsfunktion der Filterbank nach (7.21)

$$F_{dist}(z) = \sum_{i=0}^{M-1} H^2\left(zW_M^i\right) = \sum_{i=0}^{M-1} A^2\left(zW_M^i\right)\left(zW_M^i\right)^{-rM} \tag{7.44}$$

Wegen $W_M^{-irM} = 1$ und wegen der Bedingung (2.94) für M-tel-Bandfilter folgt daraus

$$F_{dist}(z) = z^{-N}\sum_{i=0}^{M-1} A^2\left(zW_M^i\right) = z^{-N}. \tag{7.45}$$

Somit ist in diesem Idealfall (7.19) erfüllt. Die Verzerrungsfunktion ist eine reine Verzögerung. Wegen der Bandbegrenzung des Prototypen sind die Übertragungsfunktionen benachbarter Kanäle in dem durch die Mittenfrequenzen gegebenen Frequenzintervall leistungskomplementär. Die Übertragungsfunktion in (7.41) hat also unter den angegebenen Voraussetzungen für $z = e^{j\Omega}$ im Bereich $2\pi i/M \leq \Omega \leq 2\pi(i+1)/M$ den Betrag 1.

Beispiel 7.4:

Der quadrierte nullphasige Prototyp

$$A^2\left(e^{j\Omega}\right) = \begin{cases} \frac{1}{2} + \frac{1}{2}\cos\left(\frac{M}{2}\Omega\right) & \text{für} \quad -\frac{2\pi}{M} \leq \Omega \leq \frac{2\pi}{M} \\ 0 & \text{sonst} \end{cases} \tag{7.46}$$

ist auf $2\pi/M$ bandbegrenzt. Leitet man davon die beiden Übertragungsfunktionen $A_0^2\left(e^{j\Omega}\right) = A^2\left(e^{j\Omega}\right)$ und

$$\begin{aligned} A_1^2\left(e^{j\Omega}\right) &= A^2\left(e^{j(\Omega-2\pi/M)}\right) \\ &= \begin{cases} \frac{1}{2} - \frac{1}{2}\cos\left(\frac{M}{2}\Omega\right) & \text{für} \quad 0 \leq \Omega \leq \frac{4\pi}{M} \\ 0 & \text{sonst} \end{cases} \end{aligned} \tag{7.47}$$

ab, so zeigt sich, daß beide zwischen ihren Mittenfrequenzen leistungskomplementär sind:

$$A_0^2\left(e^{j\Omega}\right) + A_1^2\left(e^{j\Omega}\right) = 1, \quad 0 \leq \Omega \leq \frac{2\pi}{M}, \tag{7.48}$$

denn (7.46) und (7.47) gelten beide gleichzeitig im Bereich $0 \leq \Omega \leq 2\pi/M$, siehe auch Bild 7.13.

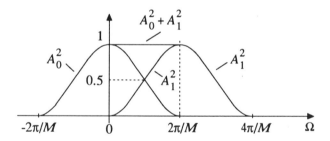

Bild 7.13: Leistungskomplementäre frequenzversetzte Cosinus-Rolloff-Filter

Dieses gilt auch für weiter frequenzverschobene Versionen, so daß sich alle $A_i^2\left(e^{j\Omega}\right), i = 0, 1, 2 \ldots M-1$, zum Wert 1 ergänzen. Im übrigen geht bereits aus (3.41) hervor, daß die Cosinus-Rolloff-Funktion ein M-tel-Bandfilter darstellt, da jeder M-te Koeffizient der Impulsantwort null ist. Es ist allerdings zu vermerken, daß die Cosinus-Rolloff-Funktion eine unendlich lange Impulsantwort besitzt, also kein FIR-Filter darstellt.

Die oben aufgestellten Forderungen an den Prototypen sind insofern widersprüchlich, als ein FIR-Filter nicht streng bandbegrenzt sein kann [Fli

91]. Ferner besitzt ein linearphasiges FIR-Filter, abgesehen von einem uninteressanten Sonderfall, keine leistungskomplementäre frequenzverschobene Version [Vai 85]. Die aufgestellten Forderungen können daher nur approximiert werden.

Hält man an linearphasigen FIR-Filtern fest, so ist einmal die Forderung nach strenger Bandbegrenzung aufzugeben. Als Folge dessen (endliche Sperrwirkung im Sperrbereich) tritt Aliasing durch weiter entfernte Alias-Spektren der Teilbandsignale auf. Zum anderen ist der quadrierte Prototyp $H^2(z)$ im allgemeinen nicht mehr exakt ein M-tel-Bandfilter bzw. ein Nyquist-System. Trotzdem zeigt sich, daß man mit steigendem Aufwand, d.h. wachsender Anzahl der Filterkoeffizienten, der perfekten Rekonstruktion beliebig nahe kommt.

7.3.5   Filterbankentwurf

Neben der Festlegung der Anzahl M der Kanäle beschränkt sich der Filterbankentwurf auf den Entwurf des Prototypen $H(z)$. An den Prototypen werden im allgemeinen die folgenden Forderungen gestellt:

- Die Sperrdämpfung im Frequenzbereich $\Omega > 2\pi/M$ soll so groß sein, daß die daraus resultierenden Alias-Verzerrungen hinreichend gering sind. Die zulässige Alias-Verzerrung hängt von der Aufgabenstellung ab (z.B. Sprach-, Audio- oder Bildverarbeitung).

- Die Verzerrungsfunktion $F_{dist}(z)$ soll die perfekte Rekonstruktion, d.h. $F(z) = z^{-k}$, möglichst gut annähern. Die restlichen linearen Verzerrungen sollen, abhängig von der Aufgabenstellung, einen Maximalwert nicht überschreiten.

- Der Filteraufwand, ausgedrückt durch die Anzahl N der Koeffizienten des Prototypen, soll klein gehalten werden.

Es gibt zwei Ansätze zum Entwurf des Prototypen, einen numerischen und einen geschlossenen. Bei der numerischen Optimierung der Koeffizienten eines linearphasigen Prototypen [z.B. Ngu 92] wird im Sperrbereich die Abweichung des Betragsfrequenzganges $|H(e^{j\Omega})|$ von null und im gesamten Bereich $0 \leq \Omega \leq \pi$ die Abweichung des Betragsfrequenzganges $|F_{dist}(e^{j\Omega})|$ von eins minimiert. Die beiden Anteile können verschieden gewichtet werden.

Auf der anderen Seite existieren geschlossene Formelausdrücke zur Berechnung der Filterkoeffizienten. Diese Verfahren sind zwar suboptimal bezüglich der oben genannten Forderungen, ermöglichen aber einen besonders einfachen Entwurf. Die folgenden Überlegungen konzentrieren sich auf einen geschlossenen Filterentwurf mit Hilfe der Wurzel-Cosinus-Rolloff-Funktionen, der sich durch einfache Rechnung und gute Resultate bewährt hat [Fli 93].

Die Formel zur Berechnung der Koeffizienten des Wurzel-Cosinus-Rolloff-Filters $H(z) \bullet\!\!-\!\!\circ h(n)$ findet man in (3.43) bis (3.45). Das Quadrat $H^2(z)$ ist die Cosinus-Rolloff-Funktion in (3.37), die zu einer perfekten Rekonstruktion führt: die Sperrdämpfung ist unendlich hoch, der Frequenzgang $H\!\left(e^{j\Omega}\right)$ ist exakt leistungskomplementär, siehe (7.48). Die Impulsantwort $h(n)$ ist allerdings nichtkausal und unendlich lang. Um zu einem realisierbaren Prototypen mit N Koeffizienten zu kommen, wird die reelle und gerade Impulsantwort nach $(N-1)/2$ Koeffizienten abgeschnitten und durch eine Verschiebung um $(N-1)/2$ Takte kausal gemacht. Durch diese Maßnahme treten eine endliche Sperrdämpfung und damit Alias-Verzerrungen ein. Die Funktion $H^2(z)$ ist dann auch nur noch näherungsweise ein M-tel-Bandfilter, so daß auch lineare Verzerrungen auftreten. Aber auch diese Verzerrungen lassen sich durch eine entsprechende Wahl der Zahl N beliebig klein halten.

Beispiel 7.5:

Im folgenden werden die Eigenschaften einer komplex modulierten 8-Kanal-SBC-Filterbank untersucht. Für den Prototypen werden $N = 129$ Koeffizienten angesetzt. Bild 7.14a zeigt den mittleren Teil der Impulsantwort $h(n)$, Bild 7.14b den Frequenzgang $H\!\left(e^{j\Omega}\right)$ im Bereich $0 \leq \Omega \leq \pi$. Man erkennt, daß die Dämpfung im Sperrbereich $\Omega > 2\pi/8$ größer als 55 dB ist.

Bild 7.15 zeigt die beiden Verzerrungen der Filterbank quantitativ. Die linearen Verzerrungen $|F_{dist}(e^{j\Omega})|$, siehe (7.44), sind kleiner als 0.01 dB bzw. kleiner als 0.1%, Bild 7.15a. Bild 7.15b zeigt die Aliasing-Funktion nach (7.22). Sie ist stets kleiner als $2 \cdot 10^{-3}$ und liegt in der gleichen Größenordnung wie die Sperrdämpfung des Prototypen.

Zur Demonstration der Wirkungsweise der Filterbank wird als Eingangssignal ein stochastischer weißer Prozeß aus 1024 Werten verwendet. Bild 7.16a zeigt einen Ausschnitt davon, Bild 7.16b den um 128 Takte verschobenen Ausschnitt des rekonstruierten Signals. Zur quantitativen Beschreibung wird ein mittlerer quadratischer Rekonstruktionsfehler eingeführt, der auf die Signalleistung bezogen ist:

$$f = \sum_n \left[\hat{x}(n) - x(n-128)\right]^2 / \sum_n \left[\hat{x}(n)\right]^2. \qquad (7.49)$$

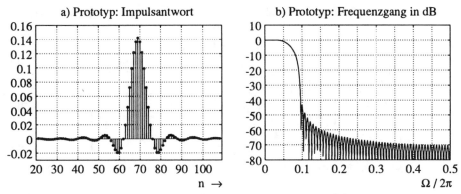

Bild 7.14: Impulsantwort (a) und Frequenzgang (b) eines Wurzel-Cosinus-Rolloff-Filters mit 129 Koeffizienten

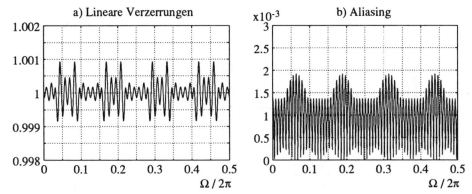

Bild 7.15: Verzerrungsfrequenzgang der Filterbank (a) und Aliasing-funktion (b)

Im vorliegenden Beispiel hat der logarithmierte Fehler $10 \cdot \lg(f)$ den Wert -61 dB. Die Beträge der Rekonstruktionsfehler liegen in der Größenordnung von 0.1% der Signalwerte.

Zur Ergänzung ist in Bild 7.17 das Teilbandsignal $x_{0R}(n)$ gezeigt.

Beim Entwurf ist darauf zu achten, daß die Filterbank in der richtigen Phasenlage betrieben wird. Im kausalen approximierten M-tel-Bandfilter $h(n) * h(n)$ müssen die Nullstellen bzw. der mittlere Koeffizient vom Wert $1/M$ exakt bei Indizes $n = mM, m \in \mathbf{N}$, liegen, siehe auch (7.43) bis (7.45). Dieses kann durch Wahl einer geraden oder ungeraden Anzahl N geschehen und/oder durch Hinzufügen von Nullen in der Impulsantwort $h(n)$.

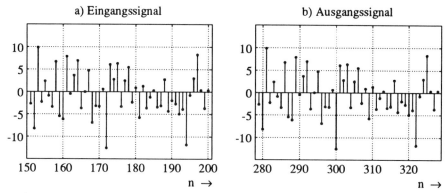

Bild 7.16: Stochastisches Eingangssignal (a) und rekonstruiertes Ausgangssignal (b) der Filterbank

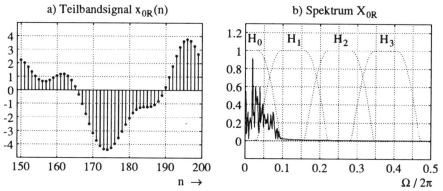

Bild 7.17: Teilbandsignal $x_{0R}(n)$ (a) und zugehöriges Spektrum (b)

Multipliziert man die Wurzel-Cosinus-Rolloff-Impulsantwort $h(n)$ mit einer geeigneten *Fensterfunktion*, z.B. mit einem *Hamming-Fenster*, so können die *Alias-Verzerrungen* auf Kosten der *linearen Verzerrungen* beträchtlich reduziert werden [Fli 93]. Letztere können wieder durch eine leichte Korrektur der Grenzfrequenz des Prototypen verringert werden.

7.4 Cosinus-modulierte M-Kanal-Filterbänke

Alternativ zu den vorher betrachteten DFT-Filterbänken können Pseudo-QMF-Filterbänke auch als *cosinus-modulierte Filterbänke* ausgeführt werden. Diese Art von Filterbänken findet heute breite Anwendung.

7.4.1 Struktur der Filterbank

Die cosinus-modulierten Filterbänke werden durch die folgenden Maßnahmen aus den DFT-Filterbänken abgeleitet:

- Statt M werden $2M$ komplex modulierte Filter sowohl in der Analyse- als auch in der Synthesefilterbank verwendet.

- Die Bandbreite des Prototypen beträgt nicht π/M, sondern $\pi/2M$.

- Durch komplexe Modulation werden die Kanalfilter im Frequenzraster $(2i+1)\pi/2M$ aus dem Prototypen abgeleitet.

- Zu jedem Kanalfilter existiert ein Kanalfilter mit konjugiert komplexer Impulsantwort. Beide werden zu einem Kanalfilter mit reeller Impulsantwort aufsummiert.

Bild 7.18 verdeutlicht diese Maßnahmen.

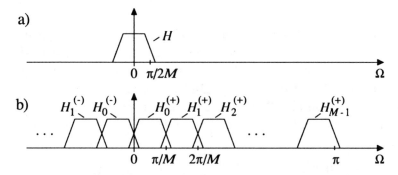

Bild 7.18: Zur Herleitung der cosinus-modulierten Filterbank: Prototyp (a) und komplex modulierte Teilfilter (b)

Aus der Impulsantwort $h(n) \circ\!\!-\!\!\bullet H(z)$ des Prototypen lassen sich durch eine Frequenzverschiebung um $\pi/2M$ und um $-\pi/2M$ die beiden folgenden

Filter ableiten:

$$h_0^{(+)}(n) = h(n) \cdot \exp\left(jn\frac{\pi}{2M}\right) \qquad (7.50)$$

und

$$h_0^{(-)}(n) = h(n) \cdot \exp\left(-jn\frac{\pi}{2M}\right). \qquad (7.51)$$

Beide werden zu einem reellen Filter zusammengefaßt:

$$h_0(n) = h_0^{(+)}(n) + h_0^{(-)}(n) = 2h(n) \cdot \cos\left(n\frac{\pi}{2M}\right). \qquad (7.52)$$

In gleicher Weise entstehen alle übrigen Filter durch eine Frequenzverschiebung um $\pm(2i+1)\pi/2M$:

$$h_i(n) = 2h(n) \cdot \cos\left(n\frac{(2i+1)\pi}{2M}\right), \quad i = 0, 1, 2 \ldots M-1. \qquad (7.53)$$

Insgesamt erhält man eine SBC-Filterbank nach Bild 7.7 mit M reellen Filtern, jedes mit der Bandbreite π/M, siehe Bild 7.18b.

7.4.2 Kompensation der Alias-Komponenten

Die Elimination der Haupt-Alias-Spektren erfolgt in den cosinus-modulierten Filterbänken in völlig anderer Weise als bei den DFT-Filterbänken. Das Prinzip dieser Elimination wird im folgenden beschrieben. Durch die Abwärtstastung in der Analysefilterbank entstehen zu allen komplex modulierten Teilfiltern Alias-Frequenzgänge in Abständen von $2\pi/M$. Da der Prototyp auf π/M bandbegrenzt ist, überlappen sich diese Komponenten nicht, siehe Bild 7.19.

Es tritt jedoch eine Überlappung der Alias-Komponenten mit dem konjugiert komplexen Frequenzgang auf. Ebenso überlappen sich Alias-Komponenten des konjugiert komplexen Frequenzganges mit dem ursprünglich betrachteten. Diese Verhältnisse sind in Bild 7.20a dargestellt.

In Erweiterung von (7.52) soll die Summation der konjugiert komplexen Filter im folgenden mit komplexen Skalarfaktoren gewichtet sein. In der Analysefilterbank gilt

$$H_i(z) = \alpha_i H_i^{(+)}(z) + \alpha_i^* H_i^{(-)}(z), \quad i = 0, 1, 2 \ldots M-1, \qquad (7.54)$$

in der Synthesefilterbank

$$G_i(z) = \beta_i H_i^{(+)}(z) + \beta_i^* H^{(-)}(z), \quad i = 0, 1, 2 \ldots M-1. \qquad (7.55)$$

Spektralanteile des Eingangssignals, die beispielsweise im Bereich $2.5\pi/M <$

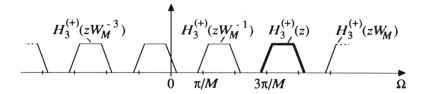

Bild 7.19: Alias-Komponenten eines komplex modulierten Teilfilters, hier $H_3^{(+)}(z)$

a)

b)

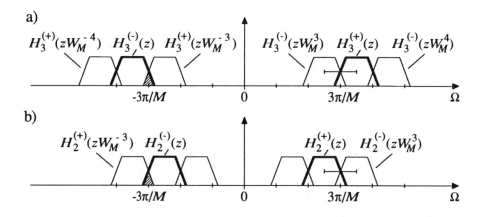

Bild 7.20: Überlappung von Alias-Komponenten eines Frequenzganges mit den jeweils konjugiert komplexen Frequenzgängen

$\Omega < 3.5\pi/M$ liegen, können im 3. Kanal durch die Alias-Komponente $H_3^{(+)}(zW_M^{-3})$ der Analysefilterbank mit der Übertragungsfunktion $H_3^{(-)}(z)$ des Synthesefilters $G_3(z)$ zum Ausgang der Filterbank gelangen, siehe schraffierte Fläche in Bild 7.20a. Die gleichen Spektralanteile können im 2. Kanal durch die Alias-Komponente $H_2^{(+)}(zW_M^{-3})$ über die Teilübertragungsfunktion $H_2^{(-)}(z)$ des Synthesefilters $G_2(z)$ zum Ausgang kommen, siehe schraffierte Fläche in Bild 7.20b.

Ein wesentliches Merkmal der cosinus-modulierten *Pseudo-QMF-Bank* ist das gegenseitige Kompensieren beider Spektralanteile am Ausgang der Filterbank. Dieses geschieht durch eine geeignete Wahl der Gewichtskoeffizienten α_i und β_i. Wegen der Bandbegrenzung des Prototypen auf $\pi/2M$ findet die Kompensation der Alias-Komponenten unabhängig in allen Frequenzbereichen zwischen zwei benachbarten Mittenfrequenzen statt.

Durch eine geeignete Wahl der Gewichtsfaktoren α_i und β_i kann nicht nur eine Kompensation aller Alias-Komponenten erreicht werden, sondern auch die Linearphasigkeit der Verzerrungsfunktion $F_{dist}(z)$ nach (7.21). Ferner können Verzerrungen durch Überlappung konjugiert komplexer Übertragungsfunktionen bei $\Omega = 0$ und $\Omega = \pi$ vermieden werden. Auf die exakte Ableitung der Gewichtsfaktoren wird hier verzichtet. Sie kann beispielsweise in [Rot 83], [Ngu 92] oder [Vai 93] nachgelesen werden. Als Ergebnis kommt eine geschlossene Darstellung für alle Impulsantworten der Analysefilterbank

$$h_i(n) = 2h(n) \cdot \cos\left(\left(i + \frac{1}{2}\right)\left(n - \frac{N-1}{2}\right)\frac{\pi}{M} + (-1)^i\frac{\pi}{4}\right) \qquad (7.56)$$

und der Synthesefilterbank

$$g_i(n) = 2h(n) \cdot \cos\left(\left(i + \frac{1}{2}\right)\left(n - \frac{N-1}{2}\right)\frac{\pi}{M} - (-1)^i\frac{\pi}{4}\right) \qquad (7.57)$$

mit $i = 0, 1, 2 \ldots M - 1$ heraus. M ist die Anzahl der Kanäle und N die Anzahl der Koeffizienten der Impulsantwort $h(n)$ des Prototypen.

7.4.3   Filterbankentwurf

Die cosinus-modulierte Pseudo-QMF-Bank wird in ähnlicher Weise entworfen wie die entsprechende komplex modulierte. In der Hauptsache ist ein Prototyp $H(z) \bullet\!\!-\!\!\circ h(n)$ zu finden, der zwischen den Mittenfrequenzen der frequenzverschobenen Kopien einen leistungskomplementären Frequenzgang annähert und der im Sperrbereich eine ausreichende Dämpfung aufweist. Einziger Unterschied: Bandbreite des Prototypen und Abstand der Mittenfrequenzen sind halb so groß wie im Falle der komplex modulierten Filterbank.

Beispiel 7.6:

Zur Realisierung einer cosinus-modulierten Pseudo-QMF-Bank wird im folgenden ein *Wurzel-Cosinus-Rolloff-Filter* als Prototyp betrachtet. Die Filterbank soll 8 Kanäle haben. Die nominelle Bandbreite des Prototypen beträgt $\pi/16$. Mit einem Aufwand von 257 Koeffizienten erreicht man oberhalb von $\pi/8$ eine Sperrdämpfung von größer als 55 dB, siehe Bild 7.21a.

Bild 7.21b zeigt die 8 Kanalfilter, die im Abstand von $\pi/8$ gleichförmig angeordnet sind.

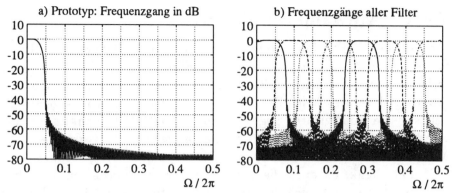

Bild 7.21: Frequenzgänge einer cosinus-modulierten Pseudo-QMF-Filterbank: Prototyp (a) und gleichförmig versetzte Kanalfilter (b)

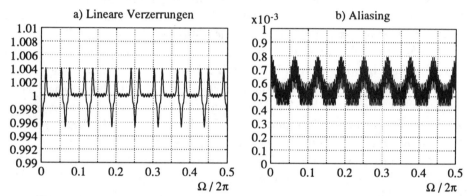

Bild 7.22: Rekonstruktionsfehler der betrachteten 8-Kanal-Pseudo-QMF-Filterbank: lineare Verzerrungen (a) und Aliasing (b)

Ein Maß für die Güte der Filterbank ist durch die Größe der *Rekonstruktionsfehler* (lineare Verzerrungen, Aliasing) gegeben. Bild 7.22 zeigt beide Fehlerarten. In Bild 7.22a ist der Verzerrungsfrequenzgang $F_{dist}(e^{j\Omega})$ nach (7.21) gezeigt, der die linearen Verzerrungen der Filterbank darstellt. Der Spitzenwert dieser Verzerrungen läßt sich durch eine leichte Variation der Grenzfrequenz des Prototypen minimieren. Im vorliegenden Beispiel wurde statt einer Grenzfrequenz von $\pi/16$ ein Wert von $\pi/15.92$ gewählt.

Bild 7.22b zeigt die Aliasing-Verzerrungen gemäß der Definition (7.22) für $z = e^{j\Omega}$. Die Werte liegen in der gleichen Größenordnung wie die Sperrdämpfung des Prototypen.

7.4.4 Aufwandsvergleich

Ein Vergleich der cosinus-modulierten Filterbank (COS-Filterbank) mit der modifizierten DFT-Filterbank (MDFT-Filterbank) ergibt, daß beide Filterbänke bei etwa gleichen Rekonstruktionsfehlern etwa den gleichen Filteraufwand verursachen. Der Prototyp der COS-Filterbank benötigt doppelt so viele Koeffizienten gegenüber der MDFT-Filterbank, um bei halber Bandbreite die gleiche Sperrdämpfung zu erzielen. Dagegen werden in der MDFT-Filterbank alle Filteroperationen doppelt so oft gerechnet wie in der COS-Filterbank, da auch die Zwischenwerte im reduzierten Takt benötigt werden. Dieses zeigt auch die Strukturvariante in Bild 7.12, in der Analyse- und Synthesefilterbank in doppelter Form ausgeführt sind.

Die MDFT-Filterbank besitzt zunächst komplexe Koeffizienten. Das bedeutet eine Verdoppelung des Filteraufwand gegenüber der COS-Filterbank, die reelle Koeffizienten hat. Es zeigt sich aber (siehe Abschnitt 8.6), daß sie in Polyphasenstruktur wieder nur reelle Filteroperationen ausführt.

Die MDFT-Filterbank erzeugt bei einer Taktreduktion von M insgesamt $2M$ Teilbandsignale, während die COS-Filterbank M Teilbandsignale generiert. Die Bilanz im Filteraufwand zwischen beiden Filterbanktypen ist dann ausgeglichen, wenn die MDFT-Filterbank mit komplexen Signalen betrieben wird. In diesem Fall verdoppelt sich zwar die Anzahl der Filteroperationen, es werden aber auch zwei reelle Signale gleichzeitig verarbeitet.

Von Interesse könnte dabei sein, daß zwei unabhängige Signale gemeinsam in Teilbandsignale abgebildet werden und umgekehrt. Die MDFT-Filterbank bildet den Realteil des Eingangssignals in alle $2M$ Teilbandsignale ab und den Imaginärteil in die gleichen $2M$ Teilbandsignale. Durch eine Verdoppelung des Aufwandes könnte auch die COS-Filterbank komplexe Signale verarbeiten. In diesem Fall würde der Realteil des Eingangssignals in M Realteil-Teilbandsignale und der Imaginärteil in M Imaginärteil-Teilbandsignale abgebildet werden.

Die größte Aufwandsreduktion ist durch die Einführung der Polyphasenstrukturen gegeben, siehe dazu Kapitel 8. Beide Filterbanktypen lassen sich in Polyphasenstruktur realisieren. Der Filterbankaufwand kann dann in den Aufwand für die Polyphasenfilter mit reellen Koeffizienten und den Aufwand für schnelle Transformationen aufgeteilt werden. Meistens dominiert der Filteraufwand. Ein gewisser Unterschied zwischen beiden Filterbanktypen liegt im Aufwand für die schnellen Transformationen, der aber in Anbetracht der Vielfalt an Algorithmen schwierig abzuschätzen ist.

7.5   M-Kanal-TMUX-Filterbänke

Im folgenden wird die bereits im Abschnitt 6.6 eingeführte *Transmultiplexer*-(TMUX-)Filterbank auf M Kanäle erweitert. Für die Synthese- und Analysefilterbänke werden Parallelstrukturen verwendet. Die Signalrekonstruktion wird am Beispiel der modifizierten DFT-Filterbank behandelt.

7.5.1   Eigenschaften der Filterbank

Die M-Kanal-TMUX-Filterbank besteht aus einer Synthesefilterbank nach Bild 7.6 gefolgt von einer Analysefilterbank nach Bild 7.5, siehe Bild 7.23.

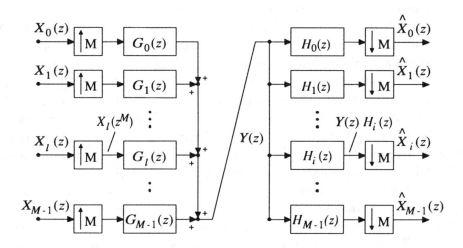

Bild 7.23: M-Kanal-Transmultiplexer-Filterbank

Nutzt man (7.6) zur Beschreibung der Analysefilterbank und (7.15) zur Beschreibung der Synthesefilterbank, so erhält man für die TMUX-Filterbank nach Bild 7.23

$$\hat{\mathbf{x}}(z^M) = \frac{1}{M}\left[\mathbf{H}^{(m)}(z)\right]^T \cdot \mathbf{G}^{(m)}(z) \cdot \mathbf{x}(z^M). \tag{7.58}$$

Darin ist $\mathbf{x}(z)$ der Vektor der Eingangssignale und $\hat{\mathbf{x}}(z)$ der Vektor der Ausgangssignale, siehe auch (7.7). In abgekürzter Schreibweise lautet (7.58)

$$\hat{\mathbf{x}}(z^M) = \mathbf{F}(z^M) \cdot \mathbf{x}(z^M). \tag{7.59}$$

Die Matrix $\mathbf{F}(z^M)$ wird *Übertragungsmatrix* genannt. Ein Element $F_{ij}(z^M)$ dieser Matrix stellt den Zusammenhang zwischen dem Eingangssignal $X_j(z^M)$ und dem Ausgangssignal $\hat{X}_i(z^M)$ her:

$$\hat{X}_i(z^M) = F_{ij}(z^M) \cdot X_j(z^M) \tag{7.60}$$

mit

$$F_{ij}(z^M) = \frac{1}{M} \sum_{k=0}^{M-1} H_i(zW_M^k) \cdot G_j(zW_M^k). \tag{7.61}$$

Die Hauptdiagonalelemente $F_{ii}(z^M), i = 0, 1, 2 \ldots M - 1$, sind die Übertragungsfunktionen der M Kanäle der Filterbank, die Nichtdiagonalelemente beschreiben das Übersprechen zwischen den Kanälen.

Ist $\mathbf{F}(z^M)$ eine Diagonalmatrix, so liegt eine *übersprechfreie* TMUX-Filterbank vor. Dieses ist der duale Fall zur alias-freien SBC-Filterbank. Die Hauptdiagonalelemente geben die Verzerrungen wieder, die die Signale in der Filterbank erfahren. In Anlehnung an die Datenübertragung werden diese Verzerrungen auch als *Intersymbolinterferenz* (ISI) bezeichnet. Die Intersymbolinterferenz ist die duale Verzerrung zur linearen Verzerrung der SBC-Filterbänke. Entarten alle Diagonalelemente $F_{ii}(z^M)$ zu den gleichen Verzögerungselementen z^{-kM}, und sind alle Nichtdiagonalelemente gleich null, so hat man eine *TMUX-Filterbank mit perfekter Rekonstruktion*.

In [Vet 86] wurde erstmalig gezeigt, daß man durch die Vertauschung der Reihenfolge von Analyse- und Synthesefilterbank die jeweils *duale Filterbank* bekommt. Aus einer alias-freien SBC-Filterbank wird eine übersprechfreie TMUX-Filterbank und umgekehrt. Aus einer SBC-Filterbank mit perfekter Rekonstruktion wird eine TMUX-Filterbank mit perfekter Rekonstruktion.

7.5.2 Komplex modulierte TMUX-Filterbank

Im Abschnitt 7.3 wird eine komplex modulierte Pseudo-QMF-Bank behandelt. Im folgenden wird die dazu duale TMUX-Filterbank betrachtet. Dazu werden aus einem Prototypen $H(z)$ alle Filter

$$H_i(z) = H(zW_M^i), \quad i = 0, 1, 2 \ldots M - 1 \tag{7.62}$$

der Analysefilterbank und alle Filter

$$G_j(z) = M \cdot H(zW_M^j), \quad j = 0, 1, 2 \ldots M - 1 \tag{7.63}$$

der Synthesefilterbank abgeleitet. Der Prototyp $H(z)$ ist ein linearphasiges FIR-Filter, das oberhalb von $2\pi/M$ eine hinreichende Sperrdämpfung aufweist:

$$H(e^{j\Omega}) \approx 0 \quad \text{für} \quad \Omega > 2\pi/M. \tag{7.64}$$

7.5.3 Übersprechen in der DFT-Filterbank

Das Übersprechen in der Filterbank kann mit (7.61) untersucht werden. Setzt man (7.62) und (7.63) in (7.61) ein, so erhält man für die komplex modulierte TMUX-Filterbank

$$F_{ij}(z^M) = \sum_{k=0}^{M-1} H(zW_M^{i+k}) \cdot H(zW_M^{j+k}). \tag{7.65}$$

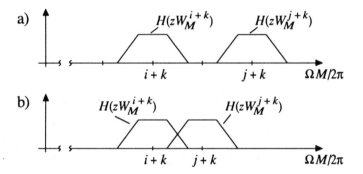

Bild 7.24: Übersprechen in der TMUX-Filterbank: zwischen nichtbenachbarten Kanälen (a) und zwischen benachbarten Kanälen (b)

Im Falle von nichtbenachbarten Kanälen unterscheiden sich die Indizes i und j um mehr als eins : $|i - j| > 1$. In Bild 7.24a ist dieser Fall für $|i - j| = 2$ und für einen beliebig herausgegriffenen Wert von k dargestellt. Wegen der in (7.64) formulierten Bandbegrenzung des Prototypen können alle diesbezüglichen Produkte in (7.61) vernachlässigt werden.

Bei benachbarten Kanälen, d.h. für $|i - j| = 1$ bzw. $|i - j| = M - 1$, findet eine Überlappung des Analysefilters mit dem Synthesefilter statt, siehe Bild 7.24b. Der Überlappungsbereich ist allerdings auf den Bereich zwischen den beiden Mittenfrequenzen begrenzt, so daß sich die M Produkte

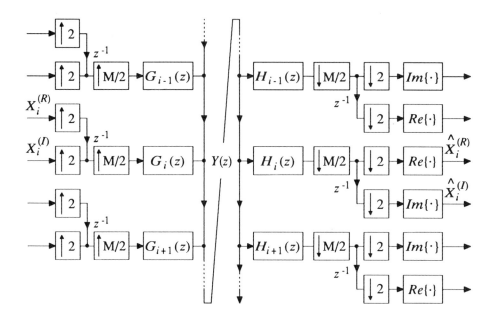

Bild 7.25: Modifizierte DFT-Transmultiplexer-Filterbank

in (7.65) nicht überlappen. Sie stellen M gleichmäßig frequenzversetzte, aber ansonsten gleiche *Übersprech-Übertragungsfunktionen* dar.

Es kann gezeigt werden, daß in komplex modulierten Filterbänken (DFT-Filterbänken) die Übersprech-Übertragungsfunktionen stets von null verschieden sind. Ein Übersprechen läßt sich nicht vermeiden. Das Übersprechen kann aber durch die folgenden Modikationen der DFT-Filterbank eliminiert werden, siehe Bild 7.25:

- Die Eingangssignale werden mit und ohne einen Phasenversatz von $\lambda = M/2$ in die Filterbank gegeben. Die Ausgangssignale werden entsprechend mit und ohne diesen Phasenversatz entnommen.

- Als komplexe Signale werden nur Realteile $X_i^{(R)}$ und Imaginärteile $X_i^{(I)}$ in die Filterbank gegeben und die entsprechenden Ausgangssignale $\hat{X}_i^{(R)}$ und $\hat{X}_i^{(I)}$ entnommen. Die Zuordnung Realteil und Imaginärteil zur Übertragung mit und ohne Phasenversatz wechselt von Kanal zu Kanal, siehe Bild 7.25.

In Anhang F ist bewiesen, daß diese Modifikationen das Übersprechen zwischen benachbarten Kanälen eliminieren. In übrigen sind die genannten Modifikationen die dualen zu denen der SBC-Filterbank in Abschnitt 7.3. Die modifizierte Filterbank in Bild 7.25 ist die duale Struktur zur modifizierten Filterbank in Bild 7.11.

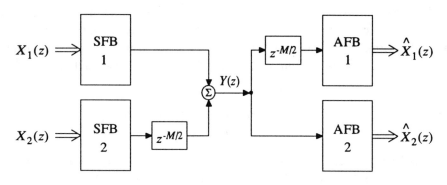

Bild 7.26: Strukturvariante der modifizierten DFT-TMUX-Filterbank aus jeweils zwei Synthese- und zwei Analysefilterbänken

Ebenso kann die duale Grobstruktur zu der in Bild 7.12 angegeben werden, Bild 7.26. Die beiden zueinander komplementären Eingangssignalsätze $X_1(z)$ und $X_2(z)$ werden auf getrennte, aber ansonsten identische Synthesefilterbänke (SFB) gegeben. Der zeitliche Versatz zwischen beiden Sätzen wird mit den Multiplexsignalen im hohen Takt ausgeführt. Die Signalsätze werden in zwei getrennten, aber ansonsten identischen Analysefilterbänken (AFB) wieder rekonstruiert.

7.5.4 Fast perfekte Rekonstruktion

Die Übertragungsfunktionen der M Kanäle der TMUX-Filterbank werden mit $F_{ii}(z^M)$ nach (7.65) beschrieben:

$$
\begin{aligned}
F_{ii}(z^M) &= \sum_{k=0}^{M-1} H\left(zW_M^{i+k}\right) H\left(zW_M^{i+k}\right) \\
&= \sum_{k=0}^{M-1} H^2\left(zW_M^k\right), \quad i = 0,1,2\ldots M-1.
\end{aligned}
\tag{7.66}
$$

Wegen der Periodizität des Drehfaktors W_M^{i+k} sind alle Übertragungsfunktionen unabhängig vom Index i gleich groß. Ein Vergleich mit (7.43) zeigt, daß die Übertragungsfunktion der TMUX-Filterbank in (7.66) identisch mit der Übertragungsfunktion der SBC-Filterbank ist. Daher können alle Ergebnisse aus den Abschnitten 7.3.4 und 7.3.5 übernommen werden.

Ist $H(z)$ ein M-tel-Bandfilter, dann sind alle Übertragungsfunktionen $F_{ii}(z^M)$ reine Verzögerungen und die gesamte Filterbank leistet eine perfekte Rekonstruktion. Linearphasige FIR-Prototypen können diese Eigenschaft nur annähern. Dabei treten zwei verschiedenartige Rekonstruktionsfehler auf:

- Aufgrund der endlichen Sperrdämpfung des Prototypen findet ein Übersprechen zwischen nicht benachbarten Kanälen statt.

- Da die Übertragungsfunktion $F_{ii}(z^M)$ nur näherungsweise eine Verzögerung darstellt, treten Intersymbolinterferenzen auf. Die Eingangsfolge wird mit einer Impulsantwort gefaltet, die einen dominierenden und sonst sehr kleine Koeffizienten besitzt.

Da sich beide Fehler durch entsprechend geeignete Prototypen beliebig klein halten lassen, liegt eine Filterbank mit fast perfekter Rekonstruktion vor.

Ähnlich wie bei der Zweikanal-TMUX-Filterbank ist darauf zu achten, daß die im hohen Takt des Multiplexsignals ausgedrückte Gesamtdurchlaufzeit eine durch M teilbare Zahl sein muß. Gegebenenfalls müssen zusätzliche Verzögerungsglieder eingefügt werden.

Kapitel 8

Filterbänke mit Polyphasenstruktur

8.1 Grundlegende Polyphasenstrukturen

8.1.1 Signalzerlegung in Polyphasenkomponenten

Die Zerlegung eines diskreten Signals in seine Polyphasenkomponenten und die Wiederzusammenfügung der Polyphasenkomponenten zu dem ursprünglichen Signal entspricht der *Decodierung* und der *Codierung* eines *Zeitmultiplexsignals*. Die Darstellung eines Signals $X(z)$ mit Hilfe seiner Polyphasenkomponenten wird bereits im Abschnitt 1.1.2 behandelt:

$$X(z) = \sum_{\lambda=0}^{M-1} z^{-\lambda} X_\lambda(z^M). \tag{8.1}$$

Darin sind $X_\lambda(z^M)$ die zeitlich verschobenen Versionen der Polyphasenkomponente $X_\lambda^{(p)}(z)$, siehe (1.10) und (1.11). Bild 8.1 zeigt zwei äquivalente Strukturen zur Zerlegung des Signals $X(z)$ in die Komponenten $X_\lambda(z)$.

Der Kommutator in Bild 8.1b ist durch die Anordnung in Bild 8.1a definiert. Man beachte, daß sich die Z-Transformierten auf der rechten Seite jeweils auf die reduzierte Abtastrate beziehen. Die Abtastwerte am Ausgang des Kommutators sind nicht etwa zeitlich gegeneinander versetzt, wie das Bild zu vermitteln scheint, sondern sind im Sinne der hohen Eingangsabtastrate nur zu den Zeitpunkten $n = m \cdot M, m \in \mathbf{Z}$, definiert.

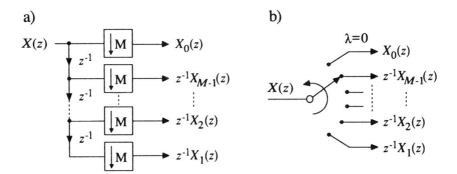

Bild 8.1: Aufspaltung eines Signals $X(z)$ in seine Polyphasenkomponenten mit einer Verzögerungskette und Abwärtstastern (a) und durch einen äquivalenten Kommutator mit einer Drehung im Gegenuhrzeigersinn (b)

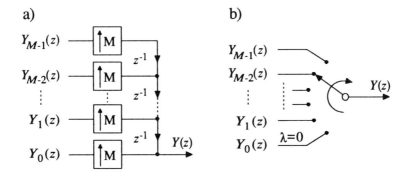

Bild 8.2: Zusammensetzung eines Signals $Y(z)$ aus seinen Polyphasenkomponenten mit Aufwärtstastern und einer Verzögerungskette (a) und mit einem Kommutator im Uhrzeigersinn (b)

Das Zusammenfügen von Polyphasenkomponenten $Y_\lambda(z)$ zu einem Ausgangssignal

$$Y(z) = \sum_{\lambda=0}^{M-1} z^{-\lambda} Y_\lambda(z^M) \tag{8.2}$$

leisten die Strukturen in Bild 8.2. Identifiziert man die Signale

$$Y_\lambda(z) = z^{-1} X_{\lambda+1}(z), \quad \lambda = 0, 1, 2, \ldots M - 2 \tag{8.3}$$

und

$$Y_{M-1}(z) = X_0(z), \tag{8.4}$$

so stellt die Hintereinanderschaltung der Anordnungen in Bild 8.1 mit denen in Bild 8.2 eine reine Verzögerung um $M - 1$ Takte dar, denn es gilt mit der Substitution $\mu = \lambda + 1$

$$
\begin{aligned}
Y(z) &= \sum_{\lambda=0}^{M-1} z^{-\lambda} Y_\lambda(z^M) \\
&= \sum_{\lambda=0}^{M-2} z^{-\lambda} z^{-M} X_{\lambda+1}(z^M) + z^{-(M-1)} X_0(z^M) \\
&= z^{-(M-1)} \sum_{\mu=0}^{M-1} z^{-\mu} X_\mu(z^M) \\
&= z^{-(M-1)} X(z).
\end{aligned}
\tag{8.5}
$$

Da verschiedene Polyphasendarstellungen und verschiedene Darstellungen der Laufzeitketten (von oben nach unten oder umgekehrt) existieren, gibt es verschiedene *Kommutatordarstellungen* zur Zerlegung und Zusammenfügung eines Signals. Alle diese Darstellungen sind jedoch äquivalent und können durch einfache Substitutionen ineinander überführt werden.

8.1.2 Systemzerlegung in Polyphasenkomponenten

Ebenso wie ein Signal $X(z)$ kann auch eine Übertragungsfunktion $H(z)$ in ihre Polyphasenkomponenten zerlegt werden. Die folgenden Betrachtungen beschränken sich auf FIR-Systeme. Ein System mit der Übertragungsfunktion $H(z)$ und der Impulsantwort $h(n)$ läßt sich wie folgt darstellen:

$$H(z) = \sum_{\lambda=0}^{M-1} z^{-\lambda} H_\lambda(z^M). \tag{8.6}$$

Daraus folgen unmittelbar die beiden gegenseitig transponierten Strukturen in Bild 8.3.

Die Strukturen in Bild 8.3 sind Grundlage für die parallele Rechnung von langen diskreten Faltungen.

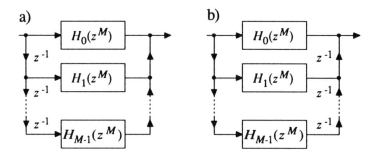

Bild 8.3: Realisierung eines FIR-Systems $H(z)$ mit Hilfe seiner Polyphasenkomponenten

8.1.3   Polyphasendezimatoren und -interpolatoren

Sind die Ausgangssignale der Filter $H(z)$ in Bild 8.3 hinreichend bandbegrenzt, so kann mit Hilfe eines nachgeschalteten Abwärtstasters mit dem Faktor M eine kritische Abtastung vorgenommen werden, siehe Bild 8.4a.

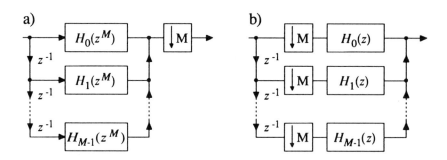

Bild 8.4: Polyphasensignalverarbeitung (Dezimator) mit kritischer Abtastung: Originalstruktur (a) und recheneffiziente Struktur (b)

Nutzt man die dritte Äquivalenz in Bild 1.25, indem man die Abwärtstastung vor die Polyphasenfilter legt, so gelangt man zu der recheneffizienten Struktur in Bild 8.4b. Dabei reduziert sich die Anzahl der Filteroperationen pro Zeiteinheit um den Faktor M. Das Ergebnis ist identisch mit dem Polyphasendezimator in Bild 4.16. Die Verzögerungskette und die Abwärtstaster am Eingang des Filters können durch einen Kommutator nach Bild 8.1b ersetzt werden.

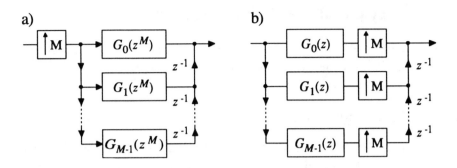

Bild 8.5: Polyphaseninterpolator mit kritischer Abtastung: Originalstruktur (a) und recheneffiziente Struktur (b)

Die zum Polyphasendezimator transponierte Struktur ist der Polyphaseninterpolator in Bild 8.5. Er entsteht aus dem Polyphasenfilter in Bild 8.3b und einem vorgeschalteten Aufwärtstaster, siehe Bild 8.5a. Nutzt man die sechste Äquivalenz, so erhält den Polyphaseninterpolator nach Bild 8.5b, siehe auch Bild 4.28. Die Verzögerungskette und die Aufwärtstaster am Ausgang des Filters können durch einen Kommutator nach Bild 8.2b ersetzt werden, der allerdings im Gegenuhrzeigersinn zu betreiben ist.

8.2 Polyphasen-QMF-Bänke

Die im Abschnitt 6.2 behandelten QMF-Bänke lassen sich mit Hilfe von Polyphasenstrukturen besonders effizient realisieren.

8.2.1 Analysefilterbank

Ausgangspunkt der Betrachtungen ist die zweikanalige Analysefilterbank in Bild 6.1 und der Ansatz der Filterübertragungsfunktionen $H_0(z) = H(z)$ nach (6.13) und $H_1(z) = H(-z)$ nach (6.14). Stellt man die Tiefpaßübertragungsfunktion in Polyphasenschreibweise dar

$$H_0(z) = H_{00}(z^2) + z^{-1} H_{01}(z^2), \tag{8.7}$$

so gilt für den Hochpaß wegen $H_1(z) = H_0(-z)$

$$H_1(z) = H_{00}(z^2) - z^{-1} H_{01}(z^2). \tag{8.8}$$

Beide Kanäle haben gemeinsame Polyphasenanteile in ihren Übertragungsfunktionen. Bild 8.6 zeigt eine Möglichkeit, diese Anteile in beiden Kanälen gemeinsam zu nutzen. Eine Analyse der Anordnung in Bild 8.6b ergibt

$$\begin{aligned} X_0(z) &= H_{00}(z^2) \cdot X(z) + z^{-1} H_{01}(z^2) \cdot X(z) \\ &= H_0(z) \cdot X(z) \end{aligned} \tag{8.9}$$

und

$$\begin{aligned} X_1(z) &= H_{00}(z^2) \cdot X(z) - z^{-1} H_{01}(z^2) \cdot X(z) \\ &= H_1(z) \cdot X(z). \end{aligned} \tag{8.10}$$

Schließlich folgen in der Analysefilterbank in Bild 6.1 noch zwei Abwärtstaster mit dem Faktor 2. Sie können gemäß der dritten Äquivalenz, Bild 1.25, vor die Filter gelegt werden. Auf diese Weise brauchen die Filteroperationen nur halb so oft wie vorher gerechnet zu werden.

Gegenüber der Originalversion der Analysefilterbank in Bild 6.1 kommt die Polyphasenfilterbank in Bild 8.7 grob gesagt mit einem Viertel der Filteroperationen aus.

a)   b)

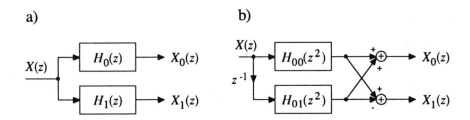

Bild 8.6: Gemeinsame Nutzung von Polyphasenkomponenten in einer Zweikanal-Analysefilterbank

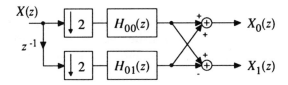

Bild 8.7: Zweikanalige Polyphasen-QMF-Bank (Analysefilterbank)

8.2.2 Synthesefilterbank

Die Synthesefilterbank in Bild 6.3 besteht aus einem Tiefpaßfilter $G_0(z)$ und einem Hochpaßfilter $G_1(z)$, die über die Beziehung $G_1(z) = -G_0(-z)$ verknüpft sind, siehe (6.15) und (6.16). Entwickelt man $G_0(z)$ in eine Polyphasendarstellung

$$G_0(z) = G_{00}(z^2) + z^{-1}G_{01}(z^2), \tag{8.11}$$

so folgt daraus unmittelbar die Polyphasendarstellung der Hochpaßübertragungsfunktion:

$$G_1(z) = -G_{00}(z^2) + z^{-1}G_{01}(z^2). \tag{8.12}$$

Die beiden Polyphasenanteile können in beiden Kanälen gemeinsam genutzt werden, siehe Bild 8.8.

Eine Analyse der Filterbank in Bild 8.8b ergibt

$$
\begin{aligned}
\hat{X}(z) &= G_{00}(z^2) \cdot [X_0(z) - X_1(z)] \\
&+ z^{-1}G_{01}(z^2) \cdot [X_0(z) + X_1(z)] \\
&= G_0(z) \cdot X_0(z) + G_1(z) \cdot X_1(z).
\end{aligned}
\tag{8.13}
$$

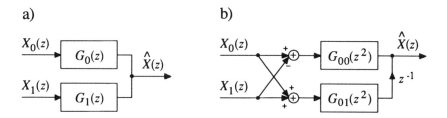

Bild 8.8: Gemeinsame Nutzung von Polyphasenkomponenten in einer Zweikanal-Synthesefilterbank

Berücksichtigt man die beiden Aufwärtstaster am Eingang der Synthesefilterbank nach Bild 6.3 und nutzt man die sechste Äquivalenz, Bild 1.37, so gelangt man zu der recheneffizienten Polyphasenfilterbank in Bild 8.9.

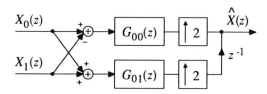

Bild 8.9: Zweikanalige Polyphasen-QMF-Bank (Synthesefilterbank)

Diese Filterbank reduziert den Rechenaufwand gegenüber der Originalversion in Bild 6.3 ebenfalls um den Faktor 4.

8.3 Allgemeine Zweikanal-Polyphasenfilterbänke

Im folgenden werden Strukturfragen von zweikanaligen Polyphasenfilterbänken ohne Berücksichtigung der Eigenschaften der Übertragungsfunktionen behandelt.

8.3.1 Analysefilterbank

Grundlage der folgenden Überlegungen ist die zweikanalige Analysefilterbank in Bild 6.1. Zerlegt man die beiden Übertragungsfunktionen $H_0(z)$ und $H_1(z)$ in ihre Polyphasenkomponenten,

$$H_0(z) = H_{00}^{(p)}(z^2) + z^{-1} H_{01}^{(p)}(z^2), \tag{8.14}$$

$$H_1(z) = H_{10}^{(p)}(z^2) + z^{-1} H_{11}^{(p)}(z^2), \tag{8.15}$$

so läßt sich daraus die Realisierungsstruktur in Bild 8.10 ableiten.

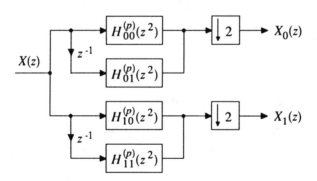

Bild 8.10: Direkte Realisierung der Übertragungsfunktionen $H_0(z)$ und $H_1(z)$ mit Hilfe ihrer Polyphasenkomponenten 1. Art

Durch Umzeichnen und Ausnutzen der dritten Äquivalenz, Bild 1.25, erhält man daraus die recheneffiziente Version in Bild 8.11, bei der alle Polyphasenkomponenten nur noch im reduzierten Takt gerechnet werden.

Die Polyphasen-Analysefilterbank in Bild 8.11 besteht aus zwei Teilen, einem Eingangsdemultiplexer bzw. -kommutator, siehe Bild 8.1, und einem

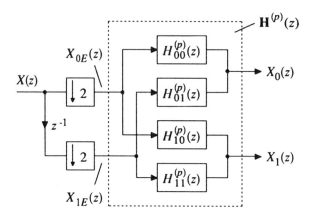

Bild 8.11: Polyphasen-Analysefilterbank

diskreten System mit zwei Eingängen und zwei Ausgängen, das im reduzierten Takt gerechnet wird. Dieses System wird durch die Vektorgleichung

$$\begin{bmatrix} X_0(z) \\ X_1(z) \end{bmatrix} = \mathbf{H}^{(p)}(z) \cdot \begin{bmatrix} X_{0E}(z) \\ X_{1E}(z) \end{bmatrix} \tag{8.16}$$

beschrieben. Die Matrix

$$\mathbf{H}^{(p)}(z) = \begin{bmatrix} H_{00}^{(p)}(z) & H_{01}^{(p)}(z) \\ H_{10}^{(p)}(z) & H_{11}^{(p)}(z) \end{bmatrix} \tag{8.17}$$

besteht aus den Polyphasenkomponenten der Übertragungsfunktionen $H_0(z)$ und $H_1(z)$ und wird *Polyphasenmatrix der Analysefilterbank* genannt.

8.3.2 Synthesefilterbank

Ausgangspunkt ist wieder die zweikanalige Synthesefilterbank in Bild 6.3. Um die Vektoren der Analyse- und der Synthesefilterbank in einfacher Weise verknüpfen zu können, werden die Übertragungsfunktionen $G_0(z)$ und $G_1(z)$ in eine Polyphasendarstellung 2. Art entwickelt:

$$G_0(z) = z^{-1} G_{00}^{(p2)}(z^2) + G_{01}^{(p2)}(z^2), \tag{8.18}$$

$$G_1(z) = z^{-1} G_{10}^{(p2)}(z^2) + G_{11}^{(p2)}(z^2). \tag{8.19}$$

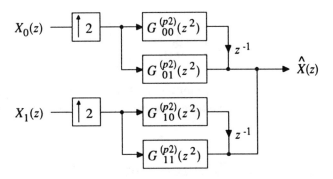

Bild 8.12: Direkte Realisierung der Übertragungsfunktionen $G_0(z)$ und $G_1(z)$ mit Hilfe ihrer Polyphasenkomponenten 2. Art

Daraus leitet sich in direkter Weise die Struktur in Bild 8.12 ab.

Durch Umzeichnen und Ausnutzen der sechsten Äquivalenz, Bild 1.37, erhält man die recheneffiziente Struktur in Bild 8.13.

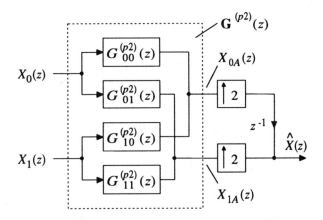

Bild 8.13: Polyphasen-Synthesefilterbank

Die Polyphasen-Synthesefilterbank in Bild 8.13 besteht aus zwei Teilen, einem Ausgangsmultiplexer bzw. -kommutator, siehe Bild 8.2, und einem diskreten System mit zwei Eingängen und zwei Ausgängen, das durch die folgende Vektorgleichung beschrieben wird:

$$\begin{bmatrix} X_{0A}(z) \\ X_{1A}(z) \end{bmatrix} = [\mathbf{G}^{(p2)}(z)]^T \cdot \begin{bmatrix} X_0(z) \\ X_1(z) \end{bmatrix}. \tag{8.20}$$

Die Matrix

$$\mathbf{G}^{(p2)}(z) = \left[\begin{array}{cc} G_{00}^{(p2)}(z) & G_{01}^{(p2)}(z) \\ G_{10}^{(p2)}(z) & G_{11}^{(p2)}(z) \end{array} \right] \tag{8.21}$$

besteht aus den Polyphasenkomponenten 2. Art der Übertragungsfunktionen $G_0(z)$ und $G_1(z)$ und wird *Polyphasenmatrix der Synthesefilterbank* genannt.

8.3.3   Rekonstruktionsbedingung

Schaltet man die Polyphasen-Analysefilterbank in Bild 8.11 und die Polyphasen-Synthesefilterbank in Bild 8.13 hintereinander, so erhält man die SBC-Filterbank in Bild 8.14.

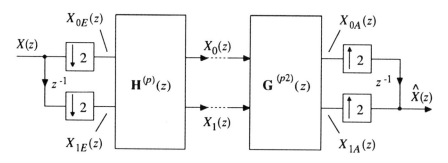

Bild 8.14: Zweikanalige Polyphasen-SBC-Filterbank

Zwischen dem Eingangsdemultiplexer und dem Ausgangsmultiplexer liegen zwei Systeme mit je zwei Eingängen und je zwei Ausgängen, die im reduzierten Takt betrieben werden. Das Übertragungsverhalten der Hintereinanderschaltung beider Systeme errechnet sich mit (8.16) und (8.20) zu

$$\left[\begin{array}{c} X_{0A}(z) \\ X_{1A}(z) \end{array} \right] = [\mathbf{G}^{(p2)}(z)]^T \cdot \mathbf{H}^{(p)}(z) \cdot \left[\begin{array}{c} X_{0E}(z) \\ X_{1E}(z) \end{array} \right]. \tag{8.22}$$

Wird das innere System direkt durchgeschaltet, d.h. $X_{0A}(z) = X_{0E}(z)$ und $X_{1A}(z) = X_{1E}(z)$, so führt die gesamte SBC-Filterbank eine Verzögerung z^{-1} aus, d.h. es gilt dann $\hat{X}(z) = z^{-1}X(z)$, siehe (8.5) mit $Y(z) = \hat{X}(z)$ und $M = 2$. In diesem Fall liegt eine perfekte Rekonstruktion vor. Diese perfekte Rekonstruktion liegt auch weiterhin vor, wenn das innere System neben einer direkten Durchschaltung noch eine gleichmäßige Verzögerung in beiden Kanälen realisiert. Die Bedingung für *perfekte Rekonstruktion* lautet daher

$$[\mathbf{G}^{(p2)}(z)]^T \cdot \mathbf{H}^{(p)}(z) = z^{-k}\mathbf{I}_2, \quad k \in \mathbf{N}, \tag{8.23}$$

worin $\mathbf{I}_2$ die 2x2-Einheitsmatrix ist. Eine perfekte Rekonstruktion nach (8.23) unterscheidet sich von einer perfekten Rekonstruktion durch direkte Durchschaltung nach (8.5) dadurch, daß mit Hilfe der Filter in beiden Filterbänken überhaupt erst eine Aufspaltung des Spektrums möglich ist. Die Rekonstruktionsbedingung in (8.23) wird später wieder aufgegriffen.

8.3.4 Zusammenhang zwischen Modulations- und Polyphasenmatrix

Die Polyphasenkomponenten der Analysefilterbank können direkt aus der Modulationsmatrix abgeleitet werden. Dazu wird (8.14)

$$H_0(z) = H_{00}^{(p)}(z^2) + z^{-1}H_{01}^{(p)}(z^2) \tag{8.24}$$

verwendet, sowie

$$H_0(-z) = H_{00}^{(p)}(z^2) - z^{-1}H_{01}^{(p)}(z^2). \tag{8.25}$$

Eine Addition beider Gleichungen ergibt

$$H_{00}^{(p)}(z^2) = \frac{1}{2}[H_0(z) + H_0(-z)], \tag{8.26}$$

eine Subtraktion

$$z^{-1}H_{01}^{(p)}(z^2) = \frac{1}{2}[H_0(z) - H_0(-z)]. \tag{8.27}$$

Beide Ergebnisse können zu einer Vektorgleichung zusammengefaßt werden:

$$\left[H_{00}^{(p)}(z^2) \quad z^{-1}H_{01}^{(p)}(z^2)\right] = \frac{1}{2}[H_0(z) \quad H_0(-z)]\begin{bmatrix} 1 & 1 \\ 1 & -1 \end{bmatrix}. \tag{8.28}$$

Bei der Übertragungsfunktion $H_1(z)$ kann sinngemäß vorgegangen werden. Faßt man beide Vektorgleichungen zusammen, so erhält man

$$\begin{bmatrix} H_{00}^{(p)}(z^2) & H_{01}^{(p)}(z^2) \\ H_{10}^{(p)}(z^2) & H_{11}^{(p)}(z^2) \end{bmatrix}\begin{bmatrix} 1 & 0 \\ 0 & z^{-1} \end{bmatrix} = \frac{1}{2}\begin{bmatrix} H_0(z) & H_0(-z) \\ H_1(z) & H_1(-z) \end{bmatrix}\begin{bmatrix} 1 & 1 \\ 1 & -1 \end{bmatrix}. \tag{8.29}$$

Mit den Matrizen

$$\mathbf{D}_2(z) = \begin{bmatrix} 1 & 0 \\ 0 & z^{-1} \end{bmatrix}, \quad \mathbf{W}_2 = \begin{bmatrix} 1 & 1 \\ 1 & -1 \end{bmatrix} \tag{8.30}$$

und der Modulationsmatrix $\mathbf{H}^{(m)}(z)$ nach (6.28) und (6.29) lautet (8.29)

$$\mathbf{H}^{(p)}(z^2) \cdot \mathbf{D}_2(z) = \frac{1}{2} \left[\mathbf{H}^{(m)}(z) \right]^T \cdot \mathbf{W}_2. \tag{8.31}$$

Daraus folgt mit $\mathbf{D}_2^{-1}(z) = \mathbf{D}_2(z^{-1})$

$$\boxed{\mathbf{H}^{(p)}(z^2) = \frac{1}{2} \left[\mathbf{H}^{(m)}(z) \right]^T \cdot \mathbf{W}_2 \cdot \mathbf{D}_2(z^{-1}).} \tag{8.32}$$

Ferner kann unter Berücksichtigung von $\mathbf{D}_2(z) = \mathbf{D}_2^T(z)$ und $\mathbf{W}_2 \cdot \mathbf{W}_2 = 2\mathbf{I}_2$ (8.31) nach $\mathbf{H}^{(m)}(z)$ aufgelöst werden:

$$\boxed{\mathbf{H}^{(m)}(z) = \mathbf{W}_2 \cdot \mathbf{D}_2(z) \cdot \left[\mathbf{H}^{(p)}(z^2) \right]^T.} \tag{8.33}$$

Für die Synthesefilterbank lassen sich entsprechende Beziehungen ableiten. Dazu werden die Polyphasenkomponenten 2. Art in solche 1. Art umgerechnet und die Ergebnisse aus (8.32) und (8.33) mit einer Systitution $H \to G$ übernommen. Für die Polyphasenkomponenten gilt

$$\begin{bmatrix} G_{00}^{(p)}(z^2) & G_{01}^{(p)}(z^2) \\ G_{10}^{(p)}(z^2) & G_{11}^{(p)}(z^2) \end{bmatrix} \begin{bmatrix} 0 & 1 \\ 1 & 0 \end{bmatrix} = \begin{bmatrix} G_{00}^{(p2)}(z^2) & G_{01}^{(p2)}(z^2) \\ G_{10}^{(p2)}(z^2) & G_{11}^{(p2)}(z^2) \end{bmatrix} \tag{8.34}$$

bzw.

$$\mathbf{G}^{(p)}(z^2) \cdot \mathbf{J}_2 = \mathbf{G}^{(p2)}(z^2), \tag{8.35}$$

worin $\mathbf{J}_2$ die 2x2-Nebendiagonal-Einheitsmatrix ist. Wegen $\mathbf{J}_2 \cdot \mathbf{J}_2 = \mathbf{I}_2$ gilt

$$\mathbf{G}^{(p)}(z^2) = \mathbf{G}^{(p2)}(z^2) \cdot \mathbf{J}_2. \tag{8.36}$$

Mit (8.36) lauten die Ergebnisse aus (8.32) und (8.33) sinngemäß

$$\boxed{\mathbf{G}^{(p2)}(z^2) = \frac{1}{2} \left[\mathbf{G}^{(m)}(z) \right]^T \cdot \mathbf{W}_2 \cdot \mathbf{D}_2(z^{-1}) \cdot \mathbf{J}_2} \tag{8.37}$$

und

$$\boxed{\mathbf{G}^{(m)}(z) = \mathbf{W}_2 \cdot \mathbf{D}_2(z) \cdot \mathbf{J}_2 \cdot \left[\mathbf{G}^{(p2)}(z^2) \right]^T.} \tag{8.38}$$

Beispiel 8.1:

Ausgehend von einem Lagrange-Halbbandfilter mit 7 Koeffizienten erhält man folgende Übertragungsfunktionen für die Analysefilterbank:

$$H_0(z) = 0.3415 + 0.5915z^{-1} + 0.1585z^{-2} - 0.0915z^{-3}, \qquad (8.39)$$

$$H_1(z) = 0.0915 + 0.1585z^{-1} - 0.5915z^{-2} + 0.3415z^{-3}. \qquad (8.40)$$

Gleichung (8.32) lautet mit (8.30)

$$\mathbf{H}^{(p)}(z^2) = \frac{1}{2} \begin{bmatrix} H_0(z) & H_0(-z) \\ H_1(z) & H_1(-z) \end{bmatrix} \begin{bmatrix} 1 & z \\ 1 & -z \end{bmatrix}. \qquad (8.41)$$

Es gilt beispielsweise

$$H_{01}^{(p)}(z^2) = \frac{z}{2} \big[H_0(z) - H_0(-z) \big]. \qquad (8.42)$$

Das Ergebnis lautet

$$\mathbf{H}^{(p)}(z^2) = \begin{bmatrix} 0.3415 + 0.1585z^{-2} & 0.5915 - 0.0915z^{-2} \\ 0.0915 - 0.5915z^{-2} & 0.1585 + 0.3415z^{-2} \end{bmatrix}. \qquad (8.43)$$

8.4 Allgemeine M-Kanal-Polyphasenfilterbänke

Die Erweiterung der Zweikanal-SBC-Filterbank auf M Kanäle führt auf die im Abschnitt 7.2 behandelte Parallelstruktur, siehe Bild 7.7. Durch eine Zerlegung aller Übertragungsfunktionen $H_i(z), G_i(z), i = 0, 1, 2 \ldots M - 1$, in M Polyphasenkomponenten kommt man zu den im folgenden besprochenen recheneffizienten Polyphasenfilterbänken.

8.4.1 M-Kanal-Polyphasenstruktur

Eine Polyphasenzerlegung des Analysefilters $H_i(z)$ in M Komponenten lautet

$$H_i(z) = \sum_{\lambda=0}^{M-1} z^{-\lambda} H_{i\lambda}(z^M) \ , \ i = 0, 1, 2 \ldots M - 1. \tag{8.44}$$

Aus dieser Darstellung folgt unmittelbar die Realisierungsstruktur in Bild 8.3. Da dem Analysefilter in der SBC-Filterbank ein Abwärtstaster mit dem Faktor M folgt, siehe Bild 7.7, kann für jeden Kanal die Polyphasenanordnung in Bild 8.4b verwendet werden, in der die Filteroperationen nur noch in einem um den Faktor M reduzierten Takt ausgeführt werden. Da alle Kanäle den gleichen Eingangsdemultiplexer besitzen, kann dieser, ähnlich wie in Bild 8.11 gezeigt, gemeinsam für alle Kanäle ausgeführt werden. Dieses führt auf die allgemeine M-Kanal-Polyphasenfilterbank in Bild 8.15.

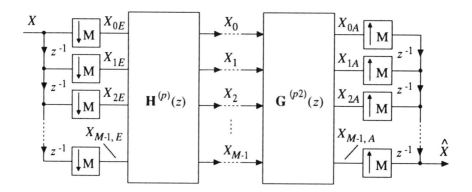

Bild 8.15: M-Kanal-Polyphasenfilterbank

In Erweiterung von (8.16) und (8.17) wird der Filterteil der Analysefilterbank mit der Vektorgleichung

$$\mathbf{x}(z) = \mathbf{H}^{(p)}(z) \cdot \mathbf{x}_E(z) \qquad (8.45)$$

beschrieben. Darin sind

$$\mathbf{x}(z) = \begin{bmatrix} X_0(z) \ X_1(z) \ X_2(z) \ \ldots \ X_{M-1} \end{bmatrix}^T \qquad (8.46)$$

der Vektor der Teilbandsignale,

$$\mathbf{x}_E(z) = \begin{bmatrix} X_{0E}(z) \ X_{1E}(z) \ X_{2E}(z) \ \ldots \ X_{M-1,E}(z) \end{bmatrix}^T \qquad (8.47)$$

der Vektor der demultiplexten Eingangssignale und $\mathbf{H}^{(p)}(z)$ mit

$$\left[\mathbf{H}^{(p)}(z)\right]_{k\ell} = H_{k\ell}^{(p)}(z) \qquad (8.48)$$

die MxM-Matrix der Polyphasenkomponenten oder kurz *Polyphasenmatrix*.

Die Synthesefilterbank wird in entsprechender Weise in die Polyphasenkomponenten 2. Art $G_{k\ell}^{(p2)}(z)$ zerlegt. Sie ist in den Filterteil und den Ausgangsmultiplexer gegliedert. Der Filterteil wird mit der Vektorgleichung

$$\mathbf{x}_A(z) = \mathbf{G}^{(p2)}(z) \cdot \mathbf{x}(z) \qquad (8.49)$$

beschrieben. Darin sind

$$\mathbf{x}_A(z) = \begin{bmatrix} X_{0A}(z) \ X_{1A}(z) \ X_{2A}(z) \ldots X_{M-1,A}(z) \end{bmatrix}^T \qquad (8.50)$$

der Vektor der Ausgangssignale und $\mathbf{G}^{(p2)}(z)$ mit

$$\left[\mathbf{G}^{(p2)}(z)\right]_{k\ell} = G_{k\ell}^{(p2)}(z) \qquad (8.51)$$

die MxM-Matrix der Polyphasenkomponenten 2. Art.

In Erweiterung von (8.23) läßt sich die folgende Bedingung für perfekte Rekonstruktion angeben:

$$\left[\mathbf{G}^{(p2)}(z)\right]^T \cdot \mathbf{H}^{(p)}(z) = z^{-k}\mathbf{I}_M \quad , \quad k \in \mathbf{N}. \qquad (8.52)$$

Darin ist $\mathbf{I}_M$ die MxM-Einheitsmatrix.

8.4.2   Polyphasenmatrix der Analysefilterbank

Im folgenden wird eine Beziehung zwischen der *Modulationsmatrix* $\mathbf{H}^{(m)}(z)$ und der *Polyphasenmatrix* $\mathbf{H}^{(p)}(z)$ der M-Kanal-Analysefilterbank hergeleitet. Aus diesem Zusammenhang heraus kann später von den Eigenschaften der Modulationsmatrix auf die der Polyphasenmatrix geschlossen werden.

Ausgangspunkt der Überlegungen ist die Gleichung (1.32), in der Polyphasen- und Modulationskomponenten in Beziehung gebracht werden. Identifiziert man $X(z)$ mit der Übertragungsfunktion $H_0(z)$ des ersten Analysefilters, so kann (1.32) wie folgt geschrieben werden:

$$z^{-\lambda}H_{0\lambda}^{(p)}(z^M) = \frac{1}{M}\left[H_{00}^{(m)}(z)\; H_{01}^{(m)}(z)\ldots H_{0,M-1}^{(m)}(z)\right]\cdot \begin{bmatrix} 1 \\ W_M^{\lambda} \\ \vdots \\ W_M^{\lambda(M-1)} \end{bmatrix} \quad (8.53)$$

mit $\lambda = 0,1,2\ldots M-1$. Stellt man die Ausdrücke auf der linken Seite für alle Werte von λ zu einem Zeilenvektor zusammen, so erhält man

$$\left[H_{00}^{(p)}(z^M)\; z^{-1}H_{01}^{(p)}(z^M)\; \ldots\; z^{-(M-1)}H_{0,M-1}^{(p)}(z^M)\right] =$$

$$= \frac{1}{M}\left[H_{00}^{(m)}(z)\; H_{01}^{(m)}(z)\; \ldots\; H_{0,M-1}^{(m)}(z)\right]\cdot \mathbf{W}_M. \quad (8.54)$$

Darin ist $\mathbf{W}_M$ die *MxM-DFT-Matrix*, siehe Anhang C.2 . Für die Übertragungsfunktionen $H_1(z)$ bis $H_{M-1}(z)$ der Analysefilterbank können sinngemäße Beziehungen angegeben werden. Faßt man alle Beziehungen dadurch zusammen, daß man die Zeilenvektoren jeweils zu einer Matrix zusammenfaßt und die Potenzen von z auf der linken Seite mit Hilfe einer Diagonalmatrix $\mathbf{D}_M(z)$ ausklammert, so ergibt sich

$$\mathbf{H}^{(p)}(z^M)\cdot \mathbf{D}_M(z) = \frac{1}{M}\left[\mathbf{H}^{(m)}(z)\right]^T\cdot \mathbf{W}_M \quad (8.55)$$

mit

$$\mathbf{D}_M(z) = \operatorname{diag}\{1\;\; z^{-1}\;\; z^{-2}\;\; \ldots\;\; z^{-(M-1)}\}, \quad (8.56)$$

siehe auch Anhang B.6. Gleichung (8.55) kann mit $\mathbf{D}_M^{-1}(z) = \mathbf{D}_M(z^{-1})$ nach der Polyphasenmatrix aufgelöst werden:

$$\boxed{\mathbf{H}^{(p)}(z^M) = \frac{1}{M}\left[\mathbf{H}^{(m)}(z)\right]^T\cdot \mathbf{W}_M\cdot \mathbf{D}_M(z^{-1}).} \quad (8.57)$$

Ferner folgt aus (8.55) mit den Beziehungen $\mathbf{D}_M(z) = \mathbf{D}_M^T(z)$, $\mathbf{W}_M \mathbf{W}_M^* = M \cdot \mathbf{I}_M$ und $[\mathbf{W}_M^*]^T = \mathbf{W}_M^*$, siehe Anhänge B.4 und C.2

$$\mathbf{H}^{(m)}(z) = \mathbf{W}_M^* \cdot \mathbf{D}_M(z) \cdot \left[\mathbf{H}^{(p)}(z^M)\right]^T. \tag{8.58}$$

Es ist leicht erkennbar, daß die vorliegenden Ableitungen eine Verallgemeinerung der Ergebnisse in Abschnitt 8.3.4 darstellen.

8.4.3 Polyphasenmatrix der Synthesefilterbank

Für die Synthesefilterbank gelten die Beziehungen (8.57) und (8.58) im Prinzip ebenso. Einziger Unterschied: die Polyphasenkomponenten 2. Art sind zunächst in die Polyphasenkomponenten 1. Art umzurechnen. In Anlehnung an (8.36) kann folgende Beziehung angegeben werden:

$$\mathbf{G}^{(p)}(z^M) = \mathbf{G}^{(p2)}(z^M) \cdot \mathbf{J}_M, \tag{8.59}$$

worin $\mathbf{J}_M$ die $M \times M$-Nebendiagonal-Einheitsmatrix ist. Mit der Substitution $H \to G$ folgt schließlich aus (8.57) bis (8.59)

$$\mathbf{G}^{(p2)}(z^M) = \frac{1}{M}\left[\mathbf{G}^{(m)}(z)\right]^T \cdot \mathbf{W}_M \cdot \mathbf{D}_M(z^{-1}) \cdot \mathbf{J}_M \tag{8.60}$$

und

$$\mathbf{G}^{(m)}(z) = \mathbf{W}_M^* \cdot \mathbf{D}_M(z) \cdot \mathbf{J}_M \cdot \left[\mathbf{G}^{(p2)}(z^M)\right]^T. \tag{8.61}$$

Mit den Beziehungen (8.57) bis (8.61) können die Modulationsdarstellungen in die Polyphasendarstellungen überführt werden und umgekehrt. Mit diesen Gleichungen werden später die Bedingungen für perfekte Rekonstruktion von den Modulationsmatrizen auf die Polyphasenmatrizen übertragen.

8.5 Paraunitäre Polyphasenfilterbänke

Die speziellen Eigenschaften der paraunitären Filterbänke wirken sich auch auf die Beschreibungsformen der entsprechenden Polyphasenfilterbänke aus. Diese werden im folgenden hergeleitet.

8.5.1 Polyphasenmatrix der Zweikanal-Analysefilterbank

Für die Modulationsmatrix einer paraunitären Analysefilterbank gilt nach (6.69)

$$\tilde{\mathbf{H}}^{(m)}(z) \cdot \mathbf{H}^{(m)}(z) = \mathbf{I}_2. \tag{8.62}$$

Setzt man (8.33) in diese Gleichung ein, so erhält man

$$\mathbf{H}^{(p)}(z^{-2})\mathbf{D}_2(z^{-1})\mathbf{W}_2\mathbf{W}_2\mathbf{D}_2(z)\big[\mathbf{H}^{(p)}(z^2)\big]^T = \mathbf{I}_2. \tag{8.63}$$

Wegen $\mathbf{W}_2\mathbf{W}_2 = 2\mathbf{I}_2$ und $\mathbf{D}_2(z^{-1})\mathbf{D}_2(z) = \mathbf{I}$ folgt daraus

$$\mathbf{H}^{(p)}(z^{-2})\big[\mathbf{H}^{(p)}(z^2)\big]^T = \frac{1}{2}\mathbf{I}_2 \tag{8.64}$$

und

$$\mathbf{H}^{(p)}(z^{-1})\big[\mathbf{H}^{(p)}(z)\big]^T = \frac{1}{2}\mathbf{I}_2. \tag{8.65}$$

Ist die Modulationsmatrix einer Analysefilterbank paraunitär, so ist es auch die Polyphasenmatrix. Umgekehrt gilt auch, daß aus einer paraunitären Polyphasenmatrix eine paraunitäre Modulationsmatrix folgt.

Beispiel 8.2:

Im folgenden wird die Polyphasenmatrix (8.43) aus Beispiel 8.1 wieder aufgegriffen. Mit den Matrizen

$$\mathbf{H}^{(p)}(z) = \begin{bmatrix} 0.3415 + 0.1585z^{-1} & 0.5915 - 0.0915z^{-1} \\ 0.0915 - 0.5915z^{-1} & 0.1585 + 0.3415z^{-1} \end{bmatrix} \tag{8.66}$$

und

$$\tilde{\mathbf{H}}^{(p)}(z) = \begin{bmatrix} 0.3415 + 0.1585z & 0.0915 - 0.5915z \\ 0.5915 - 0.0915z & 0.1585 + 0.3415z \end{bmatrix} \tag{8.67}$$

gilt

$$\mathbf{H}^{(p)}(z) \cdot \tilde{\mathbf{H}}^{(p)}(z) = \begin{bmatrix} 0.5 & 0 \\ 0 & 0.5 \end{bmatrix} \tag{8.68}$$

und

$$\tilde{\mathbf{H}}^{(p)}(z) \cdot \mathbf{H}^{(p)}(z) = \begin{bmatrix} 0.5 & 0 \\ 0 & 0.5 \end{bmatrix}. \tag{8.69}$$

8.5.2 Determinante der Polyphasenmatrix

Die Determinante der Modulationsmatrix gibt Aufschluß darüber, ob eine *perfekte Rekonstruktion* möglich ist oder nicht. Eine SBC-Filterbank hat dann und nur dann die Eigenschaft der perfekten Rekonstruktion mit FIR-Filtern, wenn die Determinante der Modulationsmatrix der Analysefilterbank eine reine Verzögerung $-z^{-(N-1)}$ darstellt (und die Synthesefilterbank entsprechend gewählt wird), siehe (6.44). Im folgenden wird gezeigt, daß aus der Determinante der Polyphasenmatrix der Analysefilterbank eine äquivalente Aussage abgeleitet werden kann. Aus (8.32) folgt

$$\det \mathbf{H}^{(p)}(z^2) = (\frac{1}{2})^2 \cdot \det \mathbf{H}^{(m)}(z) \cdot \det \mathbf{W}_2 \cdot \det \mathbf{D}_2(z^{-1}). \tag{8.70}$$

Mit (6.44), $\det \mathbf{W}_2 = -2$ und $\det \mathbf{D}_2(z^{-1}) = z$ wird daraus

$$\det \mathbf{H}^{(p)}(z^2) = \frac{1}{2} z^{-N+2}, \tag{8.71}$$

so daß letztlich

$$\boxed{\det \mathbf{H}^{(p)}(z) = \frac{1}{2} z^{1-(N/2)}} \tag{8.72}$$

gilt.

Beispiel 8.3:

Die Übertragungsfunktionen der Analysefilterbank in Beispiel 8.1 besitzen 4 Koeffizienten, es gilt also $N = 4$. Für die Polyphasenfiltermatrix $\mathbf{H}^{(p)}(z)$ aus Beispiel 8.2 gilt

$$\det \mathbf{H}^{(p)}(z) = \frac{1}{2} z^{-1}, \tag{8.73}$$

was (8.72) bestätigt.

Notwendig und hinreichend für die perfekte Rekonstruktion mit FIR-Filtern ist die Eigenschaft, daß die Determinante der Polyphasenmatrix der Analysefilterbank eine Verzögerung gemäß (8.72) darstellt. Diese Eigenschaft trifft für *paraunitäre Filterbänke* stets zu, gilt aber auch für *biorthogonale Filterbänke*.

8.5.3 M-Kanal-Polyphasenfilterbank

Im folgenden wird eine *paraunitäre M-Kanal-Polyphasenfilterbank* betrachtet, in der alle Polyphasenkomponenten r Koeffizienten besitzen, die Zahl der Koeffizienten aller Analyse- und Synthesefilter beträgt also $N = r \cdot M$. Es soll die Frage beantwortet werden, wie sich die Paraunitarität auf die Eigenschaften der Polyphasenmatrizen auswirkt.

Setzt man (8.58) in die Beziehung $\tilde{\mathbf{H}}(z) \cdot \mathbf{H}(z) = \mathbf{I}$ für paraunitäre Modulationsmatrizen ein, so erhält man

$$\mathbf{H}^{(p)}(z^{-M}) \cdot \mathbf{D}_M(z^{-1}) \cdot \mathbf{W}_M \cdot \mathbf{W}_M^* \cdot \mathbf{D}_M(z) \cdot \left[\mathbf{H}^{(p)}(z^M) \right]^T = \mathbf{I}_M. \quad (8.74)$$

Wegen $\mathbf{W}_M \mathbf{W}_M^* = M \cdot \mathbf{I}_M$ und $\mathbf{D}_M(z^{-1}) \mathbf{D}_M(z) = \mathbf{I}_M$ wird daraus

$$M \cdot \mathbf{H}^{(p)}(z^{-M}) \left[\mathbf{H}^{(p)}(z^M) \right]^T = \mathbf{I}_M. \quad (8.75)$$

Transponierung auf beiden Seiten und eine Substitution $z^M \to z$ führen auf

$$\boxed{\mathbf{H}^{(p)}(z) \cdot \tilde{\mathbf{H}}^{(p)}(z) = \frac{1}{M} \cdot \mathbf{I}_M.} \quad (8.76)$$

Die Polyphasenmatrix der Analysefilterbank ist dann und nur dann paraunitär, wenn die Modulationsmatrix paraunitär ist.

Weiterhin wird im folgenden gezeigt, daß im Falle einer paraunitären Filterbank die mit $\mathbf{H}^{(p)}(z)$ und $\mathbf{G}^{(p2)}(z)$ beschriebenen Polyphasenfilter in Bild 8.15 den Eingangsvektor $\mathbf{x}_E(z)$ nur verzögern. Aus (7.24) und (7.25)

$$\mathbf{G}^{(m)}(z) \cdot \left[\mathbf{H}^{(m)}(z) \right]^T = M \cdot z^{-(N-1)} \cdot \mathbf{M}_M \quad (8.77)$$

folgt mit (8.61) und (8.58)

$$\mathbf{W}_M^* \mathbf{D}_M(z) \mathbf{J}_M \left[\mathbf{G}^{(p2)}(z^M) \right]^T \mathbf{H}^{(p)}(z^M) \mathbf{D}_M(z) \mathbf{W}_M^* = M \cdot z^{-(N-1)} \cdot \mathbf{M}_M. \quad (8.78)$$

Unter der Annahme

$$\left[\mathbf{G}^{(p2)}(z^M) \right]^T \mathbf{H}^{(p)}(z^M) = z^{-k} \mathbf{I}_M \quad (8.79)$$

wird daraus

$$z^{-k} \mathbf{W}_M^* \mathbf{D}_M(z) \mathbf{J}_M \mathbf{D}_M(z) \mathbf{W}_M^* = M z^{-(N-1)} \mathbf{M}_M. \quad (8.80)$$

Mit $\mathbf{D}_M(z)\mathbf{J}_M\mathbf{D}_M(z) = z^{-(M-1)}\mathbf{J}_M$ folgt weiter

$$z^{-k}z^{-(M-1)}\mathbf{W}_M^*\mathbf{J}_m\mathbf{W}_M^* = M \cdot z^{-(N-1)}\mathbf{M}_M \qquad (8.81)$$

und mit $\mathbf{W}_M^*\mathbf{J}_M\mathbf{W}_M^* = M \cdot \mathbf{M}_M$

$$z^{-k}z^{-(M-1)}M \cdot \mathbf{M}_M = z^{-(N-1)} \cdot \mathbf{M}_M. \qquad (8.82)$$

Diese Gleichung ist mit $k = (r-1)M$ erfüllt. Mit diesem Wert von k ist die Annahme in (8.79) richtig:

$$\boxed{\left[\mathbf{G}^{(p2)}(z^M)\right]^T \cdot \mathbf{H}^{(p)}(z^2) = z^{-(r-1)M} \cdot \mathbf{I}_M.} \qquad (8.83)$$

Das aus Polyphasenfiltern bestehende Übertragungssystem im Innern der Polyphasenfilterbank in Bild 8.15 führt also im Falle paraunitärer Analyse- und Synthesefilterbänke eine *Verzögerung* um $(r-1)M$ Zeitintervalle im nichtreduzierten Takt bzw. $(r-1)$ Intervalle im reduzierten Takt aus. Die Zusammenschaltung des Eingangsdemultiplexers mit dem Ausgangsmultiplexer führt ebenfalls nur eine Verzögerung aus, siehe (8.5), nämlich um $(M-1)$ Intervalle im nichtreduzierten Takt. Somit wird ein weiteres Mal die Eigenschaft der perfekten Rekonstruktion der paraunitären Filterbank gezeigt. Die Gesamtverzögerung lautet

$$(r-1)M + (M-1) = rM - 1 = N - 1. \qquad (8.84)$$

Dieses Ergebnis stimmt mit dem in (7.25) überein.

8.6   DFT-Polyphasenfilterbänke

Von besonderer Bedeutung sind die Polyphasenstrukturen von modulierten Filterbänken. Diese Strukturen ermöglichen eine drastische Reduktion des Filteraufwandes und sind daher der Schlüssel für die wirtschaftliche Realisierung von Filterbänken mit einer hohen Anzahl von Kanälen. Sie wurden erstmalig in [Bel 74] angegeben. Die Polyphasenstrukturen werden im folgenden anhand der komplex modulierten Filterbänke hergeleitet.

8.6.1   DFT-Polyphasenanalysefilterbank

Ausgangspunkt der folgenden Betrachtungen ist die komplex modulierte Filterbank in Bild 8.16.

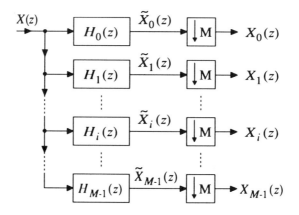

Bild 8.16: M-Kanal-Analysefilterbank

Die Übertragungsfunktionen $H_i(z)$ der Analysefilter lauten nach (7.36)

$$H_i(z) = H\left(zW_M^i\right), \quad i = 0, 1, 2 \ldots M - 1. \tag{8.85}$$

Für den Prototypen $H(z) = H_0(z)$ soll die Polyphasendarstellung nach (8.44) gelten:

$$H_0(z) = \sum_{\lambda=0}^{M-1} z^{-\lambda} H_{0\lambda}(z^M). \tag{8.86}$$

Während von einer reellen Impulsantwort $h_0(n) \circ\!\!-\!\!\bullet H_0(z)$ ausgegangen wird, können alle Signale in Bild 8.16 komplexwertig sein. Mit (8.85) und (8.86) kann das i-te Zwischensignal $\tilde{X}_i(z)$ in der Filterbank folgendermaßen geschrieben werden:

$$\begin{aligned}
\tilde{X}_i(z) &= H_i(z) \cdot X(z) \\
&= H_0(zW_M^i) \cdot X(z) \\
&= \sum_{\lambda=0}^{M-1} (zW_M^i)^{-\lambda} H_{0\lambda}\big((zW_M^i)^M\big) \cdot X(z) \tag{8.87}
\end{aligned}$$

Nutzt man den Zusammenhang $W_M^{iM} = 1$, so erhält man schließlich

$$\tilde{X}_i(z) = \sum_{\lambda=0}^{M-1} \big[z^{-\lambda} H_{0\lambda}(z^M) \cdot X(z) \big] \cdot W_M^{-\lambda i}. \tag{8.88}$$

Diese Gleichung gilt für alle $i = 0,1,2\ldots M-1$ und kann kompakt als

$$\boxed{\tilde{\mathbf{x}}(z) = \mathbf{W}_M^* \cdot \mathbf{h}^{(p)}(z^M) \cdot X(z)} \tag{8.89}$$

geschrieben werden. Darin ist $\mathbf{W}_M^*$ die konjugiert komplexe DFT-Matrix,

$$\tilde{\mathbf{x}}(z) = \big[\tilde{X}_0(z)\ \tilde{X}_1(z)\ \tilde{X}_2(z)\ \ldots\ \tilde{X}_{M-1}(z) \big]^T \tag{8.90}$$

der Vektor der Zwischensignale und

$$\mathbf{h}^{(p)}(z) = \big[H_{00}(z^M)\ \ z^{-1}H_{01}(z^M)\ \ z^{-2}H_{02}(z^M)\ \ldots\ z^{-M+1}H_{0,M-1}(z^M) \big]^T \tag{8.91}$$

der Vektor der Polyphasenkomponenten des Prototypen $H(z)$.

8.6.2 Recheneffiziente Polyphasenstruktur für die Analyse

Aus (8.88) bzw. (8.89) wird deutlich, daß das Eingangssignal $X(z)$ mit allen Polyphasenteilfiltern $H_{0\lambda}(z^M)$ gefiltert und zudem um λ Takte verzögert wird. Das Ergebnis wird dann mit der Matrix $\mathbf{W}_M^*$ multipliziert. Das bedeutet, daß der Vektor der Filterausgangswerte in jedem Takt (abgesehen vom Faktor $1/M$) einer inversen diskreten Fourier-Transformation zugeführt wird. Bild 8.17 zeigt eine strukturelle Deutung dieses Sachverhaltes.

Nutzt man schließlich die 3. Äquivalenz in Bild 1.25 und schiebt die Abwärtstaster durch die IDFT und die Polyphasenteilfilter, so gelangt man zu der endgültigen DFT-*Polyphasenanalysefilterbank* in Bild 8.18.

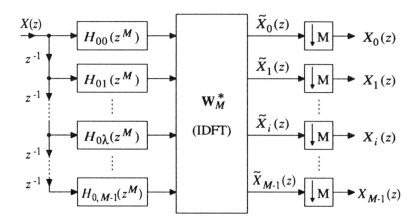

Bild 8.17: Zwischenstruktur auf dem Wege zur DFT-Polyphasenanalyse-filterbank

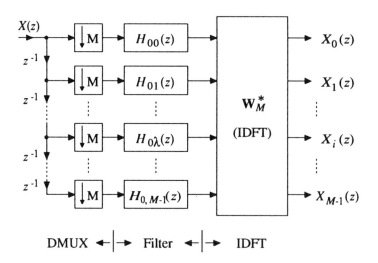

Bild 8.18: DFT-Polyphasenanalysefilterbank

Die DFT-Polyphasenanalysefilterbank besteht aus drei Teilen, einem Ein-gangsdemultiplexer, der auch mit einem Kommutator im Gegenuhrzeigersinn realisiert werden kann, den Polyphasenteilfiltern und (abgesehen vom Vor-faktor $1/M$) einer inversen DFT. Die IDFT ist nicht als Transformation vom Bild- in den Zeitbereich aufzufassen. Vielmehr werden im Zeitbereich die komplexen Multiplikationen bei der Modulation der Impulsantworten in kompakter Form, nämlich in Form der IDFT durchgeführt.

8.6.3 Abschätzung des Rechenaufwandes

Durch das Verschieben der Abwärtstaster zum Eingang hin werden die Polyphasenteilfilter nur noch im niedrigen Takt gerechnet. Dieses bringt eine Reduktion des *Filteraufwandes* um den Faktor M mit sich.

Eine weitere Reduktion um den Faktor M gegenüber der Realisierung in Bild 8.16 ergibt sich daraus, daß die Polyphasenteilfilter in Bild 8.18 um den Faktor M kürzer sind als die Originalfilter. Die Anzahl der Koeffizienten aller Filter in Bild 8.18 ist zusammengenommen gleich der Anzahl der Koeffizienten eines einzelnen Filters in Bild 8.16. Insgesamt erreicht man also mit der DFT-Polyphasenstruktur eine Aufwandsreduktion um den Faktor M^2 gegenüber der Originalstruktur! Der zusätzlich entstandene Aufwand durch die IDFT ist bei hoher Kanalzahl meistens klein gegenüber dem Filteraufwand.

Beispiel 8.4:

Es sei eine Filterbank mit $M = 32$ Kanälen gegeben. Der Prototyp habe 256 Koeffizienten. Der Takt des komplexen Eingangssignals sei 32. Da sich die Multiplikation zweier komplexer Zahlen durch drei reelle Multiplikationen ausführen läßt, benötigt die Originalfilterbank

$$32 \cdot 32 \cdot 256 \cdot 3 \text{ FOPS} = 786432 \text{ FOPS}. \tag{8.92}$$

In der DFT-Polyphasenanalysefilterbank werden die Filter im Takt 1 gerechnet. Jedes Teilpolyphasenfilter besitzt 8 reelle Koeffizienten. Die Multiplikation von komplexen Eingangsgrößen mit reellen Koeffizienten erfordert zwei reelle Multiplikationen. Der Filteraufwand lautet daher

$$1 \cdot 32 \cdot 8 \cdot 2 \text{ FOPS} = 512 \text{ FOPS}. \tag{8.93}$$

Hinzu kommt der Aufwand durch die IDFT. Verwendet man den IFFT-Algorithmus, so benötigt man $(M/2) \cdot \text{ld}(M)$ komplexe Multiplikationen:

$$16 \cdot 5 \cdot 3 \text{ FOPS} = 240 \text{ FOPS}. \tag{8.94}$$

Die Aufwandsreduktion beträgt daher

$$\frac{786432}{512 + 240} = 1046. \tag{8.95}$$

8.6.4 Entwurf der Polyphasenteilfilter

Die Koeffizienten der *Polyphasenteilfilter* lassen sich leicht aus der Impulsantwort $h_0(n)$ des Prototypen entnehmen. Führt man in der Z-Transformierten

$$H_0(z) = \sum_{n=-\infty}^{\infty} h_0(n) \cdot z^{-n} \tag{8.96}$$

die Substitution $n = mM + \lambda$ ein, so erhält man

$$H_0(z) = \sum_{\lambda=0}^{M-1} z^{-\lambda} \sum_{m=-\infty}^{\infty} h_0(mM + \lambda) \cdot (z^M)^{-m}. \tag{8.97}$$

Ein Vergleich mit (8.86) zeigt die Korrespondenzen der Polyphasenkomponenten:

$$H_{0\lambda}(z) = \sum_{m=-\infty}^{\infty} h_0(mM + \lambda) \cdot z^{-m}. \tag{8.98}$$

Die Impulsantworten der Polyphasenteilfilter ergeben sich aus der Impulsantwort des Prototypen durch eine M-fache Abwärtstastung mit Phasenversatz λ. Alle Polyphasenteilfilter ineinander verschachtelt ergeben wieder den Prototypen.

8.6.5 DFT-Polyphasensynthesefilterbank

Die *DFT-Polyphasensynthesefilterbank* stellt die duale Struktur zur bisher betrachteten Analysefilterbank dar und wird in ähnlicher Form abgeleitet. Ausgangspunkt ist dabei die allgemeine M-Kanal-Synthesefilterbank in Bild 8.19.

Die Übertragungsfunktionen $G_i(z)$ der Synthesefilter gehen durch Modulation aus dem Prototypen $G(z)$ hervor:

$$G_i(z) = G(zW_M^i), \quad i = 0, 1, 2, \ldots M - 1. \tag{8.99}$$

Mit (8.86) und (8.99) lautet dann das Ausgangssignal $\hat{X}(z)$ der Filterbank

$$\hat{X}(z) = \sum_{i=0}^{M-1} G_i(z) \cdot \tilde{X}_i(z)$$

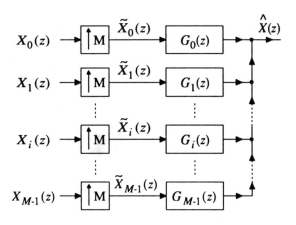

Bild 8.19: M-Kanal-Synthesefilterbank

$$= \sum_{i=0}^{M-1} \sum_{\lambda=0}^{M-1} z^{-\lambda} W_M^{-\lambda i} \cdot G_{0\lambda}(z^M) \cdot \tilde{X}_i(z)$$

$$= \sum_{\lambda=0}^{M-1} z^{-\lambda} G_{0\lambda}(z^M) \Big[\sum_{i=0}^{M-1} \tilde{X}_i(z) W_M^{-\lambda i} \Big] \qquad (8.100)$$

Diese Gleichung lautet kompakt geschrieben

$$\boxed{\hat{X}(z) = \big[\mathbf{g}^{(p)}(z^M)\big]^T \cdot \mathbf{W}_M^* \cdot \tilde{\mathbf{x}}(z)} \qquad (8.101)$$

mit

$$\mathbf{g}^{(p)}(z^M) = \big[G_{00}(z^M) \; z^{-1} G_{01}(z^M) \; z^{-2} G_{02}(z^M) \; \ldots \; z^{-M+1} G_{0,M-1}(z^M) \big]^T.$$
$$(8.102)$$

8.6.6 Recheneffiziente Polyphasenstruktur für die Synthese

Bild 8.20 zeigt eine strukturelle Interpretation der Ergebnisse in (8.100) bzw. (8.101). Die Gleichungen (8.100) bzw. (8.101) zeigen, daß die Zwischensignale $\tilde{X}_i(z)$ einer inversen diskreten Fourier-Transformation zugeführt werden. Danach werden sie mit den Polyphasenteilfiltern $G_{0\lambda}(z^M)$ gefiltert und zudem um λ Takte verzögert.

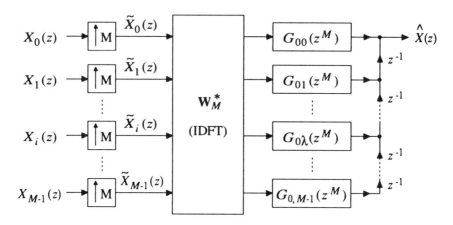

Bild 8.20: Zwischenstruktur auf dem Wege zur DFT-Polyphasensynthese-filterbank

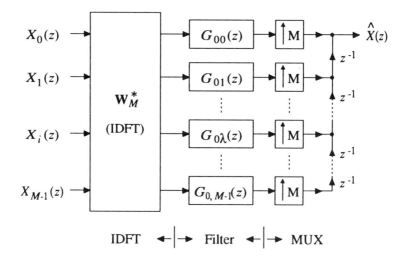

Bild 8.21: DFT-Polyphasensynthesefilterbank

Unter Ausnutzung der 6. Äquivalenz in Bild 1.37 kommt man schließlich zu der endgültigen *DFT-Polyphasensynthesefilterbank* in Bild 8.21. Sie besteht aus einer IDFT, den Polyphasenteilfiltern und einem Ausgangsmultiplexer. Der Ausgangsmultiplexer kann mit Hilfe eines Ausgangskommutators im Gegenuhrzeigersinn realisiert werden. Die Polyphasenteilfilter werden in völlig analoger Weise wie im Falle der Analysefilterbank aus dem

Prototypen abgeleitet, siehe (8.98).

In gleicher Weise gelten auch für die Synthesefilterbank die Aussagen über die Reduktion des Filteraufwandes. Der reine Filteraufwand der Polyphasenstruktur in Bild 8.21 ist um den Faktor M^2 kleiner als der der Originalstruktur in Bild 8.19.

8.6.7 Filterbänke mit Frequenzumsetzung

In einigen Anwendungen werden *Bandpaßsignale* durch eine *Frequenzumsetzung* in das Basisband transformiert und dort mit *äquivalenten Basisbandfiltern* verarbeitet. Umgekehrt werden basisbandgefilterte Signale durch eine Frequenzumsetzung zu Bandpaßsignalen umgeformt. Im Falle diskreter Signale können mit den Frequenzumsetzungen entsprechende Abtastratenänderungen einhergehen. Im folgenden wird anhand der Analysefilterbank gezeigt, daß die Filterbänke mit Frequenzumsetzung den vorher betrachteten DFT-Polyphasenfilterbänken völlig äquivalent sind.

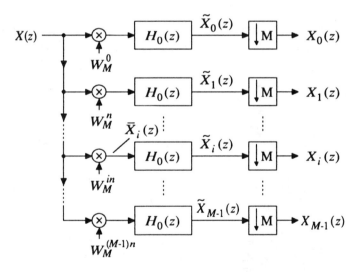

Bild 8.22: Analysefilterbank mit Frequenzumsetzung

In der Analysefilterbank in Bild 8.22 wird das Eingangssignal $x(n) \circ\!\!-\!\!\bullet$ $X(z)$ auf M verschiedene Weisen durch Multiplikation mit den komplexen Exponentialfolgen W_M^{in}, $i = 1, 2, 3 \ldots M - 1$, moduliert. Dieser Modulation im Zeitbereich entspricht eine Verschiebung um $i2\pi/M$ im Frequenzbereich.

Im i-ten Kanal entsteht das frequenzversetzte Signal

$$\overline{X}_i\big(e^{j\Omega}\big) = X\big(e^{j(\Omega + i2\pi/M)}\big). \tag{8.103}$$

Somit fällt in jedem Kanal ein anderes Band des Eingangssignals $X(z)$ in den Durchlaßbereich des Basisbandfilters $H_0(z)$. Das Basisbandfilter hat eine Bandbreite von $-\pi/M$ bis π/M und kann mit dem bisher betrachteten Prototypen identifiziert werden. Nach der Basisbandfilterung kann die Abtastrate um den Faktor M reduziert werden.

Im folgenden wird die Äquivalenz mit der DFT-Polyphasenanalysefilterbank in Bild 8.18 gezeigt. Mit dem frequenzversetzten Eingangssignal

$$\overline{X}_i(z) = X\big(zW_M^{-i}\big) \tag{8.104}$$

und der Polyphasendarstellung der Übertragungsfunktion nach (8.86) lautet das gefilterte Basisbandsignal

$$\tilde{X}_i(z) = \sum_{\lambda=0}^{M-1} z^{-\lambda} H_{0\lambda}(z^M) \cdot X\big(zW_M^{-i}\big). \tag{8.105}$$

Die anschließende Abwärtstastung führt schließlich auf das Teilbandsignal $X_i(z)$. Dieses errechnet sich mit Hilfe von (1.46) aus (8.105) zu

$$
\begin{aligned}
X_i(z^M) &= \frac{1}{M} \sum_{k=0}^{M-1} \tilde{X}_i(zW_M^k) \\
&= \frac{1}{M} \sum_{k=0}^{M-1} \sum_{\lambda=0}^{M-1} z^{-\lambda} W_M^{-k\lambda} \cdot H_{0\lambda}(z^M) \cdot X\big(zW_M^{k-i}\big).
\end{aligned}
\tag{8.106}
$$

Zum gleichen Ergebnis kommt man, wenn man das Signal $\tilde{X}_i(z)$ nach (8.87) abwärtstastet. Es gilt dann

$$X_i(z^M) = \frac{1}{M} \sum_{k=0}^{M-1} \sum_{\lambda=0}^{M-1} \big(zW_M^{k+i}\big)^{-\lambda} H_{0\lambda}(z^M) X\big(zW_M^k\big). \tag{8.107}$$

Wegen $W_M^{\lambda\ell} = W_M^{\lambda(\ell+mM)}$, $m \in \mathbb{Z}$, erhält man nach einer Substitution $k \to k - i$

$$X_i(z^M) = \frac{1}{M} \sum_{k=0}^{M-1} \sum_{\lambda=0}^{M-1} z^{-\lambda} W_M^{-k\lambda} \cdot H_{0\lambda}(z^M) \cdot X\big(zW_M^{k-i}\big), \tag{8.108}$$

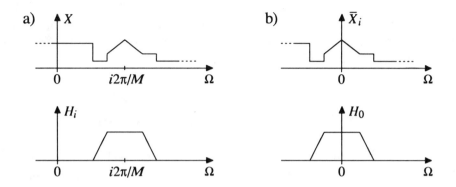

Bild 8.23: Bandpaßfilterung mit der Filterbank nach Bild 8.16 (a) und äquivalente Basisbandfilterung mit der Filterbank nach Bild 8.22 (b)

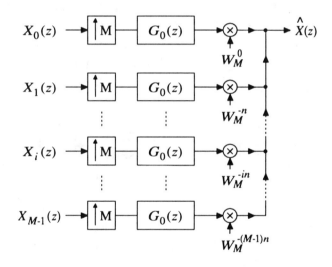

Bild 8.24: Synthesefilterbank mit Frequenzumsetzung

was mit (8.106) identisch ist.

Bild 8.23 zeigt eine Interpretation dieses Sachverhaltes. Bild 8.23a zeigt die Bandpaßfilterung und Bild 8.23b die äquivalente Basisbandfilterung. Tastet man die beiden gefilterten Signale um den Faktor M abwärts, so erhält man das gleiche Ergebnis, siehe auch Abschnitt 1.2.5. Beide Filterbänke, Bild 8.16 und 8.22, können durch die äußerst recheneffiziente DFT-Polyphasenfilterbank in Bild 8.18 ersetzt werden.

In gleicher Weise kann die duale Struktur, die Synthesefilterbank mit Frequenzumsetzung, angegeben werden, siehe Bild 8.24. Sie ist völlig äquivalent zu der M-Kanal-Synthesefilterbank in Bild 8.19 und der recheneffizienten DFT-Polyphasensynthesefilterbank in Bild 8.21.

8.6.8   DFT-SBC-Polyphasenfilterbänke

Verbindet man die Prinzipien der Teilbandcodierungsfilterbank (SBC-Filterbank) nach Bild 7.7 und der komplex modulierten Filterbank nach Bild 7.9 bzw. 7.11, so kann mit Hilfe der DFT-Polyphasenstruktur eine besonders recheneffiziente Lösung erreicht werden.

In der modifizierten DFT-Filterbank nach Bild 7.12 besteht der Analyseteil aus zwei gleichen DFT-Filterbänken, ebenso der Syntheseteil. Realisiert man die beiden Analysefilterbänke (AFB) mit Hilfe der DFT-Polyphasenanalysefilterbank nach Bild 8.18 und die beiden Synthesefilterbänke (SFB) mit Hilfe der DFT-Polyphasensynthesefilterbank nach Bild 8.21, so gelangt man zu der recheneffizienten SBC-Filterbank nach Bild 8.25.

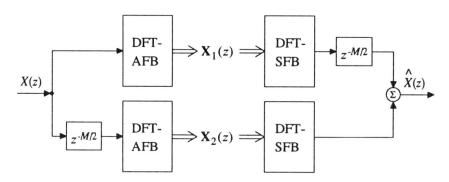

Bild 8.25: SBC-Filterbank bestehend aus zwei DFT-Polyphasenanalysefilterbänken (DFT-AFB) und zwei DFT-Polyphasensynthesefilterbänken (DFT-SFB)

Die Polyphasenrealisierungsform der modifizierten DFT-Filterbank erfordert nur noch einen um den Faktor M^2 reduzierten Filteraufwand gegenüber der Originalversion in Bild 7.11 und ist daher eine besonders recheneffiziente Lösung für die praktische Implementierung einer SBC-Filterbank.

8.6.9   DFT-TMUX-Polyphasenfilterbänke

Die hohe Recheneffizienz der DFT-Polyphasenstrukturen kann auch für die TMUX-Filterbänke genutzt werden. Realisiert man die vier Filterbänke in Bild 7.26 in DFT-Polyphasenstruktur, so erhält man die duale Filterbank zu der in Bild 8.25, siehe Bild 8.26.

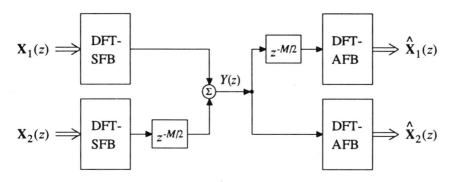

Bild 8.26: TMUX-Filterbank aus DFT-Polyphasenfilterbänken

Die beiden Vektoren $\mathbf{X}_1(z)$ und $\mathbf{X}_2(z)$ in Bild 8.26 beinhalten die beiden in Abschnitt 7.5.3 beschriebenen komplementären Sätze von Signalen.

8.6.10   Varianten von DFT-Polyphasenstrukturen

In der Literatur findet man häufig Varianten der hier abgeleiteten Polyphasenstrukturen. Beispielsweise wird in [Cro 83] bei der Analysefilterbank von der Polyphasendarstellung 3. Art des Prototypen $H_0(z) \bullet\!\!-\!\!\circ h_0(n)$ ausgegangen, siehe (1.19). Die Polyphasenfilter $h_{0\lambda}(m)$ sind in diesem Fall durch den Ausdruck $h_0(mM - \lambda)$ gegeben, siehe auch (1.21). Dieses hat zur Folge, daß der Eingangsdemultiplexer durch einen Eingangskommutator im Uhrzeigersinn realisiert wird und daß statt mit der Matrix $\mathbf{W}_M^*$ mit der DFT-Matrix $\mathbf{W}_M$ multipliziert wird. In dieser Struktur wird daher keine IDFT, sondern eine DFT durchgeführt. Ansonsten wird in dieser Struktur exakt die gleiche Signalverarbeitung durchgeführt wie in der im Abschnitt 8.6.1 hergeleiteten Polyphasenstruktur. Der Unterschied besteht allein in der Darstellung.

Kapitel 9

Oktavfilterbänke und Wavelets

In einigen Anwendungen werden nichtgleichförmige Filterbänke benötigt. Diese zerlegen ein gegebenes Spektrum in Teilspektren unterschiedlicher Bandbreite. Von besonderer Bedeutung sind Filterbänke mit exponentiell wachsenden Mittenfrequenzen und Bandbreiten. Die bekanntesten Vertreter dieser Art sind die *Oktavfilterbänke*, die im folgenden behandelt werden. Eng damit verwandt sind *dyadische Wavelets*. Das sind Transformationskerne, die für die Analyse nichtstationärer Signale mit Mehrfachauflösung, die sogenannte *Wavelet-Analyse*, verwendet werden. Im vorliegenden Kapitel wird ein Zusammenhang zwischen Oktavfilterbänken mit speziellen Impulsantworten und der dyadischen Wavelet-Analyse hergestellt.

9.1 Filterbänke mit Baumstruktur

9.1.1 Oktav-Analysefilterbank

Auf der Grundlage der Baumstrukturen in Bild 7.1 und 7.2 können Zweikanalfilterbänke auch zur Realisierung von Oktavfilterbänken genutzt werden. In der Baumstruktur werden Zweikanalfilterbänke bestehend aus einem Tiefpaß $H_0(z)$ und einem dazu komplementären Hochpaß $H_1(z)$ als *Frequenzweichen* verwendet. Führt man jeweils nur das tieffrequente Ausgangssignal einer erneuten Frequenzweiche zu, so erhält man die Oktav-Analysefilterbank in Bild 9.1.

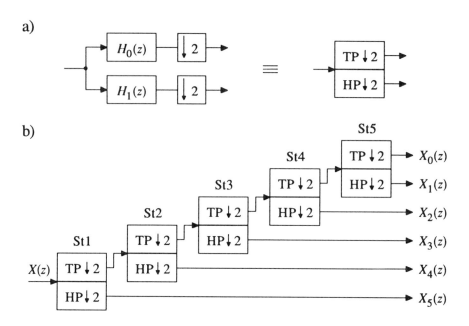

Bild 9.1: Symbol einer Zweikanal-Analysefilterbank bzw. Frequenzweiche (a) und Oktav-Analysefilterbank mit Baumstruktur (b)

In der ersten Frequenzweiche wird das Spektrum in eine obere Hälfte (Ausgangssignal $X_5(z)$) und eine untere Hälfte zerlegt. Letztere wird in der nächsten Frequenzweiche wieder in zwei Hälften zerlegt, wovon die obere Hälfte wieder herausgeführt wird, Signal $X_4(z)$. Bild 9.2 zeigt das Frequenzschema dieser Filterbank bezogen auf den Takt des Eingangssignals $X(z)$. Darin sind die Übertragungsfunktionen der Filterbankkanäle als $H_i(z)$ = $X_i(z)/X(z)$, $i = 0 \ldots 5$, definiert.

Die Verhältnisse der Grenzfrequenzen sind Zweierpotenzen bzw. Oktaven. Dieser Umstand gibt der Filterbank den Namen.

Der Abtasttakt wird in jeder Stufe um den Faktor 2 reduziert. Geht man von gleichen Übertragungsfunktionen in allen Stufen der Filterbank aus, so ist die relative (auf den jeweiligen Takt bezogene) Übergangsbandbreite in allen Stufen gleich. Die absolute Übergangsbandbreite nimmt nach tiefen Frequenzen hin in Zweierpotenzen ab, siehe Bild 9.2.

Das Filter $H_0(z)$ ist ein Tiefpaß, das Filter $H_5(z)$ ein Hochpaß. Alle übrigen Filter der Filterbank sind Bandpässe.

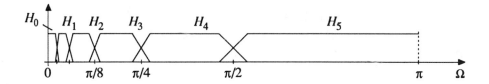

Bild 9.2: Frequenzschema der Oktavfilterbank

9.1.2 Oktav-Synthesefilterbank

Bild 9.3 zeigt die *Oktav-Synthesefilterbank*. Sie stellt die transponierte Struktur zur Oktav-Analysefilterbank in Bild 9.1 dar. Alle Aussagen über die Analysefilterbank können daher sinngemäß auf die Synthesefilterbank übertragen werden.

Schaltet man eine Oktav-Analysefilterbank und eine Oktav-Synthesefilterbank in Kette, so erhält man mit dem Ausgangssignal $\hat{X}(z)$ eine Appro-

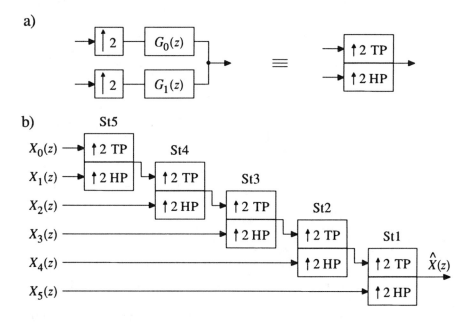

Bild 9.3: Symbol einer Zweikanal-Synthesefilterbank bzw. Frequenzweiche (a) und Oktav-Synthesefilterbank mit Baumstruktur (b)

ximation des Eingangssignals $X(z)$. Bei einer solchen Hintereinanderschaltung sind die Laufzeiten der jeweils überbrückten Frequenzweichen durch Einfügung entsprechender Laufzeitglieder auszugleichen. Bilden die vier Übertragungsfunktionen $H_0(z)$, $H_1(z)$, $G_0(z)$ und $G_1(z)$ eine perfekt rekonstruierende Zweikanal-Filterbank, so ist die gesamte Oktavfilterbank *perfekt rekonstruierend*.

Bei der Realisierung der Oktavfilterbank mit Hilfe eines Signalprozessors kann die in Bild 5.10 gezeigte Unterprogrammverschachtelung sinngemäß angewandt werden. Die Stufe 1 (St1 in Bild 9.1) wird in jedem Eingangstaktintervall gerechnet. Jedes zweite Mal wird die Stufe 2 (St2) gerechnet, jedes vierte Mal die Stufe 3 (St3) usw. In jedem Taktintervall werden daher, unabhängig von der Tiefe der Filterbank, nur zwei Stufen gerechnet.

9.1.3 Filterbänke mit höherer Auflösung

In einigen Anwendungen benötigt man Filterbänke, die eine höhere *Frequenzauflösung* als Oktavfilter besitzen. Bekannte Lösungen sind *Halboktavfilterbänke*, bei der die Grenzfrequenzen im Verhältnis $1 : \sqrt{2}$ zueinander

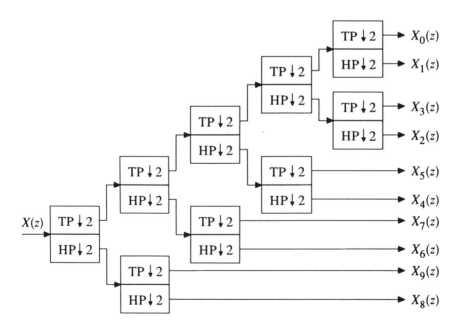

Bild 9.4: Filterbank mit "halbierten Oktaven"

liegen, und *Dritteloktavfilterbänke* (= *Terzfilterbänke*), bei der die Grenzfrequenzen im Verhältnis 1 : $\sqrt[3]{2}$ zueinander liegen. Diese Lösungen lassen sich mit einer Baumstruktur aus Zweikanal-Filterbänken nicht exakt realisieren. Sie können nur grob angenähert werden.

Die Filterbank in Bild 9.4 nähert eine Halboktavfilterbank an. Gegenüber der Filterbank in Bild 9.1 zerlegt sie noch einmal jede Oktave in zwei gleich große Bereiche. Damit wird eine "arithmetische Halbierung" anstelle der "geometrischen Halbierung" in der exakten Halboktavfilterbank vorgenommen. Bild 9.5 zeigt den zugehörigen Frequenzplan.

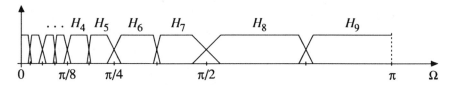

Bild 9.5: Frequenzplan der Filterbank in Bild 9.4

Die vier Filter $H_0(z)$ bis $H_3(z)$ haben die gleiche Bandbreite und stellen für sich genommen eine gleichförmige Filterbank dar. Es ist leicht zu sehen, daß mit Hilfe der Baumstruktur Mischformen zwischen gleichförmigen und nichtgleichförmigen Filterbänken realisiert werden können. Dazu ist die Filterbank in Bild 7.1 als voll besetzte und die Filterbank in Bild 9.1 als schwach besetzte Baumstruktur aufzufassen. Die Filterbank in Bild 9.4 liegt dazwischen. Je mehr man die Baumstruktur "auffüllt", desto mehr kommt man von exponentiell angeordneten Grenzfrequenzen zu gleichförmig angeordneten.

In der Filterbank nach Bild 9.4 ist zu beachten, daß in jeder Frequenzweiche die Abwärtastung des Hochpaßsignals um den Faktor 2 zu einer Frequenzinvertierung des Hochpaßbandes und einer Verlagerung in das Basisband führt. Dieses wird in Bild 6.2d und e deutlich gemacht. In den Frequenzweichen, die den Hochpaßausgängen folgen, filtert daher der Tiefpaß die obere Hälfte und der Hochpaß die untere Hälfte des ursprünglichen Hochpaßbandes aus.

9.2 Multikomplementär-Filterbänke

Die *Multikomplementär-Filterbänke* (MC = multi-complementary) sind spezielle Ausführungen von Oktavfilterbänken, die in der Bild- und Audiosignalverarbeitung Anwendung finden.

9.2.1 Laplace'sche Pyramide

Die *Laplace'sche Pyramide* ist ein Bildcodierungsschema, bei dem die Bildsignale fortgesetzt tiefpaßgefiltert und in beiden Richtungen um den Faktor 2 abwärtsgetastet werden [Bur 83]. Denkt man sich die fortlaufend in der Anzahl der Pixel verkleinerten Bilder in mehreren Ebenen übereinandergeschichtet, so entsteht eine Pyramide, siehe Bild 10.12. Bei der Laplace'schen Pyramide werden nicht die Bilder selbst, sondern die Differenzen zur nächsten tiefpaßgefilterten Version festgehalten, was zu einem Codierungsgewinn führt.

Der Grundgedanke dieser Vorgehensweise kann als eigenständiger Algorithmus aufgefaßt werden. Seine eindimensionale Version ist in Bild 9.6 als Signalflußgraph aufgezeichnet.

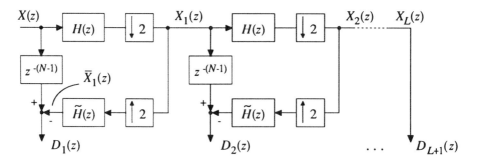

Bild 9.6: Analyseteil der Laplace'schen Pyramide

Das Eingangssignal $X(z)$ wird mit einem Tiefpaßfilter $H(z)$ der Grenzfrequenz $\pi/2$ bandbegrenzt. Durch Abwärtstastung mit dem Faktor 2 entsteht so das Signal $X_1(z)$. Gleichzeitig wird das bandbegrenzte Signal wieder hochinterpoliert und vom Eingangssignal subtrahiert. Unter der Annahme reeller Koeffizienten wird das Antiimaging-Filter zu

$$\tilde{H}(z) = z^{-(N-1)}H(z^{-1}) \tag{9.1}$$

gewählt, so daß aus dem Frequenzgang

$$H(e^{j\Omega}) \cdot \tilde{H}(e^{j\Omega}) = e^{-j\Omega(N-1)} H(e^{j\Omega}) H^*(e^{j\Omega})$$
$$= e^{-j\Omega(N-1)} |H(e^{j\Omega})|^2 \qquad (9.2)$$

auf ein linearphasiges Filter mit einer Gruppenlaufzeit von $N-1$ Takten geschlossen werden kann. Dabei ist N die Anzahl der Koeffizienten von $H(z)$. Da das Eingangssignal ebenfalls um $N-1$ Takte verzögert wird, entsteht bei der Differenzbildung das exakte *Allpaß-Komplement* $D_1(z)$ (nicht Leistungskomplement!). Oder anders ausgedrückt: $D_1(z)$ ist der Hochpaßanteil von $X(z)$. Das Eingangssignal $X(z)$ wird in zwei allpaß-komplementäre Anteile $\overline{X}_1(z)$ und $D_1(z)$ zerlegt.

In der Folgestufe wird der Tiefpaßanteil $X_1(z)$ in zwei Anteile zerlegt. Diese Zerlegung wird sukzessive fortgesetzt. Bei einer Anzahl L solcher Sufen entstehen L Oktav-Bandpaßsignale $D_1(z)$ bis $D_L(z)$ und ein Basisbandsignal $D_{L+1}(z)$.

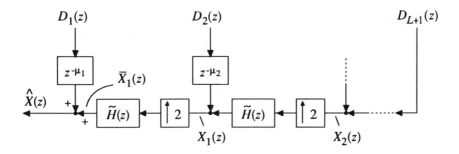

Bild 9.7: Syntheseteil der Laplace'schen Pyramide

Der Syntheseteil der Laplace'schen Pyramide ist besonders einfach und führt auf eine *perfekte Rekonstruktion*, Bild 9.7. Die Differenzbildung in der Analysefilterbank wird jeweils durch eine entsprechende Summenbildung kompensiert. Die Verzögerungen $z^{-\mu_1}, z^{-\mu_2}$ usw. gleichen die Durchlaufzeiten der Folgestufen aus.

Nachteilig gegenüber der Struktur in Bild 9.1 ist die Tatsache, daß im Falle einer Teilbandcodierung die zu codierenden Signale $D_1(z) \ldots D_{L+1}(z)$ eine doppelt so hohe Abtastfrequenz haben, was den Codierungsgewinn reduziert.

9.2.2   Zweikanal-Komplementär-Filterbank

In der im folgenden beschriebenen Filterbank wird die Komplementärbildung der Laplace'schen Pyramide beibehalten. Es werden aber die folgenden Änderungen vorgenommen [Fli 92a, Fli 93a]:

- Die Filter $H(z)$ und $\tilde{H}(z)$ werden als Dezimationsfilter $H_D(z)$ und Interpolationsfilter $H_I(z)$ aufgefaßt.

- Es wird ein zusätzliches *Kernfilter* $H_K(z)$ eingeführt, das die Selektivität der Filterbank bestimmt.

- Die Grenzfrequenz des Tiefpaßkanals wird mit dem Ziel, Alias-Anteile in den Teilbandsignalen zu vermeiden, von $\pi/2$ nach tieferen Frequenzen hin verschoben.

Bild 9.8 zeigt die zweikanalige Version der Komplementär-Filterbank.

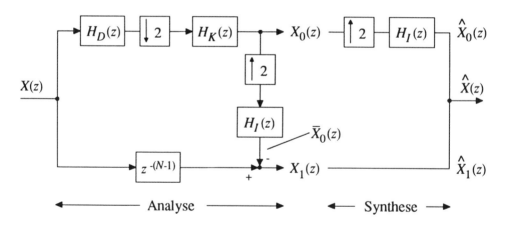

Bild 9.8: Zweikanal-Komplementär-Filterbank

Die Frequenzgänge der Filter $H_D(z)$, $H_K(z^2)$ und $H_I(z)$ sind in Bild 9.9 dargestellt.

Für die Dezimation und Interpolation werden die gleichen linearphasigen FIR-Filter $H_D(z) = H_I(z)$ verwendet. Der Gesamtfrequenzgang im Tiefpaßkanal, Signal $X_0(z)$, und Hochpaßkanal, Signal $X_1(z)$, wird vom Kernfilter $H_K(z)$ dominiert.

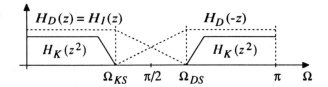

Bild 9.9: Frequenzgänge in der Zweikanal-Komplementär-Filterbank

Wie später gezeigt wird, ist eine Grenzfrequenz des Kernfilters von $\pi/3$ besonders vorteilhaft. Die sich daraus ergebenden komplementären Kanalübertragungsfunktionen

$$F_0(z) = \hat{X}_0(z)/X(z), \quad F_1(z) = \hat{X}_1(z)/X(z) \tag{9.3}$$

sind in Bild 9.10 dargestellt.

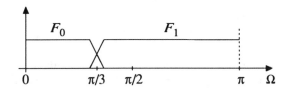

Bild 9.10: Frequenzgänge der beiden Kanäle in der Zweikanal-Komplementär-Filterbank

9.2.3 Alias-freie Teilbandsignale

Kritisch abgetastete SBC-Filterbänke kompensieren ihre Alias-Komponenten in der Synthesefilterbank. Die Teilbandsignale enthalten Alias-Komponenten. Die Kompensation funktioniert so lange, wie die Teilbandsignale unverändert in die Synthesefilterbank eingespeist werden. (Aber bereits *Quantisierungsfehler* bei der Codierung stören die Kompensation!)

Bei der *Audiosignalverarbeitung* erfahren die Teilbandsignale aus Gestaltungsgründen wesentliche Veränderungen, siehe auch Abschnitt 10.4. Am Ausgang der Synthesefilterbank treten dann wesentliche Alias-Komponenten auf. Bei digitalen *Lautsprecherfrequenzweichen* findet gar keine Synthese statt, so daß Alias-Komponenten in den Teilbandsignalen direkt hörbar sind.

Da das menschliche Ohr besonders empfindlich gegenüber Alias-Signalen ist, ist für die Audiosignalverarbeitung eine Lösung anzustreben, bei der bereits die Teilbandsignale alias-frei sind. Andererseits entfällt bei dieser Anwendung die Problematik des Codierungsgewinns, so daß der Nachteil einer nicht kritisch abgetasteten Filterbank in den Hintergrund tritt.

Im folgenden wird eine Bedingung für alias-freie Teilbandsignale in Komplementär-Filterbänken hergeleitet [Fli 93a]. Für das Signal $X_0(z)$ in Bild 9.8 gilt

$$
\begin{aligned}
X_0(z) &= \frac{1}{2} H_D(z^{1/2}) \cdot X(z^{1/2}) \cdot H_K(z) \\
&+ \frac{1}{2} H_D(-z^{1/2}) \cdot X(-z^{1/2}) \cdot H_K(z).
\end{aligned}
\tag{9.4}
$$

Daraus folgt das interpolierte Signal

$$
\begin{aligned}
\overline{X}_0(z) &= X_0(z^2) \cdot H_I(z) \\
&= \frac{1}{2} H_D(z) \cdot H_I(z) \cdot H_K(z^2) \cdot X(z) \\
&+ \frac{1}{2} H_D(-z) \cdot H_I(z) \cdot H_K(z^2) \cdot X(-z).
\end{aligned}
\tag{9.5}
$$

Das Hochpaßsignal $X_1(z)$ wird durch Differenzbildung aus dem verzögerten Eingangssignal und dem interpolierten Tiefpaßsignal erzeugt:

$$
X_1(z) = z^{-(N-1)} X(z) - \overline{X}_0(z).
\tag{9.6}
$$

Die Bearbeitung der Teilbandsignale soll als Beispiel in Form einer reinen Skalierung mit unterschiedlichen Faktoren α_0 und α_1 erfolgen, so daß die Signale $\alpha_0 X_0(z)$ und $\alpha_1 X_1(z)$ in die Synthesefilterbank gespeist werden. Am Ausgang der Synthesefilterbank treten dann die folgenden Teilsignale auf:

$$
\hat{X}_0(z) = \alpha_0 X_0(z^2) \cdot H_I(z) = \alpha_0 \overline{X}_0(z)
\tag{9.7}
$$

und

$$
\hat{X}_1(z) = \alpha_1 X_1(z).
\tag{9.8}
$$

Das Ausgangssignal der Synthesefilterbank lautet mit (9.4-9.8)

$$
\begin{aligned}
\hat{X}(z) &= \hat{X}_0(z) + \hat{X}_1(z) \\
&= \alpha_1 z^{-(N-1)} X(z) + \overline{X}_0(z) \cdot [\alpha_0 - \alpha_1] \\
&= X(z) \cdot [\alpha_1 z^{-(N-1)} + (\alpha_0 - \alpha_1)\frac{1}{2} H_D(z) H_I(z) H_K(z^2)] \\
&+ X(-z)[(\alpha_0 - \alpha_1)\frac{1}{2} H_D(-z) H_I(z) H_K(z^2)].
\end{aligned}
\tag{9.9}
$$

Der Term mit $X(-z)$ in (9.9) beschreibt die verbleibenden Alias-Komponenten im Ausgangssignal. Die Skalierungsfaktoren α_0 und α_1 sind variabel, die Differenz $(\alpha_0 - \alpha_1)$ ist im allgemeinen von null verschieden. Die Alias-Komponenten verschwinden nur dann, wenn das Produkt $H_D(-z)H_I(z)$ $H_K(z^2)$ für alle Frequenzen $0 \le \Omega \le \pi$ gleich null ist. In der normalen Laplace'schen Pyramide ist das nicht möglich, da $H_K(z^2) = 1$ ist und sich die Frequenzgänge von $H_D(-z)$ und $H_I(z)$ überlappen. Eine Lösung ist mit der Komplementär-Filterbank möglich, wenn das in Bild 9.9 gezeigte Frequenzgangschema eingehalten wird. Die beiden Sperrgrenzfrequenzen Ω_{KS} und Ω_{DS} liegen symmetrisch zu $\pi/2$. Im Bereich $0 \le \Omega \le \Omega_{KS}$ sorgt $H_D(-z)$, im Bereich $\Omega_{KS} \le \Omega \le \Omega_{DS}$ sorgt $H_K(z^2)$ und im Bereich $\Omega_{DS} \le \Omega \le \pi$ sorgt $H_I(z)$ dafür, daß trotz der Bearbeitung (Skalierung) der Teilbandsignale keine Alias-Komponenten am Ausgang vorhanden sind. Da sich $H_K(z^2)$ und $H_D(-z)$ im Bereich $0 \le \Omega \le \pi/2$ nicht überlappen, ist gleichzeitig sichergestellt, daß $X_0(z)$ und damit auch $X_1(z)$ keine Alias-Komponenten enthalten.

9.2.4 M-Kanal-Komplementär-Filterbänke

Die Zweikanal-Filterbank in Bild 9.8 kann leicht auf eine *M-Kanal-Oktavfilterbank* erweitert werden, indem man das Kaskadierungsprinzip der Baumstruktur in Bild 9.1 bzw. der Laplace'schen Pyramide in Bild 9.6 übernimmt. Das Ergebnis ist in Bild 9.11 zu sehen. Die Teilbandsignale $X_0(z)$ bis $X_{M-2}(z)$ sind Bandpaßsignale, das Teilbandsignal $X_{M-1}(z)$ ist ein Tiefpaßsignal, siehe auch Bild 9.2.

Im folgenden wird gezeigt, daß der *Aufwand* der Oktavfilterbank in Bild 9.11 gegen eine Konstante strebt. Es sei angenommen, daß alle Dezimationsund Interpolationsfilter gleich sind und jeweils N_D Koeffizienten besitzen. Sie sollen gemäß Bild 4.3 und 4.6 im jeweils tieferen Takt gerechnet werden. Auch alle Kernfilter sollen gleich sein und jeweils N_K Koeffizienten besitzen. Das Eingangssignal $X(z)$ möge eine Taktrate f_A haben. In der ersten Stufe (St1) werden alle vier Filter mit einer Taktrate $f_A/2$ gerechnet. Das gibt einen Aufwand

$$St1 : A_1 = (3N_D + N_K) \cdot f_A/2. \tag{9.10}$$

In der zweiten Stufe liegen die gleichen Verhältnisse vor, allerdings mit einem um den Faktor 2 reduzierten Takt:

$$St2 : A_2 = (3N_D + N_K) \cdot f_A/4. \tag{9.11}$$

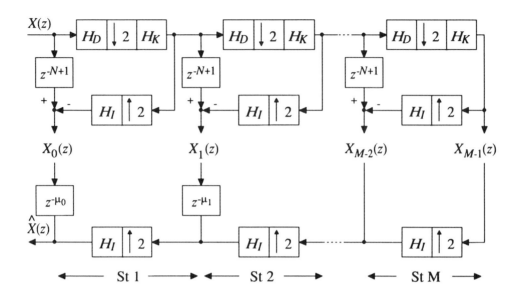

Bild 9.11: M-Kanal-Komplementär-Filterbank (Oktavfilterbank)

Der Takt reduziert sich von Stufe zu Stufe, so daß sich ein Gesamtaufwand von

$$
\begin{aligned}
A_{ges} &= (3N_D + N_K) \cdot f_A \cdot [\frac{1}{2} + \frac{1}{4} + \frac{1}{8} + \frac{1}{16} + \ldots] \\
&< (3N_D + N_K) \cdot f_A
\end{aligned}
\tag{9.12}
$$

ergibt.

Der beschränkte Rechenaufwand ist zwar zunächst vorteilhaft. Auf der anderen Seite nimmt aber der Speicheraufwand und damit auch die Signalverzögerung mit zunehmender Tiefe der Filterbank exponentiell zu.

9.2.5   Multikomplementär-Kernfilter

Realisiert man die Kernfilter in der Komplementär-Filterbank nach Bild 9.11 als kaskadierte *Multiraten-Komplementärfilter* nach Bild 5.19, so erhält man eine Filterbank, die bei beschränktem Rechenaufwand beliebig steile Filterflanken verwirklichen kann. Sie wird im folgenden als *Multikomplementär-Filterbank* [Fli 92a] bezeichnet und ist in Bild 9.12 dargestellt.

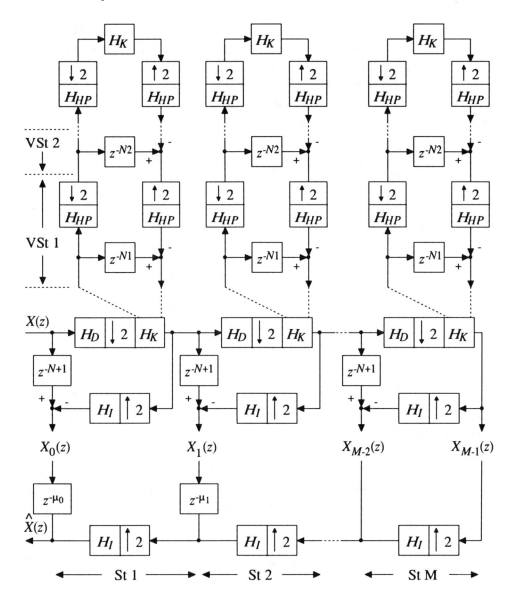

Bild 9.12: Multikomplementär-Filterbank

Soll das erste Kernfilter bezogen auf die Eingangstaktrate eine Grenzfrequenz von $\pi/3$ haben, so lautet seine Grenzfrequenz bezogen auf die ei-
gene Taktrate $2\pi/3$. Bei einer Multiraten-Komplementärfilter-Realisierung

muß daher im ersten Schritt eine Komplementbildung durchgeführt werden und dann eine Hochpaßdezimation und -interpolation, siehe Bild 5.21a bis c. Nach einer Taktreduktion um den Faktor 2 ist wieder ein Tiefpaß zu realisieren, siehe Bild 5.21d. Dieser Tiefpaß muß wieder eine Grenzfrequenz von $2\pi/3$ haben. Somit wiederholt sich die Aufgabenstellung wie oben. Die ursprünglich gewählte Grenzfrequenz $\pi/3$ führt also auf lauter gleiche Hochpaßdezimations- und -interpolationsfilter $H_{HP}(z)$ in allen Stufen. Man gelangt schließlich zum eigentlichen Kernfilter $H_K(z)$, das mit der niedrigsten Taktrate gerechnet wird.

Zur *Aufwandabschätzung* sei angenommen, daß alle Kernfilter eine Anzahl S von vertikal angeordneten Dezimations- und Interpolationsstufen besitzen und daß die verwendeten Filter N_{HP} Koeffizienten haben. Dann gilt für die erste vertikale Stufe (VSt1) des ersten Kernfilters

$$V St1 : A_{K11} = 2N_{HP} \cdot f_A/4 \qquad (9.13)$$

Die nächste Stufe ist um den Faktor 2 im Takt reduziert:

$$V St2 : A_{K12} = 2N_{HP} \cdot f_A/8 \qquad (9.14)$$

Für das Kernfilter gilt

$$A_{K1K} = N_K \cdot f_A/2^{S+1} \qquad (9.15)$$

Der Aufwand des ersten Multiraten-Komplementärfilters kann daher wie folgt abgeschätzt werden

$$A_{K1} < N_{HP} \cdot f_A + N_K/2^{S+1} \qquad (9.16)$$

Die übrigen Multikomplementär-Kernfilter haben einen jeweils um den Faktor 2 reduzierten Aufwand, so daß die geometrische Reihe des Gesamtaufwandes aller Multikomplementär-Kernfilter folgendermaßen abgeschätzt wird:

$$A_{Kges} < 2N_{HP} \cdot f_A + N_K/2^S. \qquad (9.17)$$

Berücksichtigt man schließlich den Aufwand der Horizontalstufen nach (9.12) (ohne N_K!), so erhält man den Gesamtaufwand der Filterbank:

$$A_{ges} = (3N_D + 2N_{HP}) \cdot f_A + N_K/2^S. \qquad (9.18)$$

Auch hier gilt, daß der Gesamtrechenaufwand unabhängig von der Zahl der Kanäle und der Steilheit der Filterflanken ist. Der Aufwand an Verzögerungselementen wächst aber exponentiell mit beiden Größen.

9.3 Wavelet-Transformation

Wavelets sind *Funktionensysteme*, die zur Entwicklung von *nichtstationären* kontinuierlichen Signalen geeignet sind. Sie bilden den Kern der *Wavelet-Transformation* und ermöglichen es, Zeitsignale in die *Zeit-Frequenz-Ebene* abzubilden. Ihr besonderer Vorteil liegt darin, daß zu verschiedenen Zeiten und bei verschiedenen Frequenzen eine unterschiedliche *Auflösung* (Aufteilung des *Zeit-Bandbreite-Produktes)* vorgenommen werden kann.

9.3.1 Verallgemeinerte Signaltransformationen

Im Raum $L_2(\mathbf{R})$ der zeitkontinuierlichen Energiefunktionen sei ein Skalarprodukt

$$< f(t), \varphi(t) >= \int_{-\infty}^{\infty} f(t) \cdot \varphi^*(t) \, dt, \quad f(t) \in L_2(\mathbf{R}) \qquad (9.19)$$

definiert. Mit diesem Skalarprodukt werden Signale $f(t) \in L_2(\mathbf{R})$ in den *Bildbereich* transformiert, um weitere Kenntnisse über diese Signale bekommen und nutzen zu können. Die Funktion $\varphi(t)$ wird *Transformationskern* genannt.

Ist $\varphi(t) = \exp(j\omega t)$, so liegt die bekannte *Fourier-Transformation* vor:

$$FT\{f(t), \omega\} = \; < f(t), \exp(j\omega t) > . \qquad (9.20)$$

Die Fourier-Transformierte eines Signals $f(t)$ hängt vom Frequenzparameter ω ab und wird häufig als *Spektrum* bezeichnet. Die Abhängigkeit von der Zeit geht bei der Transformation verloren. Man erkennt nicht, wann die Spektralanteile des Signals auftreten. Dieses ist für *nichtstationäre Signale* unbefriedigend.

Abhilfe bietet die Kurzzeit-Fourier-Transformation

$$STFT\{f(t), \omega, \tau\} = \; < f(t), w(t - \tau) \cdot \exp(j\omega t) >, \qquad (9.21)$$

die neben dem Frequenzparameter ω noch den Zeitparameter τ besitzt. Die Exponentialfunktion $\exp(j\omega t)$ der Fourier-Transformation ist hier noch mit einer *Fensterfunktion* $w(t - \tau)$ gewichtet, die dafür sorgt, daß immer nur ein zeitlicher Ausschnitt von $f(t)$ betrachtet wird. Wird als Fensterfunktion $w(t)$ die Gauß'sche Fehlerfunktion $\exp(-t^2)$ verwendet, dann spricht man von der *Gabor-Transformation*. Mit der zeitlichen Breite der Fensterfunktion ist die zeitliche Auflösung der STFT gegeben. Wegen der Fensterfunktion wird das Spektrum ebenfalls nur mit endlicher Auflösung erfaßt. Das Produkt der spektralen Auflösung (Übergangsbandbreite) mit der zeitlichen Breite der Fensterfunktion bildet eine Konstante, die allein von der Gestalt der Fensterfunktion abhängt. Die Aufteilung des Zeit-Bandbreite-Produktes in Zeitdauer und Bandbreite ist im Falle der STFT bei allen Werten von ω und τ gleich: die STFT leistet eine konstante Auflösung.

In vielen Anwendungen ist es wünschenswert, das Zeit-Bandbreite-Produkt bei verschiedenen Frequenzen und/oder zu verschiedenen Zeiten verschieden aufzuteilen. Dieses leistet die *Wavelet-Transformation* und darin liegt ihre besondere Bedeutung. Sie lautet

$$WT\{f(t), a, b\} = \; < f(t), \frac{1}{\sqrt{a}}\psi\left(\frac{t-b}{a}\right) > \; . \qquad (9.22)$$

Das darin verwendete *Mutter-Wavelet* $\psi(t)$ muß bestimmten Forderungen genügen, die später behandelt werden. Es gibt mehrere solcher Mutter-Wavelets und damit auch mehrere Wavelet-Funktionensysteme und Wavelet-Transformationen, die verschiedene Eigenschaften haben.

Der Parameter b in (9.22) ist eine *Zeitverschiebung*, der Parameter a eine Skalierung der Zeitvariablen t. Durch entsprechende Wahl des Parameters a kann die Zeitauflösung auf Kosten der Frequenzauflösung erhöht werden und umgekehrt. Die Wavelet-Transformation bildet zunächst in die *Zeit-Skalierungs-Ebene* ab. Wegen der Bandpaßcharakteristik des Wavelets $\psi(t)$ kommt dieses aber einer Abbildung in die *Zeit-Frequenz-Ebene* gleich. Die um b zeitverschobenen Wavelets werden auch *Translationen* (engl. *translates*) des Mutter-Wavelets genannt.

Die Wavelet-Transformation ist mit kontinuierlichen Parametern a und b stark redundant. Eine eindeutige Rücktransformation existiert nicht. In dieser Form hat die Wavelet-Transformation keine praktische Bedeutung.

9.3.2　Signalanalyse mit Mehrfachauflösung

Ein wesentlicher Schritt in Richtung einer praktisch handhabbaren Wavelet-Transformation ist die Einführung des Konzeptes der *Mehrfachauflösung* (engl. *multiresolution*) [Mal89].

Das Mehrfachauflösungskonzept geht von drei grundlegenden Annahmen aus:

- Es existieren ineinander verschachtelte Signalunterräume des Signalraums $L_2(\mathbf{R})$ mit unterschiedlicher Auflösung:

$$V_{-\infty} \ldots V_{-2} \subset V_{-1} \subset V_0 \subset V_1 \subset V_2 \ldots \subset V_\infty = L_2(\mathbf{R}). \qquad (9.23)$$

Die Räume besitzen unterschiedliche Basisvektoren derart, daß die zeitliche Auflösung in den Räumen V_i mit steigendem Index i feiner wird.

- Es existiert eine sogenannte *Skalierungsfunktion* $\varphi(t)$, die zusammen mit ihren Translationen

$$\varphi_k(t) = \varphi(t - k), \quad k \in \mathbf{Z} \qquad (9.24)$$

den Raum V_0 orthonormal aufspannt:

$$V_i = \mathrm{span}_k\{\varphi_k(t)\} \qquad (9.25)$$

mit

$$< \varphi_k, \varphi_\ell > = \delta_{k\ell}, \quad k, \ell \in \mathbf{Z}. \qquad (9.26)$$

- Die Verschachtelung der Unterräume ist durch die *Zweierskalierungseigenschaft* (engl. *twoscale property*)

$$f(t) \in V_i \iff f(2t) \in V_{i+1} \qquad (9.27)$$

gegeben.

Aus der Zweierskalierungseigenschaft und der Eigenschaft der Skalierungsfunktion, in V_0 eine orthonormale Basis zu generieren, können unmittelbar orthonormale Basissysteme für alle Räume V_i abgeleitet werden:

$$\varphi_{i,k}(t) = 2^{i/2}\varphi(2^i t - k), \quad i, k \in \mathbf{Z}. \qquad (9.28)$$

Die Vektoren $\varphi_{i,k}(t)$ stellen also eine *orthonormale Basis* für den Raum V_i dar. Es gilt

$$< \varphi_{i,k}, \varphi_{i,\ell} > = \delta_{k\ell}, \quad i, k, \ell \in \mathbf{Z}. \qquad (9.29)$$

Der Vorfaktor $2^{i/2}$ in (9.28) sorgt dafür, daß die Norm $\|\varphi_{i,k}(t)\|$ unabhängig von den Indizes i und k stets eins ist. Dieses bedeutet insbesondere für $i = k = 0$, daß $\|\varphi(t)\| = 1$ gilt.

Da $\varphi(t) \in V_0$ ist, $V_0 \subset V_1$ gilt und die Funktionen $2^{1/2}\varphi(2t - n)$, $n \in \mathbb{Z}$, den Raum V_1 aufspannen, muß sich $\varphi(t)$ als Linearkombination der Funktionen $\varphi(2t - n)$ darstellen lassen:

$$\boxed{\varphi(t) = \sum_n \overline{h}_0(n) \cdot \varphi(2t - n)} \tag{9.30}$$

mit den Koeffizienten $\overline{h}_0(n)$, $n \in \mathbb{Z}$.

Mit den so eingeführten Basissystemen kann ein Signal $f(t) \in V_i$ wie folgt dargestellt werden:

$$f(t) = \sum_m \alpha_i(m) \cdot \varphi_{i,m}(t) \tag{9.31}$$

mit den Entwicklungskoeffizienten

$$\alpha_i(m) = \, < f(t), \varphi_{i,m}(t) > . \tag{9.32}$$

Da $f(t)$ auch Element des Raumes V_{i+1} ist, gilt ferner

$$f(t) = \sum_n \alpha_{i+1}(n) \cdot \varphi_{i+1,n}(t). \tag{9.33}$$

Da die Funktion $\varphi(2^{i+1}t)$ gegenüber der Funktion $\varphi(2^i t)$ um den Faktor 2 gestaucht ist, kann ein Signal im Raum V_{i+1} in zeitlicher Richtung doppelt so fein aufgelöst werden wie im Raum V_i. Die Auflösung wächst in den Unterräumen mit Zweierpotenzen. Man spricht man auch von *dyadischen Skalierungsfunktionen* und *dyadischer Mehrfachauflösung*.

9.3.3 Dyadische Wavelets

Zu jedem Unterraum $V_i \subset V_{i+1}$ läßt sich ein *orthogonales Komplement* W_i so definieren, daß V_{i+1} in einer *direkten Summe*

$$V_{i+1} = V_i \oplus W_i, \quad i \in \mathbb{Z} \tag{9.34}$$

darstellbar ist. Der *Komplementärraum* W_i wird durch eine orthonormale Basis

$$\psi_{i,k}(t) = 2^{i/2}\psi(2^i t - k), \quad i, k \in \mathbb{Z} \tag{9.35}$$

aufgespannt:

$$W_i = \text{span}_k\{\psi_{i,k}(t)\}, \tag{9.36}$$

wobei $\psi(t)$ das bereits eingeführte Mutter-Wavelet ist. Für ein Signal $f(t) \in W_i$ gilt daher

$$f(t) = \sum_m \beta_i(m) \cdot \psi_{i,m}(t) \tag{9.37}$$

mit

$$\beta_i(m) = \,\, < f(t), \psi_{i,m}(t) > \,. \tag{9.38}$$

Da $W_i \subset V_{i+1}$ ist, können Signale $f(t) \in W_i$ auch nach den Skalierungsfunktionen $\varphi_{i+1,k}(t)$ des übergeordneten Raumes V_{i+1} entwickelt werden. Das Mutter-Wavelet, d.h. $i = k = 0$, läßt sich ebenfalls mit der Basis des übergeordneten Raumes V_1 ausdrücken:

$$\boxed{\psi(t) = \sum_n \overline{h}_1(n)\varphi(2t - n).} \tag{9.39}$$

Der Raum V_i in (9.34) läßt sich ebenfalls in eine direkte Summe $V_i = V_{i-1} \oplus W_{i-1}$ zerlegen, ebenso der Raum V_{i-1} usw. Die Zerlegung des Signalraumes $L_2(\mathbf{R})$ nach (9.23) kann daher folgendermaßen umgeschrieben werden:

$$L_2(\mathbf{R}) = V_j \oplus W_j \oplus W_{j+1} \oplus \ldots \oplus W_{-1} \oplus W_0 \oplus W_1 \oplus \ldots \tag{9.40}$$

Der Index j ist frei wählbar und kennzeichnet die Tiefe der Zerlegung.

Signale $f(t) \in L_2(\mathbf{R})$ können nach (9.40) in eindeutiger Weise in eine Summe von einem Teilbandsignal, das nach Skalierungsfunktionen entwickelt ist, und in der Regel mehreren Teilbandsignalen, die nach *dyadischen Wavelets* entwickelt sind, zerlegt werden. Alle Teilbandsignale haben unterschiedliche, dyadisch steigende zeitliche Auflösung.

Ein Vergleich des Wavelet-Systems in (9.35) mit dem skalierten und zeitverschobenen Wavelet in (9.22) zeigt, daß im Falle der dyadischen Wavelets die Transformationsparameter diskret geworden sind: $a = 2^{-i}$ und $b = k \cdot 2^{-i}$, $i, k \in \mathbf{Z}$. Später wird gezeigt, daß damit die gesamte Redundanz der *kontinuierlichen Wavelet-Transformation* entfernt worden ist.

9.3.4   Wavelet-Reihenentwicklung

Im folgenden wird gezeigt, daß die Projektion eines Signals $f(t) \in L_2(\mathbf{R})$ in Teilräume gemäß (9.40) einer Wavelet-Transformation entspricht. Bei dieser

Projektion sind im wesentlichen die Entwicklungskoeffizienten zu errechnen. Man spricht daher auch von einer *Wavelet-Reihenentwicklung* (engl. *wavelet series*).

Die Entwicklung einer Funktion $f(t)$ nach Skalierungsfunktionen und Wavelets lautet mit (9.40), (9.31) und (9.37)

$$f(t) = \sum_m \alpha_j(m)\varphi_{j,m}(t) + \sum_{i=j}^{\infty} \sum_m \beta_i(m)\psi_{i,m}(t). \qquad (9.41)$$

Wegen der orthonormalen Basen errechnen sich die Entwicklungskoeffizienten gemäß (9.32) zu

$$\alpha_j(m) = <f(t), \varphi_{j,m}(t)> \qquad (9.42)$$

und gemäß (9.38) zu

$$\beta_i(m) = <f(t), \psi_{i,m}(t)> . \qquad (9.43)$$

Man erkennt in (9.43) die in (9.22) formulierte Wavelet-Transformation, allerdings mit diskreten Parametern.

9.3.5   Parseval'sches Theorem für Wavelets

Die in den Unterräumen V_j und W_i definierten Basen sind orthonormal. Außerdem steht jeder Unterraum orthogonal auf jedem anderen. Es gilt also

$$< \varphi_{j,m}(t), \varphi_{j,n}(t) > = \delta_{mn}, \qquad (9.44)$$

$$< \psi_{i,m}(t), \psi_{\ell,n}(t) > = \delta_{i\ell}\delta_{mn} \qquad (9.45)$$

und

$$< \varphi_{j,m}(t), \psi_{i,n}(t) > = 0. \qquad (9.46)$$

mit $i, j, \ell, m, n \in \mathbb{Z}$. Das Signal $f(t)$ ist daher in (9.41) insgesamt nach orthonormalen Basissignalen entwickelt. Daher gilt das *Parseval'sche Theorem*:

$$\int |f(t)|^2 dt = \sum_m |\alpha_j(m)|^2 + \sum_{i=j}^{\infty} \sum_m |\beta_i(m)|^2. \qquad (9.47)$$

Die Energie des Signals $f(t)$ ist gleich der Summe der quadrierten Entwicklungskoeffizienten. Dieses läßt sich leicht dadurch zeigen, daß man im Skalarprodukt $<f(t), f(t)>$ des reellen Signals $f(t)$ die Entwicklung (9.41) einsetzt und die Beziehungen (9.44) bis (9.46) nutzt.

9.3.6 Diskrete Wavelet-Transformation (DWT)

Bei praktischen Rechnungen werden die Signale in eine *endliche* Anzahl von Unterräumen projiziert. Sie können dann nur einem echten Unterraum von $L_2(\mathbf{R})$ angehören:

$$f(t) \in V_0 \subset L_2(\mathbf{R}).\tag{9.48}$$

Die Zerlegung nach (9.40) lautet dann sinngemäß

$$V_0 = V_j \oplus W_j \oplus W_{j+1} \oplus W_{j+2} \oplus \ldots \oplus W_0.\tag{9.49}$$

Sind die Entwicklungskoeffizienten $\alpha_0(m)$ eines Signals $f(t) \in V_0$ bekannt, so besteht die Wavelet-Reihenentwicklung darin, aus den $\alpha_0(m)$ die Entwicklungskoeffizienten $\alpha_j(m)$ und $\beta_i(m)$ zu berechnen. Dieses ist eine diskrete Rechnung und wird *diskrete Wavelet-Transformation (DWT)* genannt.

Im nächsten Abschnitt wird gezeigt, daß die diskrete Wavelet-Transformation und die zugehörige Rücktransformation mit Hilfe von Filterbänken durchgeführt werden kann.

9.4   Filterbänke und Wavelets

Zwischen dyadischen Wavelets und perfekt rekonstruierenden Filterbänken
besteht ein enger Zusammenhang. Dieser Zusammenhang führt auf eine
recheneffiziente Implementierung der DWT. Erst dadurch hat die Wavelet-
Transformation, insbesondere in der Audio- und Bildcodierung, ihre praktische Bedeutung erhalten.

9.4.1   DWT mit Analysefilterbänken

In diesem Abschnitt wird gezeigt, daß die diskrete Wavelet-Transformation
(DWT) mit Hilfe von Analysefilterbänken durchgeführt werden kann. Ge-
genstand der DWT ist die Berechnung der Entwicklungskoeffizienten bei der
Projektion eines Signals aus dem Raum V_{i+1} in die Unterräume V_i und W_i.

Ausgangspunkt ist ein Signal

$$f(t) = \sum_n \alpha_{i+1}(n) \cdot \varphi_{i+1,n}(t) \in V_{i+1}, \tag{9.50}$$

dessen Koeffizienten $\alpha_{i+1}(n)$ als bekannt vorausgesetzt werden. Wegen $V_{i+1} = V_i \oplus W_i$ läßt sich dieses Signal eindeutig als Summe seiner *Projektionen* in
die Unterräume angeben, wobei die Projektionen in den jeweiligen Basen der
Unterräume entwickelt sind:

$$f(t) = \sum_m \alpha_i(m) \cdot \varphi_{i,m}(t) + \sum_m \beta_i(m) \cdot \psi_{i,m}(t). \tag{9.51}$$

Die Projektion wird praktisch durch die Berechnung der unbekannten Koeffizienten $\alpha_i(m)$ und $\beta_i(m)$ aus den bekannten Koeffizienten $\alpha_{i+1}(n)$ ausgeführt.

Die Basisvektoren $\varphi_{i,m}(t)$ des Raumes V_i können mit (9.30) durch die
Basisvektoren $\varphi_{i+1,m}(t)$ des Raumes V_{i+1} ausgedrückt werden. Es gilt mit
(9.28) und (9.30)

$$\begin{aligned}
\varphi_{i,m}(t) &= 2^{i/2}\varphi(2^i t - m) \\
&= 2^{i/2} \sum_\nu \overline{h}_0(\nu) \cdot \varphi(2^{i+1}t - 2m - \nu). \tag{9.52}
\end{aligned}$$

Mit den Substitutionen $2m + \nu \to n$ und $h_0(k) = 2^{-1/2}\,\overline{h}_0(k)$, $k \in \mathbb{Z}$, folgt
daraus

$$\varphi_{i,m}(t) = \sum_n h_0(n - 2m) \cdot 2^{(i+1)/2}\,\varphi(2^{i+1}t - n)$$

$$= \sum_n h_0(n - 2m) \cdot \varphi_{i+1,n}(t). \tag{9.53}$$

In ähnlicher Weise können die Basisvektoren $\psi_{i,m}(t)$ im Raum W_i formuliert werden:

$$\psi_{i,m}(t) = \sum_n h_1(n - 2m) \cdot \varphi_{i+1,n}(t). \tag{9.54}$$

Die gesuchten Entwicklungskoeffizienten $\alpha_i(m)$ in (9.51) können gemäß (9.32) als Skalarprodukte geschrieben werden. Mit (9.32) und (9.53) ergibt sich dann

$$
\begin{aligned}
\alpha_i(m) &= \; <f(t), \varphi_{i,m}(t)> \\
&= \sum_n h_0(n - 2m) \cdot <f(t), \varphi_{i+1,n}(t)> \\
&= \sum_n h_0(n - 2m) \cdot \alpha_{i+1}(n) \\
&= h_0(-n) * \alpha_{i+1}(n)|_{n=2m}.
\end{aligned}
\tag{9.55}
$$

Die Koeffizienten $\alpha_i(m)$ errechnen sich also durch eine Faltung der Koeffizienten $\alpha_{i+1}(n)$ mit der Folge $h_0(-n)$ und anschließende Abwärtstastung um den Faktor 2. In ähnlicher Weise werden die Koeffizienten $\beta_i(m)$ berechnet, die bei der Projektion in den Unterraum W_i anfallen:

$$\beta_i(m) = h_1(-n) * \alpha_{i+1}(n)|_{n=2m}. \tag{9.56}$$

Die Ergebnisse sind in Bild 9.13 zusammengefaßt.

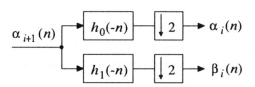

Bild 9.13: Analysefilterbank zur Berechnung der Wavelet-Entwicklungskoeffizienten bei der Signalanalyse (Projektion in die Unterräume)

Die Koeffizientenberechnung bei der Zerlegung eines Signals wird also durch eine Analysefilterbank mit den Impulsantworten $h_0(-n)$ und $h_1(-n)$ geleistet. Das Signal $f(t) \in V_{i+1}$ hat eine doppelt so feine Auflösung wie

seine Projektionen in die Unterräume. Dementsprechend fallen die Entwicklungskoeffizienten $\alpha_i(m)$ und $\beta_i(m)$ gegenüber den Koeffizienten $\alpha_{i+1}(n)$ mit
der halben Taktrate an.

Betrachtet man die *Zweierskalierungseigenschaft* im Zusammenhang mit
den verschachtelten Unterräumen, so erscheint es plausibel, daß die Projektion von V_{i+1} in V_i einer Tiefpaßfilterung und in W_i einer Hochpaßfilterung
entspricht. Daher ist $h_0(-n)$ ein digitaler Tiefpaß und $h_1(-n)$ ein dazu
komplementärer Hochpaß.

Schaltet man dem Tiefpaßausgang der Zweikanal-Analysefilterbank fortgesetzt eine Zweikanal-Analysefilterbank nach, so wird die Zerlegung nach
(9.49) realisiert. Diese *dyadische Baumstruktur*, die im übrigen exakt mit
der Oktavfilterbank in Bild 9.1 übereinstimmt, ist in Bild 9.14 zu sehen.

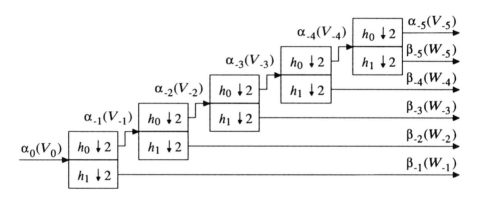

Bild 9.14: Diskrete Wavelet-Transformation (DWT) mit Hilfe einer dyadischen Baumstruktur (Oktavfilterbank)

Die Koeffizientenfolgen β_{-1} bis β_{-5} der Wavelets können als diskrete
Bandpaßsignale aufgefaßt werden, die Koeffizientenfolge α_{-5} der Skalierungsfunktionen als diskretes Tiefpaßsignal. Die Struktur in Bild 9.14 stellt
die gebräuchlichste Realisierungsform der *diskreten Wavelet-Transformation
(DWT)* dar.

9.4.2 IDWT mit Synthesefilterbänken

Das duale Gegenstück zu der im vorhergehenden Abschnitt beschriebenen
Projektion eines Signals in zwei Unterräume ist die Zusammenfügung zweier
Signale aus den Unterräumen V_i und W_i zu einem Signal aus dem Raum

V_{i+1}. Diesem Vorgang geht eine Verdoppelung der zeitlichen Auflösung der Signale einher.

Bei der Synthese sind die unbekannten Koeffizienten $\alpha_{i+1}(n)$ des zusammengefügten Signals nach (9.50) aus den bekannten Koeffizienten $\alpha_i(m)$ und $\beta_i(m)$ der Teilsignale nach (9.51) zu berechnen. Im folgenden wird gezeigt, daß diese Berechnungen den Operationen einer Zweikanal-Synthesefilterbank entsprechen. Später wird sich herausstellen, daß diese Filterbankoperationen unter der Voraussetzung perfekt rekonstruierender Filterbänke die inverse diskrete Wavelet-Transformation (IDWT) darstellen.

Für die Rechnung ist es nützlich, die Basis $\varphi_{i+1,n}(t)$ durch die Basen $\varphi_{i,m}(t)$ und $\psi_{i,m}(t)$ auszudrücken. Wegen $V_1 = V_0 \oplus W_0$ existiert der folgende eindeutige Zusammenhang:

$$\boxed{\varphi(2t) = \sum_k \overline{g}_0(k) \cdot \varphi(t-k) + \sum_k \overline{g}_1(k) \cdot \psi(t-k).}$$ (9.57)

Damit gilt

$$
\begin{aligned}
\varphi_{i+1,n}(t) &= 2^{(i+1)/2}\varphi(2^{i+1}t - n) \\
&= \sum_k 2^{1/2}\overline{g}_0(k) \cdot 2^{i/2}\varphi\left(2^i t - \frac{n}{2} - k\right) \\
&+ \sum_k 2^{1/2}\overline{g}_1(k) \cdot 2^{i/2}\psi\left(2^i t - \frac{n}{2} - k\right).
\end{aligned}
$$ (9.58)

Mit den Substitutionen $2^{1/2}\,\overline{g}_0(k) \to g_0(-2k)$, $2^{1/2}\,\overline{g}_1(k) \to g_1(-2k)$ und $n + 2k \to 2m$ wird daraus

$$
\begin{aligned}
\varphi_{i+1,n}(t) &= \sum_m g_0(n-2m) \cdot 2^{i/2}\varphi(2^i t - m) \\
&+ \sum_m g_1(n-2m) \cdot 2^{i/2}\psi(2^i t - m) \\
&= \sum_m g_0(n-2m) \cdot \varphi_{i,m}(t) + \sum_m g_1(n-2m) \cdot \psi_{i,m}(t).
\end{aligned}
$$ (9.59)

Mit dieser Umrechnungsbeziehung und (9.33) können nun die gesuchten Entwicklungskoeffizienten wie folgt als Skalarprodukt geschrieben werden:

$$\alpha_{i+1}(n) = \;<f(t), \varphi_{i+1,n}(t)>$$

$$= \sum_m g_0(n - 2m) \cdot \; < f(t), \varphi_{i,m}(t) >$$

$$+ \sum_m g_1(n - 2m) \cdot \; < f(t), \psi_{i,m}(t) > . \qquad (9.60)$$

Mit (9.32) und (9.37) gilt schließlich

$$\alpha_{i+1}(n) = \sum_m g_0(n - 2m) \cdot \alpha_i(m) + \sum_m g_1(n - 2m) \cdot \beta_i(m). \qquad (9.61)$$

Diese Gleichung, mit der im wesentlichen die Zusammenfügung beider Teil-signale berechnet wird, kann durch die folgende Synthesefilterbank realisiert werden.

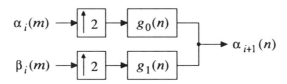

Bild 9.15: Zweikanal-Synthesefilterbank zur Berechnung der Skalierungs-koeffizienten $\alpha_{i+1}(n)$ bei der Zusammenfügung von Signalen

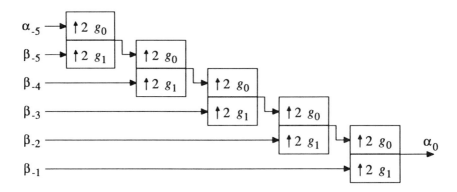

Bild 9.16: Inverse diskrete Wavelet-Transformation (IDWT) mit Hilfe einer dyadischen Baumstruktur

Durch die Aufwärtstastung werden die digitalen Filter $g_0(n)$ bzw. $g_1(n)$ nur bei geraden Indizes mit den Koeffizienten $\alpha_i(m)$ bzw. $\beta_i(m)$ angeregt. Der Koeffizient $\alpha_i(0)$ ruft eine Antwort $\alpha_i g_0(n)$ hervor, der Koeffizient $\alpha_i(1)$ eine Antwort $\alpha_1 g_0(n - 2)$ usw.

Durch eine dyadische Kaskadierung der Anordnung in Bild 9.15 können Signale aus mehreren verschachtelten Unterräumen zusammengefügt werden. Man erhält dann die duale Struktur zu der in Bild 9.14.

9.4.3 Perfekte Rekonstruktion und inverse diskrete Wavelet-Transformation (IDWT)

Bisher wurde gezeigt, daß die Koeffizientenberechnung bei der Projektion von Signalen in Unterräume formal den Operationen einer Analysefilterbank entspricht. Dabei entsprechen die Koeffizienten der Impulsantwort $h_0(n)$ den Umrechnungskoeffizienten zwischen den Basen $\varphi_{i,k}(t)$ und $\varphi_{i+1,k}(t)$ gemäß (9.30) und (9.57) und die Koeffizienten der Impulsantwort $h_1(n)$ den Umrechnungskoeffizienten zwischen $\psi_{i,k}(t)$ und $\varphi_{i+1,k}(t)$.

Da die Projektion in Unterräume erfolgen soll, die eine direkte Summe bilden, siehe (9.34), muß diese Eigenschaft auch von der Filterbank verlangt werden: die Zerlegung der diskreten Signale in der Zweikanal-Filterbank muß eindeutig sein.

Stellt die Analysefilterbank nach Bild 9.14 zusammen mit der Synthesefilterbank nach Bild 9.16 eine perfekt rekonstruierende SBC-Filterbank (Oktavfilterbank) dar, so werden die Entwicklungskoeffizienten $\alpha_0(n)$ am Ausgang fehlerfrei rekonstruiert. Die Synthesefilterbank führt in diesem Fall die inverse diskrete Wavelet-Transformation (IDWT) durch. Unter der Voraussetzung einer perfekt rekonstruierenden Filterbank mit eindeutiger Projektion in zwei Unterräume ist die DWT eine fortgesetzte Projektion dieser Art. Die IDWT ist eine fortgesetzte Summation von Signalen aus zwei Unterräumen, die in einer direkten Summe den jeweils übergeordneten Raum bilden. Dabei werden nicht die Signale selbst verarbeitet, sondern die Koeffizienten, die bei der Entwicklung nach Skalierungsfunktionen und Wavelets entstehen.

Wegen der Eindeutigkeit der DWT/IDWT ist die ursprüngliche Redundanz der kontinuierlichen Wavelet-Transformation vollständig beseitigt.

In den beiden folgenden Unterabschnitten wird gezeigt, daß Filterbänke mit perfekter Rekonstruktion existieren, die eine eindeutige Projektion der Eingangssignale in zwei Unterräume ausführen. Es sind dies die schon aus Kapitel 6 bekannten *orthogonalen* und die *biorthogonalen Filterbänke*.

9.4.4 Orthogonale Filterbänke

Es wurde bereits im Abschnitt 6.4 darauf hingewiesen, daß paraunitäre Filterbänke eine orthogonale Signalverarbeitung ausführen. Dieser Sachverhalt wird im folgenden verdeutlicht und es wird gezeigt, daß die Eingangssignale in Unterräume projiziert werden, die eine direkte orthogonale Summe bilden.

Orthogonale Basissysteme

Die Leistungsübertragungsfunktion $T(z)$ nach (6.51) beschreibt ein nullphasiges Halbbandfilter. Im Zeitbereich hat dieses Filter einen Koeffizienten vom Wert 0.5 bei n=0. Alle übrigen geradzahligen Koeffizienten sind null:

$$T(z) \bullet\!\!-\!\!\circ \begin{cases} 0.5 & f\ddot{u}r \quad n = 0 \\ 0 & f\ddot{u}r \quad n = \pm 2i, \ i \in \mathbb{N} \end{cases} \tag{9.62}$$

Ferner ist bekannt, z.B. [Fli 91], daß die inverse Z-Transformierte der spektralen Faktorisierung eine Autokorrelationsfolge ist:

$$T(z) = H(z^{-1})H(z) \bullet\!\!-\!\!\circ r_{hh}^E = \sum_{\nu=-\infty}^{\infty} h(\nu)h(\nu + n). \tag{9.63}$$

Die Aussagen in (9.62) und (9.63) können in der folgenden Skalarproduktschreibweise zusammengefaßt werden:

$$< h(n - 2k), h(n - 2\ell) > = 0.5 \cdot \delta_{k\ell} \tag{9.64}$$

für $k, \ell \in \mathbb{Z}$. Die Impulsantwort $h(n)$ bildet zusammen mit ihren geradzahlig verschobenen Versionen ein orthogonales Funktionensystem. Ebenso bildet im Tiefpaßkanal die Impulsantwort $h_0(n)$ des Analysefilters zusammen mit der Impulsantwort $g_0(n)$ des Synthesefilters ein orthonormales Funktionensystem. Dieses läßt sich wie folgt zeigen. Setzt man in (9.64) gemäß (6.47) $h(n) = h_0(n)$ und gemäß (6.49)

$$h(n) = 0.5 \cdot g_0(-n + [N - 1]) \tag{9.65}$$

ein, so erhält man die Orthogonalitätsbeziehung

$$< h_0(n - 2k), g_0(-n + 2\ell + [N - 1]) > = \delta_{k\ell}, \ k, \ell \in \mathbb{Z}. \tag{9.66}$$

Diese Beziehung gilt auch dann, wenn man n durch $-n$, k durch $-k$ oder ℓ durch $-\ell$ ersetzt.

Für den Hochpaßkanal gilt entsprechend

$$< h_1(n - 2k), g_1(-n + 2\ell + [N - 1]) > \; = \; \delta_{k\ell}, \; k, \ell \in \mathbb{Z} \,. \qquad (9.67)$$

Orthogonale Entwicklung der Signale

Als nächstes wird gezeigt, daß die Verarbeitung der Eingangssignale in den Analysefiltern, Abwärts- und Aufwärtstastern und Synthesefiltern als eine Entwicklung nach den oben hergeleiteten orthogonalen Funktionensystemen und als eine Projektion in Signalunterräume gedeutet werden kann.

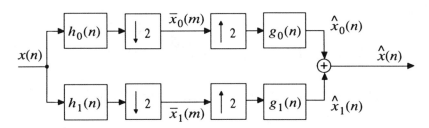

Bild 9.17: Signale in der Filterbank mit Konjugiert-Quadratur-Filtern

Die Eingangsfolge $x(n)$ wird im Analysefilter $h_0(n)$ gefaltet und anschließend um den Faktor 2 abwärtsgetastet

$$\begin{aligned}
\overline{x}_0(m) &= \sum_{\nu=-\infty}^{\infty} x(\nu) h_0(2m - \nu) \\
&= \; < x(n), h_0(2m - n) > \,.
\end{aligned} \qquad (9.68)$$

Die Werte $\overline{x}_0(m)$ der abwärtsgetasteten Folge regen in jedem zweiten Takt das Synthesefilter $g_0(n)$ an und führen so zum Ausgangssignal

$$\hat{x}_0(n) = \sum_{m=-\infty}^{\infty} \overline{x}_0(m) \cdot g_0(n - 2m) \qquad (9.69)$$

des Tiefpaßkanals in der Filterbank, siehe Bild 9.17.

Die Funktionensysteme $h_0(n-2k)$ und $g_0(n-2k)$ stellen im Tiefpaßkanal eine orthonormale Basis für die diskreten Signale dar, siehe (9.66) und Anhang D. Im Analyseteil werden gemäß (9.68) die Entwicklungskoeffizienten $\overline{x}_0(m)$ des Eingangssignals $x(n)$ bezüglich der orthonormalen Basis $g_0(n-2k)$

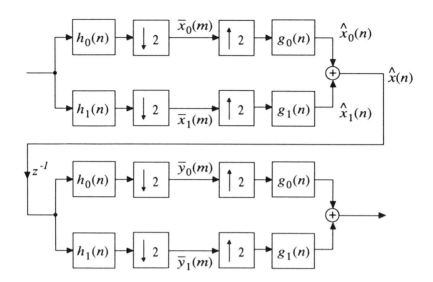

Bild 9.18: Zum Nachweis der eindeutigen Projektion

errechnet. Im Syntheseteil werden die Ausgangssignale $\hat{x}_0(n)$ gemäß (9.69) mit Hilfe der Koeffizienten $\overline{x}_0(m)$ und der Basisvektoren $g_0(n-2k)$ entwickelt. Für den Hochpaßkanal gilt entsprechendes.

Nimmt man an, daß alle Signale aus Signalräumen beschränkter diskreter Signale stammen, $x(n) \in S$, $\hat{x}_0(n) \in S_0$, $\hat{x}_1(n) \in S_1$, so kann die Signalverarbeitung in der Filterbank als eine Projektion von Signalen aus dem Raum S in die Unterräume S_0 und S_1 gedeutet werden.

Eindeutige Projektion

Bilden die Unterräume S_0 und S_1 keine direkte Summe, so existiert mindestens ein Signal, das beiden Unterräumen angehört. Solch ein Signal $\hat{x}(n) = \hat{x}_0(n)$ habe im Raum S_0 die Entwicklungskoeffizienten $\overline{x}_0(m)$ und werde in einer ersten Filterbank generiert, siehe Bild 9.18.

Da das Signal $\hat{x}(n)$ auch dem Raum S_1 angehört, entstehen bei der Projektion in diesen Raum in einer zweiten Filterbank die Entwicklungskoeffizienten $\overline{y}_1(m)$, siehe Bild 9.18. Die diskreten Signale $\overline{x}_0(m)$ und $\overline{x}_1(m)$ befinden sich am Eingang und die Signale $\overline{y}_0(m)$ und $\overline{y}_1(m)$ am Ausgang einer paraunitären TMUX-Filterbank, siehe auch Abschnitt 6.6.2. Da eine solche Filterbank übersprechfrei ist, kann das Signal $\overline{x}_0(m)$ kein Signal $\overline{y}_1(m)$ hervorrufen. Damit ist die Eindeutigkeit der Projektion gezeigt.

Orthogonale Projektion

Die Projektion des Eingangssignals $x(n)$ in die beiden Unterräume ist orthogonal, d.h. alle Signale $\hat{x}_0(n) \in S_0$ stehen senkrecht auf allen Signalen $\hat{x}_1(n) \in S_1$. Um dieses nachzuweisen, reicht es aus zu zeigen, daß die Basissysteme der beiden Räume orthogonal sind:

$$< g_0(n - 2k), g_1(n - 2\ell > = 0, \quad k, \ell \in \mathbb{Z}. \tag{9.70}$$

Beweis: Das Produkt $H_0(z) \cdot G_1(z) = 2H(z) \cdot H(-z)$ ist ein Halbband-Bandpaßfilter vom Typ 1 und besitzt daher nur gerade Potenzen von z, siehe Abschnitt 2.6.5. Ersetzt man darin $H_0(z)$ durch den Ausdruck

$$H_0(z) = 0.5\, G_0(z^{-1}) \cdot z^{-(N-1)}, \quad N = 2i, \ i \in \mathbb{N}, \tag{9.71}$$

siehe (6.45), so erhält man das Produkt $0.5 z^{-(N-1)} G_0(z) G_1(z)$, das weiterhin nur aus geraden Potenzen besteht. Da $z^{-(N-1)}$ stets eine ungerade Potenz ist, besteht das Produkt $G_0(z) G_1(z)$ nur aus ungeraden Potenzen von z. Für die zugehörige Kreuzkorrelierte [Fli 91] gilt daher

$$r_{g_0 g_1}^E(n) = \sum_{\nu=-\infty}^{\infty} g_0(\nu) \cdot g_1(\nu + n) = 0 \ \text{ für } n = 2k, \ k \in \mathbb{Z}. \tag{9.72}$$

Gleichung (9.72) ist eine andere Schreibweise von (9.70), womit die Orthogonalität nachgewiesen ist.

9.4.5 Biorthogonale Filterbänke

Die biorthogonalen Filterbänke wurden bereits im Abschnitt 6.4 eingeführt. Im folgenden wird diese Filterbank aus signaltheoretischer Sicht betrachtet und Unterschiede zur orthogonalen Filterbank herausgestellt.

Biorthogonale Basissysteme

Aus der verallgemeinerten spektralen Faktorisierung nach (6.80) folgt

$$H_0(z) \cdot 2z^{N-1} H_1(-z) = 2T(z) \tag{9.73}$$

und mit (6.82)

$$H_0(z) \cdot z^{N-1} G_0(z) = 2T(z). \tag{9.74}$$

Diese Gleichung impliziert die folgende Faltungsbeziehung im Zeitbereich:

$$\sum_{\nu=-\infty}^{\infty} h_0(\nu) g_0(n - \nu + [N - 1]) = \begin{cases} 1 & \text{für } n = 0 \\ 0 & \text{für } n = 2i, i \in \mathbf{Z} \end{cases} \qquad (9.75)$$

Diese lautet in Skalarproduktschreibweise

$$< h_0(n), g_0(2i - n + [N - 1]) > = \delta_i \qquad (9.76)$$

und mit den Substitutionen $n \to n - 2k$ und $k + i \to -\ell$ mit $i, k, \ell \in \mathbf{Z}$

$$< h_0(n - 2k), g_0(-n - 2\ell + [N - 1]) > = \delta_{k\ell}, \quad k, \ell \in \mathbf{Z}. \qquad (9.77)$$

Diese Gleichung ist formal identisch mit (9.66). Trotzdem besteht ein wesentlicher Unterschied. Die beiden Impulsantworten $h_0(n)$ und $g_0(n)$ in (9.77) sind voneinander verschieden. Die Folge der verschobenen Impulsantworten $h_0(n - 2k)$ stellt eine Basis für die Darstellung der Signale in der Analysefilterbank dar, die Folge $g_0(n - 2\ell)$ eine Basis für die Synthesefilterbank. Das Folgenpaar bildet gemäß (9.77) ein biorthogonales System. Man spricht daher auch von einer biorthogonalen Filterbank [Vet 92]. Als völlig gleichwertige und äquivalente Aussage können die beiden Basissysteme $h_0(n - 2k)$ und $g_0(n - 2\ell)$ als zueinander reziprok oder dual bezeichnet werden. Die Entwicklungskoeffizienten werden in der Analysefilterbank gemäß (9.68) mit der Basis $h_0(n - 2k)$ berechnet, die Entwicklung erfolgt in der Synthesefilterbank gemäß (9.69) mit der Basis $g_0(n - 2\ell)$.

Gleichung (9.66) ist eine Orthogonalitätsbedingung, (9.77) dagegen eine Reziprozitätsbedingung. Letztere ist der allgemeinere Fall. Die orthogonale Filterbank mit selbstreziproken Basissystemen kann als Sonderfall der biorthogonalen Filterbank aufgefaßt werden.

Projektion in die Unterräume

Die biorthogonale Filterbank projiziert, genauso wie die orthogonale Filterbank, Eingangssignale $x(n) \in S$ in zwei Unterräume S_0 und S_1, die eine direkte Summe bilden. Da auch die biorthogonale Filterbank perfekt rekonstruiert, existiert eine duale übersprechfreie TMUX-Filterbank, mit der die Eindeutigkeit der Projektion gezeigt wird, siehe Abschnitt 9.4.4.

Die biorthogonale Filterbank unterscheidet sich aber von der orthogonalen Filterbank dadurch, daß die Unterräume S_0 und S_1 nicht mehr senkrecht aufeinander stehen. Im allgemeinen sind Skalarprodukte aus Signalen des einen Unterraumes mit Signalen des anderen Unterraumes von null verschieden.

9.5 Eigenschaften von Wavelets und Skalierungsfunktionen

Wavelets und Skalierungsfunktionen sind durch einige elementare Eigenschaften gekennzeichnet. Diese werden im folgenden unter der Annahme der Orthogonalität aufgeführt. Die genannten Beziehungen gelten nur teilweise für biorthogonale Systeme.

9.5.1 Elementare Eigenschaften von Skalierungsfunktionen

Nicht alle perfekt rekonstruierenden Filterbänke sind geeignet, eine DWT bzw. IDWT auszuführen, sondern nur eine Untermenge davon. Im folgenden werden einige notwendige Bedingungen für die Skalierungsfunktionen $\varphi(t)$ und für die Koeffizienten $h_0(n)$ des zugehörigen Analysefilters hergeleitet. Es wird angenommen, daß Skalierungsfunktionen und Wavelets reellwertig sind.

Die Skalierungsfunktion hat Tiefpaßcharakter und kann daher Gleichgrößen übertragen. Ihre Fourier-Transformierte $\Phi(j\omega) \bullet\!\!-\!\!\circ \varphi(t)$ kann daher für $\Omega = 0$ von null verschieden sein. Es kann gezeigt werden, daß das Integral über die Skalierungsfunktion den Wert 1 hat:

$$\boxed{\int_{-\infty}^{\infty} \varphi(t)\, dt = 1.}$$

(9.78)

Damit gilt für die Fourier-Transformierte bei $\omega = 0$

$$\Phi(0) = \int_{-\infty}^{\infty} \varphi(t) e^{j\omega t} dt \Big|_{\omega=0} = 1.$$

(9.79)

Die Orthonormalität der Basen in den Unterräumen V_i steht im direkten Zusammenhang mit der Orthonormalität der Impulsantwort der Analysefilterbank und ihrer Translationen. Es gilt für den Raum V_{-1} mit (9.53)

$$
\begin{aligned}
< \varphi_{-1,k}(t), \varphi_{-1,\ell}(t) > &= \\
&= \sum_n h_0(n-2k) \sum_\nu h_0(\nu-2\ell) \underbrace{< \varphi(t-n), \varphi(t-\nu) >}_{=\delta_{n\nu}} \\
&= \sum_n h_0(n-2k) \cdot h_0(n-2\ell).
\end{aligned}
$$

(9.80)

Skaliert man die Impulsantworten der orthogonalen Filterbank in (9.64) mit dem Faktor $\sqrt{2}$, so ist das Ergebnis in (9.80) gleich dem Kronecker-Delta $\delta_{k\ell}$. Aus der Orthonormalität von V_0 kann auf die von V_{-1} geschlossen werden, von dort auf V_{-2} u.s.w.:

$$\boxed{< \varphi_{i,k}(t), \varphi_{i,\ell}(t) > = \delta_{k\ell}, \quad i, k, \ell \in \mathbf{Z}} \qquad (9.81)$$

Für $k = \ell$ kann die Euklidische Norm der Skalierungsfunktionen ausgerechnet werden:

$$\boxed{\| \varphi_{i,k}(t) \| = \left(\int_{-\infty}^{\infty} \varphi_{i,k}^2(t)dt \right)^{1/2} = 1, \quad i, k \in \mathbf{Z} .} \qquad (9.82)$$

Eine Aussage über die Koeffizienten $h_0(n)$ der orthogonalen DWT-Analysefilterbank erhält man durch Integration der Beziehung in (9.30). Mit der bisher genutzten Substitution $h_0(k) = 2^{-1/2}\overline{h}_0(k)$ gilt

$$\int_{-\infty}^{\infty} \varphi(t)dt = \int_{-\infty}^{\infty} \sum_n h_0(n) \cdot \sqrt{2}\varphi(2t - n) \, dt \qquad (9.83)$$

Durch eine Substitution $2t - n \to x$ folgt daraus

$$\int_{-\infty}^{\infty} \varphi(t)dt = \sum_n h_0(n) \cdot \sqrt{2} \cdot \int_{-\infty}^{\infty} \varphi(x) \cdot \frac{dx}{2} \qquad (9.84)$$

und daraus

$$\boxed{\sum_n h_0(n) = \sqrt{2}.} \qquad (9.85)$$

Ein Analysefilter $h_0(n)$ ist nur dann für die orthogonale DWT geeignet, wenn die Summe seiner Koeffizienten den Wert $\sqrt{2}$ ergibt.

Dieses Ergebnis lautet für die zugehörige Fourier-Transformierte bei $\Omega = 0$ bzw. die Z-Transformierte bei $z = 1$

$$H_0(1) = \sum_n h_0(n) \cdot e^{-jn\Omega}\bigg|_{\Omega=0} = \sqrt{2}, \qquad (9.86)$$

$$\boxed{H_0(1) = \sqrt{2}.} \qquad (9.87)$$

Wegen der Skalierung des Filters $h_0(n)$ mit $\sqrt{2}$ lautet die Beziehung (6.57) für leistungskomplementäre Filter im Falle einer DWT-Analysefilterbank sinngemäß

$$|H_0(e^{j\Omega})|^2 + |H_0(e^{j(\Omega-\pi)})|^2 = 2, \quad \forall\Omega. \tag{9.88}$$

Für $\Omega = \pi$ folgt aus (9.87) und (9.88)

$$\boxed{H_0(e^{j\pi}) = H_0(-1) = 0.} \tag{9.89}$$

Dieses Ergebnis unterstreicht den Tiefpaßcharakter von $h_0(n) \circlearrowleft\!\!-\!\bullet\, H_0(z)$.

Schließlich kann aus der Orthonormalität der Basis in der Filterbank die folgende Bedingung für die Koeffizienten angegeben werden, siehe auch (9.80):

$$\| h_0(n) \| = 1, \tag{9.90}$$

d.h.

$$\boxed{\sum_n h_0^2(n) = 1.} \tag{9.91}$$

Die quadrierten Koeffizienten der DWT-Analysefilterbank $h_0(n)$ ergeben aufsummiert den Wert 1.

9.5.2 Elementare Eigenschaften von Wavelets

Eine wichtige Eigenschaft von orthogonalen Wavelets folgt aus ihren Fourier-Transformierten bei $\omega = 0$. Mit der Beziehung (9.39) und den Fourier-Transformierten

$$\Phi(j\omega) = \int_{-\infty}^{\infty} \varphi(t)e^{-j\omega t}dt. \tag{9.92}$$

und

$$H_1(e^{j\Omega}) = \sum_n h_1(n)e^{-j\Omega n} \tag{9.93}$$

erhält man die Fourier-Transformierte $\Psi(j\omega)$ des Wavelets

$$\psi(t) = \sum_n h_1(n)\varphi(2t - n) \tag{9.94}$$

als

$$\begin{aligned}
\Psi(j\omega) &= \sum_n h_1(n) \cdot 2^{-1/2}\Phi(\tfrac{j\omega}{2}) \cdot e^{-j\omega n/2} \\
&= 2^{-1/2}\Phi(\tfrac{j\omega}{2}) \cdot H_1(e^{j\omega/2}). \tag{9.95}
\end{aligned}$$

Wegen des Abtastabstandes $T = 1/2$ ist hier $\Omega = \omega/2$. Der Frequenzgang $H_1(e^{j\Omega})$ kann mit dem zu $H_0(e^{j\Omega})$ komplementären Frequenzgang $H_0\left(e^{j(\Omega-\pi)}\right)$ identifiziert werden. Mit (9.89) gilt daher

$$H_1(e^{j\Omega})\Big|_{\Omega=0} = H_0(e^{j\pi}) = 0. \tag{9.96}$$

Eine Auswertung von (9.95) bei $\omega = 0$ ergibt daher

$$\boxed{\Psi(0) = 0.} \tag{9.97}$$

Daraus folgt mit

$$\Psi(j\omega)|_{\omega=0} = \int_{-\infty}^{\infty} \psi((t) \cdot e^{-j\omega t} dt\Big|_{\omega=0} \tag{9.98}$$

die wichtige Eigenschaft

$$\boxed{\int_{-\infty}^{\infty} \psi(t)\, dt = 0.} \tag{9.99}$$

Die Orthonormalität der Wavelets in den verschiedenen Unterräumen läßt sich wie in (9.80) und (9.81) sinngemäß nachweisen. Da die Räume W_i und W_j, $i,j \in \mathbf{Z}$, senkrecht aufeinanderstehen, sind auch Wavelets aus verschiedenen Räumen orthonormal (dieses gilt nicht für Skalierungsfunktionen!). Insgesamt kann die Orthonormalität wie folgt formuliert werden:

$$\boxed{< \psi_{i,k}(t), \psi_{j\ell}(t) > \, = \delta_{ij} \cdot \delta_{k\ell}, \quad i,j,k,\ell \in \mathbf{Z}\,.} \tag{9.100}$$

Für $i = j$ und $k = \ell$ gilt insbesondere

$$\boxed{\| \psi_{i,k}(t) \| = 1.} \tag{9.101}$$

Eine wichtige Beziehung für die Entwicklungskoeffizienten $h_1(n)$ der Wavelets erhält man aus einer Integration der Beziehung (9.39) bzw. (9.94):

$$\int_{-\infty}^{\infty} \psi(t)dt = \sum_n h_1(n) \int_{-\infty}^{\infty} \varphi(2t - n)dt. \tag{9.102}$$

Mit (9.78) und (9.99) folgt daraus

$$\boxed{\sum_n h_1(n) = 0.} \tag{9.103}$$

Ein Analysefilter $h_1(n)$ ist nur dann für die DWT geeignet, wenn die Summe seiner Koeffizienten den Wert 0 ergibt.

Dieses Ergebnis lautet übertragen auf die Fourier-Transformierte $H_1(e^{j\Omega})$ •—○ $h_1(n)$ für $\Omega = 0$

$$\boxed{H_1(1) = 0.}$$ (9.104)

Schließlich folgt aus der Orthonormalität der Filterbank

$$\| h_1(n) \| = 1$$ (9.105)

und damit

$$\boxed{\sum_n h_1^2(n) = 1.}$$ (9.106)

Die quadrierten Koeffizienten der DWT-Analysefilterbank $h_1(n)$ ergeben aufsummiert den Wert 1.

9.5.3 Endlich lange Wavelets

Es existieren endlich lange Skalierungsfunktionen und Wavelets (engl. *compactly supported wavelets*) [Dau 88]. Sie sind nur in einem Zeitintervall $0 \le t \le N - 1$ von null verschieden. Die aus (9.30) und (9.39) abgeleiteten Filter $h_0(n)$ und $h_1(n)$ sind in diesem Fall FIR-Filter.

Ist die Funktion $\varphi(t)$ im Intervall $0 \le t \le N - 1$ von null verschieden, so ist es die Funktion $\varphi(2t)$ im Intervall $0 \le t \le (N - 1)/2$. In der Darstellung (9.30) sind die gewichteten Funktionen $\varphi(2t - n)$ jeweils um 0.5 gegeneinander zeitlich verschoben. Es passen daher genau N verschiedene solcher Funktionen in das Intervall $0 \le t \le N - 1$. Die erste ($n = 0$) beginnt bei $t = 0$ und endet bei $t = (N - 1)/2$. Die letzte ($n = N - 1$) beginnt bei $t = (N - 1)/2$ und endet bei $t = N - 1$. Die Entwicklung nach (9.30) enthält in diesem Falle N Terme. Die FIR-Filter $h_0(n)$ und $h_1(n)$ besitzen N Koeffizienten. Da diese Filter Bestandteil einer perfekt rekonstruierenden Filterbank sind, muß die Zahl N immer eine gerade Zahl sein, siehe Abschnitt 6.3.3.

Wavelets mit endlicher Länge machen die zeitliche Auflösung der Signale durch die Wavelet-Transformation offensichtlich. Der nächste Abschnitt zeigt ein ausführliches Beispiel eines endlichen Wavelets.

9.5.4   Ausführliches Beispiel

Von I. Daubechies [Dau 88] wurden erstmalig endlich lange Wavelets veröffentlicht. Die Berechnung solcher Wavelets wird in den Abschnitten 9.6.3
und 9.7.3 behandelt. Im folgenden werden die Skalierungsfunktion und das
Wavelet für $N = 4$ betrachtet und die wichtigsten Eigenschaften verdeutlicht. Die *Daubechies-Wavelets* und -Skalierungsfunktionen sind orthogonal,
die zugehörigen Filter $h_0(n)$ und $h_1(n)$ konstituieren eine paraunitäre Filterbank mit perfekter Rekonstruktion. Bild 9.19 zeigt die Skalierungsfunktion
$\varphi(t)$ (durchgezogene Linie). Sie ist außerhalb des Intervalls $0 \leq t \leq 3$ null.

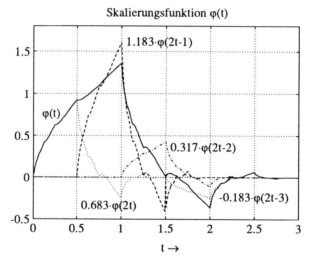

Bild 9.19: Skalierungsfunktion $\varphi(t)$ nach Daubechies für $N = 4$ (durchgezogene Linie) und die vier Komponenten nach (9.30), aus denen sie zusammengesetzt ist

Das zugehörige FIR-Filter hat die Koeffizienten

$$h_0 = [0.4830 \; 0.8365 \; 0.2241 \; -0.1294]. \tag{9.107}$$

Die Koeffizienten $\overline{h}_0(n) = \sqrt{2}h_0(n)$ sind die Entwicklungs-Koeffizienten nach
(9.30). Diese Entwicklung ist ebenfalls in Bild 9.19 dargestellt. Die vier
Komponenten $\overline{h}_0(n)\varphi(2t - n), n = 0, 1, 2, 3$, ergänzen sich exakt zu der Skalierungsfunktion $\varphi(t)$.

Durch numerische Integration lassen sich die Beziehungen (9.78), (9.81)
und (9.82) nachweisen. Die Integration über $\varphi(t)$ ergibt den Wert 1, ebenso
die Integration über $\varphi^2(t)$.

Die Summation $\sum_{n=0}^{3} h_0(n)$ der Koeffizienten in (9.107) ergibt den Wert $\sqrt{2}$, was (9.85) und (9.87) bestätigt. Quadriert man die Koeffizienten in (9.107) vor der Summation, so kommt der Wert 1 heraus, siehe (9.91).

Die Koeffizienten des Filters $h_1(n)$ können nach (6.48) aus den Koeffizienten des Filters $h_0(n)$ abgeleitet werden:

$$h_1 = [0.1294\ 0.2241\ -0.8365\ 0.4839].\tag{9.108}$$

Damit kann das Wavelet $\psi(t)$ aus den Komponenten $h_1(n) \cdot \sqrt{2}\ \varphi(2t - n)$, $n = 0, 1, 2, 3$, zusammengesetzt werden, siehe Bild 9.20.

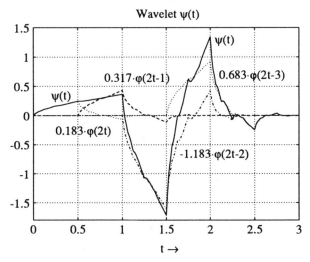

Bild 9.20: Wavelet $\psi(t)$ nach Daubechies für $N = 4$ (durchgezogene Linie) und die vier Komponenten nach (9.39)

Durch numerische Integration lassen sich (9.99), (9.100) und (9.101) nachweisen. Die Summe der Koeffizienten in (9.108) ist null, was (9.103) und (9.104) bestätigt. Quadriert man die Koeffizienten vor der Summation, so kommt der Wert 1 heraus, siehe (9.106).

Schließlich kann durch numerische Integration gezeigt werden, daß alle Wavelets senkrecht zu allen Skalierungsfunktionen stehen und daß insbesondere die folgende Beziehung gilt:

$$\int_{-\infty}^{\infty} \varphi(t) \cdot \psi(t)\,dt = 0.\tag{9.109}$$

9.6 Konstruktion von Wavelets

Bei der praktischen Anwendung der Wavelet-Transformation wird nur mit den Entwicklungskoeffizienten der Signale gerechnet, also die DWT genutzt. Die Skalierungsfunktionen und Wavelets selber werden nicht benötigt.

Es kommt noch hinzu, daß man in den meisten Fällen nicht von gegebenen Skalierungsfunktionen und Wavelets ausgeht und daraus die Filterkoeffizienten $h_0(n)$ und $h_1(n)$ bestimmt. Vielmehr geht man von geeigneten Koeffizientensätzen $h_0(n)$ und $h_1(n)$ aus und rechnet damit die DWT.

Um die Merkmale der Skalierungsfunktionen und Wavelets untersuchen und ihre Existenz nachweisen zu können, geht man den umgekehrten Weg. Man konstruiert aus den Koeffizientensätzen $h_0(n)$ und $h_1(n)$ heraus die Skalierungsfunktionen und Wavelets.

9.6.1 Regularität

Die Koeffizientensätze bzw. Filterimpulsantworten $h_0(n)$ und $h_1(n)$ müssen die folgenden drei Bedingungen erfüllen, damit sie die Umrechnungskoeffizienten von Skalierungsfunktionen und Wavelets gemäß (9.30) und (9.39) sein können und solche zugehörigen Skalierungsfunktionen und Wavelets überhaupt existieren:

- Die Filter $h_0(n)$ und $h_1(n)$ müssen eine Filterbank mit perfekter Rekonstruktion und eindeutiger Projektion begründen.

- Die Skalierungskoeffizienten $h_0(n)$ müssen die Skalierungsbedingung in (9.85) erfüllen: $\sum_n h_0(n) = \sqrt{2}$.

- Die Übertragungsfunktion $H_0(z) \bullet\!\!-\!\!\circ h_0(n)$ muß regulär sein.

Die Regularität ist für die Existenz einer stetigen Skalierungsfunktion mit Tiefpaßcharakter nötig. Bedingungen für die Regularität einer Übertragungsfunktion $H_0(z)$ wurden von I. Daubechies angegeben [Dau 88]. Sie werden im folgenden behandelt.

Zunächst kann eine notwendige Bedingung angegeben werden: Eine Funktion $H_0(z)$ kann nur dann regulär sein, wenn sie mindestens eine Nullstelle bei $z = -1$ hat.

Die Nullstellen bei $z = -1$ bestimmen die Regularität. Das geht auch aus der hinreichenden Bedingung [Dau 88] hervor. Um diese Bedingung zu überprüfen, ist die N-fache Nullstelle bei $z = -1$ in folgender Form abzuspalten:

$$H_0(z) = \sqrt{2}\left(\frac{1 + z^{-1}}{2}\right)^N F(z) \tag{9.110}$$

und das Supremum B des Betrages $|F(z)|$ der Restfunktion auf dem Einheitskreis zu bestimmen:

$$B = \sup_{\Omega \in [0.2\pi]} |F(e^{j\Omega})|. \tag{9.111}$$

Die Bedingung

$$B > 2^{N-1} \tag{9.112}$$

ist dann hinreichend dafür, daß stückweise konstante Funktionen $f^{(i)}(t)$ existieren, die für $i \to \infty$ punktweise gegen die Skalierungsfunktion $\varphi(t)$ konvergieren.

Die Berechnung der Funktionen $f^{(i)}(t)$ wird im nächsten Abschnitt besprochen.

9.6.2 Sukzessive Approximation

Im folgenden wird ein Verfahren zur Konstruktion von Skalierungsfunktionen mit Hilfe einer sukzessiven Approximation besprochen. Mit der so gewonnenen Skalierungsfunktion kann dann nach (9.39) des zugehörige Wavelet konstruiert werden.

Grundlage des Approximationsverfahrens ist die Rekursionsformel (9.30), die nach (9.95) im Frequenzbereich sinngemäß

$$\Phi(j\omega) = 2^{-1/2}\Phi\left(\frac{j\omega}{2}\right) \cdot H_0\left(e^{j\omega/2}\right) \tag{9.113}$$

lautet. Führt man diese Rekursion i mal durch, so erhält man

$$\Phi(j\omega) = \Phi\left(\frac{j\omega}{2^{i+1}}\right) \cdot \prod_{k=0}^{i} 2^{-1/2} H_0\left(e^{j\omega/2^{k+1}}\right). \tag{9.114}$$

Für $i \to \infty$ strebt der linke Faktor $\Phi(j\omega/2^{i+1})$ gegen den Wert $\Phi(0) = 1$, siehe (9.79). Daher gilt

$$\Phi(j\omega) = \prod_{k=0}^{\infty} 2^{-1/2} H_0\left(e^{j\omega/2^{k+1}}\right). \tag{9.115}$$

Ist $H_0(z)$ regulär, dann existiert dieser Grenzwert und ist die Fourier-Transformierte einer stetigen Skalierungsfunktion. Im Zeitbereich kann im i-ten Iterationsschritt die diskrete Impulsantwort

$$h^{(i)}(n) = \prod_{k=0}^{i} *h_{0k}(n) \qquad (9.116)$$

durch i-fache Faltung der dyadisch aufwärtsgetasteten Impulsantwort

$$h_{0k}(n) = \begin{cases} \overline{h}_0(m) = 2^{1/2}h_0(m) & \text{wenn } n = 2^k m \\ 0 & \text{sonst} \end{cases} \qquad (9.117)$$

gewonnen werden. Daraus leitet sich die "Treppenfunktion"

$$f^{(i)}(t) = h^{(i)}(n) \quad \text{mit } n/2^i \le t \le (n+1)/2^i \qquad (9.118)$$

ab, die für $i \to \infty$ die Skalierungsfunktion $\varphi(t)$ approximiert. In praktischen Fällen reichen bereits wenige Iterationsschritte aus, um die Skalierungsfunktion in der gegebenen graphischen Auflösung darstellen zu können.

9.6.3 Beispiel

Im folgenden wird als Beispiel die Konstruktion der Skalierungsfunktion nach Daubechies mit $N = 4$ Koeffizienten behandelt.

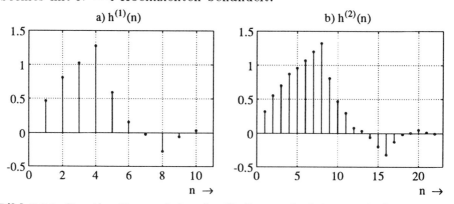

Bild 9.21: Iterative Konstruktion der Skalierungsfunktion, nach dem ersten Schritt (a) und nach dem zweiten Schritt (b)

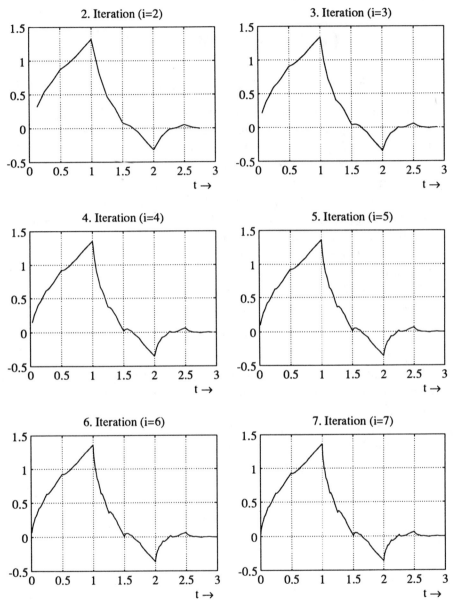

Bild 9.22: Iterative Approximation der Daubechies-Skalierungsfunktion $\varphi(t)$ mit $N = 4$ durch Polygonzüge

Die Koeffizienten $h_0(n)$ können (9.107) entnommen werden. Unter Berücksichtigung des Faktors $2^{1/2}$ erhält man aus (9.117) die Impulsantworten

$$h_{00}(n) = [0.683 \quad 1.183 \quad 0.317 \quad -0.183] \tag{9.119}$$

und

$$h_{01}(n) = [0.683 \quad 0 \quad 1.183 \quad 0 \quad 0.317 \quad 0 \quad -0.183]. \tag{9.120}$$

Eine Faltung dieser beiden Folgen ergibt nach (9.116) die Impulsantwort $h^{(1)}(n)$, die in Bild 9.21a abgebildet ist. Die Folge $h_{02}(n)$ hat die gleichen Zahlenwerte wie $h_{01}(n)$, zwischen den von null verschiedenen Werten sind jedoch jeweils 3 Nullen eingefügt. Das Ergebnis $h^{(2)}(n)$ der Faltung nach (9.116) ist in Bild 9.21b gezeigt.

Obwohl (9.118) die Ableitung einer Treppenfunktion $f^{(i)}(t)$ aus der Impulsantwort nahelegt, zeigt es sich, daß die iterative Approximation der Skalierungsfunktion ebenso mit einem Polygonzug zwischen den Werten der Impulsantworten $h^{(i)}(n)$ dargestellt werden kann.

Die Impulsantwort $h^{(i)}(n)$ besitzt $(N-1)(2^{i+1}-1)+1$ Koeffizienten. Dabei ist N die Anzahl der Koeffizienten von $h_0(n)$. Identifiziert man den Laufindex n mit den diskreten Zeitpunkten

$$t = n/2^{i+1} \tag{9.121}$$

so erhält man die richtige Zeitskalierung für den Polygonzug. Er liegt dann, genauso wie die zu approximierende Skalierungsfunktion, im Intervall $0 \leq t \leq N-1$.

Bild 9.22 zeigt die Schritte $i = 2$ bis $i = 7$ der iterativen Approximation. Zwischen den Schritten $i = 6$ und $i = 7$ ist kaum noch eine Änderung des Kurvenverlaufs festzustellen.

9.7   Beispiele von Wavelet-Systemen

Es sind eine Vielzahl von Wavelet-Funktionensystemen mit verschiedenen Eigenschaften bekannt. Im folgenden werden einige markante Wavelet-Systeme beispielhaft herausgestellt.

9.7.1   Haar-Wavelets

Das einfachste Mutter-Wavelet ist die Haar-Funktion, die als

$$\varphi(t) = \begin{cases} 1 & \text{für } 0 \leq t < 1 \\ 0 & \text{sonst} \end{cases} \tag{9.122}$$

definiert ist. Die Orthonormalität $< \varphi(t-k), \varphi(t-\ell) > = \delta_{k\ell}$, $k, \ell \in \mathbf{Z}$, dieser Wavelets ist offensichtlich, ebenso das bestimmte Integral in (9.78). Die Skalierungsfunktion aus dem nächst höheren Signalraum V_1 lautet

$$\varphi_1(t) = \sqrt{2}\varphi(2t) = \begin{cases} \sqrt{2} & \text{für } 0 \leq t < 1/2 \\ 0 & \text{sonst.} \end{cases} \tag{9.123}$$

Damit kann die Zweierskalierungseigenschaft wie folgt beschrieben werden:

$$\varphi_0(t) = \varphi(t) = \varphi(2t) + \varphi(2t-1). \tag{9.124}$$

Die Koeffizienten des zugehörigen TP-Filters lautet daher $\overline{h}_0(n) = [1\ 1]$ bzw. $h_0(n) = [1/\sqrt{2}\ 1/\sqrt{2}]$. Daraus folgt $\sum_n h_0(n) = \sqrt{2}$ und $\sum_n h_0^2(n) = 1$, siehe (9.85) und (9.91).

Bild 9.23 zeigt die Skalierungsfunktion $\varphi(t)$ nach (9.122) und das zugehörige Betragsspektrum, das gemäß (9.79) bei $\Omega = 0$ den Wert 1 hat.

Sucht man ein Wavelet $\psi_0(t)$ der Norm 1, das mit 2 Koeffizienten aus $\varphi_1(t)$ nach (9.123) abgeleitet werden kann und orthogonal zu $\varphi_0(t)$ und allen ganzzahligen Translationen ist, so erhält man in eindeutiger Weise

$$\psi_0(t) = \varphi(2t) - \varphi(2t-1). \tag{9.125}$$

Bild 9.24 zeigt dieses Wavelet und das zugehörige Betragsspektrum.

Die Koeffizienten des zugehörigen HP-Filters können aus (9.125) abgelesen werden: $h_1(n) = [1/\sqrt{2}\ \ -1/\sqrt{2}]$. Daraus folgt $\sum_n h_1(n) = 0$ und $\sum_n h_1^2(n) = 1$, siehe (9.103) und (9.106). Das Integral über das Wavelet

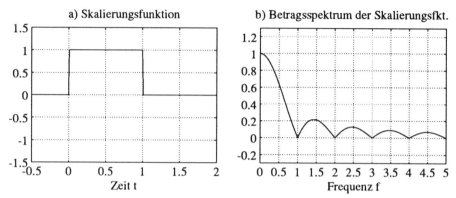

Bild 9.23: Haar-Skalierungsfunktion (a) und Betragsspektrum dieser Skalierungsfunktion (b)

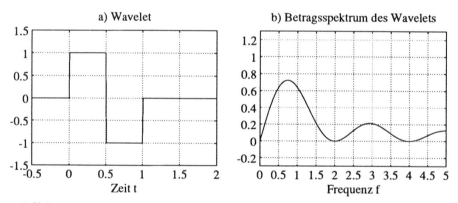

Bild 9.24: Haar-Wavelet(a) und Betragsspektrum dieses Wavelets (b)

ist offensichtlich null, siehe (9.99) und Bild 9.24a. Das Spektrum des Haar-Wavelets hat die Form

$$\Psi(j\omega) = \mathrm{si}(\omega/4) \cdot \sin(\omega/4) \qquad (9.126)$$

und hat für $\omega = 0$ den Wert null, siehe (9.97). Da das Spektrum nur langsam zu hohen Frequenzen hin abklingt, ist die spektrale Selektivität und damit auch die spektrale Auflösung des Haar-Wavelets unbefriedigend.

9.7.2 Shannon-Wavelets

Bezüglich der Dualität der Fourier-Transformation kann das zum Haar-Wavelet duale Shannon-Wavelet angegeben werden. Die Skalierungsfunktion

$$\varphi(t) = \text{si}(\pi t) = \frac{\sin(\pi t)}{\pi t} \tag{9.127}$$

ist im Kern die nichtkausale $\sin x / x$-Funktion, das zugehörige Spektrum entspricht dem idealen Tiefpaß:

$$\Phi(j2\pi f) = \begin{cases} 1 & \text{für } |f| < 1/2 \\ 0 & \text{sonst} \end{cases} \tag{9.128}$$

Die Orthogonalität von $\varphi(t)$ gegenüber allen ganzzahligen Translationen wird bereits im Abtasttheorem von Shannon genutzt.

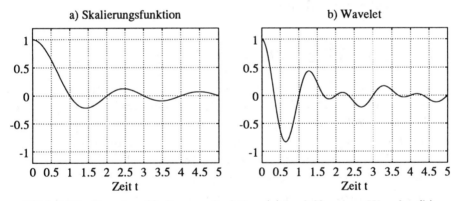

Bild 9.25: Shannon-Skalierungsfunktion (a) und Shannon-Wavelet (b)

Das zugehörige Wavelet kann im Zeitbereich entwickelt werden. Einfacher ist jedoch eine Betrachtung des Spektrums

$$\Psi(j2\pi f) = \begin{cases} 1 & \text{für } 1/2 \leq |f| < 1 \\ 0 & \text{sonst.} \end{cases} \tag{9.129}$$

Die Orthogonalität zwischen Skalierungsfunktion und Wavelet wird durch die nichtüberlappenden Spektren in (9.128) und (9.129) deutlich. Während Wavelets im allgemeinen nicht bandbegrenzt sind, kann mit den Shannon-Wavelets eine Wavelet-Analyse bandbegrenzter Signale vorgenommen werden. Die fortgesetzte Verschachtelung der Unterräume nach (9.23) und

(9.40) kann hier als fortgesetzte exakte Halbierung der Spektren von band-begrenzten Signalen aufgefaßt werden, wobei die untere Hälfte (von $\omega = 0$ bis zur halben Grenzfrequenz) den Skalierungsanteil und die obere Hälfte (von der halben bis zur vollen Grenzfrequenz) den Wavelet-Anteil ergibt.

Aus dem Spektrum $\Psi(j\omega)$ nach (9.129) errechnet sich das Wavelet im Zeitbereich zu

$$\psi(t) = \text{si}(\frac{\pi}{2}t) \cdot \cos(\frac{3\pi}{2}t). \tag{9.130}$$

Bild 9.25 zeigt Skalierungsfunktion und Wavelet. Beide sind nichtkausal und unendlich lang. Die Norm 1 beider Signale kann mit Hilfe des Parsevalschen Theorems aus den zugehörigen Spektren entnommen werden.

Während die Haar-Wavelets eine unbefriedigende spektrale Auflösung ergeben, trifft dieses bei den Shannon-Wavelets im Zeitbereich zu. Wegen des langsamen Abfalls der Funktionen $\varphi(t)$ und $\psi(t)$ zu hohen Zeiten hin ist die zeitliche Auflösung unbefriedigend.

9.7.3 Daubechies-Wavelets (Lagrange-Wavelets)

Eine Klasse von Wavelets, die sowohl im Zeitbereich wie auch im Frequenz-bereich gut auflösen, wurde 1988 von I. Daubechies [Dau 88] vorgeschlagen. Diese Wavelets sind exakt zeitbegrenzt (engl. compactly supported). Das Spektrum dieser Wavelets ist zwar theoretisch nicht bandbegrenzt, es fällt aber nach tiefen und hohen Frequenzen hin sehr schnell ab, so daß man von einer guten effektiven Bandbegrenzung sprechen kann.

Unabhängig davon wurden in [Ans 91] Wavelets unter Verwendung von Lagrange-Halbbandfiltern vorgeschlagen, die identisch sind mit den Daube-chies-Wavelets. Zur Konstruktion dieser Wavelets sind Lagrange-Halbband-filter zu entwerfen, siehe Abschnitt 3.4.3, und eine spektrale Faktorisierung durchzuführen, siehe Beispiel 6.4. In [Ans 91] wird gezeigt, daß die Lagrange-Halbbandfilter nicht nur gültig, sondern auch stets regulär sind. Die Wave-lets können daher nach dem Verfahren im Abschnitt 9.6.2 entworfen werden. Freier Parameter ist die Anzahl der Koeffizienten des Lagrange-Halbband-filters.

Benutzt man ein Lagrange-Halbbandfilter mit 7 Koeffizienten, so erhält man nach der Spektralen Faktorisierung zwei FIR-Filter $h_0(n)$ und $h_1(n)$ mit je 4 Koeffizienten. Die Konstruktion des zugehörigen Daubechies-4-Wavelets ist in Abschnitt 9.6.3 gezeigt. Die resultierende Skalierungsfunktion $\varphi(t)$

und das Wavelet $\psi(t)$ sind im Intervall $0 < t < 3$ im wesentlichen von null verschieden und außerhalb null.

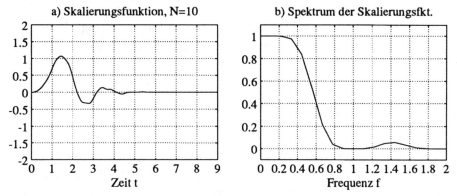

Bild 9.26: Daubechies-10-Skalierungsfunktion (a) und zugehöriges Spektrum (b)

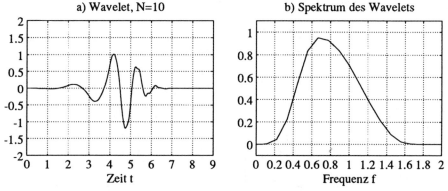

Bild 9.27: Daubechies-10-Wavelet(a) und zugehöriges Bandpaßspektrum (b)

Das Daubechies-4-Wavelets ist das kürzeste der Daubechies-Wavelets und ist durch eine recht kantige Kurvenform gekennzeichnet, siehe auch Bild 9.20 und 9.22. Mit zunehmender Anzahl an Koeffizienten werden die Wavelets abgerundeter und das zugehörige Bandpaßspektrum kompakter. Geht man von dem Halbbandfilter in Beispiel 6.4 aus und verwendet man nach der Faktorisierung die Impulsantwort $h(n) = h_0(n)$ in Bild 6.14 zur Konstruktion, so erhält man die Skalierungsfunktion nach Bild 9.26 und das Wavelet nach Bild 9.27. Beide Filter, $h_0(n)$ und $h_1(n)$, besitzen 10 Koeffizienten. Skalierungsfunktion und Wavelet haben daher die Länge 9. Bild

9.27b zeigt insbesondere die gute effektive Bandbegrenzung des Daubechies-10-Wavelets.

Bei der diskreten Wavelet-Transformation (DWT) mit Daubechies-Wavelets wird eine orthogonale Signalverarbeitung mit paraunitären Filterbänken aus FIR-Filtern durchgeführt. Prototypen für den Entwurf dieser Filterbänke sind die Lagrange-Halbbandfilter.

9.7.4 Biorthogonale Wavelets

Manche Anwendungen legen eine linearphasige Signalverarbeitung bei der DWT nahe. Die Filter in der zweikanaligen Filterbank sollen dann linearphasige FIR-Filter sein. Linearphase Filterbänke mit perfekter Rekonstruktion sind im Abschnitt 6.5 auf der Grundlage einer verallgemeinerten spektralen Faktorisierung hergeleitet worden. In diesem Fall werden die Signale in einem biorthgonalen System (System mit reziproken bzw. dualen Basen) verarbeitet. Man bezeichnet daher die zugehörigen Wavelets als biorthogonal.

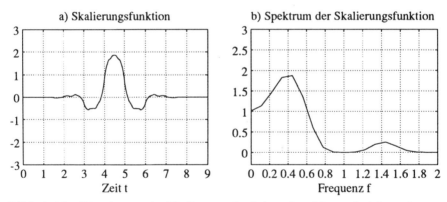

Bild 9.28: Biorthogonale Skalierungsfunktion der Länge 9 (a) und zugehöriges Spektrum (b)

Da die Analyse- und die Synthesefilter Basen konstituieren, die zueinander reziprok bzw. dual sind, sind aus diesen Filtern zwei verschiedene Skalierungsfunktionen abzuleiten, die zueinander dual sind, und zwei verschiedene zueinander duale Wavelets. Für solche biorthogonalen Skalierungsfunktionen und Wavelets gilt nur ein Teil der in 9.5.1 und 9.5.2 aufgeführten Beziehungen!

Konstruiert man auf der Grundlage des linearphasigen FIR-TP-Filters

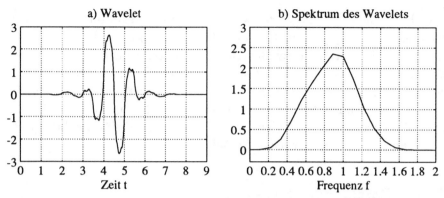

Bild 9.29: Biorthogonales Wavelet der Länge 9 (a) und zugehöriges Spektrum (b)

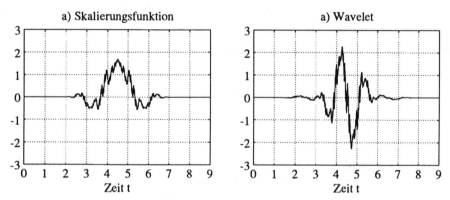

Bild 9.30: Nichtreguläre Skalierungsfunktion (a) und Wavelet (b) auf der Grundlage der optimierten biorthogonalen Filterbank in Bild 6.26 und 6.27

in Bild 6.23b eine Skalierungsfunktion, so erhält man das Ergebnis in Bild 9.28.

Die Impulsantwort $h_0(n)$ hat 10 Koeffizienten, Skalierungsfunktion und Wavelet haben daher die Länge 9. Das Wavelet, das aus $h_1(n) = (-1)^n h_0(n)$ folgt, ist zusammen mit seinem Spektrum in Bild 9.29 abgebildet.

Die duale Skalierungsfunktion und das duale Wavelet können sinngemäß aus den Impulsantworten $g_0(n)$ und $(-1)^n g_0(n)$ abgeleitet werden.

Die Spektren in Bild 9.28 und 9.29, insbesondere das Spektrum der Skalierungsfunktion, deuten auf eine unbefriedigende spektrale Selektivität hin. Dieses lassen aber bereits die Frequenzgänge der zugehörigen Filterbank in Bild 6.25 vermuten. Es ist naheliegend, für die Wavelet-Analyse das optimierte Filter in Bild 6.26 zu verwenden. Skalierungsfunktion und Wavelet konvergieren aber gegen ein Fraktal. Bild 9.30 zeigt das Ergebnis der Konstruktion nach dem 7. Iterationsschritt. Während das TP-Filter nach der spektralen Faktorisierung eine fünffache Nullstelle im Punkt $z = -1$ hat, siehe Bild 6.23a, hat das optimierte Filter nur eine einfache Nullstelle bei $z = -1$, siehe Bild 6.26a. Trotzdem kann mit der optimierten Filterbank eine DWT durchgeführt werden, es fehlt dann allerdings die Interpretation der zugehörigen kontinuierlichen Signale.

9.7.5   Butterworth-Wavelets

Die Butterworth-Wavelets wurden von Herley und Vetterli [Her 93] vorgeschlagen und sind durch eine hervorragende spektrale Selektivität gekennzeichnet. Sie beruhen auf einer maximal flachen rekursiven Übertragungsfunktion $H_0(z)$, für die eine geschlossene Lösung existiert:

$$H_0(z) = \frac{\sum_{k=0}^{N} \binom{N}{k} z^{-k}}{\sqrt{2} \cdot \sum_{\ell=0}^{(N-1)/2} \binom{N}{2\ell} z^{-2\ell}}. \tag{9.131}$$

Darin ist N die Ordnung des Filters. Bild 9.31a zeigt einen Ausschnitt der unendlich langen Impulsantwort für die Ordnung $N = 12$. Um daraus einen zeitlich inversen Hochpaß ableiten zu können, siehe (6.48), ist die TP-Impulsantwort bei $n = 60$ abgeschnitten worden. Die sich daraus ergebende HP-Impulsantwort ist in Bild 9.31b zu sehen.

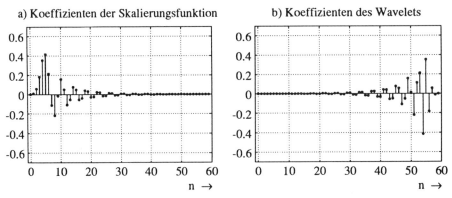

Bild 9.31: Skalierungskoeffizienten (a) und Wavelet-Koeffizienten (b) eines Butterworth-Wavelets der Ordnung $N = 12$

Die Konstruktion der Skalierungsfunktion und des Wavelets erfolgt in guter Näherung durch die abgeschnittenen endlich langen Impulsantworten. Das Ergebnis ist in Bild 9.32 und 9.33 zu sehen.

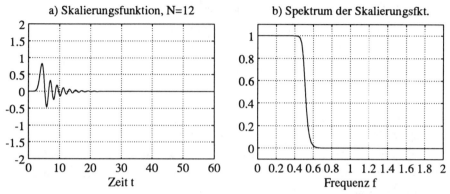

Bild 9.32: Butterworth-Skalierungsfunktion (a) und zugehöriges Spektrum (b) der Ordnung $N = 12$

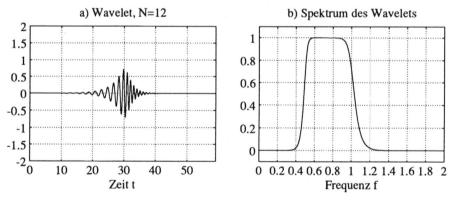

Bild 9.33: Butterworth-Wavelets (a) und zugehöriges Spektrum (b) der Ordnung $N = 12$

Beide Spektren zeigen eine hervorragende Frequenzselektivität. Die obere Flanke des Wavelet-Spektrums ist doppelt so breit wie die untere. Dieses folgt notwendigerweise aus der Zweierskalierungseigenschaft.

9.8   Signalabtastung und -rekonstruktion

Es ist noch die Frage zu klären, wie man aus einem kontinuierlichen Signal $f(t) \in L_2(\mathbb{R})$, das einer Wavelet-Analyse unterzogen werden soll, die Entwicklungskoeffizienten $\alpha_{0,k}$ der Entwicklung

$$f(t) = \sum_k \alpha_{0,k}\, \varphi_{0,k}(t) \tag{9.132}$$

im höchsten Unterraum $V_0 \subset L_2(\mathbb{R})$ bekommt. Da V_0 ein echter Unterraum von $L_2(\mathbb{R})$ ist, gibt es Signale, die $L_2(\mathbb{R})$ angehören, aber nicht V_0. Wie wird die Projektion von $L_2(\mathbb{R})$ in den Unterraum V_0 durchgeführt? Ebenso wichtig ist die Frage, wie aus den Entwicklungskoeffizienten $\alpha_{0,k}$ das ursprüngliche Signal $f(t)$ wiederhergestellt werden kann.

Die Entwicklungskoeffizienten $\alpha_{0,k}$ können als Skalarprodukt geschrieben werden:

$$
\begin{aligned}
\alpha_{0,k} &= \ <f(t),\varphi_{0,k}(t)> \\
&= \ \int f(t) \cdot \varphi(t-k)\, dt \\
&= \ f(t) * \varphi(-t)\Big|_{t=k}
\end{aligned}
\tag{9.133}
$$

Sie sind identisch mit dem Faltungsprodukt $f(t) * \varphi(-t)$ an den Stellen $t = k, k \in \mathbb{Z}$. Daraus leitet sich die Struktur in Bild 9.34 ab.

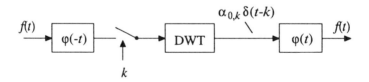

Bild 9.34: Anordnung zur Wavelet-Signalverarbeitung

Das Signal $f(t)$ wird mit einem Vorfilter mit der Impulsantwort $\varphi(-t)$ gefiltert und zu den (normierten) Zeitpunkten $t = k$ abgetastet. Die Teilbandzerlegung und -synthese erfolgt dann mit der diskreten Wavelet-Transformation (DWT). Ausgangsseitig werden die Koeffizienten $\alpha_{0,k}$ mit verschobenen

Dirac-Impulsen gewichtet und erregen ein Rekonstruktionsfilter mit der Impulsantwort $\varphi(t)$, denn es gilt nach (9.132)

$$f(t) = \sum_k \alpha_{0,k}\,\varphi_0(t-k) = \sum_k \alpha_{0,k}\,\delta(t-k) * \varphi(t). \qquad (9.134)$$

Dieser idealen Vorgehensweise steht eine realisierbare gegenüber, siehe [Fli 91], Kap. 7.

Die in Bild 9.34 dargestellte Signalverarbeitung unterscheidet sich von der "konventionellen" Signalverarbeitung nur durch die Impulsantworten der Filter. Bei der normalen Signalverarbeitung werden ideale Tiefpässe verwendet, also Impulsantworten $h(t) = \operatorname{si}(\pi t)$.

Bei der konventionellen Signalverarbeitung werden die idealen Tiefpässe nur näherungsweise realisiert. Ebenso ist es möglich, das Abtastfilter $\varphi(-t)$ und das Rekonstruktionsfilter $\varphi(t)$ näherungsweise als kontinuierliche Filter zu verwirklichen. Im Falle von Shannon-Wavelets stimmen beide Arten der Signalverarbeitung überein. Insofern kann die Wavelet-Signalverarbeitung als eine Verallgemeinerung der konventionellen Signalverarbeitung bandbegrenzter Signale aufgefaßt werden.

Als Alternative kann ein Signal bandbegrenzt abgetastet werden. Das diskrete Signal ist dann gegenüber einem in den Raum V_0 projizierten Signal fehlerbehaftet. Mit Hilfe eines digitalen Vorfilters kann dieser Fehler minimiert werden [Xia 93].

Kapitel 10

Anwendungen

In diesem Kapitel werden einige Anwendungen der Multiratentechnik exemplarisch gezeigt. Die behandelten Anwendungsbeispiele sind durch eine Fülle aufschlußreicher Einzelheiten gekennzeichnet. Um den Rahmen des Buches nicht zu sprengen, wird jedoch auf die Darstellung der Einzelheiten verzichtet und die Anwendungen jeweils nur grob skizziert. Wenn möglich, wird auf weiterführende Literatur verwiesen. Mit den Anwendungsbeispielen soll der praktische Nutzen der Multiraten-Signalverarbeitung unterstrichen und eine Anregung für weitere Anwendungsfelder gegeben werden.

10.1 FSK-Datenmodems

Die hier betrachteten Datenmodems leisten eine Übertragung binärer Daten mit Frequenzumtastung (FSK= frequency shift keying) in Telefoniekanälen. Sie finden vorwiegend in Fernwirknetzen zur Überwachung von elektrischen Energienetzen, Gas-, Wasser- und Wärmeverteilnetzen, Öl- und Gaspipelines sowie zur Überwachung von Bahnstrecken Anwendung. Die hier auftretenden geringen Datenraten lassen ein Frequenzmultiplex von mehreren Datenkanälen im Telefoniekanal von 300 Hz bis 3,4 kHz zu. Die diesbezüglichen Frequenzpläne sowie Frequenzhübe, Pegel und weitere Parameter sind in den CCITT-Empfehlungen R.35 bis R.38A sowie V.23 festgelegt.

Bild 10.1 zeigt grob die Lage und Bandbreite der Datenkanäle. In einen Telefoniekanal werden 24 Kanäle mit 50 Baud Schrittgeschwindigkeit (= 50 bit/s Datenrate bei binären Daten), 12 Kanäle mit 100 Baud, 6 Kanäle mit 200 Baud etc. gelegt.

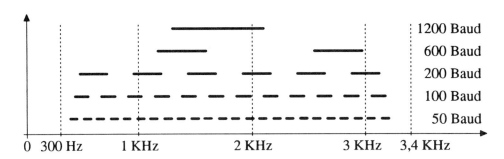

Bild 10.1: Frequenzpläne der FSK-Modems nach CCITT R.35 bis R.38A und CCITT V.23

Werden die FSK-Modems mit Hilfe digitaler Signalverarbeitung realisiert, so werden die Telefoniesignale in der Regel mit 8 kHz abgetastet. Um die isochronen Verzerrungen klein zu halten, wird beim senderseitigen Frequenzumtaster und beim empfangsseitigen Schwellwertdetektor mit höheren Abtastraten von bis zu 32 kHz gearbeitet. Die Sende- und Empfangsfilter, insbesondere im Falle niedriger Schrittgeschwindigkeiten, haben nur geringe Bandbreiten und können daher mit einer wesentlich tieferen Abtastrate betrieben werden.

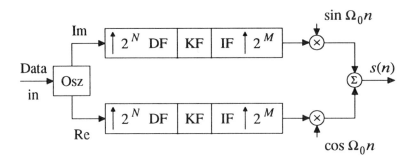

Bild 10.2: Schema des FSK-Senders mit komplexer Basisbandsignalverarbeitung, Osz = Oszillator, DF = Dezimationsfilter, KF = Kernfilter, IF = Interpolationsfilter

Bild 10.2 zeigt die Struktur eines FSK-Senders. Das FSK-Signal wird zunächst im Basisband komplex aufgearbeitet und dann durch eine Frequenzumsetzung in das Übertragungsband mit der Mittenfrequenz Ω_0 gebracht.

Der komplexe Oszillator (Osz) wird abhängig von den Eingangsdaten zwischen dem negativen und positivem Frequenzhub umgetastet [Fli 89, Fli 92b]. Real- und Imaginärteil des Oszillatorausgangssignals werden in zwei getrennten, aber ansonsten gleichen Sendefiltern bandbegrenzt. Diese Filter sind als dyadisch kaskadierte Multiratenfilter ausgebildet [Fli 88], siehe auch Abschnitt 5.2.2. Zuerst wird in N Stufen mit Abwärtstastern des Faktors 2 und Dezimationsfiltern (DF) die Abtastrate um den Faktor 2^N reduziert, dann erfolgt die Kernfilterung (KF) und danach eine Interpolation mit M Interpolationsstufen. Im Falle eines 50 Baud-Kanals wird beispielsweise das Kernfilter mit 500 Hz getaktet.

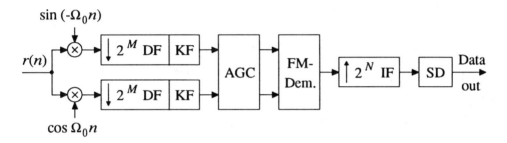

Bild 10.3: Schema des FSK-Empfängers mit komplexer Basisbandsignalverarbeitung, AGC = Amplitudenregelung, SD = Schwellwertdetektor

Im Empfänger laufen die Vorgänge im wesentlichen in umgekehrter Reihenfolge ab, siehe Bild 10.3. Nach eingangsseitiger Frequenzumsetzung in das Basisband werden die FSK-Signale in einem komplexen Empfangsfilter selektiert, das identisch mit dem Sendefilter sein kann. Es ist bemerkenswert, daß die Amplitudenregelung (AGC) und die FM-Demodulation mit der tiefen Abtastrate des Kernfilters (KF) betrieben werden können. Der Schwellwertdetektor (SD) arbeitet wieder mit der höchsten Abtastrate. Bei dieser nichtkohärenten Demodulation müssen die Nulldurchgänge des demodulierten Signals mit hoher zeitlicher Auflösung detektiert werden.

10.2   Orthogonale   Multicarrier-Daten-übertragung (OMC)

Die im vorhergehenden Abschnitt behandelte FSK-Datenübertragung weist eine sehr schlechte Bandbreiteneffizienz auf. Das hier betrachtete OMC-Datenübertragungsverfahren [Fli 92] verhält sich genau umgekehrt: Unter Verwendung kritisch abgetasteter Filterbänke erhält man insgesamt Schrittgeschwindigkeiten von 1 Baud pro Hz Bandbreite. Mit einer Quadratur-Amplitudenmodulation mit bis zu 7 bit pro Schrittakt (und dem dazu nötigen S/N-Verhältnis) lassen sich im Übertragungsband von 300 - 3400 Hz Datenraten von über 20 kbit/s erreichen.

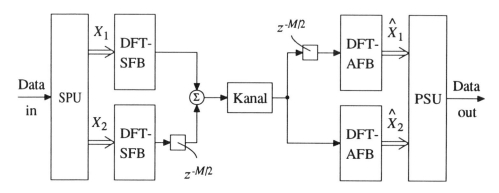

Bild 10.4: Struktur der OMC-Datenübertragung mit kritisch abgetasteten DFT-Polyphasen-Filterbänken, SPU = Seriell-Parallel-Umsetzer, PSU = Parallel-Seriell-Umsetzer

Als Datensender wird im Prinzip die Synthesefilterbank in Bild 8.24 verwendet und als Datenempfänger die Analysefilterbank in Bild 8.22. Die Datensignale $X_0(z)$ bis $X_{M-1}(z)$ sind dabei komplexwertig [Fli 90, Win 90b]. Vom Typ her wird die im Abschnitt 7.5 beschriebene komplex modulierte TMUX-Filterbank verwendet, von der Struktur her die äquivalenten DFT-Polyphasenstrukturen in Bild 8.21 und 8.18. Um das Übersprechen zwischen den Kanälen und die Intersymbolinterferenz in den Kanälen zu vermeiden, wird die Anordnung in Bild 8.26 verwendet, die eine fast perfekte Rekonstruktion ermöglicht. Dieses führt auf die in Bild 10.4 gezeigte Struktur.

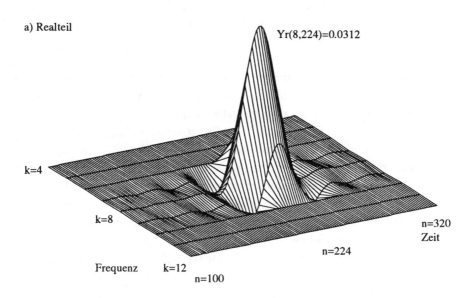

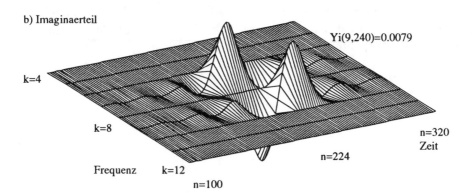

Bild 10.5: Realteil (a) und Imaginärteil (b) der Impulsantwort eines Multicarrier-Übertragungssystems in der Zeit-Frequenz-Ebene

In einer eingangsseitigen Seriell-Parallel-Umsetzung (SPU) wird der binäre Datenstrom in eine Folge von Vektoren mit komplexen Elementen umgeformt, die in einem langsamen Schritttakt den Synthesefilterbänken zugeführt werden. Auf der Empfangsseite werden die empfangenen Vektoren in einer Parallel-Seriell-Umsetzung (PSU) wieder in einen binären Datenstrom zurückversetzt. Ebenso ist es möglich, mehrere unabhängige Datenströme in die Synthesefilterbänke einzuspeisen und an den Ausgängen der Analysefilterbänke zu entnehmen.

Als Prototypen für die Analyse- und Synthesefilter werden linearphasige Wurzel-Cosinus-Rolloff-Filter verwendet [Fli 93], siehe auch Abschnitte 7.3.4 und 7.3.5. Bild 10.5 zeigt als Beispiel die zweidimensionale Impulsantwort eines Multicarrier-Übertragungssystems mit 16 Kanälen. Hierbei ist der Realteileingang des achten Kanals der Synthesefilterbank zum Zeitpunkt $m = 0$ mit dem Wert 1 angeregt worden. Die Realteilantwort im achten Kanal erfüllt die erste Nyquist-Bedingung, so daß eine Intersymbolinterferenz vermieden wird. Ein Übersprechen tritt sowohl in den Realteil als auch in den Imaginärteil der beiden Nachbarkanäle auf. Dieses wird aber nach der Abwärtstastung nur in den Nulldurchgängen abgetastet. Weitere Einzelheiten sind in [Fli 92] beschrieben.

Zur praktischen Realisierung eines Multicarrier-Übertragungssystems sind noch weitere Funktionen in Multiratentechnik zu implementieren. Dazu gehören insbesondere Kanalentzerrer, die auch das Übersprechen bei nichtidealen Übertragungskanälen mit entzerren [Rös 92], die Echokompensation eines Multicarrier-Systems [Wu 92, Fli 93b] und die Taktsynchronisation (Taktrückgewinnung) des Empfängers [Schu 93, Kam 93]. Diese Aufgaben werden mit den Mitteln der Multiratentechnik gelöst.

10.3 Digitaler Hörrundfunk (DAB)

Es ist geplant, 1995 in Europa einen terrestrischen digitalen Hörrundfunk (DAB = digital audio broadcasting) einzuführen. Hierbei wird ebenfalls ein Multicarrier-System zur Übertragung verwendet, nämlich ein OFDM-System (= orthognal frequency division multiplexing) [Ala 87, Kam 92a]. Dieses im Kern schon lange bekannte Verfahren [Wei 71, Kol 80, Hir 81] verwendet im Sender eine inverse diskrete Fourier-Transformation (IDFT) und im Empfänger eine diskrete Fourier-Transformation (DFT).

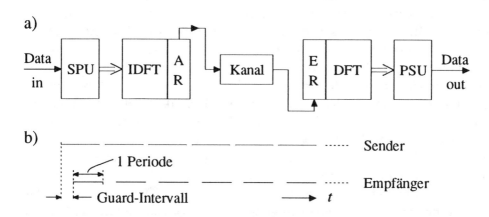

Bild 10.6: Grobschema der OFDM-Übertragung (a) und Zusammenwirken von Sende- und Empfangsintervallen (b)

Bild 10.6 zeigt grob das Schema der OFDM-Übertragung. Nach der Seriell-Parallel-Umsetzung (SPU) werden komplexwertige Datensätze mit einer IDFT transformiert. Das Ergebnis wird in ein Ausgangsregister (AR) geschrieben, seriell ausgelesen und übertragen. Das Empfangssignal wird in ein Eingangsregister (ER) seriell eingelesen, mit einer DFT transformiert und wieder parallel-seriell-umgesetzt (PSU). Dieser Vorgang wiederholt sich in einem tiefen Schrittakt.

Um ein Übersprechen zwischen den komplexen Werten der DFT zu vermeiden, wird ein Guard-Intervall eingeführt. Da das Ergebnis der IDFT periodisch ist, wird das Ausgangsregister nicht nur einmal ausgelesen, sondern es wird teilweise wiederholt. Dadurch verlängert sich das Sendeintervall für den gerade bearbeiteten Datensatz. Diese Zeit wird genutzt, um

die Einschwingvorgänge auf dem Kanal, insbesondere im Fall von Mehrwe-
geempfang, abklingen zu lassen. Danach wird genau eine Periode in das
Empfangsregister eingelesen, siehe Bild 10.6b.

Solange die Einschwingvorgänge das Guard-Intervall nicht überschreiten,
ist das OFDM-Verfahren bezüglich zeitlich aufeinanderfolgender als auch
spektral benachbarter Symbole orthogonal. Von Nachteil ist die verminderte
Bandbreiten-Effizienz aufgrund des Guard-Intervalls und der verminderte
Signal-Rausch-Abstand, da keine Matched-Filterung vorliegt. Von Vorteil
ist die einfache Realisierung und der robuste Betrieb. Die IDFT und DFT
werden mit dem recheneffizienten FFT-Algorithmus ausgeführt.

Ein alternatives Übertragungsverfahren für DAB wurde in [Kam 92a]
vorgestellt. Hierbei wird senderseitig eine unterkritisch abgetastete DFT-
Polyphasen-Synthesefilterbank verwendet und empfangsseitig die entspre-
chend unterkritisch abgetastete Analysefilterbank. Dadurch ist der Träger-
abstand größer als im Falle kritischer Abtastung. Als Prototyp wird ein
Filter mit einem minimalen Zeit-Bandbreite-Produkt verwendet und das
Übersprechen zwischen benachbarten Kanälen vernachlässigt. Der Intersymbolinterferenz in den Kanälen wird durch eine Viterbi-Detektion begegnet.
Wegen der kurzen Kanalimpulsantwort hält sich der Aufwand des Viterbi-
Detektors in Grenzen. Vorteil des Verfahrens ist der Diversity-Gewinn, der
durch die Viterbi-Detektion erzielt wird, der höhere S/N-Faktor aufgrund der
Erfüllung der Matched-Filter-Bedingung und die Tatsache, daß das Verfahren unter ungünstigen Kanalbedingungen, unter denen das OFDM-Verfahren
vollständig versagt, noch einsatzfähig bleibt [Kam 92]. Dafür ist allerdings
ein höherer Realisierungsaufwand nötig.

10.4 Digitale Audiomischpulte

Mit der Einführung digitaler Audiospeichermedien (Compact Disk, Digital Audio Tape etc.) und der Einführung des digitalen Hörrundfunks über Satellit oder terrestrisch geht eine Entwicklung in Richtung digitale Audiosignalverarbeitung in den Rundfunkstudios einher. Neben den digitalen Mischpulten in der Produktion von Musikstücken werden in zunehmendem Maße digitale Senderegien eingesetzt. Bild 10.7 zeigt ein modulares Konzept für die Audiosignalverarbeitung in einem digitalen Mischpult [Schö 92].

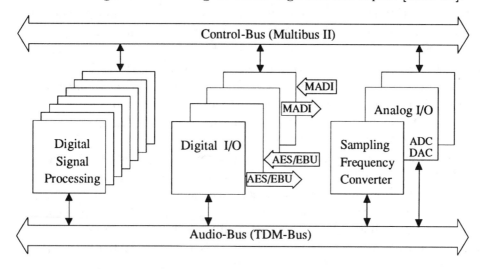

Bild 10.7: Modularer Aufbau der Audiosignalverarbeitung in einem digitalen Mischpult

Die gesamte Signalverarbeitung wird über den Multibus II gesteuert, der seinerseits wieder mit der Bedienungsoberfläche des Mischpults verbunden ist. Alle audiosignalführenden Einheiten sind über einen Zeitmultiplexbus (TDM) verbunden, der eine nahezu beliebige Signalführung in den Audiokanälen, Summen und Hilfswegen zuläßt. Alle Audiosignale werden über I/O-Einheiten (input/output) nach außen geführt, wo sie entweder über A/D- und D/A-Umsetzer mit analogen oder über D/D-Umsetzer (siehe Abschnitt 10.5) mit digitalen Quellen oder Senken verbunden sind. Die eigentliche Audiosignalverarbeitung findet im linken Teil der Anordnung in Bild 10.7 statt.

In digitalen Audiokanälen findet man zum einen die konventionellen Ge-

staltungsmittel in digitaler Technik übernommen. Dazu gehören eine breitbandige Dynamikgestaltung (Noise Gate, Kompressor, Expander, Limiter)
und rekursive Entzerrerfilter in Form von Shelving- und Peak-Filtern.

Darüberhinaus findet man Ansätze für eine linearphasige Audiosignalverarbeitung in Teilbändern. Die Zerlegung der Audiosignale in Teilbänder und
Wiederzusammenführung nach der Verarbeitung kann durch Baumstrukturen aus zweikanaligen Filterbänken erfolgen. Dazu werden Mischformen aus
gleichförmigen Strukturen nach Bild 7.1 bzw. 7.2 und Oktav-Strukturen
nach Bild 9.1 bzw. 9.2 verwendet. Wegen der unterschiedlichen und meist
recht breiten Filterflanken ergeben sich bei der Rekonstruktion Schwierigkeiten, wenn die Teilbandsignale auch in der Laufzeit ungleichmäßig verändert
wurden. Sind die Teilbandsignale verändert worden, sind diese Filterbänke
auch nicht mehr aliasing-frei. Dieses ist besonders bei hochwertigen Audiosignalen ein gravierender Nachteil. Schließlich zeigen die kritisch abgetasteten
Baumstrukturen durch die endliche Arithmetik bei der digitalen Signalverarbeitung ein harmonischen Störgeräusch, das aus Subharmonischen der Abtastfrequenz gebildet wird [Schu 92].

Alle genannten Nachteile lassen sich mit der im Abschnitt 9.2 beschriebenen Multikomplementär-Filterbank vermeiden [Fli 92a, Fli 93a]. Diese Filterbank sorgt dafür, daß auch bei einer Bearbeitung der Teilbandsignale kein
Aliasing entsteht. Schwierigkeiten der Rekonstruktion in Übergangsbereichen zwischen Teilbändern mit unterschiedlicher Laufzeit können durch geeignet steile Filterflanken weitgehend entschärft werden. Allerdings müssen
die hohen Signaldurchlaufzeiten im Falle steiler Filterflanken kritisch betrachtet werden.

10.5 Asynchrone Abtastratenumsetzung

Audiosignale können mit verschiedenen Raten (36 kHz, 44.1 kHz, 48 kHz) abgetastet werden. Werden verschiedene Audiosignale z.B. bei einem Mischpult zusammengeführt, so wird es nötig, die verschiedenen Abtastraten auf eine einzige Rate umzusetzen. Dieses Problem taucht auch dann auf, wenn alle Signale die gleiche nominelle Abtastfrequenz besitzen, die verschiedenen Quellen und Senken aber nicht miteinander synchronisiert sind.

Im Falle rationaler Abtastratenverhältnisse kann eine relativ einfache Abtastratenumsetzung durchgeführt werden, die gleichzeitig mit einer Synchronisation der Senke auf die Quelle verbunden ist. Als Beispiel sei die Umsetzung zwischen den beiden Studiofrequenzen 36 kHz und 48 kHz genannt, die im Abschnitt 4.5 ausführlich behandelt wird.

Eine asynchrone Abtastratenumsetzung, auch D/D-Umsetzung genannt, ist dagegen schwieriger und aufwendiger. Bild 10.8 zeigt eine Anordnung zur Lösung dieser Aufgabe [Bia 91, Lag 82]. Das Audiosignal am Eingang soll ohne zusätzliche Verzerrungen und Störungen in ein Ausgangsaudiosignal umgeformt werden. Dabei soll die neue Abtastrate gleich dem Takt des am Ausgang angeschlossenen Systems sein. Am Eingang könnte beispielsweise ein autarkes CD-Abspielgerät angeschlossen sein, am Ausgang ein digitales Mischpult.

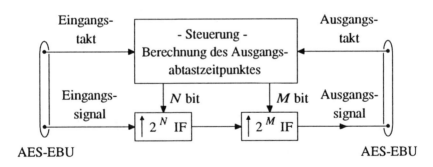

Bild 10.8: Anorndung zur asynchronen Abtastratenumsetzung von Audiosignalen, IF = Interpolationsfilter

Es wird angenommen, daß der Takt beider angeschlossener Geräte zur Verfügung steht, wie es beispielsweise bei AES-EBU-Schnittstellen der Fall ist. Damit wird in einem Steuerwerk für jedes Eingangstaktintervall der

Zeitpunkt ausgerechnet, an dem der Ausgangsabtastwert liegen soll. Das Eingangsintervall wird in 2^{N+M} gleiche Abschnitte unterteilt und die Zahl $0 \leq Z \leq 2^{N+M} - 1$ als $(N + M)$-bit-Zahl ausgegeben, die dem Ausgangsabtastzeitpunkt entspricht.

Das Eingangsaudiosignal wird zunächst auf einen Interpolator mit dem Faktor 2^N gegeben, dem ein zweiter Interpolator mit dem Faktor 2^M nachgeschaltet ist. Typische Werte sind $N = 4$ und $M = 13$. Die Wirkungsweise der beiden Interpolatoren läßt sich mit den Polyphaseninterpolatoren in Bild 4.25 bzw. 4.26 erklären. In dem ersten Interpolator werden nicht alle Zwischenwerte (= Phasen bzw. Kommutatorstellungen in Bild 4.25 = Koeffizientensätze in Bild 4.26) gerechnet. Vielmehr werden, gesteuert durch die N bit, nur die Werte berechnet und an den zweiten Interpolator weitergegeben, die in der Nähe des Intervalls liegen, in dem sich der Ausgangswert befinden wird.

Der zweite Interpolator wird in ähnlicher Weise betrieben. Gesteuert durch die unteren M bit wird nur die Polyphasenkomponente für den berechneten Ausgangsabtastzeitpunkt berechnet. Der M-bit-Wert ist gewissermaßen die Adresse für den Speicher, in dem die Polyphasenkoeffizientensätze nach Bild 4.26 abgelegt sind.

10.6 Raumakustiksimulation mit Hilfe von Wavelets

Es gibt Anwendungen, in denen Audiosignalen nachträglich der Klangeindruck bestimmter Räume aufgeprägt werden soll. Dazu gehören die Nachbearbeitung von Studioproduktionen und die Verbesserung der akustischen Eigenschaften der Fahrgastkabinen von Autos. Der klassische Ansatz zur Realisierung einer solchen Raumakustiksimulation besteht aus rückgekoppelten Kammfiltern und nachgeschalteten Allpässen [Schr 62, Moo 78]. Die freien Parameter werden solange empirisch verändert, bis ein gewünschter Höreindruck bestmöglich approximiert ist.

Als Alternative wird eine modellgestützte Simulation verwendet, die auf Messungen der Raumakustik basiert [Schö 93]. Die akustische Messung von Räumen wie Konzerthallen, Jazzkellern oder Kirchen erfolgt mit Pseudozufallssignalen. Dazu werden hochwertige Lautsprecher und Stereomikrofone verwendet. Durch Kreuzkorrelation und Mittelung verschiedener Messungen erhält man die Raumimpulsantwort. Diese ist im allgemeinen mehrere 100000 Koeffizienten lang und daher zur direkten Faltung mit einem Audiosignal ungeeignet.

In dem Ansatz von [Schö 93] wird das Audiosignal einer diskreten Wavelet-Transformation (DWT) zugeführt, die eine Zerlegung des Signals mit variabler Zeit-Frequenz-Auflösung ermöglicht. Die von der DWT bewirkte logarithmische Aufteilung des Frequenzbereichs ist der Frequenzanalyse im menschlichen Gehör verwandt. Zu tieferen Frequenzen hin führt sie zu einer immer besseren Frequenzauflösung. Da der Nachhall, besonders in großen Räumen, von tiefen Frequenzen dominiert wird, siehe Bild 10.10, ist damit eine genaue Analyse und Approximation der raumakustischen Vorgänge möglich. Jedes Teilbandsignal wird in einem getrennten ARMA-Modell bearbeitet. Am Ende werden die approximierten Teilbandsignale durch eine inverse diskrete Wavelet-Transformation (IDWT) zu dem Breitband-Ausgangssignal zusammengesetzt. Bei der Realisierung der DWT/IDWT mit einem Multiraten-Filterbanksystem können die Teilbandmodelle aufgrund der sukzessiv reduzierten Bandbreite der einzelnen Teilbänder mit entsprechend reduzierten Abtastraten berechnet werden. Die effektive Anzahl der Filteroperationen wird damit im Vergleich zur direkten Faltung beträchtlich reduziert, so daß eine Echtzeitverarbeitung mit Signalprozessoren möglich wird.

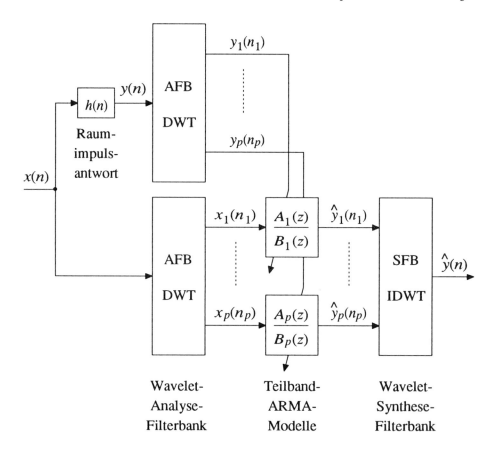

Bild 10.9: Struktur zur Approximation der Raumimpulsantwort $h(n)$ durch Teilband-ARMA-Modelle, AFB = Analysefilterbank, SFB = Synthesefilterbank, DWT = diskrete Wavelet-Transformation, IDWT = inverse diskrete Wavelet-Transformation

Bild 10.9 zeigt die Struktur zur Bestimmung der Parameter der ARMA-Modelle. Als Referenzsignale werden die Teilbandsignale $y_1(n_1)$ bis $y_p(n_p)$ verwendet, die durch die DWT der gemessenen Raumimpulsantwort entstehen. Zur Bestimmung der Parameter wird eine Variante der Prony-Methode verwendet.

Bild 10.10 zeigt in einer Zeit-Frequenz-Ebene die Wavelet-Transformierte einer gemessenen Raumimpulsantwort. Um die Charakteristika besser zu verdeutlichen, sind die Wavelet-Koeffizienten zu kontinuierlichen Signalen

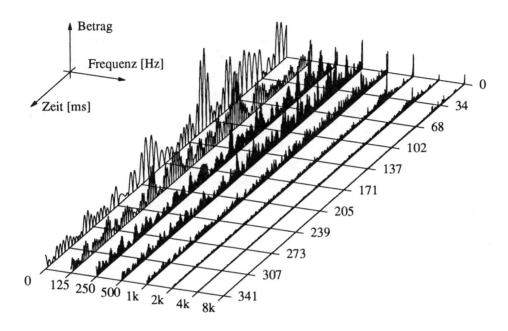

Bild 10.10: Wavelet-Zerlegung einer Raumimpulsantwort (Hamburger Musikhalle)

interpoliert und davon die Beträge dargestellt worden. Man erkennt, daß die hochfrequenten Anteile schneller abklingen als die tieffrequenten und daß in den Bändern charakteristische Signalenergiehäufungen über der Zeit auftreten.

10.7   Sprach- und Audiocodierung

Wichtigste Anwendung der Multiraten-Filterbänke und gleichzeitig wesentlicher Stimulus für die Entwicklung der Multiratentechnik ist die Teilbandcodierung (engl. *sub-band coding* = SBC). Neben den Codierungsverfahren im Zeitbereich wie CELP-Codierung, DPCM und Deltamodulation und den häufig angewendeten Transformationscodierungsverfahren im Frequenzbereich stellt die Teilbandcodierung, ebenfalls im Frequenzbereich beschrieben, eine der wichtigsten Codierungsverfahren für Sprach- und Audiosignale dar [Est 77, Cro 77]. Diese Quellencodierung hat das Ziel, möglichst viel Redundanz aus den Sprach- und Audiosignalen zu entfernen, um die Kosten für die Speicherung und/oder Übertragung der Signale zu reduzieren. Um die ursprünglichen Signale wiederzugewinnen, erfolgt am Ende eine Decodierung und Rekonstruktion der Signale.

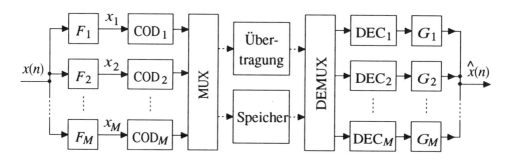

Bild 10.11: Anordnung zur Teilbandcodierung (SBC) und Übertragung und/oder Speicherung von Signalen mit anschließender Decodierung und Rekonstruktion

Bild 10.11 zeigt eine Anordnung zur Teilbandcodierung. Aus einem Sprach- oder Audiosignal $x(n)$ werden in einer Analysefilterbank $F_1(z)$ bis $F_M(z)$ die Teilbandsignale $x_1(n)\ldots x_M(n)$ abgeleitet und mit Codierern COD_1 bis COD_M geeignet codiert. Dabei treten Quantisierungen auf. Die Datenströme werden in einem Multiplexer (MUX) zu einem einzigen Datenstrom zusammengefaßt, gespeichert und/oder übertragen. Durch Demultiplexen (DEMUX), Decodieren und Rekonstruieren in einer Synthesefilterbank erhält man ein mit Fehlern behaftetes Signal $\hat{x}(n)$ zurück. Beim Entwurf eines Teilbandcodierungssystems kommt es darauf an, die zu erwartenden Fehler an die geforderte Signalqualität anzupassen.

Ein wesentlicher Vorteil der Teilbandcodierung liegt in der Möglichkeit, die Bit-Zuordnung und damit den Quantisierungsrauschabstand in den verschiedenen Frequenzbändern verschieden zu wählen. Die tieffrequenten Kanäle bei der Sprachcodierung, die wesentliche Teile der Pitch-Laute und Formanten enthalten, werden beispielsweise mit einer höheren Anzahl von Bits codiert als die hochfrequenten Kanäle. Ein Codierungsgewinn tritt insbesondere bei Signalen mit ungleichmäßigen Leistungsdichtesprektren und durch Bit-Zuordnungen mit spektraler Quantisierungsgeräuschformung (noise shaping) ein, die auf die Wahrnehmungscharakteristik des menschlichen Ohres abgestimmt ist.

Für die Sprachcodierung wird in [Cro 81] eine unvollständige Baumstruktur aus Zweikanal-QMF-Bänken mit drei Ebenen vorgeschlagen. Bei einer Eingangstaktfrequenz von 8 kHz werden in der zweiten Ebene zwei Kanäle 1000-2000 Hz und 2000-3000 Hz mit einer Abtastrate von 2000 Hz und in der dritten Ebene zwei Kanäle 0-500 Hz und 500-1000 Hz mit einer Abtastrate von 1000 Hz verwendet. Durch verschiedene Bit-Zuordnungen werden verschiedene Qualitäten hinsichtlich der Sprachverständlichkeit erreicht: Mit den Zuordnungen (von tiefen zu hohen Frequenzbändern hin) 4/4/2/2 bit/Abtastwert kommt man auf eine Bitrate von 16 kbit/s, also 25% der direkten PCM-Darstellung. Eine Zuordnung 5/5/4/3 bit/Abtastwert führt auf eine Bitrate von 24 kbit/s.

Der Codierungsgewinn kann beträchtlich gesteigert werden, wenn statt einer festen Bit-Zuordnung eine adaptive verwendet wird. Hierzu werden in jedem Signalabschnitt Mittelwert, Varianz und Amplitudendichtefunktion überwacht und der Quantisierer darauf eingestellt [Est 78, Gra 80, Ram 82]. Als Länge der Signalabschnitte hat sich eine Zeit von 16 ms (128 Abtastwerte bei 8 kHz Abtastfrequenz) als nützlich erwiesen [Nol 74]. Damit wird die Verzögerungszeit des Codes in Grenzen gehalten, die zu übertragende Zusatzinformation relativ gering gehalten und der sich ändernden Statistik der Sprache Rechnung getragen [Jay 84]. In [Cro 77] wird ein Teilbandcodierer für Sprachsignale beschrieben, der von einer Abtastfrequenz von 9.6 kbit/s ausgeht. Unter Nutzung von Abtastratenreduktionsfaktoren von 20, 10, 9 und 5 werden vier Teilbänder unterschiedlicher Bandbreite und Abtastfrequenz eingerichtet. Die Coder werden mit adaptiver Bit-Zuordnung betrieben. Die Gesamtbitrate kommt auf 9.6 kbit/s bei einem Signal-Rauschabstand von 10.8 dB.

Ein weiterer Vorteil der Teilbandcodierung ist in der Tatsache zu sehen, daß das Quantisierungsrauschen nur in das Band fällt, in dem es erzeugt wird. Damit ist es möglich, andere Bänder mit signifikanten Signalen, aber kleinen Pegeln, vor breitbandigem Rauschen zu bewahren. Umgekehrt kann diese Selektivität auch dazu ausgenutzt werden, die Bit-Zuordnung von den Pegeln der Nachbarkanäle oder in Zeitrichtung von den Varianzen vorhergehender oder kommender Signalabschnitte abhängig zu machen. Von dieser Möglichkeit wird insbesondere bei der Audiocodierung Gebrauch gemacht. Unter Ausnutzung von Verdeckungs- oder Maskierungseigenschaften bei der Wahrnehmung des menschlichen Ohres kann in einigen Frequenzbändern und/oder Zeitabschnitten mit einer geringeren Anzahl von Bits codiert werden, wenn in der spektralen oder zeitlichen Umgebung entsprechend große Signale sind. Im Extremfall können Teilbandsignale streckenweise gar keine Information enthalten.

10.8 Bildcodierung

Über die Sprach- und Audiocodierung hinaus hat die Bild- und Videocodierung eine wirtschaftlich noch größere Bedeutung. Angesichts der heute sichtbaren stürmischen Entwicklung der Medien hin zur digitalen Speicherung und digitalen Übertragung von Bildern und Filmaufzeichnungen, zu graphischen Bedienoberflächen von Rechnern, zu Computer-Vision-Techniken und zu HDTV fällt der Bild- und Videocodierung besondere Bedeutung zu.

Die ältesten Bildcodierungsmethoden basieren auf linearen Transformationen: Gabor-Transformation, diskrete Cosinus-Transformation (DCT), Karhunen-Loève-Transformation (KLT) und überlappende orthogonale Transformation (LOT). Diese zweidimensionalen Erweiterungen gehen von einer Separierbarkeit des Bildsignals in Zeilen- und Spaltenrichtung aus.

Eine Teilbandcodierung von Bildsignalen kam erst Mitte der achtziger Jahre auf. Um von der gleichförmigen Aufteilung des Bildes wegzukommen, wurde eine Oktav-Teilbandaufteilung vorgenommen, die im Zweidimensionalen als Pyramide bezeichnet wird. Dazu wird in Zeilen- und Spaltenrichtung mit einer Zweikanal-Filterbank gefiltert. Das Signal, das aus beiden Tiefpaßanteilen besteht, wird in der nächsten Ebene in gleicher Weise weiterverarbeitet u.s.w.. Die Anzahl der Bildpunkte reduziert sich jedes Mal um den Faktor 4, so daß die Vorstellung einer Pyramide nach Bild 10.12 entsteht.

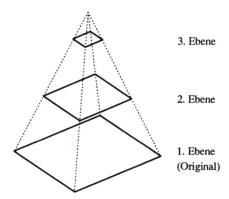

3. Ebene

2. Ebene

1. Ebene
(Original)

Bild 10.12: Zur Pyramidenstruktur bei der fortgesetzten zweidimensionalen Zweikanal-Signalverarbeitung

Burt und Adelson [Bur 83] verwenden eine Laplace'sche Pyramide, bei der der Hochpaßanteil des Bildsignals jeweils festgehalten und codiert wird, siehe Bild 9.6 und Abschnitt 9.2.1. Diese zweidimensionale Filterbank ist nicht kritisch abgetastet und nicht orthogonal. Das Quantisierungsrauschen des Hochpaßanteiles breitet sich auf dem gesamten Bild aus.

Diese Nachteile werden bei der Verwendung von zweidimensionalen, kritisch abgetasteten QMF-Bänken weitgehend vermieden. Vetterli [Vet 84a] gibt die in Bild 10.13 gezeigte Analysefilterbank für separierbare Filter an. Ein zweidimensionales Filter ist separierbar, wenn es als Produkt zweier eindimensionaler Filter geschrieben werden kann. Es gilt für die Impulsantwort

$$h(n_1, n_2) = h_1(n_1) \cdot h_2(n_2)$$

und für die Übertragungsfunktion

$$H(z_1, z_2) = H_1(z_1) \cdot H_2(z_2).$$

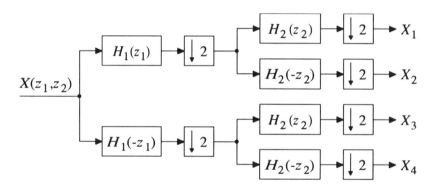

Bild 10.13: Zweidimensionale Analysefilterbank mit separierbaren Filtern

In [Mal 89] wird die Pyramiden- bzw. Oktavbandtechnik bzw. laufende dyadische Signalzerlegung mit der Theorie der Wavelets in Verbindung gebracht, siehe dazu Abschnitt 9.4. Damit werden die orthogonalen dyadischen Wavelets für die Bildcodierung nutzbar gemacht.

Aus der Literatur sind verschiedene konkrete Beispiele für Teilband-Bildcodierung bekannt. In [Woo 86] wird ein Bildcodierungssystem mit QMF-Bänken beschrieben, das Filterprototypen aus dem Filterkatalog [Joh 80] verwendet. Die Teilbandbildsignale werden mit einer adaptiven DPCM codiert. In [Gha 86] wird eine Pyramide aus separierbaren Filtern vorgeschlagen. Weitere QMF-Pyramiden werden in [Ade 87] angegeben.

10.9 Multiratensensorik

In einigen Aufgabenstellungen der Prozeßüberwachung werden Sensoren in Form von Induktivitäten L oder Kapazitäten C verwendet, die in einem zeitinvarianten linearen (LTI-)Netzwerk eingebettet sind, siehe Bild 10.14. Die zu beobachtende Information ist durch kleine Änderungen ΔL bzw. ΔC gegeben. Störungen lassen sich durch eine additive Rauschquelle beschreiben, die im allgemeinen farbig und nichtstationär ist.

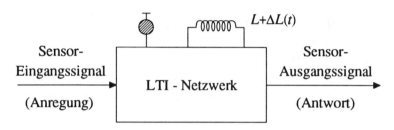

Bild 10.14: Modell eines induktiven Sensors

In der Multiratenmeßanordnung nach Bild 10.15 wird ein Vektor **x** aus komplexen Komponenten auf eine Synthesefilterbank (SFB) gegeben. Das Breitbandausgangssignal regt nach einer D/A-Umsetzung den Sensor an. Umgekehrt wird das Sensorausgangssignal nach einer A/D-Umsetzung in einer Analysefilterbank (AFB) analysiert. Beide Filterbänke bilden eine orthogonale Transmultiplexer-Filterbank. Der Empfangsvektor **y** wird komponentenweise auf den Sendevektor **x** bezogen und bildet somit einen Vektor **h**, der die Übertragungsstrecke beschreibt.

In einer Lernphase werden bei verschiedenen Induktivitätsänderungen ΔL die Vektoren **h** erfaßt. Ferner wird der Vektor $\mathbf{h}_0$ ohne Induktivitätsänderung durch Mittelung bestimmt. Aus der Schar der gemessenen Vektoren wird die Kovarianzmatrix

$$\mathbf{H} = E\{(\mathbf{h} - \mathbf{h}_0)^T(\mathbf{h} - \mathbf{h}_0)\}$$

und der zum größten Eigenwert gehörige Eigenvektor $\mathbf{h}_E$ errechnet.

In der Meßphase kann ein gemessener Vektor **h** in guter Näherung als

$$\mathbf{h} = \mathbf{h}_0 + \Delta L \cdot \mathbf{h}_E$$

gedeutet werden. Eine Auflösung nach ΔL mit Hilfe der Pseudoinversen ergibt

$$\Delta L = (\mathbf{h}_E^T\mathbf{h}_E)^{-1}\mathbf{h}_E^T(\mathbf{h} - \mathbf{h}_0).$$

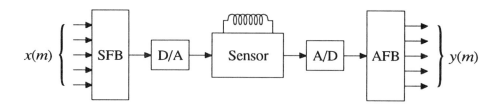

Bild 10.15: Meßanordnung mit einer Multiratensensorik

Ist ΔL eine Funktion der Zeit, dann werden die Vektoren $\mathbf{x}(m)$ in einem geeigneten Schrittakt auf die Synthesefilterbank gegeben. Als Ergebnis erhält man ein diskretes Meßsignal $\Delta L(m)$.

Als Modifikation kann der Meßvektor $\mathbf{h}$ unter Berücksichtigung der spektralen Verteilung der Störung am Empfangsort gewichtet werden.

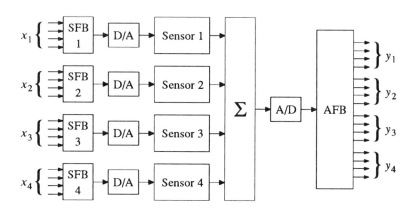

Bild 10.16: Multiraten-Multisensor-Anordnung

Wegen der Orthogonalität der Meßsignale können im Falle mehrerer Sensoren die Sensoren mit Teilsignalen angeregt werden, die in der Summe den vorher betrachteten Vektoren $\mathbf{x}(m)$ entsprechen. Die Summe der Sensorausgangssignale kann zusammengefaßt über einen einzigen A/D-Umsetzer, der in der Regel einen wesentlichen Kostenfaktor darstellt, auf die Analysefilterbank gegeben werden, siehe Bild 10.16.

Praktische Ergebnisse zeigen, daß Meßanordnungen mit Multiratensensorik bei festgehaltener Sendeleistung zu kleineren Varianzen der Meßsignale $\Delta L(m)$ führen als solche mit sinusförmigen Signalen einer festen Frequenz.

Anhang A

Verzeichnis der wichtigsten Symbole und Abkürzungen

$A(z) \bullet\!\!-\!\!\circ a(n)$	reelles gerades Signal, " $\bullet\!\!-\!\!\circ$ " = Korrespondenz
$F(z),\ G(z),\ H(z)$	Übertragungsfunktionen
$H_D(z),\ H_I(z),\ H_K(z)$	Dezimations-, Interpolations-, Kernfilter
$\mathbf{F}(z)$	Übertragungsmatrix, siehe (7.17, 7.59)
$U(z),\ X(z),\ Y(z)$	Signale, dargestellt im z-Bereich
$X_0(z),\ X_1(z),\ X_2(z)\ ...$	Teilbandsignale, siehe Bild 7.7
$\mathbf{x}(z)$	Vektor der Teilbandsignale, siehe (7.7)
$X_\lambda^{(p)}(z)$	Polyphasenkomponente von X(z), siehe (1.11)
$\mathbf{x}^{(p)}(z)$	Polyphasenvektor, siehe (1.14)
$\mathbf{H}^{(p)}(z),\ \mathbf{G}^{(p2)}(z)$	Polyphasenmatrix, siehe (8.17, 8.48, 8.51)
$X_i^{(m)}(z)$	Modulationskomponente von $X(z)$, siehe (1.24)
$\mathbf{x}^{(m)}(z)$	Modulationsvektor, siehe (1.28)
$\mathbf{H}^{(m)}(z),\ \mathbf{G}^{(m)}$	Modulationsmatrix, siehe (6.30, 7.8, 7.16)
s	komplexe Variable der Laplace-Transformation
$z = \exp(sT_A)$	komplexe Variable der Z-Transformation
$\Omega = \omega T_A = 2\pi f T_A$	normierte Frequenzvariable
$T_A = 1/f_A$	Abtastintervall = 1 / Abtastrate f_A
W_M	$= \exp(-j2\pi/M)$, Drehfaktor, M-te Wurzel aus 1
$f_D,\ f_S$	Durchlaß- und Sperrgrenzfrequenzen
$\Omega_D,\ \Omega_S$	normierte Durchlaß- und Sperrgrenzfrequenzen
b	relative Bandbreite, siehe (3.13)
$\delta_D,\ \delta_S$	Ripple im Durchlaß- und Sperrbereich

$f(n)$, $g(n)$, $h(n)$	Impulsantworten
$u(n)$, $x(n)$, $y(n)$	Signale, dargestellt im Zeitbereich
$x_\lambda^{(p)}(n)$	Polyphasenkomponente von $x(n)$, siehe (1.6)
$\delta(n)$	Impulsfolge, siehe (2.3)
$w(n)$	Fensterfunktion, siehe z.B. (2.72)
$w_M(n)$	diskrete Abtastfunktion, siehe (1.2)
q_i	Kreuzglied- (Lattice-)Koeffizienten
A_1, A_2, A_{ges}	Aufwand, Filteroperationen pro Sekunde
M, L	Dezimationsfaktor, Interpolationsfaktor
M	Anzahl der Kanäle einer Filterbank
N	Anzahl der Koeffizienten eines FIR-Filters
$\mathbb{N}$	Menge der natürlichen Zahlen
$\mathbb{Z}$	Menge der ganzen Zahlen
$\mathbb{R}$	Menge der reellen Zahlen
V_i, W_i, $L_2(\mathbb{R})$, $l_2(\mathbb{Z})$	Signalräume
$\varphi(t)$, $\psi(t)$	Skalierungsfunktion, Wavelet, siehe (9.30, 9.39)
α_i, β_i	Entwicklungskoeffizienten, siehe (9.41)
DFT	Diskrete Fourier-Transformation
DWT	Diskrete Wavelet-Transformation
FDM	Frequenzmultiplex
FFT	Schnelle Fourier-Transformation
FIR	Endliche Impulsantwort
FOPS	Filteroperationen pro Sekunde
HB^{2}P	Halbband-Bandpaßfilter
IFIR	Interpolierte endliche Impulsantwort
IDFT	Inverse diskrete Fourier-Transformation
IDWT	Inverse diskrete Wavelet-Transformation
LTI	Linear zeit-invariant
QMF	Quadrature-mirror-filter
SBC	Subband coding, Teilbandcodierung
STFT	Kurzzeit-Fourier-Transformation
TDM	Zeitmultiplex
TMUX	Transmultiplexer

Anhang B

Matrizen

B.1 Transjugierte Matrix

Das Element A_{ij} einer Matrix $\mathbf{A}$ liegt in der i-ten Zeile und j-ten Spalte der Matrix und wird mit $[\mathbf{A}]_{ij}$ beschrieben. Mit dieser Schreibweise lauten die Elemente der transponierten Matrix $\mathbf{A}^T$

$$\left[\mathbf{A}^T\right]_{ij} = A_{ji} \tag{B.1}$$

und die Elemente der konjugiert komplexen Matrix $\mathbf{A}^*$

$$\left[\mathbf{A}^*\right]_{ij} = A_{ij}^*. \tag{B.2}$$

Werden beide Operationen gleichzeitig ausgeführt, so spricht man von einer transjugierten Matrix $\mathbf{A}^\dagger$ mit

$$\left[\mathbf{A}^\dagger\right]_{ij} = \left[\left(\mathbf{A}^*\right)^T\right]_{ij} = A_{ji}^*. \tag{B.3}$$

Die Transponierte eines Produktes von Matrizen $\mathbf{ABC}$ lautet

$$[\mathbf{A} \cdot \mathbf{B} \cdot \mathbf{C}]^T = \mathbf{C}^T \cdot \mathbf{B}^T \cdot \mathbf{A}^T. \tag{B.4}$$

Diese Regel kann unveränderet für die Transjugierung übernommen werden.

B.2 Inverse Matrix

Die Inverse $\mathbf{A}^{-1}$ einer quadratischen Matrix $\mathbf{A}$ ist durch $\mathbf{A}^{-1}\mathbf{A} = \mathbf{I}$ definiert, worin $\mathbf{I}$ die Einheitsmatrix ist, siehe (B.17). Die Inverse wird mit der

Beziehung

$$\mathbf{A}^{-1} = \frac{\text{adj } \mathbf{A}}{\det \mathbf{A}} \tag{B.5}$$

berechnet. Darin ist adj $\mathbf{A}$ die adjungierte Matrix von $\mathbf{A}$ und det $\mathbf{A}$ die Determinante von $\mathbf{A}$. Die Elemente der adjungierten Matrix sind durch

$$\left[\text{adj } \mathbf{A}\right]_{ij} = (-1)^{i+j} \det \mathbf{A}_{ji} \tag{B.6}$$

gegeben, worin $\mathbf{A}_{ji}$ eine Untermatrix ist, die durch Streichen der j-ten Zeile und i-ten Spalte aus $\mathbf{A}$ entsteht.

B.3 Hermitesche Matrix

Eine quadratische Matrix $\mathbf{H}$ wird als hermitesch bezeichnet, wenn sie gleich ihrer transjugierten Matrix ist:

$$\mathbf{H}^\dagger = \mathbf{H}. \tag{B.7}$$

Eine reelle hermitesche Matrix ist symmetrisch:

$$\mathbf{H}^T = \mathbf{H}. \tag{B.8}$$

B.4 Unitäre Matrix

Eine Matrix $\mathbf{U}$ wird als unitär bezeichnet, wenn sie der folgenden Bedingung genügt:

$$\mathbf{U}^\dagger \, \mathbf{U} = c \, \mathbf{I}. \tag{B.9}$$

Darin ist c eine positive reelle Zahl. Ist $c = 1$, so spricht man von einer normalen unitären Matrix. Die Matrix $\mathbf{U}$ braucht nicht quadratisch zu sein. Im Falle einer quadratischen unitären Matrix gilt zudem

$$\mathbf{U} \, \mathbf{U}^\dagger = c \, \mathbf{I}. \tag{B.10}$$

Mit $c = 1$ ist dann die inverse Matrix gleich der transjugierten Matrix:

$$\mathbf{U}^{-1} = \mathbf{U}^\dagger. \tag{B.11}$$

Eine reelle unitäre Matrix ist orthogonal

$$\mathbf{U} \, \mathbf{U}^T = c \, \mathbf{I}. \tag{B.12}$$

bzw. für $c = 1$ orthonormal.

B.5 Paraunitäre Matrix

Sind die Elemente einer unitären Matrix Fourier-Transformierte von stabilen Signalen oder Impulsantworten, so können diese bei einer analytischen Fortsetzung durch Laplace- bzw. Z-Transformierte ersetzt werden. Die so entstehenden Matrizen werden als paraunitär bezeichnet. Die Transjugation (Transponierung mit konjugiert komplexen Elementen) ist sinngemäß durch eine Transponierung mit konjugiert komplexen Koeffizienten und eine Substitution von z durch z^{-1} durchzuführen. Wenn für die unitäre Matrix eines zeitdiskreten Systems

$$\mathbf{U}^{\dagger}(e^{j\Omega}) = \left(\left[\mathbf{U}(e^{j\Omega}) \right]^{*} \right)^{T} \tag{B.13}$$

gilt, dann gilt für die paraunitäre Matrix sinngemäß

$$\tilde{\mathbf{U}}(z) = \mathbf{U}_{*}^{T}(z^{-1}), \tag{B.14}$$

wobei das tiefgestellte " $_{*}$ " ein Ersetzen aller Koeffizienten durch ihre konjugiert komplexen Werte bedeutet. Letztlich wird die Paraunitarität durch

$$\tilde{\mathbf{U}}(z) \cdot \mathbf{U} = c\,\mathbf{I} \tag{B.15}$$

beschrieben. Ist $\mathbf{U}$ quadratisch, so gilt (B.10) sinngemäß:

$$\mathbf{U} \cdot \tilde{\mathbf{U}} = c\,\mathbf{I}. \tag{B.16}$$

B.6 Spezielle Matrizen

In der Theorie der Multiratensysteme werden einige Matrizen verwendet, die im folgenden definiert werden. Dazu gehören die MxM-Einheitsmatrix

$$\mathbf{I}_M = \text{diag}\{1\ 1\ 1\ \dots\ 1\}, \tag{B.17}$$

die auf der Hauptdiagonale Einsen besitzt. Alle übrigen Elemente sind null. Ist das Format der Einheitsmatrix von keinem Interesse oder aus dem Kontext heraus ersichtlich, so wird der tiefgestellte Index M weggelassen. In ähnlicher Weise wird die MxM-Matrix $\mathbf{J}_M$ definiert: Sie besitzt auf der Nebendiagonalen Einsen und ist sonst null.

Die Matrix $\mathbf{D}_M$ ist eine $M \mathrm{x} M$-Diagonalmatrix aus Potenzen von z^{-1}:

$$\mathbf{D}_M = \mathrm{diag}\{1\ z^{-1}\ z^{-2}\ \ldots\ z^{-(M-1)}\}. \qquad (\text{B.18})$$

Ähnlich wird die $M \mathrm{x} M$-Diagonalmatrix $\mathbf{M}_M$ definiert, die aus Potenzen des Drehfaktors W_M besteht:

$$\mathbf{M}_M = \mathrm{diag}\{1\ W_M\ W_M^2\ \ldots\ W_M^{(M-1)}\}. \qquad (\text{B.19})$$

Für den tiefgestellten Index der Matrizen gilt das gleiche wie für die Einheitsmatrix: ist das Format von vornherein bekannt, so wird der tiefgestellte Index M weggelassen.

Schließlich ist noch die DFT-Matrix $\mathbf{W}_M$ zu nennen, die im Anhang C ausführlich erläutert wird.

Anhang C

Diskrete Fourier-Transformation

C.1 Summendarstellung

Die diskrete Fourier-Transformation (DFT) ist eine numerische Näherung der exakten Fourier-Transformation. Sie bildet ein endliches diskretes Zeitsignal $x(n)$ in den Frequenzbereich ab. Unter der Annahme, daß $x(n)$ aus N Werten bestehe, lautet die DFT

$$X(k) = \sum_{n=0}^{N-1} x(n) \cdot W_N^{kn}, \quad k = 0, 1, 2 \ldots N - 1. \qquad \text{(C.1)}$$

Umgekehrt kann aus dem diskreten Spektrum $X(k)$ in eindeutiger Weise das ursprüngliche Signal zurückgewonnen werden:

$$x(n) = \frac{1}{N} \sum_{k=0}^{N-1} X(k) \cdot W_N^{-kn}, \quad n = 0, 1, 2 \ldots N - 1. \qquad \text{(C.2)}$$

Aus den Darstellungen in (C.1) und (C.2) ist ersichtlich, daß sowohl $X(k)$ als auch $x(n)$ periodisch sind mit der Periode N. Das ursprünglich endliche Signal $x(n)$ wird durch die Hin- und Rücktransformation periodisch fortgesetzt.

Der DFT-Algorithmus tritt auch im Bereich der modulierten Filterbänke auf, siehe z.B. (8.89). Es läßt sich zeigen, daß dieses einer Kurzzeit-Fourier-

Transformation (STFT) entspricht, deren Fensterfunktion dem Prototypen der modulierten Filterbank entspricht.

C.2   Matrixdarstellung

Die DFT kann wie folgt in Matrixschreibweise formuliert werden:

$$\mathbf{X} = \mathbf{W}_N \cdot \mathbf{x}. \tag{C.3}$$

mit der DFT-Matrix $[\mathbf{W}_N]_{ij} = W_N^{ij}$, dem Signalvektor

$$\mathbf{x} = [x(0)\ x(1)\ x(2)\ \dots\ x(N-1)]^T \tag{C.4}$$

im Zeitbereich und dem transformierten Signalvektor

$$\mathbf{X} = [X(0)\ X(1)\ X(2)\ \dots\ X(N-1)]^T. \tag{C.5}$$

Da die DFT-Matrix symmetrisch zur Hauptdiagonalen ist, gilt $\mathbf{W}_N^\dagger = \mathbf{W}_N^*$. Multipliziert man $\mathbf{W}_N^\dagger$ mit $\mathbf{W}_N$, so erhält man in der ℓ-ten Zeile und m-ten Spalte der Ergebnismatrix den Ausdruck $\sum_{\nu=0}^{N-1} W_N^{(m-\ell)\nu}$. Mit Hilfe von (1.2) erhält man den Wert 0, wenn $m \neq \ell$ ist, und den Wert N, wenn $m = \ell$ ist. Es gilt daher

$$\mathbf{W}_N^\dagger \cdot \mathbf{W}_N = N\,\mathbf{I}. \tag{C.6}$$

Die DFT-Matrix $\mathbf{W}_N$ ist unitär. Die zugehörige inverse Matrix ist daher gleich der transjugierten Matrix:

$$\mathbf{W}_N^{-1} = \frac{1}{N}\mathbf{W}_N^\dagger = \frac{1}{N}\mathbf{W}_N^* \tag{C.7}$$

Daher kann (C.3) wie folgt nach $\mathbf{x}$ aufgelöst werden:

$$\mathbf{x} = \frac{1}{N}\mathbf{W}_N^* \cdot \mathbf{X}, \tag{C.8}$$

was kompakt geschrieben (C.2) entspricht.

Anhang D

Signalräume

D.1 Lineare Vektorräume

In der Signaltheorie werden Signale als Elemente von Signalräumen betrachtet. Ein Signalraum ist eine Menge von Signalen mit einer zusätzlichen ihm eigenen Struktur. Signalräume sind meistens auf der Basis von linearen *Vektorräumen* definiert.

Ein linearer Vektorraum besteht aus Vektoren, die eine additive *abelsche Gruppe* bilden (Addition erklärt), Skalaren, die einen *Körper* bilden (Addition und Multiplikation und Distributivgesetz erklärt) und einer multiplikativen Verknüpfung zwischen Vektoren und Skalaren. In einem N-dimensionalen Vektorraum X existieren N linear unabhängige Vektoren, die eine *Basis* φ_1, φ_2 ... φ_N darstellen. Die Basisvektoren spannen den gesamten Vektorraum auf,

$$X = \text{span}\{\varphi_1 \ \varphi_2 \ ... \ \varphi_N\}, \qquad (\text{D}.1)$$

d.h. jeder Vektor $x \in X$ kann als Linearkombination der Basisvektoren dargestellt werden:

$$x = \sum_{i=1}^{N} \alpha_i \cdot \varphi_i. \qquad (\text{D}.2)$$

Die Skalare α_1, α_2 ... α_N werden als *Entwicklungskoeffizienten* bezeichnet, die Gesamtheit dieser Skalare als *Repräsentant* des Vektors x im Vektorraum X.

Im allgemeinen existieren mehrere, meistens unendlich viele Sätze von unabhängigen Vektoren, die alle eine Basis darstellen. Die Entwicklungen nach den verschiedenen Basen können in eindeutiger Weise ineinander umgerechnet werden.

D.2   Direkte Summe von Unterräumen

Ein Satz von N Vektoren aus dem N-dimensionalen Raum X spannt einen *Unterraum M* auf:

$$M = \text{span}\{x_1 \; x_2 \; \ldots \; x_N\}. \tag{D.3}$$

Sind die Vektoren $x_1, x_2 \ldots x_N$ linear abhängig, so spricht man von einem *echten Unterraum.* Der Durchschnitt

$$D = M_1 \cap M_2 \tag{D.4}$$

zweier Unterräume M_1 und M_2 ist durch die Menge aller Vektoren $x \in D$ gegeben, die gleichzeitig $x \in M_1$ und $x \in M_2$ sind. Die Summe

$$S = M_1 + M_2 \tag{D.5}$$

zweier Unterräume M_1 und M_2 ist durch die Menge aller Vektoren $x \in S$ gegeben, die der Beziehung $x = x_1 + x_2$ mit $x_1 \in M_1$ und $x_2 \in M_2$ genügen. Läßt sich jeder Vektor x eines Vektorraumes X in eindeutiger Weise in eine Summe $x = x_1 + x_2$ mit $x_1 \in M_1$ und $x_2 \in M_2$ zerlegen, so stellt der Raum X die *direkte Summe*

$$X = M_1 \oplus M_2 \tag{D.6}$$

der Unterräume M_1 und M_2 dar. Es gilt dann

$$M_1 \cap M_2 = \{\mathbf{0}\}. \tag{D.7}$$

Die Menge $\{\mathbf{0}\}$ besteht nur aus dem Null-Vektor $\mathbf{0}$, dem neutralen Element des Vektorraums X. Die Vektorkomponente x_1 wird eine *Projektion* von x auf M_1 genannt, die Komponente x_2 eine Projektion von x auf M_2.

D.3   Lineare Räume mit Skalarprodukt

Die Einführung eines *Skalarproduktes* erweitert die Struktur der linearen Vektorräume. Das Skalarprodukt (auch inneres Produkt genannt) verknüpft zwei Vektoren x und y des Vektorraumes. Das Ergebnis ist ein Skalar. Dabei muß die Verknüpfung den folgenden drei Axiomem genügen:

$$1. \qquad < x, y > \, = \, < y, x >^* \qquad\qquad\qquad (D.8)$$

$$2. \qquad < \alpha \cdot x_1 + \beta \cdot x_2, y > \, = \, \alpha \cdot < x_1, y > + \beta \cdot < x_2, y > \qquad (D.9)$$

$$3. \qquad < x, x > \, \geq \, 0, \quad < x, x > \, = \, 0 \, \leftrightarrow \, x = \mathbf{0}. \qquad\qquad (D.10)$$

Mit dem Skalarprodukt wird eine *Norm* ("Größe" eines Vektors)

$$\|x\| = \sqrt{< x, x >} \qquad\qquad\qquad (D.11)$$

und eine *Metrik* ("Abstand", "Unterschied" zweier Vektoren)

$$d(x, y) = \|x - y\| \qquad\qquad\qquad (D.12)$$

induziert.

Ist der Vektorraum mit Skalarprodukt bezüglich der induzierten Metrik vollständig, d.h. konvergiert jede Cauchy-Folge mit dieser Metrik, so liegt ein *Hilbert-Raum* vor.

D.4 Reziproke, biorthogonale und orthonormale Basen

Zur Berechnung der Entwicklungskoeffizienten α_i in (D.2) benötigt man eine *reziproke* Basis ϑ_1, ϑ_2 ... ϑ_N (auch *duale* Basis genannt) mit folgender Eigenschaft:

$$< \varphi_i, \vartheta_j > \, = \, \delta_{ij} = \begin{cases} 1 & \text{wenn i=j} \\ 0 & \text{sonst} \end{cases}, \quad i, j = 1, 2, 3 \ldots N. \qquad (D.13)$$

Die Größe δ_{ij} bezeichnet man als *Kronecker-Delta*. Multipliziert man beide Seiten von (D.2) von rechts her mit ϑ_j, so erhält man mit (D.13)

$$< x, \vartheta_j > \, = \, \sum_{i=0}^{N} \alpha_i \cdot < \varphi_i, \vartheta_j > \, = \, \alpha_j. \qquad\qquad (D.14)$$

Räume mit zueinander reziproken Basen φ_i und ϑ_j werden auch als *biorthogonale* Räume bezeichnet, da die beiden Basen zueinander biorthogonale Folgen darstellen [Ach 81].

Ist die Basis φ_1, φ_2 ... φ_N *selbstreziprok*, d.h. gilt stets $\varphi_i = \vartheta_i$ für $i = 1, 2, 3 \ldots N$, so ist sie *orthonormal*. In diesem Fall erfolgt die Berechnung der Entwicklungskoeffizienten α_i mit der Beziehung

$$\alpha_j = \; < x, \varphi_j > . \tag{D.15}$$

Ein Vektor x aus einem orthonormalen Raum läßt sich daher mit (D.2) und (D.15) wie folgt darstellen:

$$x = \sum_{i=1}^{N} < x, \varphi_i > \cdot \varphi_i. \tag{D.16}$$

D.5   Signalräume L_2 und l_2

Die zeitkontinuierlichen Energiesignale $x(t)$ werden als Vektoren in einem Signalraum $L_2(\mathbb{R})$ betrachtet. In diesem Raum ist ein Skalarprodukt durch das Integral

$$< x(t), y(t) > \; = \int\limits_{t=-\infty}^{\infty} x(t) \cdot y^*(t) \; dt \tag{D.17}$$

definiert. Die damit induzierte Norm nach (D.11) lautet

$$\|x(t)\| = \sqrt{\int\limits_{t=-\infty}^{\infty} |x(t)|^2 \; dt} \tag{D.18}$$

und stellt die Energie des Signals $x(t)$ dar. Der Signalraum $L_2(\mathbb{R})$ beinhaltet zeitkontinuierliche Signale mit beschränkter Norm. Die Dimension N dieser Räume ist in der Regel unendlich.

Das zeitdiskrete Gegenstück ist der Signalraum $l_2(\mathbb{Z})$, der aus zeitdiskreten Energiesignalen besteht. In diesem Raum ist ein Skalarprodukt

$$< x(n), y(n) > \; = \sum_{n=-\infty}^{\infty} x(n) \cdot y^*(n) \tag{D.19}$$

definiert, das eine Norm

$$\|x(n)\| = \sqrt{\sum_{n=-\infty}^{\infty} |x(n)|^2} \tag{D.20}$$

mit sich bringt, die mit der Signalenergie identisch ist.

Anhang E

Aliasing in DFT-SBC-Filterbänken

Im Abschnitt 7.3 wird die modifizierte DFT-Filterbank in Form einer SBC-Filterbank behandelt. Ein wichtiges Merkmal dieser Filterbank ist die Eliminierung der Haupt-Alias-Spektren, siehe Abschnitt 7.3.3. Im folgenden wird dieser Vorgang ausführlich beschrieben.

E.1   Modifikationen

Die Real- und Imaginärteilbildung verändert die Spektren und die Z-Transformierten der Teilbandsignale. Dieses wird in Bild E.1 veranschaulicht.

Es wird ein reelles Signal $x(n) \circ\!\!-\!\!\bullet X(z)$ betrachtet, das zunächst allein im Durchlaßbereich des Filters $H_i(z)$ liegen soll, Bild E.1b. Ferner soll ein reeller Prototyp $h(n) \circ\!\!-\!\!\bullet H(z)$ vorausgesetzt werden. Von der Abwärtstastung mit dem Faktor M soll zunächst nur die Eigenschaft der Frequenzumsetzung in das Basisband betrachtet werden. Die Realteilbildung im Zeitbereich ergibt dann

$$h(n) * \mathrm{Re}\{x(n) \cdot W_M^{in}\} = h(n) * \frac{1}{2}x(n)\left[W_M^{in} + W_M^{-in}\right]. \qquad (\text{E.1})$$

Berücksichtigt man den Vorfaktor $1/M$ durch die Abwärtstastung, dann lautet die Z-Transformierte des Basisbandsignals

$$X_i^{(R)}(z) = \frac{1}{2M}H(z)\left[X(zW_M^{-i}) + X(zW_M^i)\right], \qquad (\text{E.2})$$

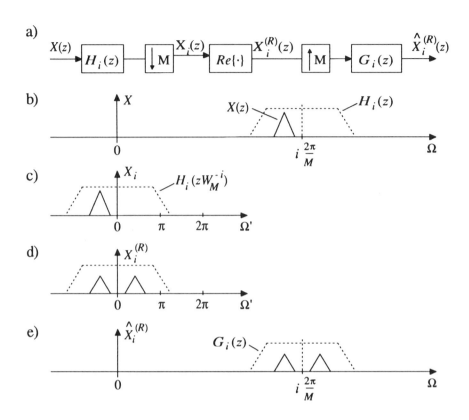

Bild E.1: Zur Wirkung der Realteilbildung der Teilbandsignale: Verarbeitungsstufen (a) und Spektren der verschiedenen Signale (b-e)

siehe Bild E.1d. Das interpolierte Bandpaßsignal $\hat{X}_i^{(R)}(z)$ am Ausgang des Kanals entsteht daraus durch Frequenzverschiebung um $i2\pi/M$ und Filterung mit dem Synthesefilter $G_i(z)$, siehe Bild E.1e. Es lautet

$$\hat{X}_i^{(R)}(z) = \frac{1}{2M}G_i(z)H_i(z)\left[X(z) + X(zW_M^{2i})\right]. \qquad (E.3)$$

Für eine Imaginärteilbildung des Teilbandsignals gilt entsprechend

$$\hat{X}_i^{(I)}(z) = \frac{1}{2M}G_i(z)H_i(z)\left[X(z) - X(zW_M^{2i})\right]. \qquad (E.4)$$

Zu den Originalspektren $X\left(e^{j\Omega}\right)$ treten noch neue Spektren $X\left(e^{j[\Omega-4\pi i/M]}\right)$ hinzu. Letztere sind die an der Mittenfrequenz $\Omega = 2\pi i/M$ gespiegelten Originalspektren und werden im folgenden als *Spiegelspektren* bezeichnet.

Berücksichtigt man die Phase der Abwärtstastung, so kommt zu allen Teilspektren noch ein multiplikativer Faktor $W_M^{\ell\lambda}$ hinzu, siehe (1.71). Dabei kennzeichnet $\ell = 0$ das Nutzspektrum und $\ell = -1$ und $\ell = 1$ die benachbarten Haupt-Alias-Spektren. Bei der Abtastung ohne Phasenversatz, jeweils im oberen Teil der Kanäle in Bild 7.11, ist $\lambda = 0$, bei der Abtastung mit Phasenversatz ist $\lambda = M/2$ und $W_M^{\pm 1 \cdot \lambda} = -1$.

Zu dem Originalspektrum (O) und dem Spiegelspektrum (S) kann in einem Kanal höchstens einmal ein Aliasspektrum (AO) des Originalspektrums und ein Aliasspektrum (AS) des Spiegelspektrums auftreten. Dieses kann mit den Übertragungsfunktionen in Bild 7.10 begründet werden. Alle übrigen Aliasspektren fallen in den Sperrbereich des Synthesefilters G_i.

E.2 Realteil-Teilbandsignal

Liegt das Eingangsspektrum $X\left(e^{j\Omega}\right)$ zwischen den Mittenfrequenzen des i-ten und $(i+1)$-ten Kanals, so liefert der obere Teil des i-ten Kanals in Bild 7.11 das folgende Ausgangssignal:

$$\hat{X}_i^{(R)}(z) = \hat{X}_{i,O}^{(R)}(z) + \hat{X}_{i,S}^{(R)}(z) + \hat{X}_{i,AO}^{(R)}(z) + \hat{X}_{i,AS}^{(R)}(z) \qquad (E.5)$$

mit

$$\hat{X}_{i,O}^{(R)}(z) = \frac{1}{2M} G_i(z) \cdot H_i(z) \cdot X(z), \qquad (E.6)$$

$$\hat{X}_{i,S}^{(R)}(z) = \frac{1}{2M} G_i(z) \cdot H_i(z) \cdot X(zW_M^{2i}), \qquad (E.7)$$

$$\hat{X}_{i,AO}^{(R)}(z) = \frac{1}{2M} G_i(z) \cdot H_i(zW_M^{-1}) \cdot X(zW_M^{-1}), \qquad (E.8)$$

$$\hat{X}_{i,AS}^{(R)}(z) = \frac{1}{2M} G_i(z) \cdot H_i(zW_M^{+1}) \cdot X(zW_M^{2i}W_M^{+1}). \qquad (E.9)$$

Die Alias-Komponente des Originalspektrums (Index AO) liegt um $2\pi/M$ unterhalb des Originalspektrums (Index O). Daher ist die Variable z mit W_M^{-1} multipliziert. Die Alias-Komponente des Spiegelspektrum (Index AS) liegt um $2\pi/M$ oberhalb des Spiegelspektrums.

Beispiel E.1:

Das Beispiel behandelt eine 8-Kanal-Filterbank. Der Prototyp ist ein *Wurzel-Cosinus-Rolloff-Filter* mit 128 Koeffizienten und einem Rolloff-Faktor $r = 0.5$.

Die Halbbandfrequenz des zugehörigen Cosinus-Rolloff-Filters liegt bei $\Omega = \pi/M$. Bild E.2a zeigt gestrichelt die Betragsfrequenzgänge der ersten vier Analysefilter. Die Filterbank wird mit einem Sinussignal der Frequenz $\Omega = 4.75\pi/8$ erregt. Bild E.2a zeigt die entsprechende Spektrallinie des Eingangssignals.

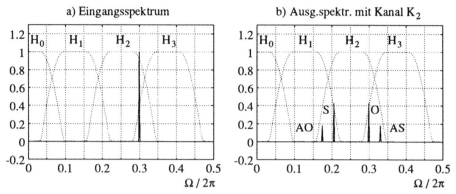

Bild E.2: 8-Kanal-Filterbank: Eingangsspektrum (a) und Ausgangsspektrum des 2. Kanals (b) unter der Voraussetzung, daß nur der Realteil $X_2^{(R)}(z)$ des Teilbandsignals weitergegeben wird

Ferner wird angenommen, daß nur das Teilbandsignal $X_2^{(R)}(z)$ an die Synthesefilterbank weitergegeben wird, siehe Bild 7.11. Bild E.2b zeigt die Teilsignale nach (E.6) bis (E.9).

E.3   Imaginärteil-Teilbandsignal

Zu dem Ausgangssignal $\hat{X}_i^{(R)}(z)$ im i-ten Kanal kommt noch der Anteil $\hat{X}_i^{(I)}(z)$ aus dem unteren Teil hinzu. Da im unteren Teil mit einem Phasenversatz von $\lambda = M/2$ abgetastet und der Imaginärteil genommen wird, lautet der Anteil

$$\hat{X}_i^{(I)}(z) = \hat{X}_{i,O}^{(I)}(z) + \hat{X}_{i,S}^{(I)}(z) + \hat{X}_{i,AO}^{(I)}(z) + \hat{X}_{i,AS}^{(I)}(z) \qquad (\text{E.10})$$

mit

$$\hat{X}_{i,O}^{(I)}(z) = \frac{1}{2M} G_i(z) \cdot H_i(z) \cdot X(z) \cdot W_M^{0 \cdot \lambda}, \qquad (\text{E.11})$$

$$\hat{X}_{i,S}^{(I)}(z) = -\frac{1}{2M} G_i(z) \cdot H_i(z) \cdot X(zW_M^{2i}) \cdot W_M^{0 \cdot \lambda}, \qquad (\text{E.12})$$

$$\hat{X}_{i,AO}^{(I)}(z) = \frac{1}{2M} G_i(z) \cdot H_i(zW_M^{-1}) \cdot X(zW_M^{-1}) \cdot \underbrace{W_M^{-1 \cdot \lambda}}_{-1}, \tag{E.13}$$

$$\hat{X}_{i,AS}^{(I)}(z) = -\frac{1}{2M} G_i(z) \cdot H_i(zW_M^{+1}) \cdot X(zW_M^{2i}W_M^{+1}) \cdot \underbrace{W_M^{+1 \cdot \lambda}}_{-1}. \tag{E.14}$$

In der Summe der Anteile $\hat{X}_i^{(R)}(z)$ und $\hat{X}_i^{(I)}(z)$ kompensieren sich die Spiegelspektren und Alias-Spektren des Originals:

$$\hat{X}_{i,S}^{(R)}(z) + \hat{X}_{i,S}^{(I)}(z) = 0, \tag{E.15}$$

$$\hat{X}_{i,AO}^{(R)}(z) + \hat{X}_{i,AO}^{(I)}(z) = 0. \tag{E.16}$$

Beispiel E.2:

In der Filterbank aus Beispiel E.1 wird nun angenommen, daß sowohl das reelle Teilbandsignal $X_2^{(R)}(z)$ als auch das imaginäre Teilbandsignal $X_2^{(I)}(z)$ an die Synthesefilterbank weitergegeben werden. Bild E.3a zeigt das Ausgangsspektrum des 2. Kanals. Es sind nur noch das Originalspektrum (O) und das Alias-Spektrum (AS) des Spiegelspektrums übrig geblieben.

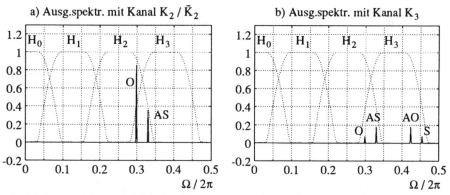

Bild E.3: 8-Kanal-Filterbank: Ausgangsspektrum des 2. Kanals (a) bei Weitergabe der Teilbandsignale $X_2^{(R)}(z)$ und $X_2^{(I)}(z)$ und Ausgangsspektrum des 3. Kanals (b) bei Weitergabe des Teilbandsignals $X_3^{(I)}(z)$

E.4   Teilbandsignale im Nachbarkanal

Wenn das Eingangssignal $X(z)$ nicht nur den i-ten Kanal, sondern auch einen Nachbarkanal davon erregt, treten dort ebenfalls zweimal vier Spektralkomponenten auf, von denen sich die Spiegelspektren und Alias-Spektren des Originals kompensieren, wenn beide Teilbandsignale an die Synthesefilterbank weitergegeben werden.

Beispiel E.3:

Bild E.3b zeigt die vier Spektren im Kanal 3 der bisher behandelten Filterbank. Dabei ist nur das Teilbandsignal $X_3^{(I)}(z)$ an die Synthesefilterbank angeschlossen. Werden beide Teilbandsignale im Kanal 3 weitergegeben, so entsteht am Ausgang des 3. Kanals das Spektrum in Bild E.4a.

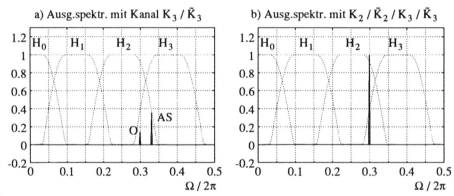

a) Ausg.spektr. mit Kanal K_3 / $\tilde{K}_3$ b) Ausg.spektr. mit K_2 / $\tilde{K}_2$ / K_3 / $\tilde{K}_3$

Bild E.4: 8-Kanal-Filterbank: Ausgangsspektrum des 3. Kanals (a) bei Weitergabe beider Teilbandsignale und Ausgangsspektrum der gesamten Filterbank (b) bei Weitergabe aller Teilbandsignale in den Kanälen 2 und 3

E.5   Resultierendes Originalspektrum

Übrig bleiben das Originalspektrum und Alias-Spektren der Spiegelspektren. Das Originalspektrum aus dem i-ten Kanal folgt aus (E.6) und (E.11):

$$\hat{X}_{i,O}(z) = \hat{X}_{i,O}^{(R)}(z) + X_{i,O}^{(I)}(z) = \frac{1}{M} G_i(z) \cdot H_i(z) \cdot X(z). \qquad (E.17)$$

Der entsprechende Beitrag aus dem $(i+1)$-ten Kanal lautet

$$\hat{X}_{i+1,O}(z) = \frac{1}{M} G_{i+1}(z) \cdot H_{i+1}(z) \cdot X(z), \qquad \text{(E.18)}$$

so daß das Gesamtoriginalspektrum mit (7.36) und (7.37) als

$$\hat{X}(z) = X(z)\big[H^2(zW_M^i) + H^2(zW_M^{i+1})\big] \qquad \text{(E.19)}$$

gegeben ist. Eine Interpretation dieses Ausdruckes erfolgt im Abschnitt 7.3.4.

E.6   Alias-Spiegelspektren

Schließlich bleiben noch die Alias-Spektren der Spiegelspektren zu untersuchen. Die Beiträge aus dem i-ten Kanal in (E.9) und (E.14) ergänzen sich zu

$$\hat{X}_{i,AS}(z) = \frac{1}{M} G_i(z) \cdot H_i(zW_M^{+1}) \cdot X(zW_M^{2i}W_M^{+1}). \qquad \text{(E.20)}$$

Die entsprechenden Beziehungen lauten für den $(i+1)$-ten Kanal

$$\hat{X}_{i+1,AS}^{(I)}(z) = -\frac{1}{2M} G_{i+1}(z) \cdot H_{i+1}(zW_M^{-1}) \cdot X(zW_M^{2(i+1)}W_M^{-1}). \qquad \text{(E.21)}$$

und

$$\hat{X}_{i+1,AS}^{(R)}(z) = \frac{1}{2M} G_{i+1}(z) \cdot H_{i+1}(zW_M^{-1}) \cdot X(zW_M^{2(i+1)}W_M^{-1}) \cdot \underbrace{W_M^{-1\cdot\lambda}}_{-1}. \qquad \text{(E.22)}$$

Das ergibt zusammengefaßt

$$\hat{X}_{i+1,AS}(z) = -\frac{1}{M} G_{i+1}(z) \cdot H_{i+1}(zW_M^{-1}) \cdot X(zW_M^{2(i+1)}W_M^{-1}). \qquad \text{(E.23)}$$

Das gesamte Alias-Signal setzt sich aus den Beiträgen aus (E.20) und (E.23) zusammen:

$$\begin{aligned}
\hat{X}_{AS}(z) &= \hat{X}_{i,AS}(z) + \hat{X}_{i+1,AS}(z) \qquad &\text{(E.24)}\\
&= X(zW_M^{2i+1})\big[\frac{1}{M}G_i(z)H_i(zW_M^{+1}) - \frac{1}{M}G_{i+1}(z)H_{i+1}(zW_M^{-1})\big].
\end{aligned}$$

Drückt man die Übertragungsfunktionen in der eckigen Klammer mit Hilfe
von (7.36) und (7.37) durch die Übertragungsfunktion $H(z)$ des Prototypen
aus,

$$H(zW_M^i) \cdot H(zW_M^{i+1}) - H(zW_M^{i+1}) \cdot H(zW_M^i) = 0, \qquad \text{(E.25)}$$

so sieht man, daß der Inhalt der eckigen Klammer und damit das Alias-Signal
$\hat{X}_{AS}(z)$ verschwindet.

Beispiel E.4:

Im bisher betrachteten Beispiel erregt das sinusförmige Eingangssignal die Kanäle 2 und 3. Leitet man beide Teilbandsignale in beiden Kanälen an die Synthesefilterbank weiter, so bleibt am Ausgang nur noch das Originalspektrum
übrig, siehe Bild E.4b.

E.7   Erweiterung

Bisher wurde angenommen, daß das Eingangsspektrum $X(e^{j\Omega})$ zwischen den
Mittenfrequenzen des i-ten und $(i+1)$-ten Kanals liegt. Die Verhältnisse
können sinngemäß beschrieben werden, wenn das Eingangsspektrum zwi-
schen den Mittenfrequenzen des i-ten und $(i-1)$-ten Kanals liegt. In diesem
Fall sind alle Spektren einschließlich der Alias-Spektren an den jeweiligen
Mittenfrequenzen gespiegelt.

Auch die Beschränkung auf reelle Eingangssignale $x(n)$ wird im folgenden
aufgegeben. Bei einem imaginären Eingangssignal wechseln die Spiegelspektren in (E.7), (E.9), (E.12) und (E.14) ihre Vorzeichen. Dadurch wird die
Kompensation dieser Signalanteile aber nicht beeinträchtigt. Letztlich ist es
daher möglich, in der komplex modulierten SBC-Filterbank komplexwertige
Signale $x(n)$ zu bearbeiten.

Die zur Abtastung mit Phasenversatz nötigen Verzögerungen im Innern
der Filterbank sind der Einfachheit wegen bisher nicht mitgeführt worden.
Zur Berücksichtigung dieser Verzögerung muß das Ergebnis in (E.19) noch
mit $z^{-M/2}$ multipliziert werden.

Anhang F

Übersprechen in DFT-TMUX-Filterbänken

Im Abschnitt 7.5 wird die modifizierte DFT-Filterbank in Form einer TMUX-Filterbank behandelt. Ein wichtiges Merkmal dieser Filterbank ist die Eliminierung des Übersprechens zwischen den Kanälen, siehe Abschnitt 7.5.3. Im folgenden wird dieser Vorgang ausführlich beschrieben.

F.1 Übersprech-Übertragungsfunktion

Gleichung (7.65) besteht aus gleichmäßig frequenzversetzten und nichtüberlappenden Übersprech-Übertragungsfunktionen, siehe auch Bild 7.24. Es reicht daher aus, diese Gleichung für einen einzigen und beliebigen Index k auszuwerten. Untersucht man den Ausdruck $F_{ij}(z^M)$ für $j = i + 1$ und $k = -i$, so erhält man

$$F_{ij}\big|_{k=-i} = H(z) \cdot H(zW_M).\qquad\text{(F.1)}$$

Die zugehörige Impulsantwort lautet

$$f_{ij}(n) = h(n) * h(n) \cdot \exp(jn2\pi/M).\qquad\text{(F.2)}$$

Da der Real- und Imaginärteil der *Übersprechimpulsantwort* zu unterschiedlichen Ergebnissen führen, werden sie getrennt behandelt.

F.2   Realteil des Übersprechens

Der Realteil lautet unter der Annahme eines reellen Prototypen

$$f'_{ij}(n) = h(n) * h(n) \cdot \cos(n2\pi/M). \tag{F.3}$$

Da das Produkt in (F.1) auf $2\pi/M$ bandbegrenzt ist, kann die Impulsantwort in (F.3) um den Faktor $M/2$ abwärtsgetastet werden. Mit der Abkürzung $\tilde{h}(m) = h(mM/2)$ wird aus (F.3)

$$\tilde{h}(m) * \tilde{h}(m) \cdot (-1)^m \circ\!\!-\!\!\bullet \tilde{H}(z) \cdot \tilde{H}(-z). \tag{F.4}$$

Wertet man diesen Ausdruck im z-Bereich aus, so erhält man mit

$$\tilde{H}(z) = \tilde{H}_{00}(z^2) + z^{-1}\tilde{H}_{01}(z^2) \tag{F.5}$$

und

$$\tilde{H}(-z) = \tilde{H}_{00}(z^2) - z^{-1}\tilde{H}_{01}(z^2) \tag{F.6}$$

das Ergebnis

$$\tilde{H}(z) \cdot \tilde{H}(-z) = \tilde{H}_{00}^2(z^2) - z^{-2}\tilde{H}_{01}^2(z^2). \tag{F.7}$$

Der Realteil der Übersprechimpulsantwort stellt ein *Halbband-Bandpaßfilter* vom Typ 1 dar. Da die zugehörige Übertragungsfunktion nur gerade Potenzen von z besitzt, sind alle ungeraden Koeffizienten der Impulsantwort null, siehe auch (2.82) und Bild 2.37a.

F.3   Imaginärteil des Übersprechens

Der Imaginärteil der Übersprechimpulsantwort lautet

$$f''_{ij}(m) = h(n) * h(n) \cdot \sin(n2\pi/M). \tag{F.8}$$

Betrachtet man diese zeitdiskrete Funktion um $M/4$ Takte zeitverschoben

$$h(n - \frac{M}{4}) * h(n - \frac{M}{4}) \cdot \sin([n - \frac{M}{4}]2\pi/M)$$
$$= \quad h(n - \frac{M}{4}) * h(n - \frac{M}{4}) \cdot [-\cos(n2\pi/M)], \tag{F.9}$$

so erhält man entsprechend (F.4) nach einer Abwärtstastung um den Faktor $M/2$

$$- z^{-1/2} \tilde{H}(z) \cdot z^{-1/2} \tilde{H}(-z) = -z^{-1} \tilde{H}(z) \tilde{H}(-z). \qquad \text{(F.10)}$$

Diese Übertragungsfunktion besitzt nur ungerade Potenzen. Der Imaginärteil stellt ein *Halbband-Bandpaßfilter* Typ 2 dar. Alle geraden Koeffizienten verschwinden.

Bild F.1 zeigt noch einmal die Nullstellen in der um den Faktor $M/2$ abwärtsgetasteten Übersprechimpulsantwort $f_{ij}(mM/2)$.

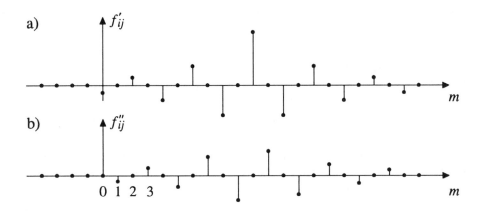

Bild F.1: Beispiel einer Übersprechimpulsantwort $f_{ij}(mM/2)$, Realteil: alle ungeradzahligen Koeffizienten sind null (a), Imaginärteil: alle geradzahligen Koeffizienten sind null (b)

F.4 Übersprechen im endgültigen Takt

Alle Übertragungsfunktionen der Filterbank und somit auch alle Übersprech-Übertragungsfunktionen sind Funktionen von z^M, siehe (7.58). Die Signale am Eingang und Ausgang der Filterbank haben eine um den Faktor M tiefere Abtastfrequenz als das Multiplexsignal $Y(z)$, siehe Bild 7.23. Da die Impulsantwort bis jetzt mit einer Abtastrate beschrieben wird, die um den Faktor $M/2$ tiefer ist als die des Multiplexsignals $Y(z)$, sind in der endgültigen Bewertung des Übersprechens nur die geraden Koeffizienten der Übersprechimpulsantwort in Bild F.1 zu berücksichtigen.

Verwendet man im Kanal i nur reelle und im Kanal $j = i + 1$ nur imaginäre Eingangssignale, so tritt zwischen beiden kein Übersprechen auf, da alle geraden Koeffizienten des Imaginärteils der Übersprechimpulsantwort null sind, siehe Bild F.1b. Durch diese Einschränkung wird zwar das Übersprechen vermieden, aber nur die Hälfte der Kanäle genutzt.

F.5   Komplementäre Eingangssignale

Durch die in Abschnitt 7.5.3 beschriebenen Modifikationen kann auch die zweite Hälfte der Filterbank genutzt werden. Verwendet man einen komplementären Satz von Eingangssignalen, also beispielsweise ein imaginäres Signal im Kanal i und ein reelles Signal im Kanal $j = i + 1$, so tritt mit der gleichen Begründung wie vorher zwischen allen Nachbarn kein Übersprechen auf. Speist man den komplementären Satz von Signalen gegenüber dem Originalsatz um eine halbe Eingangstaktperiode versetzt, d.h. mit einer Verzögerung von $z^{-M/2}$, in die Filterbank ein, siehe Bild 7.25, so tritt auch kein Übersprechen zwischen beiden Signalsätzen auf. Das Übersprechen zwischen den Signalsätzen wird durch den Realteil der Übersprechimpulsantwort beschrieben, siehe Bild F.1a. Durch den zeitlichen Versatz werden alle geraden Übersprechwerte null.

Literaturverzeichnis

[Ach 81]   N.I. Achieser, I.M. Glasmann: *Theorie der linearen Operatoren im Hilbert-Raum*. Berlin: Akademie-Verlag, 1981.

[Ada 92]   R. Adams, T. Kwan: *VLSI Architectures for Asynchronous Sample-Rate Conversion*. 93rd AES Convention San Francisco, pp. 3355(B-1), Oktober 1992.

[Ade 87]   E.H. Adelson, E. Simoncelli, R. Hingorani: *Orthogonal Pyramid Transforms for Image Coding*. Proc. of SPIE, vol. 845, pp. 50-58, Oktober 1987.

[Aka 92]   A.N. Akansu, R.A. Haddad: *Multiresolution Signal Decomposition*. Boston: Academic Press, 1992.

[Aka 93]   A.N. Akansu, R.A. Haddad, H. Caglar: *The Binominal QMF-Wavelet Transform for Multiresolution Signal Decomposition*. IEEE Trans. SP, vol. 41, pp. 13-19, Januar 1993.

[Ala 87]   M. Alard, R. Lassalle: *Principles of Modulation and Channel Coding for Digital Broadcasting for Mobile Receivers*. EBU Review, vol. 224, pp. 47-69, Aug. 1987.

[Ans 88]   R. Ansari: *Satisfying the Haar Condition in Halfband FIR Filter Design*. IEEE Trans. ASSP, vol.36, pp.123-124, 1988.

[Ans 91]   R. Ansari, C. Guillemot, J.F. Kaiser: *Wavelet Construction Using Lagrange Halfband Filters*. IEEE Trans. CAS, vol. 38, pp. 1116-1118, 1991.

[Bar 81]   T.P. Barnwell: *An Experimental Study of Sub-band Coder Design Incorporating Recursive Quadrature Filters and Optimum ADPCM*. Proc. IEEE ICASSP'81, pp. 808-811, April 1981.

[Bel 68]   V. Belevich: *Classical Network Theory*. San Francisco: Holden Day, 1968.

[Bel 74]   M.G. Bellanger, J.L. Daguet: *TDM-FDM Transmultiplexer: Digital Po-*
           lyphase and FFT. IEEE Trans. Commun., vol. 22, pp. 1199-1204, Sep-
           tember 1974.

[Bel 76]   M.G. Bellanger and G. Bonnerot and M. Coudreuse: *Digital Filtering by*
           Polyphase Network: Application to Sample Rate Alternation and Filter
           Banks. IEEE Trans. ASSP, vol. 24, pp. 109-114, April 1976.

[Bel 84]   M. Bellanger: *Digital Processing of Signals*. New York: John Wiley &
           Sons, 1984.

[Bia 91]   W. Bialluch: *Entwurf und Realisierung eines Abtastraten-Umsetzers für*
           digitale Audiosignale. Diplomarbeit TU Hamburg-Harburg, April 1991.

[Bru 31]   O. Brune: *Synthesis of a Finite Two Terminal Network whose Driving*
           Point Impedance is a Prescribed Function of Frequency. J. Math. and
           Phys., vol. 10, pp. 191-235, 1931.

[Bru 92]   F.A.M.L. Bruekers, A.W.M. van den Enden: *New Networks for Per-*
           fect Inversion and Perfect Reconstruction. IEEE J. on select. areas in
           commun., vol. 10, pp. 130-137, Januar 1992.

[Bur 83]   P.J. Burt, E.H. Adelson: *The Laplacian Pyramid as a Compact Image*
           Code. IEEE Trans. Commun., vol. 31, pp. 532-540, April 1983.

[Chu 85]   P.L. Chu: *Quadrature Mirror Filter Design for an Arbitrary Number*
           of Equal Bandwidth Channels. IEEE Trans. ASSP, vol. 33, pp. 203-218,
           Februar 1985.

[Cox 86]   R.V. Cox: *The Design of Uniformly and Nonuniformly Spaced Pseudo-*
           quadrature Mirror Filters. IEEE Trans. ASSP, vol. 34, pp. 1090-1096,
           October 1986.

[Cro 76]   A. Croisier, D. Esteban, C. Galand: *Perfect Channel Splitting by Use*
           of Interpolation/Decimation/Tree Decomposition Techniques. Int. Conf.
           Inf. Sci. Sys., Patras, Greece, August 1976.

[Cro 77]   R.E. Crochiere: *On the Design of Sub-Band Coders for Low Bit Rate*
           Speech Communication. Bell System Techn. J., pp. 747-771, May-June
           1977.

[Cro 81]   R.E. Crochiere: *Sub-Band Coding*. Bell System Techn. J., pp. 1633-1654,
           September 1981.

[Cro 83]   R.E. Crochiere, L.R. Rabiner: *Multirate Digital Signal Processing*.
           Englewood Cliffs: Prentice-Hall, 1983.

[Dau 88]   I. Daubechies: *Orthonormal Bases of Compactly Supported Wavelets.* Commun. on Pure and Applied Math., vol. 41, pp. 909-996, 1988.

[Dau 90]   I. Daubechies: *The Wavelet Transform, Time-Frequency Localization and Signal Analysis.* IEEE Trans. Inf. Theor., vol. 36, pp. 961-1005, Sept. 1990.

[Dog 88]   Z. Doganata, P.P. Vaidyanathan, T.Q. Nguyen: *General Synthesis Procedures for FIR Lossless Transfer Matrices, for Perfect-Reconstruction Multirate Filter Bank Applications.* IEEE Trans. ASSP, vol. 36, pp. 1561-1574, Oktober 1988.

[Est 77]   D. Esteban, C. Galand: *Application of Quadrature Mirror Filters to Split Band Voice Coding Schemes.* Proc. IEEE ICASSP'77, pp. 191-195, Mai 1977.

[Est 78]   D. Esteban, C. Galand: *32 kb/s CCITT-Compatible Split Band Coding Scheme.* Proc. IEEE ICASSP'78, pp. 320-325, 1978.

[Est 81]   D. Esteban, C. Galand: *HQMF: Halfband Quadrature Mirror Filters.* Proc. IEEE ICASSP'81, pp. 220-223, April 1981.

[Fet 71]   A. Fettweis: *Digital Filter Structures related to Classical Filter Networks.* AEÜ, vol. 25, pp. 79-89, 1971.

[Fet 85]   A. Fettweis, J.A. Nossek, K. Meerkötter: *Reconstruction of Signals after Filtering and Sampling Rate Reduction.* IEEE Trans. ASSP, vol. 33, pp. 893-902, August 1985.

[Fli 88]   N.J. Fliege: *Digital Narrow Band Pass Filters for FSK-Modems.* Proc. IEEE ISCAS'88, pp. 1289-1292, Juni 1988.

[Fli 89]   N.J. Fliege: *Complex Digital FSK-Modulators.* Proc. 1989 Intern. Conf. on Circuits and Systems, Nanjing, China, pp. 640-643, 1989.

[Fli 90]   N.J. Fliege: *Polyphase FFT Filter Bank for QAM Data Transmission.* Proc. IEEE ISCAS'90, pp. 654-657, 1990.

[Fli 91]   N.J. Fliege: *Systemtheorie.* Stuttgart: B.G. Teubner, 1991.

[Fli 91a] N.J. Fliege: *Half-Band Bandpass Filters.* Proc. IEEE ISCAS-91, pp. 256-259, 1991.

[Fli 92]   N.J. Fliege: *Orthogonal Multiple Carrier Data Transmission.* European Transactions on Telecommunications ETT, vol. 3, pp. 255-264, Mai-Juni 1992.

[Fli 92a]   N.J. Fliege, U. Zölzer: *Multi-Complementary Filter Bank: A New Concept with Aliasing-Free Subband Signal Processing and Perfect Reconstruction.* Proc. EUSIPCO'92, pp.207-210, 1990.

[Fli 92b]   N.J. Fliege, J. Wintermantel: *Complex Digital Oscillators and FSK-Modulators.* IEEE Trans. SP, vol. 40, pp. 333-342, Februar 1992.

[Fli 92c]   N.J. Fliege: *DFT Polyphase Transmultiplexer Filter Bank with Effective Reconstruction.* Proc. EUSIPCO-92, pp. 235-238, 1992.

[Fli 93]   N.J. Fliege: *Closed Form Design of Prototype Filters for Linear Phase DFT Polyphase Filter Banks.* Proc. IEEE ISCAS'93, pp. 651-654, 1993.

[Fli 93a]   N.J. Fliege, U. Zölzer: *Multi-Complementary Filter Bank.* Proc. ICASSP'93, vol. III, pp. 193-196, 1993.

[Fli 93b]   N.J. Fliege, C. Wu: *Adaptive Polyphase Filter Banks for Multicarrier Echo Cancellation.* Proc. ECCTD'93, 1993.

[Fli 93c]   N.J. Fliege: *Halfband Filters, Filter Banks with perfekt Reconstruction and Dyadic Wavelets.* Zur Veröffentlichung eingereicht.

[Gal 84]   C.R. Galand, H.J. Nussbaumer: *New Quadrature Mirror Filter Structures.* IEEE Trans. ASSP, vol-32, pp.522-530, 1984.

[Gha 86]   H. Gharavi, A. Tabatabai: *Sub-Band Coding of Digital Images Using Two-Dimensional Quadrature Mirror Filtering.* Proc. of SPIE, vol. 707, pp. 51-61, 1986.

[Gou 84]   P. Goupillaud, A. Grossmann, J. Morlet: *Cycle-Octave and Related Transforms in Seismic Signal Analysis.* Geoexploration, vol. 23, pp. 85-102, 1984.

[Gra 80]   C. Grauel: *Sub-band Coding with Adaptive Bit Allocation.* Signal Proc., 1980.

[Har 89]   F. Harris: *On the Relationship Between Multirate Polyphase FIR Filters and Windowed, Overlapped, FFT Processing.* Twenty-third Annual Asilomar Conference on Signals, Systems, and Computers, 1989.

[Hei 86]   M.T.Heidemann, C.S. Burrus: *On the Number of Multiplications Necessary to Compute a Length-2 DTF.* IEEE Trans. ASSP, vol. 34, pp.91-95, Februar 1986.

[Hei 89]   C.E. Heil, D.F. Walnut: *Continous and Discrete Wavelet Transforms.* SIAM Review, vol. 31, pp. 628-666, Dezember 1987.

[Her 91]   C. Herley, M. Vetterli: *Linear Phase Wavelets: Theory and Design.* Proc. IEEE ICASSP'91, pp. 2017-2020, 1991.

[Her 93]   C. Herley, M. Vetterli: *Wavelets and Recursive Filter Banks.* IEEE Trans. SP, August 1993.

[Hir 81]   B. Hirosaki: *An Orthogonally Multiplexed QAM System Using the Discrete Fourier Transform.* IEEE Trans. Commun., vol. 29, pp. 982-989, Juli 1981.

[Hla 92]   F. Hlawatsch, G.F. Boudreaux-Bartels: *Linear and Quadratic Time-Frequency Signal Representation.* IEEE SP Magazine, pp. 21-67, April 1992.

[Hsi 87]   C.C. Hsiao: *Polyphase Filter Matrix for Rational Sampling Rate Conversion.* Proc. IEEE ICASSP-87, pp. 2173-2176, April 1987.

[Jai 83]   V.K. Jain, R.E. Crochiere: *A Novel Approach to the Design of Analysis/Synthesis Filter Banks.* Proc. IEEE ICASSP'83, April 1983.

[Jay 84]   N.S. Jayant, P. Noll: *Digital Coding of Waveforms.* Englewood Cliffs: Prentice-Hall, 1984.

[Joh 79]   J.D. Johnston, R.E. Crochiere: *An All Digital Commentary Grade Subband Coder.* J. Audio Eng. Soc., vol. 27, pp. 855-965, November 1979.

[Joh 80]   J.D. Johnston: *A Filter Family Designed for Use in Quadrature Mirror Filter Banks.* Proc. IEEE ICASSP'80, pp. 291-294, April 1980.

[Kai 74]   J.F. Kaiser: *Nonrecursive Digital Filter Design Using the I0-Sinh Window Function.* Proc. IEEE ISCAS'74, pp. 20-23, April 1974.

[Kam 89]   K.D. Kammeyer, K. Kroschel: *Digitale Signalverarbeitung.* Stuttgart: B.G. Teubner, 1989.

[Kam 92]   K.D. Kammeyer: *Nachrichtenübertragung.* Stuttgart: B.G. Teubner, 1992.

[Kam 92a] K.D. Kammeyer, U. Tuisel, H. Schulze, H. Bochmann: *Digital Multicarrier-Transmission of Audio Signals Over Mobile Radio Channels.* European Trans. on Telecommun. ETT, vol. 3, pp. 243-254, Mai-Juni 1992.

[Kam 93]   K.D. Kammeyer, U. Tuisel: *Synchronisationsprobleme in digitalen Multiträgersystemen.* Frequenz, vol. 47, pp. 159-166, Mai 1993.

[Koi 89]   R.D. Koilpillai, T.Q. Nguyen, P.P. Vaidyanathan: *Theory and design of perfect reconstruction transmultiplexers and their relation to perfect reconstruction QMF banks.* Asilomar Conference, 1989.

[Koi 91]   R.D. Koilpillai, T.Q. Nguyen, P.P. Vaidyanathan: *Some Results in the Theory of Crosstalk-Free Transmultiplexer.* IEEE Trans. SP, vol. 39, pp. 2174-2183, Oktober 1991.

[Koi 91a]   R.D. Koilpillai, P.P. Vaidyanathan: *A Spectral Factorization Approach to Pseudo-QMF Design.* IEEE ISCAS'91, pp. 160-163, Juni 1991.

[Koi 91b]   R.D. Koilpillai, P.P. Vaidyanathan: *New Results on Cosine-Modulated FIR Filter Banks Satisfying Perfect Reconstruction.* Proc. IEEE ICASSP'91, pp. 1793-1796, Mai 1991.

[Koi 92]   R.D. Koilpillai, P.P. Vaidyanathan: *Cosine-Modulated FIR Filter Banks Satisfying Perfect Reconstruction.* IEEE Trans. SP, vol. 40, pp. 770-783, April 1992.

[Koi 93]   R.D. Koilpillai, P.P. Vaidyanathan: *A Spectral Factorization Approach to Pseudo-QMF Design.* IEEE Trans. SP, vol. 41, pp. 82-92, Januar 1993.

[Kol 80]   H.J. Kolb: *Untersuchung über ein digitales Mehrfrequenzverfahren zur Datenübertragung.* Ausgewählte Arbeiten über Nachrichtensysteme Nr. 50, Herausg. W. Schüßler, Erlangen, 1980.

[Lag 82]   R. Lagadec, D. Pelloni, D. Weiss: *A 2-Channel 16-Bit Digital Sampling Frequency Converter for Professional Digital Audio.* Proc. IEEE ICASSP'82, pp. 93-96, Mai 1982.

[Mal 89]   S.G. Mallat: *A Theory for Multiresolution Signal Decomposition: The Wavelet Representation.* IEEE Trans. on Pattern Analysis and Maschine Intell., vol. 11, pp. 674-693, Juli 1989.

[Mal 90]   H.S. Malvar: *Modulated QMF Filter Banks with Perfect Reconstruction.* Electr. Letters, vol. 26, pp. 906-907, Juni 1990.

[Mal 92]   H.S. Malvar: *Signal Processing with Lapped Transforms.* Norwood: Artech House, 1992.

[Mas 85]   J. Masson, Z. Picel: *Flexible design of computationaly efficient nearly perfect QMF filter banks.* Proc. IEEE ICASSP'85, pp. 14.7.1-14.7.4, März 1985.

[Moo 78] J.A. Moorer: *About this Reverberation Business.* Comput. Music J., 3(2), pp. 13-28. 1978.

[Neu 84] Y. Neuvo, D. Cheng-Yu, S.K. Mitra: *Interpolated Finite Impulse Response Filters.* IEEE Trans. ASSP, vol. 32, pp. 563-570, Juni 1984.

[Neu 87] Y. Neuvo, G. Rajan, S.K. Mitra: *Design of Narrow-Band FIR Bandpass Digital Filters with Reduced Arithmetic Complexity.* IEEE Trans CAS, vol. 34, April 1987.

[Ngu 88] T.Q. Nguyen, P.P. Vaidyanathan: *Maximally Decimated Perfect Reconstruction FIR Filter Banks with Pairwise Mirror-Image Analysis (and Synthesis) Frequency Responses.* IEEE Trans. ASSP, vol. 36, pp. 693-706, Mai 1988.

[Ngu 89] T.Q. Nguyen, P.P. Vaidyanathan: *Two-Channel FIR QMF Structures which Yield Linear-Phase Analysis and Synthesis Filters.* IEEE Trans. ASSP, vol. 37, pp. 676-690, Mai 1989.

[Ngu 90] T.Q. Nguyen, P.P. Vaidynathan: *Structures for M-Channel Perfect-Reconstruction FIR QMF Banks which Yield Linear-Phase Analysis Filters.* IEEE Trans. ASSP, vol. 38, pp. 433-446, März 1990.

[Ngu 93] T.Q. Nguyen: *Near-Perfect-Reconstruction Pseudo-QMF Banks.* Wird veröffentlicht in IEEE Trans. SP.

[Nol 74] P. Noll: *Adaptive Quantizing in Speech Coding Systems.* Int. Zürich Seminar on Digital Communications, pp. B3.1-B3.6, März 1974.

[Nus 83] H.J. Nussbaumer: *Polynomial Transform Implementation of Digital Filter Banks.* IEEE Trans. ASSP, vol.31, pp. 616-622, Juni 1983.

[Opp 75] A.V. Oppenheim, R.W. Schafer: *Digital Signal Processing.* Englewood Cliffs: Prentice Hall, 1975.

[Par 72] T.W. Parks, J.H. McClellan: *Chebyshev Approximation for Nonrecursive Digital Filters with Linear Phase.* IEEE Trans. CT, vol. 19, pp. 189-194, 1972.

[Par 87] T.W. Parks, C.S. Burrus: *Digital Filter Design.* New York: John Wiley & Sons, 1987.

[Rab 75] L.R. Rabiner, B. Gold: *Theorie and Application of Digital Signal Processing.* London: Prentice-Hall International, 1975.

[Rab 75a] L.R. Rabiner, J.H. McClellan, T.W. Parks: *FIR Digital Filter Design Techniques Using Weighted Chebyshev Approximation.* IEEE Proc., vol. 63, pp. 595-610, 1975.

[Ram 80] T.A. Ramstad, O. Foss: *Sub-band Coder Design Using Recursive Quadrature Mirror Filters.* Proc. EUSIPCO'80, 1980.

[Ram 82] T.A. Ramstad: *Sub-band Coder with a Simple Bit Allocation Algorithm: A Possible Candidate for Digital Mobile Telephony.* Proc. IEEE ICASSP'82, pp. 203-207, Mai 1982.

[Ram 88] T.A. Ramstad, T. Saramäki: *Efficient Multirate Realization for Narrow Transition-Band FIR Filters.* Proc. IEEE ISCAS-88, pp. 2019-2022, Juni 1988.

[Ram 91] T.A. Ramstad, J.P. Tanem: *Cosine-Modulated Analysis-Synthesis Filter Bank with Critical Sampling and Perfect Reconstruction.* Proc. IEEE ICASSP'91, pp. 1789-1792, Mai 1991.

[Ren 87] M. Renfors, T. Saramäki: *Recursive Nth Band Digital Filters, Parts I and II.* IEEE Trans. CAS, vol.34, pp. 24-51, Januar 1987.

[Rio 91] O. Rioul: *Fast Algorithms for the Continuous Wavelet Transform.* Proc. ICASSP'91, pp. 2213-2216, 1991.

[Rio 91a] O. Rioul, M. Vetterli: *Wavelets and Signal Processing.* IEEE SP Magazine, pp. 14-38, Oktober 1991.

[Rio 92] O. Rioul, P. Duhamel: *Fast Algorithms for Discrete and Continous Wavelet Transforms.* IEEE Trans. Inform. Theory, vol. 38, pp.569-586, March 1992.

[Rös 92] G. Rösel: *Interne Mitteilung*

[Rot 83] J.H. Rothweiler: *Polyphase Quadrature Filters - A New Subband Coding Technique.* IEEE ICASSP'83, pp. 1280-1283, 1983.

[Sar 84] T. Saramäki: *A Class of Linear-Phase FIR Filters for Decimation, Interpolation, and Narrow-Band Filtering.* IEEE Trans. ASSP, vol. 32, Oktober 1984.

[Sar 88] T. Saramäki, Y. Neuvo, S.K. Mitra: *Design of Computationally Efficient Interpolated FIR Filters.* IEEE Trans. CAS, vol. 35, Januar 1988.

[Schö 92] M. Schönle, U. Zölzer, N.J. Fliege, D. Stratmann, W. Neuhäuser: *Scalable Digital Audio System.* AES Convention, Reprint No. 3223, pp. 1SP1.06, 1-7, März 1992.

[Schö 93] M. Schönle, N.J. Fliege, U. Zölzer: *Parametric Approximation of Room Impulse Responses by Multirate Systems.* Proc. IEEE ICASSP'93, vol. I, pp. 153-156.

[Schr 62] M.R. Schröder: *Natural Sounding Artificial Reverberation.* J. Audio Eng. Soc., vol. 10, pp. 219-223, 1962.

[Schü 88] H.W. Schüßler: *Digitale Signalverarbeitung.* Berlin: Springer-Verlag, 1988.

[Schu 92] M. Schusdziarra, N.J. Fliege, U. Zölzer: *Finite Wordlength Effects in Quadrature Mirror Filter Banks.* Proc. IEEE ISCAS'92, pp. 1340-1343, 1992.

[Schu 93] M. Schusdziarra: *Synchronisation von OMC-Offset-QAM-Empfängern.* Dissertation TU Hamburg-Harburg, 1993.

[Smi 84] M.J.T. Smith, T.P. Barnwell III: *A Procedure for Designing Exact Reconstruction Filter Banks for Tree Structured Sub-band Coders.* Proc. IEEE ICASSP'84, pp. 27.1.1-27.1.4, März 1984.

[Smi 86] M.J.T. Smith, T.P. Barnwell III: *Exact Reconstruction for Tree-Structured Subband Coders.* IEEE Trans. ASSP, vol. 34, pp. 434-441, Juni 1986.

[Smi 87] M.J.T. Smith, T.P. Barnwell III: *A New Filter Bank Theory for Time-Frequency Representation.* IEEE Trans. ASSP, vol. 35, pp. 314-327, März 1987.

[Som 92] A.K. Soman, P.P. Vaidyanathan: *Coding Gain in Multirate Paraunitary Filter Banks.* Proc. IEEE ISCAS'92, pp. 931-934, 1992.

[Som 93] A.K. Soman, P.P. Vaidyanathan: *On Orthogonal Wavelets and Paraunitary Filter Banks.* IEEE Trans. SP, vol. 41, pp. 1170-1183, März 1993.

[Spr 91] A. Spring, W. Wardenga: *Identifikationsverfahren für Multirate-Systeme.* Frequenz, pp. 164-169, 1989.

[Swa 86] K. Swaminathan, P.P. Vaidyanathan: *Theory and Design of Uniform DFT, Parallel, Quadrature Mirror Filter Banks.* IEEE Trans. CAS, vol.33, pp. 1170-1191, Dezember 1986.

[Tex 86] *TMS32020 User's Guide.* TEXAS INSTRUMENTS, 1986.

[Vai 84]   P.P. Vaidyanathan, S.K. Mitra: *Low Passband Sensitivity Digital Filters: A Generalized Viewpoint and Synthesis Procedures.* Proc. IEEE, vol. 72, pp. 404-423, April 1984.

[Vai 85]   P.P. Vaidyanathan: *On Power-Complementary FIR Filters.* IEEE Trans. CAS, vol. 32, pp. 1308-1310, Dezember 1985.

[Vai 86a]   P.P. Vaidyanathan: *Passive Cascaded Lattice Structures for Low Sensitivity FIR Filter Design, with Applications to filter banks.* IEEE Trans. CAS, vol. 33, pp. 1045-1064, November 1986.

[Vai 87]   P.P. Vaidyanathan: *Theory and Design of M-Channel Maximally Decimated Quadrature Mirror Filters with Arbitrary M, Having the Perfect Reconstruction Property.* IEEE Trans. ASSP, vol. 35, pp. 476-492, April 1987.

[Vai 87a]   P.P. Vaidyanathan: *Quadrature Mirror Filter Banks, M-Bands Extensions and Perfect Reconstruction Techniques.* IEEE ASSP Magazine, vol. 4, pp. 4-20, Juli 1987.

[Vai 87b]   P.P. Vaidyanathan, T.Q. Nguyen: *A Trick for the Design of FIR Half-Band Filters.* IEEE Trans. CAS, vol. 34, pp. 297-300, März 1987.

[Vai 87d]   P.P. Vaidyanathan, P. Regalia, S.K. Mitra: *Design of Doubly Complementary IIR Digital Filters Using a Single Complex Allpass Filter, with Multirate Applications.* IEEE Trans. CAS, vol. 34, pp. 378-389, April 1987.

[Vai 88]   P.P. Vaidyanathan, P.Q. Hoang: *Lattice Structures for Optimal Design and Robust Implementation of Two-Channel Perfect Reconstruction QMF Banks.* IEEE Trans. ASSP, vol. 36, pp. 81-94, Januar 1988.

[Vai 88a]   P.P. Vaidyanathan: *A Tutorial on Multirate Digital Filter Banks.* Proc. IEEE ISCAS'88, pp. 2241-2248, 1988.

[Vai 88b]   P.P. Vaidyanathan, S.K. Mitra: *Polyphase Networks, Block Digital Filtering, LPTV Systems, and Alias-Free QMF Banks: A Unified Approach Based on Pseudocirculants.* IEEE Trans. ASSP, vol. 36, pp. 381-391, März 1988.

[Vai 88c]   P.P. Vaidyanathan: *A Tutorial on Multirate Digital Filter Banks.* Proc. IEEE ISCAS'88, pp. 2241-2248, 1988.

[Vai 88d]   P.P. Vaidyanathan, V.C. Liu: *Classical Sampling Theorems in the Context of Multirate and Polyphase Digital Filter Bank Structures.* IEEE Trans. ASSP, vol. 36, pp. 1480-1495, September 1988.

[Vai 89]   P.P. Vaidyanathan, T.Q. Nguyen, Z. Doganata, T. Saramäki: *Improved Technique for Design of Perfect Reconstruction FIR QMF Banks with Lossless Polyphase Matrices.* IEEE Trans. ASSP, vol. 37, pp. 1042-1056, July 1989.

[Vai 90]   P.P. Vaidyanathan: *Multirate Digital Filters, Filter Banks, Polyphase Networks and Applications: A Tutorial.* Proc. IEEE, vol. 78, pp. 56-93, Januar 1990.

[Vai 93]   P.P. Vaidyanathan: *Multirate Systems and Filter Banks.* Englewood Cliffs: Prentice-Hall, 1993.

[Vet 84]   M. Vetterli, H.J. Nussbaumer: *Simple FFT and DCT Algorithms with reduced Number of Operations.* Signal Processing, vol. 6, pp. 267-278, 1984.

[Vet 84a]   M. Vetterli: *Multi-Dimensional Sub-band Coding: Some Theory and Algorithms.* Signal Processing, vol. 6, pp. 97-112, April 1984.

[Vet 86]   M. Vetterli: *Perfect Transmultiplexers.* Proc. IEEE ICASSP'86, pp. 2567-2570, April 1986.

[Vet 86a]   M. Vetterli: *Filter Banks Allowing Perfect Reconstruction.* Signal Processing, vol.10, pp. 219-244, April 1986.

[Vet 87]   M. Vetterli: *A Theory of Multirate Filter Banks.* IEEE Trans. ASSP, vol. 35, pp. 356-372, März 1987.

[Vet 88]   M. Vetterli, D.L. Gall: *Perfect Reconstruction FIR Filter Banks: Lapped Transforms, Pseudo QMF's and Paraunitary Matrices.* Proc. IEEE ISCAS'88, pp. 2249-2253, 1988.

[Vet 88b]   M. Vetterli: *Running FIR and IIR filtering using multirate filter banks.* IEEE Trans. ASSP, vol. 36, pp. 730-738, Mai 1988.

[Vet 89]   M. Vetterli, D.L. Gall: *Perfect Reconstruction FIR Filter Banks: Some Properties and Factorizations.* IEEE Trans. ASSP, vol. 37, pp. 1057-1071, 1989.

[Vet 90]   M. Vetterli, C. Herley: *Wavelets and Filter Banks: Relationships and New Results.* Proc. ICASSP'90, pp. 1723-1726, 1990.

[Vet 92]   M. Vetterli, C. Herley: *Wavelets and Filter Banks: Theory and Design.* IEEE Trans. SP, vol. 40, pp. 2207-2232, September 1992.

[War 89]   W.Wardenga: *Rauschanalyse von Multirate-Systemen. Teil 1 + Teil 2.* Nachrichtentech. Elektron., pp. 172-174 & pp. 214-216, 1989.

[Wei 71]   S.B. Weinstein, P.M. Ebert: *Data Transmission by Frequency-Devision Multiplexing Using the Discrete Fourier Transform.* IEEE Trans. on Commun. Technology, vol. 19, pp. 628-634, Oktober 1971.

[Win 90]   J. Wintermantel: *Implementation of Multirate Systems by Digital Signal Processors.* European Trans. on Telecommun. ETT, vol.1-N.3, pp.239-246, Mai-Juni 1990.

[Win 90a]   J. Wintermantel: *Efficient Implementation of Multirate Systems by Digital Signal Processors.* Proc. IEEE Intern. Conf. Commun. Systems, Singapore, pp. 940-944, November 1990.

[Win 90b]   J. Wintermantel, N.J. Fliege: *Optimum Polyphase FFT Filter Bank for Orthogonal Multiple Carrier Data Transmission.* Proc. IEEE Intern. Conf. Commun. Systems, Singapore, pp. 1222-1226, November 1990.

[Woo 86]   J.W. Woods, S.D. O'neil: *Subband Coding of Images.* IEEE Trans. ASSP, vol. 34, pp. 1278-1288, Oktober 1986.

[Woz 65]   J.M. Wozencraft, I.M. Jacobs: *Principles of Communication Engineering.* New York: John Wiley & Sons, 1965.

[Wu 92]   C. Wu: *Echoentzerrung für Multiträger-Datenübertragungsverfahren* . Dissertation TU Hamburg-Harburg, 1992.

[Xia 93]   X.-G. Xia, C.-C.J. Kuo, Z. Zhang: *Design of Optimal FIR Prefilters for Wavelet Coefficient Computation.* Proc. IEEE ISCAS'93, pp. 523-526, 1993.

[Zöl 90]   U. Zölzer, N. Fliege, M. Schönle, M. Schusdziarra: *Multirate Digital Reverberation System.* AES Convention, Los Angeles 1990, Reprint No. 2968, Session-Paper No. F-II-2, 1990.

Sachverzeichnis

Informationstechnik

Herausgegeben von
Prof. Dr.-Ing. **Norbert Fliege,** Hamburg-Harburg

Systemtheorie
Von Prof. Dr.-Ing. **N. Fliege,** Hamburg-Harburg
1991. XV, 403 Seiten mit 135 Bildern.
Geb. DM 62,– / ÖS 484,– / SFr 62,–   ISBN 3-519-06140-6

Kanalcodierung
Von Prof. Dr.-Ing. **Martin Bossert,** Ulm
1992. 283 Seiten mit 64 Bildern.
Geb. DM 62,– / ÖS 484,– / SFr 62,–   ISBN 3-519-06143-0

Nachrichtenübertragung
Von Prof. Dr.-Ing. **K. D. Kammeyer,** Hamburg-Harburg
1992. XVI, 678 Seiten mit 363 Bildern und 18 Tabellen.
Geb. DM 79,– / ÖS 616,– / SFr 79,–   ISBN 3-519-06142-2

Multiraten-Signalverarbeitung
Von Prof. Dr.-Ing. **N. Fliege,** Hamburg-Harburg
1993. XVII, 405 Seiten mit 314 Bildern.
Geb. DM 79,– / ÖS 616,– / SFr 79,–   ISBN 3-519-06155-4

Systemtheorie der visuellen Wahrnehmung
Von Prof. Dr.-Ing. **G. Hauske,** München
1994. ca. 250 Seiten mit ca. 120 Bildern.
Geb. ca. DM 60,– / ÖS 468,– / SFr 60,–   ISBN 3-519-06156-2

Architekturen der digitalen Signalverarbeitung
Von Prof. Dr.-Ing. **P. Pirsch,** Hannover
1994. ca. 300 Seiten.
Geb. ca. DM 64,– / ÖS 499,– / SFr 64,–   ISBN 3-519-06157-0

Die Reihe wird fortgesetzt.

Preisänderungen vorbehalten.

B. G. Teubner Stuttgart